La Gestalt,
une thérapie du contact

格式塔治疗丛书

主 编 费俊峰

格式塔：
接触的治疗

La Gestalt,
une thérapie du contact

〔法〕塞尔日·金泽 （Serge Ginger） 著

程无一 译

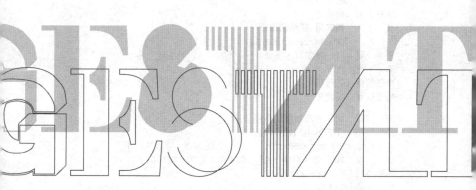

南京大学出版社

Originally published in France as：

La Gestalt, une thérapie du contact by Serge Ginger

© Editions Hommes Groupes，1998

Current Chinese translation rights arranged through Divas International，Paris

迪法国际版权代理(www.divas‐book.com)

江苏省版权局著作权合同登记图字：10‐2017‐258 号

图书在版编目（CIP）数据

格式塔：接触的治疗／（法）塞尔日·金泽著；程
无一译.—南京：南京大学出版社，2024.1
（格式塔治疗丛书／费俊峰主编）
ISBN 978‐7‐305‐27095‐6

Ⅰ.①格… Ⅱ.①塞… ②程… Ⅲ.①完形心理学
Ⅳ.①B84‐064

中国国家版本馆 CIP 数据核字（2023）第 113684 号

出版发行　南京大学出版社
社　　址　南京市汉口路 22 号　　邮编 210093
丛　书　名　格式塔治疗丛书
丛书主编　费俊峰
书　　名　**格式塔：接触的治疗**
　　　　　　GESHITA：JIECHU DE ZHILIAO
著　　者　[法]塞尔日·金泽
译　　者　程无一
责任编辑　陈蕴敏
封面设计　冯晓哲
照　　排　南京紫藤制版印务中心
印　　刷　江苏苏中印刷有限公司
开　　本　635 mm×965 mm　1/16　印张 37.5　字数 437 千
版　　次　2024 年 1 月第 1 版　2024 年 1 月第 1 次印刷
ISBN 978‐7‐305‐27095‐6
定　　价　138.00 元

网　　址　http://www.njupco.com
官方微博　http://weibo.com/njupco
官方微信　njupress
销售咨询　（025)83594756

格式塔治疗，存在之方式

[德] 维尔纳·吉尔

我是维尔纳·吉尔（Werner Gill），是一名在中国做格式塔治疗的培训师，也是德国维尔茨堡整合格式塔治疗学院（Institute für Integrative Gestalttherapie Würzburg－IGW）院长。

我学习、教授和实践格式塔治疗已三十年有余。但是我的初恋是精神分析。

二者之间有相似性与区别吗？

格式塔治疗的创始人弗里茨和罗拉，都是开始于精神分析。他们提出了一个令人惊讶的观点：在即刻、直接、接触和创造中生活与工作。

此时此地的我汝关系。

不仅仅是考古式地通过理解生活史来探索因果关系，而是关注当下、活力和具体行动。

成长、发展和治疗，这是接触和吸收的功能，而不仅是内省的功能。

在对我和场的充分觉察中体验、理解和行动，皮尔斯夫妇尊崇这三者联结中的现实原则。

格式塔治疗是一种和来访者及病人在不同的场中工作的方式，也是一种不以探讨对错为使命的存在方式。

现在，我们很荣幸可以为一些格式塔治疗书籍中译本的出版提供帮助，以便广大同行直接获取。

让我们抓住机会迎接挑战。

好运。

（吴艳敏　译）

初　　心

施琪嘉

皮尔斯的样子看上去很粗犷，他早年就是一个不拘泥于小节的问题孩子，后来学医，学戏剧，学精神分析，学哲学。现在看来这些都是为他后来发展出来的格式塔心理治疗准备的。

他满心欢喜地写了精神分析的论文，在大会上遇见弗洛伊德，希望得到肯定和接受。然而，他失望了，因为弗洛伊德对他的论文反应冷淡。据说，这是他离开精神分析的原因。

从皮尔斯留下来的录像中可以看出，他的治疗充满激情，在美丽而神经质的女病人面前大口吸烟，思路却异常敏捷，一路紧追其后地觉察，提问。当病人癫狂发作大吼大叫并且打人毁物时，他安然坐在椅子上，适时伸手摸摸病人的手，轻轻地说，够啦，病人像听到魔咒一样安静下来。

去年全美心理变革大会上，年过九十的波尔斯特（Polster）做大会发言，一名女性治疗师作为客客上台演示。她描述了她的神经症症状，波尔斯特说，我年纪大了，听不清楚，请您到我耳边把刚才讲的再说一遍。于是那个治疗师伏在波尔斯特耳边用耳语重复了一遍。波尔斯特又说，我想请您把刚才对我说的话唱出来，那个治疗师愣了一会儿，居然当着全场数千人的面把她想说的话唱了出来。大家看见，短短十几分钟内，那个治疗师的神采出现了巨大的改变。

波尔斯特是皮尔斯同辈人，那一代前辈仍健在的已经寥寥无几，波尔斯特到九十岁，仍然在展示格式塔心理治疗中创造性的无处不在。

格式塔心理治疗结合了格式塔心理学、现象学、存在主义哲学、精神分析、场理论等学派，成为临床上极其灵活、实用和具有存在感的一个流派。

本人在临床上印象最深的一次格式塔心理治疗情景为：一名十五岁女孩因父亲严苛责骂而惊恐发作，经常处于恐惧、发抖、蜷缩的小女孩状态中，我请她在父亲面前把她的恐惧喊出来，她成功地在父亲面前大吼出来。后来她考上了音乐学院，成为一名歌唱专业的学生。

格式塔心理治疗培训之初重点学习的一个概念是觉察，当一个人觉察力提高后，就像热力催开的水一样，具有无比的能量。最大的能量来自内心的那份初心，所以格式塔心理治疗让人回到原初，让事物回归真本，让万物富有意义，从而获得顿悟。

中国格式塔心理治疗经过超过八年的中德合作项目，以南京、福州作为基地，分别培养出六届和四届总计近两百人的队伍，我们任重而道远啊！

2018 年 5 月 30 日

目 录

第二部分　格式塔的方法与技术

附　录

第一版序言

"为什么写作这本书?"的确,这个问题可能不是典型格式塔式的①。

"这本书是写给谁看的?"这么提问或许已经可以为人所接受了,因为在格式塔中,人们并不信任那些匿名的或非"目标化的"交流:人们更多地鼓励直接、个人化的信息,这些信息定向清晰,不模棱两可。

"这本书怎么样?"这个问题大概终于可以说是最为正统的格式塔式问题了!

回答如下:这是以"格式塔②风格"写就的一本有关格式塔的书,也就是说,在我所感知的"此时此地"(*ici et maintenant*),让我的"右脑"自我表达,在你我之间——或者更确切地说,在

---

① 受到现象学的启发,事实上格式塔更为感兴趣的不是事物和行为的"为什么",而是"怎么样",它力图在尝试理解和阐释现象之前不带偏见地对其进行观察和描述。

② "格式塔"(Gestalt)为德语单词,作为名词使用时首字母大写,在其他情况下使用则小写。因此,对于"一位胜任的格式塔心理学者"(un Gestaltiste compétent)中的"格式塔",我们首字母大写,"格式塔的能力"(des compétences gestaltistes)中的"格式塔"则小写。(中译本不做大小写的区分,一律译作"格式塔"。——译注)

1

你们和我们之间——突然展开的想象性关系的浮现中，自发地用心，同样也用头脑写就，因为我以我的手和我的词语写就的这本书实际上反映了我和安妮共同的经验和共享的理念，这些理念由相互交错的多彩色线——既非真的一致，亦非真的对立——编织而成，三十五年来，我们共同致力于此。我们身处同一个团队，尽管有着不止一个的"专业"建议，我们同床共枕也合力工作，这给我们的工作带来了生活的快乐，也将工作带入我们的家中。

我们尊重真实性，渴望与读者进行更为直接的交流，因此大多数情况下我保留了第一人称的表述，但是没有一页我不与安妮发生争执，有时持续几个小时。

无论好坏，我抵制住了我们一些学生的压力，他们督促我撰写一部有关格式塔的论著和一份手册，要清晰而完整，像博物馆——其玻璃橱窗上贴着标签——一样有条理。

我更喜欢给你们展示介入的私人见证，这些见证既有来自书本的各种理论，也充满着日常生活的实际经验；我邀请你们来一次即兴散步，陶醉于沿途的风景。因此我自觉可以按照我的意愿，时不时地在途中不务正业地闲逛，走点岔路：我从来不能忍受规定路线，按照规定路线，人们最后是随着有节律的脚步声而昏昏欲睡……

因此，本书中有一些明显的离题之处和刻意的重复，因为这些人们喜欢重复的事情，是人们坚持不懈地走着的熟悉的小径。

正因如此，我们将不会对所拜访的每一个格式塔遗址进行系统而乏味的考古式发掘，我们不会耗尽气力去详尽地考察挖掘出的每一个概念。更确切地说，在路途中，我们温柔地抚触与我们掌心相吻合的某些形状，而忽视其他那些，我们偏爱保持追寻的快乐，而不是过早地缓解发现的饥渴。

行进因而是循环的，更确切地说是开放螺旋式的，我们在格式塔的国度里闲逛，不止一次地回到同一个地方，每一次都更加深入地进行研究，而后前行。我们有时步履谨慎，有时脚步轻快，允许自己一路玩笑不断。

这样的取向在我们看来更加符合所有存在的真相，并且与我们对格式塔的感知更为协调一致。其灵感的源泉来自这样一种方法：它是类比的而非逻辑的，是系统的而非成体系的[①]，和环境持续地相互依赖，从所有类型、所有层级的事物相互连接的丰富网络中吸收营养，这些连接在类型上是感官的、情绪的、想象的、言语的，在层级上则是个人的、文化的或宇宙的。

我们雄心勃勃：我们将为你们中的每一个人写作，无论是新朋还是老友，是长久以来的忠诚旅伴还是尚未结识的陌生人，是心理学家还是受到认可的心理治疗师，是师从于某个流派还是求学于某个格式塔学院，是已经加入还是可能参加某个治疗团体的来访者，或者仅仅是个好奇的过客，为新事物所激励。

撰写这本书是为了人们阅读……甚至理解它！因此本书的语言追求人人皆可理解，我竭力避免掉入"心理"行话的陷阱，这种行话是秘密社团的流行瘟疫，轻易地自我满足于仅仅对皈依者布道。

* *

*

这部著作一共包含四个主要部分，其风格和节奏随着章节和

[①] "系统的"和"成体系的"原文分别为 systémique 和 systématique，意义并不相同，前者涉及对系统的整体性和全局性的影响，后者则重在强调依据一定的方法、步骤和程序的做法。——译注

遇到的领域而变化——正如在任何一个探险之旅中经常发生的那样。

1. 导论是勘察散步，可以在更深入着手探讨之前熟悉一下待访问的领地。我们希望对于一位"匆忙的游客"来说也是易于理解的，因此我们更喜欢以见证和趣闻轶事而不是以发展史或者理论开篇。第二章简要地介绍了格式塔的原则、方法和常用技术。

2. 第一部分论述历史的和理论的概念基础。这一部分特别强调了经由现象学、存在主义、格式塔心理学和精神分析，格式塔与欧洲思想——德国的和法国的——深层却经常不为人知的关联，也突出介绍了格式塔与传统东方思想、"人本主义心理学"当代运动和系统流派（courant systémique）的联系。

3. 第二部分的主要内容为方法论和技术。因此这一部分尤其与那些正在实践或打算实践格式塔的人有关，比如说治疗师、培训师或者来访者。事实上，现在人们已不再像过去那样，在对原因一无所知的情况下进行个体治疗，依据某个"专家"的建议……如果不是某个邻居的话！

消费者权利及时出现，强化了新生的伦理学：来访者，即便他被认定为"有病的"（?），也有权知道"他有什么"和"人们对他做什么"，何况他是自己的主要治疗师，无论他患有神经症、癌症还是艾滋病，或者仅仅是忍受着存在主义的困难——经常是普普通通的，但是让人烦恼不已。

第二部分结束于对这一取向目前的几个应用领域快速的具体回顾，从我们个人的经历出发加以阐明。

4. 若干附录置于书末，汇集了众多文献性元素，其中大部分尚未出版过：见证、参考文献（法语的和外语的，近1000

篇）、术语（125 个技术术语）、索引（700 个作者和关键词）①、
编年表（200 个日期）和格式塔系谱树（140 个人名），还有一份
详细的目录②，让您可以完全自由地依据自己的喜好阅读本书，
而不会觉得受到章节顺序的约束。

＊ ＊ ＊

＊

　　格式塔正处于大发展之中，这更是因为它有幸没有过早地受
到不可触犯的教条的束缚。其主要的热忱拥护者弗里茨·皮尔斯
（Fritz Perls）厌恶所有的理论化做法："放开你的头脑，到你的
感觉那儿去。"③ 我们并不一味附和他这些过火的观点，这些观
点引发反响，具有挑衅性，旨在将所有的智力活动视为"胡说"
（"*bullshit*"），不过我们更不想成为一个宣告我们患有"半身不
遂"的团体的同谋，夸大分析的、逻辑的、科学的左半脑的价
值，而长期忽视综合的、类比的和艺术的右半脑。

　　事实上，对我们来说

> 格式塔是艺术，也是科学。

　　每个人都可以以自己的风格来实践它，表现出自己的个性、
精力和自己有关存在的哲学。

　　总之，自皮尔斯和保罗·古德曼（Paul Goodman）等格式
塔理论先驱以来，涌现出各种思想的和交流的模式，对各种观念
的基本演变和思想及交流模式的最新变革进行着重介绍，这并不

---

① 中译本改索引为译名对照表，置于书末尾。——编注
② 法语图书通常有两份目录：正文之前为概要目录（sommaire）；正文之后
　 为详细目录（table des matières），列出更为详细的章节内标题。中译本
　 删去文后详细目录。——译注
③ 原文为英文："Lose your head, come to your senses."——译注

是多余的。

例如，下列理论正是这样出现于人们的视野中的：控制论（cybernétique）、一般系统论（théorie générale des systèmes）、信息技术的"变革"、物理学中的"复杂相对性"（relativité complexe）假设、神经科学（大脑生理心理学［psychophysiologie］和化学疗法［chimiothérapie］）等等。

所有这些工作和研究[①]对生物学、心理学、精神分析学、社会学、哲学，并且以一种更为普遍的方式对关涉人及其接触与交流系统的所有学科都产生了重大的影响。它们"回归"人文科学，这点无法再忽视；如本世纪上半叶那样继续盲目而毫无保留地附和弗洛伊德或皮尔斯的全部假设也不再可能，这些假设构想出来已经数十年了。

*　*

*

当然，对于本书所有的断论和假设我都愿意承担责任，并且我更欢迎某些同行可能持有的不同看法，而非静止的因循守旧：格式塔还提醒我们必须破坏以便领悟，必须耐心地咬噬、撕碎、嚼烂、再咀嚼，而非"内摄"（introjecter）一种加工好的熟食，这种食物很少适合于胃及个人的口味。

我的各种陈述、选择不可避免地是有意且主观的，我为此负起责任，也为我的错误——自由的正当代价——负起责任，但是我并非本书各种材料自身的唯一作者：这本书也是您的书；它的建构奠基于一个智识和情感——有时非常热烈——交流的持续网络。

---

① 我们将很快在第六、七、八、十二和十三章中论及。

· 与三十年来，我们在 I.F.E.P.P.[1]的同事和朋友之间的交流，主要有：贝尔纳·奥诺雷及丽娜·奥诺雷（Bernard et Line Honoré）、亚历山大·洛泰利耶（Alexandre Lhotellier）、妮科尔·迪富尔-贡佩尔及罗杰·迪富尔-贡佩尔（Nicole et Roger Dufour-Gomper）、贡扎格·马斯克利耶（Gonzague Masquelier）等等。

· 与我们的美国格式塔导师们之间的交流，主要有：琼·菲奥里（Joan Fiore）、亚伯拉罕·列维茨基（Abraham Levitsky）、杰克·唐宁（Jack Downing）、理查德·普赖斯（Richard Price）、弗兰克·鲁本费尔德与伊拉娜·鲁本费尔德（Frank et Ilana Rubenfeld）、保罗·雷比洛（Paul Rebillot）、阿兰·施瓦茨（Alan Schwartz）、吉迪恩·施瓦茨（Gedeon Schwartz）、乔·卡姆伊（Joe Camhi）、西摩·卡特（Seymour Carter）、巴里·古德菲尔德（Barry Goodfield）、乔治·汤姆森（George Thomson）、埃尔温·波尔斯特与米丽娅姆·波尔斯特（Erving et Miriam Polster）、约瑟夫·辛克（Joself Zinker），以及很多其他人……

· 和我们于 1981 年创建的法国格式塔学会[2]的各位同事之间的交流，尤其是诺埃尔·萨巴泰（Noël Sabathé）、让-

---

① I.F.E.P.P.：全称为"心理社会学与教育学培训研究所"（Institut de Formation et d'Études Psychosociologique et Pédagogique），1965 年依据《1901 年协会法》成立，被认定为公益组织。

② 法国格式塔学会（Société Française de Gestalt），1981 年依据《1901 年协会法》成立，汇集了各种倾向的专业格式塔学者，出版期刊《格式塔》（至今合计发表 24 期、近 5000 页的文章）。

玛丽·罗比纳（Jean-Marie Robine）、让-玛丽·德拉克鲁瓦（Jean-Marie Delacroix）、玛丽·珀蒂（Marie Petit）和达尼埃尔·格罗让（Daniel Grosjean）。

· 还有——尤其是——和我们在巴黎格式塔学校①的学生之间的交流，他们给予我们充分的信任，敢于不停地质疑我们，甚至批评我们，坚持不懈地提出要求，同时和我们分享他们的焦虑与希望，每天都促使我们共同探索新的研究线索。

最后我还要感谢三位同行和大学同事，他们非常乐意地校阅了我的手稿并提出了他们的建议：贝鲁特的穆尼尔·夏蒙（Mounir Chamoun）、耶路撒冷的罗杰·迪富尔（Roger Dufour）、马赛的莫里斯·罗什（Maurice Roche），还有普罗旺斯地区艾克斯（Aix-en-Provence）的安娜·勒贝尔（Anne Le Berre）。

加拉尔东市拉马尼埃（《 La Manière 》，Gallardon），

1986 年 10 月，

参见书末第七版后记（2003 年）

---

① 巴黎格式塔学校（École Parisienne de Gestalt），成立于 1981 年。地址：27，rue Froidevaux，75014 Paris。电话：01 43 22 40 41。传真：01 43 22 50 53。电子邮箱：epg@gestalt. asso. fr。网址：http: //www. gestalt. asso. fr。

导论

初遇格式塔

团体工作
原则、方法、技术

第一章
工作中的格式塔团体一瞥

塞利娜的分娩

……塞利娜（Céline）呼吸越来越急促。她开始变得气喘吁吁。她坐在地上，躲在角落里，背靠墙，脸色苍白，眼神惊恐。

整个团体都僵住了，沉默地注视着她，充满惊异。

塞利娜——我不知道发生了什么！……我恶心，我想呕吐。

我鼓励她接受她所感受的一切，不去对抗发生在她身上的事情，"让其到来"，但是意识保持清晰而专注。

塞尔日——让你的身体说话……和你的恶心待在一起，不要抑制自己不去呕吐……相反，陪伴所发生的事，甚至强化你的恶心。

塞利娜——我不知道发生了什么！……可是今天中午，我吃的东西和大家是一样的！

塞尔日——不用想着太快地理解：后面我们或许会弄

明白。仅仅关注你的恶心、你的呼吸：听，你呼吸得真快！如果你愿意，你可以陪伴着这些，进一步加速眼下的进程……

塞利娜刻意喘着气，逐渐地，她难以察觉地从坐着变成了躺在地毯上。

塞利娜（震惊地）——天哪，人们会以为我要生孩子了！……我甚至没有怀孕！……阿尔诺（Arnaud）不想要孩子！他不想听到说这事！

现在她躺在地上，膝盖抬起，双手放在肚子上，呼吸愈发沉重。

塞尔日——参与"你身上所发生之事"：如果你正在生孩子……好！尽力生吧！

塞利娜——啊！可是这变得太不可思议了！现在我出现了疼痛！

天哪！我的怀孕让人神经紧张！（她笑着）。

团体成员靠近年轻的产妇，围着她，鼓励她进行工作。

——别怕！进展不错！……

——再用力一点！……看到头了！……

——看哪！是男孩还是女孩？……

塞利娜不再说话了：泪水从她的脸颊滚落。

几分钟后，我递给塞利娜一个柔软的小靠垫——她立刻温柔地将靠垫贴近胸口。

塞尔日——好啦！……这是你的小宝宝？可以说他就在那儿……

塞利娜——宝贝，你知道吧，我喜欢你！……我等了你这么久！……这么久……好多年了……（她默默地、轻轻地

4

哭着）

塞尔日——如果你愿意，你可以继续跟你的宝宝说话……叫他的名字……告诉他你所有的感受，不去思考……

塞利娜——我想你是个女孩！……对！你会是个女孩！……这样的话我会很开心。我们俩会处得非常好的！我要叫你斯特凡妮（Stéphanie）……（停了一会儿）……等你爸爸看见你，他会很感动的……

我把一个大大的靠垫挪到塞利娜身边。

塞尔日——给你！对的，这就是阿尔诺，他在你的身边……

塞利娜突然抽泣起来，紧紧抓住靠垫。

塞利娜（哽咽着）——看，阿尔诺！看，这是你的女儿！……她在这里……我很开心……我要这个孩子！……不会再有机会了，你知道的！我不能再等了：很快我就四十岁了，再往后，就太迟了！你呢，一直到八十岁你都可以要孩子……但是我呢？（她抽泣着，叹了一口气）这就是斯特凡妮！这是你的女儿！……现在，随便你做什么……我，我要留下！如果你不要，我甚至可以一个人抚养她！

塞尔日——阿尔诺，他怎么回答你？

塞利娜几乎立刻停止哭泣，重新坐了下来。她本能地换了地方，坐在了象征着阿尔诺的大靠垫上面。

塞利娜（扮演阿尔诺）——塞利娜，我跟你说过现在不想要孩子！我还没做好准备当父亲……而且，这会改变我们的关系：我想要一个女人，不是一位母亲！……我不知道我会做什么……我们到时候看吧：我不想现在就为这事操心……如果现在有一个小孩，我们会被缠得无法分身：我们将什么也做不了了！还有，我很清楚我会过分爱她：这会让我动弹不得！……我还不知道我会做什么：给我一些时间考虑一下……

塞利娜回到她的位置，面对着"靠垫-阿尔诺"，坚定地回应他。

塞利娜——这一切，都是你的事！……我，我很高兴：我有一个孩子，我一直期待着她，我不知道我们在一起八年以来都在等待着什么！我，我要留下这个孩子，而你，爱做什么做什么！

接着，她继续说道——换了一种语气，这次，是对团体说的。

塞利娜——这样真好，就是这样！我必须要个孩：我不能继续等着阿尔诺准备好！……这一点，我理智上早就知道了，但是我从来没有这样地从内心深处感受到！我和阿尔诺经常谈到这一点，但是总是停留在想法上，停留在"大的原则"上……而我并不知道自己被愚弄了：我一直在犹豫。我没有意识到这对我来说如此重要：我刚刚意识到这一点。如果我没有孩子，我会觉得错过了我的生命。我宁可冒着失去阿尔诺的风险也不愿没有孩子而度过一生①……

---

① 实际上，这个工作片段持续了将近一个小时：这里用最重要的那些时刻进行了概述。另外，应该明确一点，这期工作是一个已经持续了数月的团体治疗中的一次。后续还有针对相近主题的若干次治疗——不过不像这次这样，有如此清晰的决定性领悟。

之后，塞利娜生了一个小……斯特凡妮，而阿尔诺非常爱她！

我的父亲冷若冰霜……我也是

西尔万娜（［Sylvaine］接过话说道）——我嘛，如果我处于你的位置，我会遵循自己的想法，不去考虑阿尔诺的犹豫：我将之放在已完成事实中！挑一个好天气，我会对他宣布："我怀孕了……"

塞尔日——你没有处在塞利娜的位置上！还是站在你自己的位置上说吧：这对你来说关系到什么？

西尔万娜——呃……啊！对！事实上，我的确认为我是在说自己：我决定结婚的时候就是这么做的！我的父母不愿意听我说结婚的事！因此，有一天，天气很好，我把吕西安（Lucien）带到他们面前，我径直宣布："我们下个月要结婚了！"……我父亲沉默地原地转了半圈，然后离开房间，一句话也没说！……我们四年没见面了……（她突然哭了起来）

应她要求，在这之后我和西尔万娜就她与她父亲的关系——她将其描述为"冷若冰霜"——进行了长时间的个人工作。

他从来不表达情感，他从来不抱她，从来不亲吻她，从来不爱抚她……

我向她提议试验一种信任和温柔的关系，她热切地接受了。

在我的示意下，多个团体成员站起来，将她从地上拉起来，让她躺在"手臂的摇篮"之中。大家摇了她一会儿，同时哼唱着一首儿歌。西尔万娜闭着眼睛。她的呼吸平静下来。一滴感动的泪水挂在她的脸上……

西尔万娜——我从来没有这样过！我不知道什么是温柔和爱。我从来无法让自己躺在任何人的臂弯里，即便是我丈夫也不行……和他在一起我从来没有过快感；承认这一点我感到很羞愧，但是我不可救药地性冷淡……说到底，我也这样，冷若冰霜——就像我父亲！……吕西安对我非常耐心，但是这什么也改变不了：结婚四年以来，我从来没有过高潮……而且，以前也没有！

有关她与父亲、男性和她自己身体的工作继续进行了半小时，经历了数个段落：言语上的和身体上的，其间，在治疗师的恳求下，团体成员先是参与，而后不参与。在西尔万娜的"工作"之后，成员被要求说出他们个人的感受，分享"反馈"。

那么，这一切中的格式塔呢？

这两个简短的例子虽然脱离了其语境，但是可以使得我们从中发现格式塔取向的一些特性——我们将在后文详述这些特性。

- 相较于反思或匆忙地去寻求理解，我们从这两个例子中可以看到赋予感受（ressenti）——尤其是身体感受——的优先地位。

- 我们注意到一种觉察（［*conscientisation*］*awareness*①）和感受放大（*amplification*）的策略——常常促成更为深层的真实经验（*un vécu*）的浮现——而非虚幻地追寻紧张或困难的短暂缓和。

- 通过象征的或隐喻的（西尔万娜的摇晃）情境，或者是得益于"单人剧"（［*monodrame*］塞利娜轮流扮演自己和阿尔诺），实验经常使人们可以识别出真实的深层需要。

- 逐渐地产生意识可以促使人们承担个人责任，并更好地确定自己和他人之间的"接触边界"（*frontière-contact*），使得同某些过时的防御机制（塞利娜与其朋友的融合［*confluence*］，以及她只是表面上遵守的那些原则的"内摄"［*introjection*］）做斗争成为可能。

- 在西尔万娜那里，识别其需要满足的正常循环（或格式塔中的"接触–后撤循环"［*cycle de contact-retrait*］）中的种种阻碍，后续便可以针对她各种关系的缓和进行工作（这将在几个月之后，最终促成她的性冷淡的消失）。

- 我们将会顺便指出，在相互刺激或是实时帮助的效果方面，团体工作可能具有的用处。

这里，我不会长篇大论地探讨本书下文将要展开的所有观点：在本章中，对我们来说要做的仅仅是让我们"完全参与进去"。因此我们停留在开胃酒上，不去详述各种技术词汇，或是去证明所采取的过程是正确的。

---

① *awareness*（难以精确地翻译成法语）是产生意识或警觉的特殊形式，并不涉及理性分析，而是一种矛盾态度，结合了漂浮注意（*attention flottante*）及专注（*concentration*）。

9

团体成员快照

上述两个场景皆来自格式塔个人发展和治疗的周末培训。这是一个"连续团体"（group continu），一个月聚一次，地点是某个大城市郊区的一个农场，重新布置过。每个周六的 9 点到 23 点和周日的 9 点到 17 点，我们在那里"工作"，进行密集培训，采取的是所谓的"马拉松"的方式。所有的学员都住在那里，就是在短暂的休息中，参与的强度都几乎未减半分。现在参加者之间相当熟悉，因为这个团体已经进行了几个月。

参与者有十几个，好几个人是以个人身份参与的：一些人是为了治疗，一些人寻求生活的改善（mieux-être）或"最好"（*plus être*）；还有一些人则是作为社工（travailleurs sociaux）、护士、心理学者或医生，正在接受继续教育，以便提高他们专业能力，增强他们的领会能力。但是，不论他们最初的动机是什么，所有人都是为了自己而工作的：这不是一个说教的团体。

除了塞利娜和西尔万娜——我们刚刚谈论过她们——还有罗朗德（*Rolande*），她是精神医院的护士，因母亲曾患有精神疾病而担心自己像母亲一样。

玛丽（*Marie*），服务于适应不良儿童（enfants inadaptés）的社会救助者，从未见过父亲——因谋杀被判入狱服刑二十年。她无法忍受最轻微的攻击迹象，甚至不敢打开电视机，害怕不小心看到暴力场景。

还有罗贝尔（*Robert*），害羞的小学教师，人们一问他问题他就结巴，不敢为自己制定任何规划，尽管他接受了三年的精神分析治疗。

皮埃尔（Pierre），有些"粗野"的伐木工，更习惯于使用斧子而非言语。他和妻儿住在偏僻的森林小屋里，离群索居。

雅克（Jaques），退休农业工程师，渴求重回青春，最终满足自己总是遭到压抑的对音乐、舞蹈和热情接触的需要。

米歇尔（Michel），医生，烦躁而焦虑，总是保持警惕：他什么都看，都听，都读……总是怀疑一切，怀疑所有人。他尤其抱怨自己因为是同性恋而不被理解，甚至被迫害。他渴望"找到从容生活的快乐"，他说自己尝试过"法国市面上几乎所有的治疗，但是毫无所获"。

皮埃蕾特（Pierrette），"开放式监禁"的专业教育者。她正在第三次尝试自杀。她的丈夫——已离婚——总是监视她，威胁她：禁止她进行任何娱乐活动，不许与人联系，并拒绝支付赡养费。她的长子在监狱里。

维维亚娜（Viviane）在青少年时期多次被强奸；如今，她酗酒，依照司法裁决，她失去了对孩子们的监护权。

贝阿特丽丝（Beatrice）是一位秘书。她的脸上长满了痤疮，尝试了各种疗法都无法治愈。"在楼梯井里摇晃她最小的孩子"，她被这样一种无法克制的冲动纠缠着，因而把部分的攻击转向了家务用品……她并不用的那些！

而法妮（Fanny）呢，没有人知道她是谁，做什么，也不知道她遭受着什么，因为她胡言乱语，前言不搭后语，并且前后不一致。

连续团体的生活

团体是"慢慢开放的"，也就是说，随着旧成员的自发离去，陆续有新的位置空出，因而新成员可以逐渐进入团体。每个人都承诺至少连续参加 4 期（约 70 小时的培训或团体治疗），不过可以想待多久就待多久。实际上，我们大部分的来访者参与团体的时间大约为 9 个月至 3 年——统计下来，平均大概是一年多一点。

离开团体的决定必须提前告知，以便对之进行"工作"：明确其旅程、已澄清的问题和仍有待面对的问题，这是很重要的；同样重要的还有，不要未事先通知就中断已经建立起来的关系，不诱发新的"未完成情境"（*situations inachevées*）——根据皮尔斯的观点，未完成情境的累加可能成为神经症的来源。

当然，本章开头的两个连续场景只展示了团体的总体氛围的很小的一部分。团体的气氛每时每刻都不一样：从悲剧变成全然的喜悦，从温柔转向攻击。我们避免完全预先制订计划（除了必要时，在培训开始前所做的热身练习），而是专注于最大限度地开发当下自发浮现（*émerge*）的东西。

工作中最重要的是警觉地追随每个人的个人表达，这可以是言语的或是非言语的：因此这更多地涉及团体中的个体工作，而非团体的工作，关键是依次聚焦于一个或另一个人，而非整个团体的动力；但是，有机会的时候，我们喜欢让整个团体或是部分成员参与某个情境，如果我们认为这个情境能够在很多成员中引发个人共鸣。在这样的情境中，团体在某种程度上可以作为放大的"共鸣箱"，让隐含的东西变得明晰起来。想要得到反馈的人的言语反馈——情感的，而非理性的、阐释性的——对上一个主角是有利的，或者相反地，如有必要，可以为某个参加者以后的工作做准备。

总之，我们看到团体的情境允许有效地探讨格式塔个体治疗中通常谈及的几乎所有的主题，反之则远非如此。因此，追求权力、诱惑、压抑等等，对这些问题的态度——极其常见——在个体治疗中要浮现出来经常更为困难，而来访者通常也要花费更长时间才会意识到……同样，也不会更加深刻，因为这些态度较少伴随着身体的活动或情感的负荷。实际上，在我们看来，在体验中，最丰富、最完整的是团体和个体的交替进行①——最好是同一个治疗师，这有助于促进成员之间亲近的相互协同增效作用（po-tentialisation mutuelle），并解开可能存在的各种无意识的回避"花招"。我将在下文回到治疗的这些策略、方法和技术等方面。

团体中的个体工作，或者和团体一起进行的个体化工作可以持续几分钟到半个小时——甚至一个小时，有时更长。作为格式塔学者，我们一路陪伴着来访者，除了其话语的内容本身，至少同样关注其自发的情感和身体表达（呼吸、面部或身体的表现、无意识的微动作［micro-gestes］……）②，还有说话的声调：换言之，

> 图形和背景，能指和所指，我们同等关注。

如果说我们关注身体的生命的话，反过来我们并不建议诱导

---

① 例如，一周一次一个小时的个体治疗，以及大约每月一个周末的密集团体治疗。

② 参见第十一章有关"格式塔中的身体"的内容。

性身体运动，如生物能（bio-énergie）中所使用的"压力姿势"（positions de stress）。

我们满足于一步步地跟随着当下发生、浮现的东西——当然，这包括对过去的频繁回忆、显露的"未完成情境"——满足于让来访者关注即"觉察"他所做之事，以及他是如何做的，必要时建议他放大自发现象（语调、姿势、动作或"微动作"……），以便更好去觉察这些在他自己身上引发或唤起了什么，而他是自己行为的深层意义的唯一拥有者。

我们避免从外部施加阐释，但是我们毫不犹豫地去分享我们自己的感受。[①]

> 我的身体像一个晴雨表，
> 对我周围的气候很敏感。

例如，当我说"现在，听着你说话，我觉得放心"或"看着你的时候我呼吸困难"时，这并不构成一个判断或是一种阐释，而是一种真实的分享，它在"同情"（*sympathie*）的现实关系范围内，两个主角都作为真实的人在场，是布伯（Buber）的"我/汝"（je/tu）的体现。

因此，不去阐释，不去匆忙地进行分析性理解，那样做有可能导致防御性的理性化，或者滑向"头脑强暴"（masturbation intellectuelle）的无缘由的快乐：需要做的仅仅是，细心地记录、谨慎地实验，以及耐心地等待意义出现。因为意义，它在那里。实际上，与皮尔斯和早期的某些加利福尼亚格式塔学者不同，我们不愿意"将婴儿连洗澡水一起倒掉"，借口人们已经滥用了头

---

① 参见第十章有关"格式塔中的治疗"的内容和对心理治疗的反移情的探讨。

脑而拒绝它。我们出生在笛卡尔的国度，我们在谴责理性时更为理智！

为无序而辩护

不过，事实上，在写下这些的时候，我是理智的吗？我就这样地让自己的联想和分享的愿望游移不定，肆无忌惮地从严谨的观察转向了对既定团体、对尚未阐明的格式塔概念的概要描述，转向了与你们达成默契的策略性评论……而你们对我来说是一些陌生人？

是的！我是理智的，因为我在思绪流动的同时，让自己飘荡着，让"图形"一个接一个地在背景——它自身也是运动的——中浮现，按照格式塔理论，这样的"觉察连续谱"（*continuum de conscience*）灵活而多变，正是健康的标志！

认为思想发展严格遵循线性的逐渐进展，从已知到未知，从过去到现在，从简单到复杂，这不足以让人们认识到生命的多重维度——与螺旋式的总体取向相反，这种取向是人本"整体论的"或"系统论的"，也就是综合且分析的，是人本主义心理学在总体上提出的一种取向，尤其得到格式塔学派的发展。

因此，我特意决心"以不同的顺序"来写作本书，以便它既出于心也出于脑，使我可以与你们一起分享我的生活、我的渴望……而不仅仅是我的观点。

> 无序的通道是创新的，而秩序是保守的。

结构是必要的，但是结构易僵化。所有有秩序的并以逻辑建

15

构的东西都难以活动。我现在仍然会想起我们的一个学员玛伊泰（Maïthé），她经由威尼斯去奥地利度假，而计算机——真是名副其实①——回答她说："票遭拒绝：行程不合理!"（原话如此）

因此，格式塔尚未以铁板一块、不可触犯的理论化方式而过度传授——尽管某些人试图这样做——这是它的一个机遇而非弱点，给它带来创造和想象的冲动。因此，我将利用，甚至滥用这一点！

接触

写一本关于格式塔的书——应该说，关于我的、金泽式的格式塔——无论如何都是在下赌注，因为对我们其他人，即格式塔学者来说，重要的不在于词汇，尤其不在于印刷的干涩油墨印出来的陌生而冰冷的词汇，而是在于当下的——"此时此地"的——个人化的、热情而激动人心的接触。我们之间的这一接触当前被情境的不对称大大地扭曲了：因为我说了很多，而你们在看我写的，我自我揭露地越来越多，但是我对你们一无所知，我因此为陌生人所熟悉；也因为我在此时此地书写——在我这一刻的特定环境中——而你们在之后的其他地方，在完全不同的环境中阅读我的文字。

然而，我的雄心在于：

---

① 作者的文字游戏："秩序"的法文为 ordre，而"计算机"为 ordinateur。——译注

> 从理性转向关系；从客观——被错误地称为"科学的"——转向现象学的主观，以现实的厚度来丰富这种主观；从重复的"数学"，转向创造性的"诗学"。①

因此你们应该从顺从这一循环步骤，它看上去有时是不固定的，我将不断地回到相近的主题上，不过是在不同的语境下——或者在多变的层面上——以便一点点地编织起澄清作用的横向相互关系网。我将请你们陪伴着我去发现并采纳一种新的语言，即格式塔的语言，学习这种语言——正如所有的语言——的方法是渐进式浸入（*imprégnation progressive*），而非通过说教式的语法手册，所有的词语都分门别类，亦非通过词典，词语似乎都合乎逻辑地顺序排列……尽管非常地随意！

因此，在继续阅读这本书之前，是时候让理性重归其位——一个好的位置，但是它既非唯一亦非最佳：

> "人彻底理性的梦是彻底非理性的。"
>
> ——埃德加·莫兰②

然而，为了让那些焦急的人放心，我要指出，主要的主题都已编入书末的索引③，格式塔术语收入术语表，不清楚的时候可以参考。

但是，不要急于求成：接受之物无法一下子都理解，让自己

---

① 在希腊语中，"数学" = "科学"，词源为 *mathein*，*manthano* 的直陈式过去时，*manthano* = "记住""习惯于"……我们已经知道的东西！

② 1982 年巴黎第六届欧洲人本主义心理学会大会（Congres de l'Association Européenne de Psychologie Humaniste [EAHP]）。（埃德加·莫兰 [Edgar Morin, 1921—　]，法国著名哲学家、社会学家，其复杂性思想具有深远影响。——译注）

③ 中译本译名对照表删去原文索引的术语部分。——编注

首先去感受——在整个的阅读中——自身的需要和特殊的欲望，意识到您的期待、沮丧甚至愤怒，品尝您可能的快乐，让您的头脑和心灵……甚至——为什么不呢？——您的手胡思乱想，您可以在本书的空白处涂写，由此将这一印刷的纸张变成表达和相遇的场所，而非防御性攻击的催化剂或"内摄"的被动载体。

　　另外，今晚我就说到这里，让您可以趁热实验——这是格式塔喜爱的技巧之一——您对这几页的即刻感受。我请求印刷者为这个效果留下大半页的空白，就在这里，接下来您可以在此处随意写、涂或画……任何东西，让您可以开心地去做平常禁止自己（不知道为什么！）做的事，就好像书仍然是某种"神圣"的东西——也就是说，为"世俗"① 所禁止。

　　无论如何，这不是我的书，是您的……如果您碰巧将它借给其他人，带着这些涂画，这些您自己领土的标记，那将只是为它增添芬芳。

---

① "世俗"（Profane）："属于人的日常生活领域"——而这正是格式塔的领域！

第二章
格式塔第一印象[1]

然而，说到格式塔，*Was ist das?*[2]

　　首先！为什么不说法语，像所有人那样？

　　Gestalt 是德语，如今全世界都在使用，因为其他语言中没有对应的表述。因此我们认为要按照德语的发音，读作Guéchtalt。这也是为什么我们要大写第一个字母——至少，当它作为名词而非形容词使用时——顺便提一句，这给了格式塔一种高傲的外表，当它和其他小写的[3]流派在一起的时候，如精神分析（psychoanalyse）、心理剧（psychodrame），生物能、

---

[1]　本章的主要主题来自1982年4月作者在伊泽尔（Yzeure）精神病院的会议发言，其部分内容作为一章收入以下作品集：Vanoye et Ginger, *Le Développement personnel et les travailleurs sociaux*, Paris, éd. ESF., 1985.

[2]　*Was ist das?* 德语 = "这是什么？"
　　　　由这个词：Vasistas，法语 = 小窗户，凿于门上，在闯入者进入家门之前让您可以谨慎地查看……这正是格式塔如今的情况！

[3]　"小写的"原文为minuscule，在法语里另有"细小的""微小的"之义。——译注

重生 （rebirth）……以及 psi 家族的新国际超市的无数其他竞争者！

Gestlten 意为"令具有形式，给予有意义的结构"。

事实上，相较于 *Gestalt*，说 *Gestaltung*① 更为准确，这个词指的是一个预计的行动，正在进行中或已经完成，它意味着一个定型的过程，一个"形成"（*formation*）。

常见的词典② 通常未收入"格式塔"，它的意义最早见于"格式塔心理学"（*Gestalt-psychologie*）。格式塔心理学认为我们的感知场（以及我们的智力场、记忆场、情感场等等）在结构化且有意义的整体的形式（"好的形式"或强大而意义丰富的 *Gestalten*③）之下自发地组织起来。对整体的感知——如，一张人脸——无法被化约为感知到的刺激的总和，因为

> 整体不同于其各部分之和。

因此，水是氧和氢之外的另一种东西！同样

---

① 罗拉·皮尔斯（Laura Perls）也偏爱这个术语。同时参见"造型格式塔"概念，由精神分析学家和艺术家汉斯·普林茨霍恩（Hans Prinzhorn）提出，见其 *Expressions de la Folie*，Paris, Gallimard, 1984; J. 布鲁斯特拉（J. Broustra）也对这一概念进行了分析，见其« Sur la "Gestaltung" »，in *Psychiatrie française*，N° 6，1985, in *La Gestalt*，N° 11，1986 (Bulletin de la S.F.G.)。

② 除了少数例外，尤其是《拉鲁斯百科大辞典》（[G.D.E.L.]，*Dictionnaire Encyclopédique de Larousse*，10 卷本）、《图解小拉鲁斯词典》（[*Petit Larousse Illustré*] 从 1989 年的版本开始），当然还有一些专业的技术词典。相反，1990 年版的《环球百科全书》（[*Encyclopædia Universalis*]）在其 30 卷的 6 卷中，花了很长的篇幅阐释格式塔心理学的不同方面，对格式塔治疗却只字未提！

③ 格式塔的名词复数形式。为了简化，我通常只使用法语化形式 Gestalts。

> 整体的一部分，与单独的或者包括于另一
> 个整体的这个部分，是不同的。

因为根据它所处的位置和它在各个总体中的功能，它具有不同的性质；因此，游戏中的叫喊与人烟稀少的马路上的叫喊是不同的，光着身子淋浴时和光着身子在香舍丽榭大道上散步，其意义是不同的！……

因此，要理解一个行为，重要的不仅仅是去分析这个行为，更要具有综合的视角，在更为广阔的总体环境中去感知它，要具有更大而不再是更"尖端"的看法。

治疗：统一、健康、神圣

下文我将回到格式塔心理学或"形式的理论"上来。本书论述的是格式塔**治疗**（英语是 Gestalt Therapy，经常缩写为 G.T.），为了防止混乱，我不应该略去第二个术语。但正是出于这个考虑，我才没有系统地提到它。实际上，"治疗"这个词在法语里对大多数人来说，含义狭窄。《罗贝尔词典》仍然如此定义："为了治愈或治疗**病人**而采取的所有行动和实践。"而甚至世界卫生组织（[O.M.S.] Organisation Mondiale de la Santé）也在其序言中重申：

> "健康**并非**没有疾病或残疾，而是一种完全的**身体、精神和社会的良好状态**。"

因此，在这样的总体的、"整体论的"（*holistique*①）视角下，治疗的目的在于这一和谐的良好状态的维持和发展，而非无论何种障碍的"治愈"和"修补"——这意味着对一种暗含的"正常"状态的参照，而这一立场与格式塔精神是相对立的。格式塔珍视差异的权利，珍视每个存在的不可化约的独特性。

由此，这种治疗与个人发展、形成②和人的潜能的释放——明确地不同于规范化目标，后者以社会适应为中心——等观念相联系起来。因此，对于格式塔学者戈尔德施泰因（Goldstein）来说，皮尔斯（还有他的妻子罗拉）最主要的贡献之一在于提出

---

① 来自希腊语 holos，"整体"（tout），由此衍生出拉丁语的：solidus，"整个的、坚固的"（entier, solide）；salvus，"未触碰的，健全的"（intact, sain），由此衍生出 salve，"致敬"（salut）、"保重"（porte-toi bien）；solidare，"连接"（souder）；等等。印欧语系甚至闪米特语族中的许多语言中可以找到这一词源。

英语：to heal，"治愈"（soigner）；holy，"神圣的"（saint）、"统一的"（unifié）。德语：heilen，"治愈"——由此衍生出遗臭万年的 heil，"万岁"（heil 这个词令人立刻联想到纳粹礼"Heil Hitle！"，即"希特勒万岁"——译注）；heilig，"神圣的"。这个词见于印地语、波斯语：salam，"你好""保重"——由此衍生出"过分的礼貌"（salamalecs）。还有阿拉伯语、希伯来语：shalom 等。

在法语中：单词 holocauste 保留了这个希腊语词根，它指的是"牺牲仪式，献祭品被整个地焚烧"；还有 catholique，"普遍的"（catholique 这个词现常见含义为"天主教的""天主教徒"，旧时有"普遍"之义。——译注）。

对我来说，重要的是强调"健康"（santé）这个词和"统一"（unification）、"完整"（[intégrité] 因此和格式塔，即"整体的、整合的图形"）之间在词源上的相似性，以及"健康"与存在的另一种统一形式"神圣性"（sainteté）之间在语义上的共同之处。因此，健全和神圣意味着"融合"。

② 新的"形式形成"或"格式塔形成"的意义，尤其参见 Bernard Honoré, in *Pour une Pratique de la formation*, Paris, Payot, 1980："在'形成'中，改变的出现伴随着感觉、觉察、认知、表达、行动的新的方式。这是从已知到未知的过渡。它建立在意识'制造'和能量转变的基础上。"

> "正常不是通过适应来定义的，相反，它是通过发明新规范的能力而得到定义的。"①

那么，格式塔面向何人？

今天格式塔实践的情境目的非常多样化：它不但被用于面对面的个体②心理治疗、伴侣治疗（双方同时在场）、家庭治疗、治疗的连续团体（比如每周一个晚上和/或每月一个周末），而且也为潜能的个人发展团体，以及各种机构（学校、适应不良年轻人服务组织、精神专科医院等等）和工商界的企业人士所采纳。

格式塔首先关系到遭受精神、身心和心理障碍的人，人们将这些障碍划归为病理性类别；另外它也面向那些困难人群，他们面对存在性问题，不幸的是，这些问题很常见（冲突、决裂、孤独、哀悼、抑郁、失业、无效感或无力感等等）；从更广的范围来说，它面向所有的人（或组织），它

> 寻求个人（或组织）的隐藏潜能的更好解放，
>
> 不单单是改善，而是"最好"，是更好的生命品质。

---

① K. Goldstein, *La structure de l'organisme*, New York, 1934.

　　康吉扬（Canguilhem）采纳了这一思想，他区分了标准化（*normativité*）和正常性（*normalité*）：治疗行为的结果并非回到或者过渡到一种"正常"的运作上，这是一种独特运作的创造，使得表达的最大化可以与社会生活相互适应。G. Caguillhem, *Le normal et le pathologique*, Paris, PUF, 1966.

② 我们更应该称为"双方的"（duelle），但是这个心理学家经常使用的形容词仍然未列入《罗贝尔小词典》！

一定得将"治疗"与"疾病"联系起来吗？

存在一些严重的病理和带来极大困扰的疾病、一些让人焦虑不安的精神疾病，以及让人绝望的神经症。我们每天都在个体治疗和团体治疗中接待这样的来访者。

但是也有一些存在性问题较为常见，而且，长久以来，所有国家的统计数据都提醒我们，自杀在所谓的"正常"人中比在被"认定为"患有精神疾病的人中要多得多。

"正常"止于何处，"病理"始于哪方？在过度的精神病强制收容和浪漫的反精神病学之间，如何进行选择？

谁能说对心爱之人的哀悼或者一场令人身心俱疲的失恋，与强迫神经症（névrose obsessionnelle）或原发的性欲缺失（frigidité primaire）相比，哪个更容易承受？我们没有这样的一把尺子，可以去测量各种障碍的严重程度，而说到底，学术上以词语衡量其重要性的疾病分类对我来说并不重要。

我拒绝在"疾病"（maladie）和存在性"不适"（mal-être）之间做出诊断，并且我并不反对皮尔斯所主张的"正常人治疗"（*thérapie des normaux*）——他觉得将他的方法只用于病人和边缘人群太令人遗憾了！

格式塔的历史和地理分布

我唠唠叨叨，并且满足于某些普遍的——重要的——想法，但是我到现在都还没有给格式塔下个定义！

那么"新的治疗"是什么？对于公众来说，其外延经常难以界定，人们轮流给它起了不同的名字：专注治疗（thérapie de

concentration)、此时此地的治疗、存在主义精神分析、整合分析、想象心理剧。我还知道哪些呢？而这里我简简单单地命名为：

接触治疗

的确，直至最近，格式塔在法国还不太为人所知，尽管在大洋彼岸，它已经成为治疗、个人发展和培训流传最广的方法之一——远远超过了精神分析、心理剧和"非指导性"或"来访者中心"的取向。今天，它是上千论述的研究对象①。美国有几十个格式塔培训机构，分布于所有的大城市，格式塔的教学常规化面向心理学者、社会工作者、牧师和青年运动（mouvements de jeunesse）的负责人。另外，据估计，几十万人曾接受过格式塔的个体或团体心理治疗，或者参加过格式塔的发展团体。

格式塔诞生三十年之后，在法国仍这样默默无闻，如何解释这一点？笛卡尔后继者们对看起来并非建立在理性和传统因果论思想基础上的一切东西都充满特殊的抵抗，必须从这一点去找原因吗？在法国，发现"原因"——可以是假设的——仍然比结果更为重要，即便这并未一下子就进入现行的教育纲要中。在我们国家，可以看到对超心理学（［parapsychologie］目前在二十几个美国大学里教授，似乎苏联也有），对"温和疗法"（médecines douces）、"自然疗法"或"平行疗法"（［médecines parallèles］顺势疗法、针灸等等）②的类似的不信任，需要提醒

---

① 其中的 90% 对于说法语的人来说是无法接触到的，因为到现在为止，翻译成法语的未满百篇。

② 1986 年 6 月，医师协会全国常委会（Commission nationale permanente de l'Ordre des médecins）发布了一篇重要的官方报告《江湖医术和医疗权限》（Charlatanisme et compétence médicale），尤其谴责了具有按摩或针灸执业资格的医生对所有年龄、所有疾病的治疗，并指控"整骨医生或自然疗法医生与他们串通一气"……

的是，法国在引入精神分析上尤其迟疑——它公然与那个时代的偏见相抵触。因此，精神分析在我们国家发展严重滞后[1]……在它攫取几乎是"帝国主义般"垄断权之前。

格式塔——而且一开始带有欧洲的根源——在日耳曼国家和盎格鲁-撒克逊国家快速传播开来，现在它已经推广至各大洲：加拿大、墨西哥和南美、澳大利亚、日本等等。在德国，它从1969年开始得到引介，1972年开始在数个学院得到教授——其中包括弗里茨·皮尔斯研究院（Fritz Perls Akademie），单单这个学院到目前为止就已经培训了超过2000名专业的格式塔从业者（精神分析师、心咨询师、社会工作者等等），而对于跟它相邻的国家法国来说，大约是几百人[2]。直到最近的一个时期，法国全部的格式塔学者都跟随外国专家学习[3]，不过现在，尤其是在法国格式塔学会的推动下，我国已经有了十几个培训学院。

格式塔尤其是以弗里茨·皮尔斯的直觉为出发点而建构的，皮尔斯是一位德裔犹太精神分析师，53岁时移民至美国。[4]

---

① 第一次提及"精神分析"这个术语是在1896年弗洛伊德直接用法语写就的一篇文章中，即便如此，弗洛伊德文章的第一次法语译介要一直等到……1920年，而其全集直到今天都尚未在我们的语言中出版！

参见 J.-P. Mordier, *Les débuts de la psychanalyse en France (1895—1926)*, éd. Maspero, Paris, 1981；R. Jaccard, *Histoire de la psychanalyse*, Paris Hachette poche, 1982；E. Roudinesco, *La Bataille de Cent ans : Histoire de la Psychanalyse en France*, Paris, Seuil, 1986.

② 2000年，参加专门的格式塔执业培训并结业的法国人估计总数将达到1000人左右。这些培训由获得授权的欧洲法国学院进行，为期3至5年（600至1000小时的理论和实践培训，之后是额外的临床督导）。这些开业医生在各个领域执业（治疗、培训、社会教育部门等等）。

③ 我和安妮主要是在美国受训的，我们从1970年开始，连续7次赴美接受培训。

④ 第四章（皮尔斯生平）和第十四章（格式塔的发展）将详细展示这段历史。

我们可以把格式塔的构想确定在 1942 年的南非，但是其出生证和正式命名时间是 1951 年，在纽约。其童年相对来说是默默无闻的，发展也受限。之后在加利福尼亚，在 1968 年声势浩大的"反文化"运动的背景下，格式塔才声名鹊起，这场运动震动了全球，它追求新的创造性（"权力的想象"！）人道主义价值观，赋予每个人自己的那部分责任（"自我管理"），并寻求

> 重新评估存在与有的关系，
> 将知识从权力中解放出来。

格式塔，并不仅仅是一种简单的心理治疗，它体现为一种真正的存在主义哲学，一种"生活的艺术"，一种理解生命与世界关系的特殊方式。

皮尔斯及其合作者（尤其是罗拉·皮尔斯和保罗·古德曼）的天才之处在于，构想了一个来自欧洲、美国和东方的各个哲学及方法论流派的严密综合体系，由此建构了一个新的"格式塔"，其"整体不同于各部分之和"。

格式塔处于精神分析、受赖希（Reich）启发的身心治疗、心理剧、幻想（rêve-éveillé）、相遇团体（groupe de rencontre）、现象学和存在主义取向、东方哲学等的交叉路口。

它重点强调对当下经验（"此时此地"，包括既往经验的可能的浮现）的意识，重新尊重情感的和身体的感受——在西方文化中，这些感受经常遭到压抑，西方文化严厉规定了愤怒、悲伤、焦虑……——还有温柔、爱或快乐等的公开流露。

格式塔提出了一种人的统一的视角，认为人处于其五个主要维度的系统互动中，这五个维度是身体、情感、理性、社会和精神方面的，包括了处于其局部环境和宇宙环境整体中的存在的整

体，追寻着根本的意义。

格式塔主张与他人、与自己之间的真实接触，以及有机体对环境的创造性调整（*ajustement créateur*），并认识到经常促使我们采取重复性行为的内在机制。它特别强调正常的需要满足循环中我们的中断过程或阻碍过程（*processus de blocage*），并暴露我们的回避（évitements）、恐惧、抑制（inhibition）和幻觉（illusions）。①

格式塔的目标并不仅仅是解释我们困难的根源，而且要实验（expérimenter）② 各种不同的新的解决之道：格式塔并不苦苦追求知道为什么（*savoir pourquoi*），而是去感觉怎么样（*sentir comment*），后者推动了改变。

在格式塔中，每个人都对自己的选择和回避负责。格式塔工作依据适合个人的节奏和水平而进行，从当下他所浮现之物出发，这可以是一个感知、情绪或现实的担忧，可以是未能处理好的过去的或"未完成的"情境的重现，抑或是不确定的未来的展望。

格式塔工作通常是个体化的，即便是在团体中进行的——团体作为支持或扩音器的"回声"而使用。

格式塔以独创的方式将言语和非言语的不同技术整合并组合成一个整体，这些技术包括：感官唤醒（éveil sensoriel）、能量工作、与梦工作、创造性（绘画、模型制作、音乐、舞蹈……）等等。

---

① 详见下文第九章有关"自体理论"的相关内容。

② 一些人更喜欢新词"体验"（*expériencier*），这个词引发人们注意"内在经验"（*to experience*），而非面向外部的行动（*to experiment*）。"体验"具有消极的内涵（我忍受）；"实验"则具有积极的内涵。

在本书全文中，我都将经常地回到理论基础、方法论原则，以及众多的不同"风格"的和实践的技术，不过，从现在开始，我就要试着用一句话做个总结，我认为它可以概括格式塔取向的特征：

- 它并不在于理解、分析或阐释实践、行为或情感，而是

促使人们去认识我们运作的方式和我们的过程；

- 面对环境的创造性调整；

- 当下体验、我们的回避，以及我们的防御或阻抗机制的整合。[1]

这里涉及一种根本的态度，它不同于精神分析和行为主义，而是构成了独特的"第三条道路"：理解并学习，但尤其是实验，以便最大限度地拓展我们的经验领域和选择自由，尝试着摆脱受过去和环境束缚的决定论，面向一种摆脱历史性或地理性制约的完整倾向，并由此而找寻到一个自由和责任之域。

如果我允许自己改写萨特的话[2]，将他的声明心理学化，我将这样说：

---

[1] 在科学格式塔对该术语的接受中，"阻抗"是一些防御或回避的机制，以及"接触循环"（内摄、投射、内转等等）中的歪曲或中断。见第九章"自体的理论"。

[2] 实际上，萨特提出了一个相近的观点，不过语境很是不同："哲学再现了总体化的人的努力，为的是重新抓住总体化的意义。没有一门科学可以取而代之，因为所有的科学都应用于人已经划定的某个领域……作为对实践的质询，哲学同时是对人的质询……**本质的东西并非人们让人成为什么，而是人们让人使其所成为者成为什么。**人们让人成为的东西，是人文学科所研究的那些结构，那些有意义的整体。人所做的，是历史本身……哲学处于这一接合点。"

（1966 年 10 月接受《弧》[L'Arc] 杂志的访谈。In Sartre, par Annie Cohen-Solal, éd. Pantheon Books, New York, 1985.）

> 重要的并非人们对我做了什么，而是对于人们对我所做之事，我自己是如何做的。

然而不能天真地否认生物遗传或童年早期经历的重要性，也不可以低估社会环境的文化压力，而是去寻找我总体的存在于世（être-au-monde）的内在一致性，以便发现并发展我的自由"空闲时间"，我自己的专门而独特的生活方式。

首先，格式塔尤其激励我更好地了解自己，接受我自己原来的样子，而不是改变自己以符合某个解释性的或理想化的参照模式，不管这个模式是个人还是社会的，是内在的还是外在的，是哲学的、道德的、政治的还是宗教的。

在成为其他之前成为我之所是，这是"改变的悖论"（Beisser，1970）[1]。

格式塔以某种方式鼓励我以我自己的方式自由航行，而不是筋疲力尽地进行斗争：识别我人格的内在深层流动，探索我的环境的不同气流，同时保持风帆和方向舵的警惕性责任，以实现我之所是，并根据我自己选择的道路，在大洋表面开辟我自己的瞬息即逝的沟纹。

在实践中，这些原则通向一个特殊的工作方法，它受到现象学的启发，并可能得益于某些技术，这些技术有时被称为"游

---

[1] 在一篇经典文献中，拜塞尔（Beisser）提出了一个观点，实际上这个观点1956年起就由卡尔·罗杰斯（Carl Rogers）所陈述，并于1961年得到发表：
"正是在我以我所是的样子接受自己时，我变得有能力改变。"（见 On becoming a Person，Boston，1961；法译本见 Le développement de la personne，Dunod，Paris，1972）

戏”或“练习”[①]。

但是，这些技术——其中一些受到心理剧的启发，另一些则借用自其他取向（例如，沟通分析［*analyse transactionnelle*］）——经常与格式塔相混淆，混淆二者的人对其基本原理几乎完全无知：某些人想象或声称“做”格式塔，借口不过是，他们使用了“空椅子”（chaise vide），或是让某个人对着一个靠垫说话！就好像仅仅演个戏就可以做心理剧，或躺在沙发上就可以“做”精神分析！[②]

靠垫不是格式塔，正如自由联想（association libre）不是精神分析！但是二者在特定情况下都可能是有用的。我们当然可以弃之不用，然而为什么要放弃，要借口水里都是肥皂而“将婴儿连洗澡水一起倒掉”？而这正是我们好几个同行现在的态度，他们采取了一个防御的应对立场，在我们看来，某些方法的那些滥用令人遗憾，无法用以证明这个立场。

无论如何，即便对于不同的治疗师来说，风格的不同类型重要性各不相同，格式塔技术仍然只有在其整体的环境之中才具有意义，也就是说，这些技术是整合在一个严密的方法中，并与总体的哲学是相一致的——本书试图传达出这一哲学。以下的话无论怎么重复也不为过：

---

① 参见 Abraham Levitzky, « The Rules and Games of GesaltTherapy », in Fagan et Shepherd, *Gestalt Therapy Now*, New York, Science & Behavior Books, 1970.（法译本见 S. Ginger et L. Molette, *Les règles et les jeux de la Gestalt*, Paris, IFEPP, Doc. Multigraphié, 1973.）

② 事实上，大多数格式塔学院目前的规范对职业经历、培训和控制进行强制规定，要求至少工作 10 年，也就是说，至少：3 年的教育，2 年的心理社会行业实践，2 或 3 年的个人治疗，3 至 5 年的格式塔专门培训，1 至 2 年控制（监督）下的专业练习。

> 格式塔的本质不在于其技术，而在于其总体精神，这一精神是格式塔的根源，也证明着各种技术的正当性。

若干技术

然而，为了给予从未实践过这一方法[①]的读者更为具体的概述，现在我将快速列举（几百个技术中）最为常用的几个技术：觉察练习、"热椅子"、演出、单人剧、放大、直接质询（inter-pellation directe）、梦工作、隐喻表达……

觉察练习一例

"就在这个时刻，我觉察到肩膀很紧张，背弓着，注意力集中在电脑上。我的视线凝固。我觉察到被屏幕上跳动的字母迷住了。我认识到我屏住了呼吸——这似乎没有必要！我觉察到一种阻碍和隔离的态度……现在，我抬起了头：安妮在那边，在长沙发上看书，我刚才没有觉察到她在那里。我朝她微笑，但现在是她没看见我：她沉浸在自己的阅读中。我感到有点不自在，我们在同一个房间里，却一刻也没注意对方！……我的头脑里浮现出一个图像：我和我的兄弟共用一个房间几年时间，对于他的存在我已经习惯性地发展出了一种刻意的漠不关心，这样我才会觉得更加自由。我做

[①] 可以在第一次格式塔团体基础课程之后阅读附录中的受训者见证。

得就仿佛他不存在一般！事实上，我兄弟现在怎么样了？我很久没他消息了：但是我们并没有生对方的气！我站起来，我要给他打电话……"

这里涉及的是关注我的身体感觉（外感受的［*extéroceptives*］和本体感受的［*proprioceptives*］）和情感的持久流动，去感知图形的不中断序列，这些图形在前景中出现的，其"背景"由一个整体建构而成，这个整体包括我所生活的情境，以及身体、情感、想象、理性或行为层面上我所是之人。

这个经典练习经常被用作热身（échauffement），某些时候，基于当下的感受，它有助于过去的"未完成情境"浮现出来。觉察的根本态度回应了皮尔斯所主张的四个关键问题：

- "你此时在做什么？"
- "此刻你感觉到什么？"
- "你正在回避什么？"
- "你想要什么，你期待我做什么？"

"热椅子"与"空椅子"

Hot seat[①] 的字面意思是"热的椅子"或"滚烫的椅子"（有时也被称为 *open seat*："开放的"椅子[②]，也就是说下一个来

---

① 热椅子，在美国指的是"审讯凳"，不过这个术语在黑话里也指……"电椅"！
② 不要和 *empty chair* 即空椅子相混淆，空椅子是为一个或几个想象的搭档准备的。

访者可以坐）。弗里茨·皮尔斯在其演示①中特别喜欢这项技术。为此，他在讲台上自己的身边留了一个座位，希望"工作"的来访者自己在他身边坐下，坐在那里意味着来访者准备好卷入一个和治疗师的双重过程。面对着自己，在一张"空椅子"上面，来访者可以按照自己的意愿投射一个想象的人物，并被允许进入与人物的关系之中。

由此，"审讯凳"上的人可以按照自己的愿望，在一段时间内处于团体关注的中心，这段时间长短不定，从几分钟到一个小时或更长。他由治疗师"陪伴着"，在其他参加者面前——合适的时候，他们可能会被请求参与进来。

对我们来说，在巴黎格式塔学校，我们工作中经常使用一些大靠垫，而不是一把空椅子：团体坐在地上，地上铺着地毯，或者一些床垫，床垫周围是不同形状、不同面料、不同颜色的靠垫。这个布置可以促成某种亲密感，使得每个人都去寻找让自己舒服的做法并可以改变姿势，它有利于接触、身体动作的自发表达，以及可能的连续有意演出——个人的或是集体的。

创造出的氛围和情感气候依据身体的姿势差别很大。

·准备好的，躲"在一张桌子后面"，在讨论的团体中；

·"展示的"，围成圈，坐在椅子上，在"基本团体"② 中；

·坐在地上，在"心理-身体的"（比如格式塔）团体工

---

① 借用自莫雷诺 (Moreno) 的心理剧。参见罗斯玛丽·利皮特 (Rosemary Lippitt) 有关"辅助椅"（La chaise auxiliare）的文章，载 *Groupe Psychotherapy*，vol. 11，1958。

② "基本团体"（Groupe de base），或"训练团体"（*Training-group*）、"T 团体"（*T. Group*）——致力于分析内在于团体自身生活的各种现象，以及"团体动力"。

作中。

但是要明确的是，格式塔从根本上而言既非团体治疗亦非"身心"治疗①——这与流传甚广的观点相反——有一些治疗师和流派的工作仍然主要是言语的，身体运动有限。而皮尔斯自己，他在纽约的格式塔早期实践中，曾提议来访者躺在长沙发上，在加利福尼亚伊萨兰的后期实践中，他年纪很大了，行动非常不方便：因此他从不坐在地上，很少进行字面意义上的身体工作——与他的加利福尼亚后继者相反……

但是回到我们这里！我们可能将靠垫（但是也包括完全不同的其他客体，比如衣服、包、首饰等等）作为"过渡客体"（*objets transitionnels*）②，它们可以轮流象征人物、身体某些部位，甚至抽象实体。这种情况下，我们让来访者自己选择适合他的客体。他可以与想象中的同伴进行内部视觉化，言语交流，或者在当下相互影响：例如，这个靠垫将代表他的妻子；那个呢，他去世的父亲，和父亲他"还有话要说"；他可以自在地召唤，诅咒，用拳头打，用手掐，或者……用牙咬（原文如此！）——如果是一把空椅子的话，这显然要不舒服得多！——甚或，亲吻，抚摸，或者以泪水浸透它。但是这个靠垫也可以很好地代表孤独、自主或嫉妒，并发现自己就这样被拒绝，被胜利地高高举起，或者被践踏……

但是，如果滥用，那么所有的过渡客体反而都会在访者和咨询师之间插入一个外来因素，从而切断他们之间的直接接触。而这一接触的发展构成格式塔治疗的本质，正如伊萨多·弗罗姆

① 有关这个话题，参见第十一章"格式塔中的身体与情感"。
② 在温尼科特这个术语的意义上，不过含义要稍稍拓展一些。

(Isadore From) 所有理有据地强调的那样[1]。因此，对靠垫的可能使用意味着维持着此时此地正在进行中的，幻想关系和实际关系之间的不断往复。

> 我们记得，按照剂量的不同，同样的产品可能是药品或毒品，甚或流行的普通香水。

情感的这种演出（*mise en action*），在日常生活中被压抑（或者，就像为了摆脱而过快地言语化），在格式塔中却经常使用，它有助于逐步地进行表达、发泄（*abréaction*）和清除一定数量的"未完成情境"，而这些促使重复性神经症行为，以及不恰当的或过时的情景[2]发生。

这种情感或宣泄类型治疗的行动机制带来了各种假设，本书中我们将会有机会回到这些假设[3]。目前，我想要简单地强调一点，即所有心理治疗介入的目的都不在于转变外部情境，改变事情、他者或事件，而在于转变来访者对事实、事实的相互关系和可能的多重意义所形成的内在感知。因此，工作的目的在于鼓励新的个人体验，以及每个人对感知的和心智表征的个体系统的重新评估。

---

[1] Isadore From, « A Requiem for Gestalt », in *The Gestalt Journal*, Vol. Ⅶ, n° 1, printemps 1984.

[2] 取这个词在沟通分析中使用时的意义："生命图景"（plan de vie），最常在童年早期形成，通常不是无意识的，而是前意识或"不知道的"，在当事人不知不觉的情况下根据父母过时的禁令起作用。

[3] 尤其参见第十二章关于"大脑与格式塔"，以及涉及生理化学与生理心理反应的那些假设，这些反应发生于大脑中部两个半球之间和大脑皮层之下，改变中间神经元突触联系并将实际的躯体体验、情感活动（大脑边缘系统）和心智表征（大脑皮层）相互关联。

演出[①]

首先，我要指出，对经历过的或幻想的情境的刻意"演出"（英文为 *enactment*）——格式塔治疗经常提倡——与精神分析师所正确揭露的冲动或防御的"见诸行动"（passage à l'acte）相对立（*acting out*）：见诸行动是一种回避，在某种程度上，"绕过了"感知——行动让位于言语分析——而刻意的演出正相反，是一种强调，它有助于感知和觉察，动员身体和情感并因此使得来访者能够经历最为紧张的情境，去"再现"（在"使其重新出现"的意义上）、实验和探索未能很好识别、遗忘、压抑甚至无知的情感。[②]

以下是两个概括的例子：

初始情境	见诸行动	演出
我感觉自己被其他人拒绝或不被理解。	我突然离开团体，摔门而出，我打算一个人在外面，闷闷不乐地进行推论……	人们建议我有意地离开团体半个小时——团体在我缺席的情况下继续进行……然后，我表达了我的不满。
	＝"逃离"，维持我的拒绝情感。	＝拒绝的象征化，使其分析成为可能。

---

① 我更喜欢"演出"这个说法，它比"上演"（mise en acte）更有活力——另，在拉普朗什（Laplanche）和蓬塔利（Pontalis）的《精神分析词汇》（*Vocabulaire de la psychanalyse*）中，"上演"这个表述具有不同的含义。

② 参见皮尔斯的文章：« Acting Out vs. Acting Through »（法文题为« Du passage à l'acte au passage par l'acte »），in *Gestalt is*, texte recueillis par John Stevens, New York, Real People Press, 1975.

续　表

初始情境	见诸行动	演出
一个参加者占了我觊觎的位置。	我远离他并咒骂着推撞他……	主持人建议来一场身体对抗，随之对打斗的进行方式进行言语分享。
	＝暴力，维持愤怒并掩盖情境的各种心理成分。	＝竞争的象征化，合适的时候，具有团体的"反馈"。

　　需要明确一下，就我们而言，我们禁止各个场景中所有暴力的或性的见诸行动——不过允许有控制的、攻击性的或温柔的身体表达。[①]

单人剧

　　单人剧是心理剧的一种变体（莫雷诺已经使用过单人剧），其中主角轮流扮演自己和他所提及情境中的不同角色：例如，他可以依次代表他自己和他的妻子，或者他严厉而拒绝的母亲，在这位母亲一边，一位关心而充满爱的母亲；他可以让自己与性别相冲突的头脑说话，并轮流化身二者；他甚至可以将更为抽象的观念搬上舞台，如他的安全需要与他的独立和冒险的欲望进行对话……

　　为了使情境明确——对他自己和可能的证人而言——人们通常激励他每次改变角色时都改变位置。[②]

---

① 见第十、十一章对这些方面的技术的讨论。
② 例如，参见第一章"塞利娜的分娩"部分。

单人剧有利于逐步地将我自身的感受表演出来，它浮现于"被再现的"情境，并不对外部同伴的个人问题造成可能的干扰，这个同伴与他并不一定"相互理解"——正如经典心理剧中有时会发生的那样。实际上，对我来说重要的并非图形化我"真正的"母亲，而是弄清楚有关这个主题，自己各种内在的、主体的和矛盾的表征，给我的母性意象一种荣格意义上的新的形式。然而，持有这个角色的同伴[1]，一方面对我的母亲和我的自我观念几乎一无所知，另一方面，很有可能无意识中混入她自己对母亲的真实的或幻想的情感，以及她自己作为母亲的感受。

我们经常碰到各种错综复杂的情境，这些情境与我们谈到的配偶之间的实际冲突性质相同……每个同伴都在不知情的情况下，添加了自己的经历。

极性

单人剧因此可以以各种方式促进探索、识别并更好地整合一个关系中的相对"极性"[2]，而不会抽象地将这一关系化约为一种人工、虚假且贫乏的非中庸之道（injuste milieu）：实际上，

---

[1]　在某些情况下，反之，心理剧能够促进情境障碍的去除，正如安妮·佩龙-金泽（Anne Peyron-Ginger）《心理剧：成人的一个儿童游戏》一文所指出的那样，文见 Le Développement personnel et les travailleurs sociaux（op. cit.），以及 Pour psychodrame gestaltiste，Doc E.P.G.，n° 8，Paris，1992（41 p.）。

顺便提一下，我童年的母性意象，铭刻于我永恒的无意识之中，这是一位年轻的妇女，因而能够说明我选择一位比我的实际年轻的妇女来再现她。

[2]　关于极性的工作也有助于结束一个不完整的格式塔。在第六章有关"道"的内容中，我将回到极性这个主题。

我能够同时感受到对某个人的猛烈攻击和强烈的爱。这些情感的每一种都值得最大限度的澄清和彻底的感受，有机会时还可以通过象征性演出得到阐明，体验其不同意涵，而非通过一种混合了有限度的爱的态度而"中立化"。这种有限度的爱通过暴力及与之对立情感的抽象代数之和而被化约为一种"灰色的单色画"（grisaille），这两种情感是相互增长而非相互消除的。

传统上追求的是"中庸之道"（juste milieu）的一种静态而狭隘的平衡，而我偏爱追求的是一种极力扩大的动态平衡。走钢丝的演员通过扩展其平衡杆来保持其平衡，同样，格式塔激励我们尽可能地伸展我们的羽翼。

> 就像鸟儿在云中，
> 甚至像那谦逊的自行车运动员，
> 生活只有在运动中才能找到其平衡。
>
> ——乔治·杜亚梅（Georges Duhamel）

放大

格式塔的一个重要主题是，通过将内部场景中所上演的内容投射于外部场景，让阴暗之物变得更加明显，由此使得每个人都更好地感知到，在自己与环境之间的接触边界[1]上，此时此地自己的运作方式。

因此这里涉及的是按照正在进行中的过程，仔细观察着"表

---

[1] 见第九章"自体的理论"。

面现象"，而非跳入无意识的模糊的假设性深处——这些深处只能借助人为的阐释而进行探索。

脑生物学的当代研究赋予所有活细胞的细胞膜功能第一位的重要性，细胞膜既是保护的屏障，又是交流的优势领域。与此同时，格式塔工作也强调了皮肤的真实的和隐喻的作用，皮肤保护我们，限定我们，表现着我们的特点，但是经由感觉神经末梢和无数的毛孔，它也构成了我们与环境接触和交流的优势器官。

关于这一点，我们可以说，弗洛伊德主要对我们身体的三个开孔（口、肛门和生殖器的开孔）感兴趣，而皮尔斯更加重视的是感官和皮肤所有开孔的整体![1]

因此，与政治学家一样，格式塔学者严密监视着所有边界区域内所发生的事……

格式塔治疗师的工作从表面向底部而进行——然而，这并不是说他就停留在表面！实际上，经验已经证实，比起主要采用言语手段的取向，格式塔更容易到达人格深处的、早期的层面——并且构成了个体发展前语言阶段。

我之前已经顺便提到过一些隐藏的情感反应的常用指标，例如面部或脖子血管扩张等不易发觉的现象（通过皮肤颜色的短暂轻微改变表现出来）、下颌的轻微咬紧、呼吸或吞咽节奏的变化、声调的中断、视线方向的改变[2]，当然还有我所说的手、脚或手

---

[1] 参见 Didier Anzieu, « Le Moi-Peau » in *Le dehors et le dedans*, *Nouvelle Revue de Psychanalyse*, n° 9, printemps 1974, 以及 *Le Moi-Peau*, Paris, Dunod, 1985.

[2] 这种现象似乎与脑半球神经机能有关系，尤其在神经语言程序学（Programmation Neuro-Linguistique）或 P.N.L.中得到探索。这是一种新的治疗取向，部分地来自对皮尔斯、维吉尼亚·萨提亚（Virginia Satir）和米尔顿·埃里克森（Milton Erickson）工作的经验性技术的仔细观察。

指的那些不由自主的"微小姿势"。

格式塔治疗师经常建议放大这些无意识的动作，这些动作在某种程度上被视为"身体的口误"（lapsus du corps），可以揭示来访者并不明了的正在进行中的过程：

> 治疗师——你说话的时候，你的手在做什么？
>
> 克里斯蒂安娜（Christiane）——……？呃！我不知道：我没注意！
>
> 治疗师——我建议你继续这些同样的姿势……并放大这些动作。
>
> 克里斯蒂娜机械地摸着婚戒，让它在手指上滑动。在这样放大她的动作中，婚戒从无名指上脱落下来！
>
> 克里斯蒂娜——啊！对！说得对：我已经受够这个监牢了！……"他"把我当成他的"女仆"了：我一点没有个人生活，我自己的生活……

一种更为普遍的方式涉及对所发生之事进行"深层"实验，进入感觉或情感之中——无论这是舒服的还是烦人的——不带偏见地伴随着过程，尤其是倾听他的身体而非将其化为沉默。实际上，

> 我们所未倾听之物更倾向于喊叫而非沉默不语。

而"掌控"身体的尝试经常驱赶这些未被倾听之物，迫使其通过一些意想不到的躯体反应而表现出来。

对我们来说，健康并不像外科医生勒内·勒里什（René

Leriche）的著名定义所说的那样，是"有机体的沉默运转"，而是内外部交换的和谐运转，即一种存在的充实情感：这并非将其躯体遗忘于沉默之中，而是在生活的快乐之中感知其躯体……①

对某种身体或情绪感受的渐进放大也可以通过"团体轮流"（*tours de groupe*）这一经典技术而加以鼓励：请来访者逐个地向每个团体成员说话，重复同一个姿势或者同一句话——不过根据他在每个人面前的真实感受而有所变化。

得益于"共鸣效应"，我们由此对表达出来的情感进行更广、更深的探索，这有时可以带来洞察②。

重复常常不但伴随着节奏的加快，而且伴随着强度的增大，并带有情感的宣泄：

——我再也不任人摆布了！

——我受够了！我再也不任人摆布了！

——我再也不让这个蠢货任意摆布我了！

——我受够了！够了!! 我要对他说结束了！……从明天开始!

"大声说使得说话的那个人能够听到他所说的。"（安布罗西）③

被听见在一群证人面前高声确认了某个事物，这是一种强烈的体验，与同一假设下的模糊不清的、"前意识的"回忆有很大不同，这种回忆很难用词语来明确表达，它处于内在而变动的精神"迷雾"之中。它也不同于一次个人治疗中的"坦白"。

---

① 参见 S. Ginger, « La Gestalt-thérapie et quelques autres approches humanistes dans la pratique hospitalière », in *Former à l'Hôpital*, sous la direction de Honore B. Toulouse, éd. Pivat, 1983.

② *Insight*（英语）或 *satori*（印地语）：突然而明显地意识到某事物，仿佛被"照亮"一般。

③ Jean Ambrosi, *La Gestalt thérapie revisitée*, Toulouse, Pivat, 1984.

以下声明提供了一个典型的类型："我打算自杀"——这是在内心说的，还是对着某个人吐露心声，抑或公开说出来的，其意义完全不同。

直接质询（"对……说"，而非"说有关……"）

在格式塔中，我们避免说有关[①]某个人的事（无论这个人在场还是不在场）：我们直接对他说话，这使得人们可以从智识范畴的内在反思，转向情感范畴的关系式接触：

——我觉得皮埃尔刚才没有帮助我……

——你是对谁说这话的？

——皮埃尔，我怨恨你，因为刚才你没有帮助我：我知道你觉得我很可笑……

——你想要确认一下你的印象吗？

——皮埃尔，刚才我突然抽泣起来，你是不是觉得我很可笑？

在合适的时候，参加者被要求让他们的感知与相关方进行面质，以便驱逐投射的永恒微妙游戏，而我们无意识地让我们为这些投射所包围。这一面质使得我可以将自己的幻想与他者的"现实"（或他自己的幻想！）相比较，更好地确定我担忧与希望的程度，并避免因我自己在相邻者身上的投射而责怪他！

---

① 用英语来说就是，To gossip，我们可以翻译为："说长道短"。

> 在这个陷阱式狂欢节游戏中，我们超越了所有人，
> 我们刚刚给同伴戴上面具，便立刻批评他。

——"你看上去不同意我的建议！……你跟他抱怨
什么？"

所有这些技术都有助于更为真实而直接的接触：这并非取得
一致意见——在可疑的表面融合中——而是相互澄清。既不自我
辩护和自我说服，也不表明看法和进行解释：仅仅是自我表达，
同时保持关注，双方皆如此，不去不停地问为什么，而是思考我
们如何行动和选择。

显然，参加者被请求真实地回应，不掩饰，不用为必要时肯
定他们的烦恼、异议或攻击而担忧。

在所有这些情况下，总体上这涉及查明当前的事实，即
掩盖或未掩盖在关于事件的各种考虑（about-ism）背后的
东西（皮尔斯称为"是主义"［is-ism］），或者各种应该如此
（should-ism）①。

梦的工作

在弗洛伊德之前，梦就一直是人们试图理解的对象。巴比伦

---

① 翻译成法语，我们或许可以说是一种亚卡（yaka）态度（亚卡指的是刚果
河下流的班图人，以其面具闻名。法语口语里，亚卡态度指认为什么问题
答案都很简单，都很容易解决——译注）。

的犹太法典《塔木德》明确了在那个时代，耶路撒冷有二十四个官方的释梦者（占梦士或圆梦的人）。一天，国王向他们所有人咨询一个他刚刚做的梦：每个人向他预言的事都各不相同！……但是所有预言之事都发生了！这是对梦根本的多义性很好的隐喻说明。

在格式塔中，我们并不通过自由联想或阐释来讨论梦①，而是描述，然后依次化身为梦的各个元素，请来访者轮流与这些元素相同化——在言语上，或是动作上——每一个元素都视为未完成格式塔（*Gestalts inachevées*），或睡眠者自己的部分表达。②

有关这个主题，我们知道一则趣闻：

一位妇人梦见她被一个厚颜无耻的黑人追逐。

她奔跑试图逃脱，但是黑人跑得比她快多了！

她筋疲力尽，转身冲他喊道：

——"您究竟要对我做什么？"

——"我不知道！……这是您的梦，夫人！"

或者由雅克琳娜·马扬（Jacqueline Maillan）讲述的另一个版本：

我梦见自己在森林里。我碰到了一个森林之神……

———————————

① 参见第十三章对"想象与梦"的探讨。
② 参见皮尔斯最有名的著作：*Rêves et existence en Gestalt-thérapie*. Trad. aux éd. l'Epi. Paris. 1972 (不幸的是法语版——充满了各种曲解！——已售罄)。这本书（*Gestalt Therapy Verbatim*，"格式塔逐字实录"）1969 年在美国出版，重现了一些录音，这些录音记录的并非准确意义上的治疗场景，而是对其方法的简短公开演示。

我奔跑！……我奔跑！……我奔跑！！！

……我怎么也无法抓到他！

在与梦工作时，来访者可被请求依次化身为：一个走在路上的人，她拿在手上的箱子，这个箱子里的东西，她走的路，路上的一个障碍物，等等。

——我走在一条直路上，没有路标，也没有边缘……我不知道它通往何方。我不知道自己在哪里；我像个机器人一样走在这条路上……

——我是箱子。有人拎着我，把我放下，又拿起来，打开我，往我里面装上东西，把我掏空……对于发生在我身上的事情我没有责任……

——我是箱子里的东西。箱子里堆满了东西，好久了：有用的东西，不过也有没用的东西，让我又重又满。该整一整了，只留下那些最重要的东西！……对我来说，最重要的东西就是我轻松自由，不为过期的回忆和无用的知识所填满……

——现在，我自己变成路了。我很平静，我铺设在那里，笔直地疾驰向前，不为任何事操心。我不需要任何给其他人的明显标记：那些不信任我的人真是活该！我呢，我知道我要去哪里，我能够相信自己……而不是什么都事先设置好——为了其他人！我可以根据环境而建构自己的生活，甚至在冒险和创造中即兴发挥……而不是将自己活活地埋葬，就像一个勤劳的公务员那样，他的道路已经规划好，直至退休……

这里所涉及的并非单纯的词语或思想的联想，亦非假设的拼凑，而是在我的身体和我的情感中去感受意象的冲击，必要的时候扮演这些意象，在某种程度上，在此时此地体验着"言语的化身"（incarnation du verbe）……

隐喻表达

格式塔中用到的不仅仅有口头和身体的语言，正如我们已经认识到的，广泛使用的还有象征的和隐喻的语言，特别是通过众多的艺术表达技术而进行，如：绘画或油画、模型制作或雕塑、音乐制作、舞蹈等等。

我们还会建议参加者自己来进行表达，形式为隐喻的绘画，有点类似于"曼陀罗"（mandala）①，随后可将之用作冥想的材料，或者每个人以此来开始一种象征的关系，就像他用靠垫和其他任何物品所做的那样，将之用作"过渡客体"。也可以使用梦：他可以对其作品的全部或部分说话，让它自己进行表达，可以扮演它，诸如此类。必要时，他可以对治疗师或某个同伴评论自己的作品，不过始终要避免"冷冰冰的"、流水账式或解释性的描述，以便更好地分享面对其作品时的现实感受。②

---

① 密宗的一种仪式性绘画，象征着人与其环境、微观世界与宏观世界的关系。作者将自己投射于其曼陀罗中，在曼陀罗向其启示的空间内沉思和缓慢前行（见下文第六章有关"东方之源"的内容）。

② 参见第十三和十四章更为详细的例子，以及本书附录中一位学员（玛丽-洛尔·加桑 [Marie-Laure Gassin]）对一次治疗的回顾。

艺术并非技术的集合

我对格式塔最为常见的几个技术的列举就到此为止，虽然是一长串，但是非常不完整。在其他章节中，我们将回到这个问题，更加详细地展开。当然，这些技术大部分都是可用的，无论是在团体情境下（如大多数上文所报告的例子中），还是在两个人的治疗关系中，一些技术甚至在机构或企业中也可使用（例如：放大和团体轮流，直接质询或隐喻，等等）。

事实上，每个人都可以不停地发明出新的技术使用方法并进行独特的组合使用，因此的确每个格式塔治疗师都带着其所是之物和所知之物，以其自身的风格工作，将其先前的个人经验和职业经验相互整合，并相信自己的感觉和自己特有的创造性。

> 不同于精神分析，格式塔治疗并不要求得到科学的地位，而是为自己仍然是一门艺术而自豪。

但是艺术并非技术的集合，更不是各种孤立的"诀窍"的拼贴：对着一个箱子乱弹一气并不足以成为肖邦，在画布上乱涂乱画也无法"做出"毕加索或米罗！……

第一部分

格式塔的概念基础

先驱

奠基者

思想来源

相似思想

第三章
格式塔系谱树

若干根基：现象学

存在主义

格式塔心理学

格式塔系谱树

格式塔治疗的系谱树具有众多的根系[①]：某些非常明显，其他的不那么明显或处于更深层。因此要非常明确地判定其理论根基，这是很困难的。

正如我在上一章已经提到过的，格式塔治疗明确地或隐含地结合了众多哲学思潮和治疗流派并从中获得养分，这些流派来源各异：欧洲的、美国的或东方的。

这里，我将特别提到在当今的格式塔中留下最为重要的印记的那些流派：现象学、存在主义和格式塔心理学（在本章中）；精神分析、东方哲学和人本主义流派（在下一章中）；随后在谈及弗里茨·皮尔斯自己那动荡的人生时，我们将列举其他流派。

首先，认为这涉及的是一种"典型的美国"方法——正如我们有时候听到的那样——这并不准确！的确，格式塔尤其是在大

---

① 见附录七中的示意图。

西洋彼岸发展起来的，即便如此，重要的是立刻指出一点，即格式塔从欧洲尤其是德国思想中汲取其最重要的哲学养分：主要是一些德国和奥地利的犹太哲学家、心理学家、精神科医生、作家和艺术家滋养了弗里德里希·萨洛蒙·皮尔斯的思想和实践——另外，他在 53 岁时才定居美国。

德语先驱

在这些人中，我们至少可以指出以下一些。

·**现象学和存在主义领域**：布伦塔诺（Brentano）、胡塞尔（Husserl）、海德格尔（Heidegger）、舍勒（Scheler）、雅斯贝尔斯（Jaspers）、布伯、蒂利希（Tillich）、宾斯万格（Binswanger）……

·**格式塔理论领域**：冯·埃伦费尔斯（von Ehrenfels）、韦特海默（Wertheimer）、科夫卡（Koffka）、科勒（Köhler）、戈尔德施泰因、勒温（Lewin）、蔡加尼克（Zeigarnik）……

·**精神分析领域**：弗洛伊德、费伦齐（Ferenczi）、格罗德克（Groddeck）、兰克（Rank）、阿德勒（Adler）、荣格（Jung）、赖希、霍尼（Horney）……

·**心理剧领域**：莫雷诺。

详细分析这些不同学派各自的孕育、浮现和众多变体，这不在本书的讨论范围内。不过，这涉及一项引人入胜的研究工作。对我来说，有意地放弃所有哲学注解之后，我将乐于提供一个简表，用以指明对皮尔斯或古德曼产生直接而明确影响的那几位学者。我以备忘录的形式谈及某些主题或关键概念，**仅仅选择在我看来奠定了格式塔治疗基础的那些人**。

实际上，建立起思想的演变关系，厘清公认的思想借用和偶然的汇聚，这是特别困难的，因为这些思想家或执业医师中的大部分都几乎是同时代的人，他们之间是相互影响的，带有各种的"反馈"效应。因此我们或许更应该谈论的是一种"思想沐浴"，皮尔斯正是沉浸于其中。

一些现象学和存在主义学者与格式塔

作者	出生	死亡	直接影响格式塔的若干主题
索伦·克尔凯郭尔 (Søren Kierkegaard)	1813	1855	·丹麦存在主义哲学家。 ·主体性和矛盾的价值。 ·"我愈思，我在愈少；我在愈少，我愈思。"
弗兰茨·布伦塔诺 (Franz Brentano)	1838	1917	·现象学先驱。 ·"描述心理学"（psychologie descriptive）：怎么样先于为什么。 ·心理事实的意向性：意识不是一个容器，而是一座灯塔。
埃德蒙·胡塞尔 (Edmund Husserl)	1859	1938	·现象学之"父"（1907）。 ·描述而不是解释现象："回到关于事物的话语，回到事物本身，依照其真正显现的样子，在经验事实的层面之上，先于所有变形的概念构想。" ·主体独立于客体。 ·每个人在与其生活世界的关系中都具有独特体验。
马克斯·舍勒 (Max Scheler)	1874	1928	·情感现象学（phénoménologie de l'affectivité）：是情感的直觉和同情心，使深层接触成为可能。
马丁·布伯 (Martin Buber)	1878	1965	·宣扬真实的相遇、直接而爱的关系。 ·1923 年出版《我和汝》（Le Je et le Tu）。

作者	出生	死亡	直接影响格式塔的若干主题
路德维希·宾斯万格 (Ludwig Binswanger)	1881	1966	·瑞士精神分析学会创始人。 ·荣格、胡塞尔和海德格尔为家中常客。 ·*存在主义分析*（analyse existentielle ［*Dasein-analyse*］）的创造者：人对自己的存在，自己在世界的在场负责。 ·来访者身体体验和他的环境的重要性，1930 年发表了《梦与存在》（*Le rêve et l'existence*）。
欧仁·明科斯基 (Eugène Minkowski)	1885	1972	·波兰裔法国精神学家。 接触和触碰（*toucher*）功能的现象学重要性。
卡尔·雅斯贝尔斯 (Karl Jaspers)	1883	1969	·现象学存在主义精神病理学。 ·完善了人相对于世界的存在意识。
马丁·海德格尔 (Martin Heidegger)	1889	1976	·"此在"（*Dasein*）的存在主义分析师。 ·焦虑和存在主义怀疑的价值化。 ·*存在的有限性。对于一个人来说，除了使其焦虑外，我们无法为他做得更多。*
加布里埃尔·马塞尔 (Gabriel Marcel)	1889	1973	·基督教存在主义哲学家。 ·"如果我谈及他人，那么我拒绝给其真实的存在。"积极主张一种由两个"你"之间对话所维持的"具体的哲学"。
让-保罗·萨特 (Jean-Paul Sartre)	1905	1980	·存在主义现象学分析。 ·"存在即游戏。" ·对自身规划和自己那一部分自由进行的选择负有责任。

续　表

作者	出生	死亡	直接影响格式塔的若干主题
莫里斯·梅洛-庞蒂 （Maurice Merleau-Ponty）	1908	1961	·对生存体验和即刻身体感知的价值化。 ·1942 年发表《结构与行为》（«Structure du comportement»）；1945 年出版《知觉现象学》（*Phénoménologie de la perception*）。

©塞尔日·金泽，1987

现象学与存在主义

因此，现在已经对现象学和存在主义流派——两个流派广泛地交织在一起——的代表人物做了一些概述。简要而言，我们可以说，现象学从根本上来说是一种思考的方法，而存在主义是一种哲学。

皮尔斯往往表现出对哲学的蔑视，因此保持了一种无教养之人的挑衅形象，但是明确以下一点很是重要：实际上，表中大部分作家的作品他都阅读过（包括法语的著作）。

格式塔治疗，一个"存在主义的治疗分支"[1]

在开始进入格式塔心理学——法律认定的母亲，无意之中认

---

[1] Noël Salathé, « La Gestalt : une philosophie clinique », in *Gestalt*, Actes du premier Colloque international d'expression française, S.F.C., Paris, 1983.

了一个孩子——之前，我想快速地回顾一下格式塔治疗的若干基本观点，这些观点源自我们刚才粗略研究过的那两大流派，这两大流派都具有丰富的滋养作用。

·从**现象学**那里，格式塔治疗主要学习了以下几点。

——描述比解释更重要：怎么样先于为什么。

——最重要的是直接经验（vécu immédiat），如感知到的或者身体感受到的——看见＝想象中的看见——那样，亦如此时此地正在发展中的过程。

——我们对于世界即周遭环境的感知受到主观而非理性的因素主宰，这些因素赋予世界与环境一种因人而异的意义。

——这尤其带来了去感知其身体、其经验时间的重要性，正如每个存在的人都具有独特的体验，这一体验不同于任何先定的理论化。

·从与现象学十分接近的**存在主义**那里，格式塔治疗主要学习了以下几点。

——具体经验相对于抽象原则的优先权。实际上，人证明其存在，承担存在的责任，指引、引导其存在，与此相关的所有方式都可被视为"存在主义的"。为生活、生存而理解自己，不向自己提出理论哲学问题，这是存在主义：这种理解是自发的，经验的，非学术的（我们进行反思，不仅仅是为了行动）。

——每个人类存在的独特性、个体客观和主观经验的不可化约的独创性。

——每个人独有的责任观念，积极参与建构他的存在性规划，并且赋予在他身上所发生之事和他周围世界一个独特的意义，同时每日不知疲倦地创造他的相对自由。

因此，格式塔治疗显然是一种**现象学的临床**取向[1]，也就是说，在每个特定个案中，它都以来访者对其感受（其觉察）的主观描述，以及来访者和治疗师之间正在发生什么的主体间觉察（接触过程及其随机变量）为中心。这一主观体验的流行因此与行为主义相反，行为主义更看重客观行为。

诺埃尔·萨拉泰（Noël Salathé）毫不犹豫地将格式塔视为"存在主义的一个治疗分支"——他谈到了五个根本的存在主义限制：有限性、责任、孤独、不完美和荒谬。对我们来说，这并不涉及让我们"碰上"的那些限制，而是一些核心的，经常是引导性的问题（参见第 280 页）。

一个私生子的混乱受洗

格式塔治疗显然是一种现象学存在主义取向，主要起源于欧洲，这是无可争议的，我想我已经为此而充分地强调过了。

1951 年，在这一新疗法"正式受洗"之时，正好题为《格式塔治疗》的这本书出版了[2]，当时这个疗法应该被称为"存在主义精神分析"（在罗拉·皮尔斯提议之下），但是，不幸的是，出于单纯的商业动机，这个名称未被采纳，因为当时在美国，人们认为萨特过于悲观，甚至过于"虚无"。

---

[1]　参见 Gary Yontef, « La Gestalt-Thérapie, une phénoménologie clinique », in *The Gestalt Journal*, Volume Ⅱ, Tome Ⅰ 1979 (trad., J.-Marie Robine, Doc. I.G.G., Bordeaux, 1984).

[2]　Perls, Hefferline et Goodman, *Gestalt therapy. Excitement and Growth in the Human Personality*. 1951 年在美国出版了单卷本，其后在加拿大以法语出版了两卷本：*Gestalt-thérapie*, Ottawa, Ed. Stancké, 1977 et 1979.

第一卷的主要作者赫弗莱恩提议将其命名为"整合治疗"（*thérapie intégrative*）。当时"七人团体"（Groupe des sept）也想过"体验治疗"（*thérapie expérientielle*）这一名称。

皮尔斯最早将其方法命名为"通过专注进行的治疗"（thérapie par la concentration）①，由此将其与正统精神分析的自由联想相对立。实际上，他建议来访者关注"此时此地"感受到的体验，集中所有的注意："专注于你颈部的张力"，"专注于你喉咙里这种窒息的感觉"，等等……不过，在 1951 年，这仅仅牵涉到技术方面的次要的问题，恰当的做法是为这一新方法找到一个更具广泛性的名称。

正因如此，弗里茨·皮尔斯提议用"格式塔治疗"，这一名称引发了他与同事间特别激烈的辩论。罗拉·皮尔斯此前通过了格式塔心理学（有关"视觉感知"）的博士学位答辩，她觉得这个方法与格式塔心理学理论没有很大关系——她比皮尔斯更加了解这一理论：

> "我先是格式塔学者，然后才成为分析师。弗里茨先是分析师，然后才转向格式塔治疗，但是他从来没有真正地进入……弗里茨曾担任过几个月戈尔德施泰因的助手，而我在好多年里一直是他的学生。"②

---

① 特别可以参考马赛厄斯·亚历山大（Matthias Alexander）关于身体和肌肉张力觉察的研究。

② 弗里德里希·皮尔斯（后来他将自己的名字改为美国式的弗雷德里克，后来又改为弗里茨）1926 年在法兰克福库尔特·戈尔德施泰因家中遇见他未来的妻子，洛尔·波斯纳（Lore Posner）。当时皮尔斯医生 33 岁，是一位青年精神科医师，在戈尔德施泰因有关脑损伤的工作中担任助手，而洛尔是一位年轻的大学生，21 岁，初步掌握了格式塔理论的各种概念。

最终，古德曼热衷于这个问题并投入与移民到美国的格式塔心理学家（科勒、科夫卡、戈尔德施泰因）的激烈论战：他甚至傲慢地预言，从这个时代开始，"传统的格式塔心理学从我们的书对这个术语的使用而获得的好处，将大于我们自己从对'格式塔治疗'这一术语的使用中所获得的"。未来将证明他是对的。

尽管格式塔研究者强烈抗议，这一术语还是占了上风，现在它得到了世界范围内的认可。

对我来说，我只看到了一些不便，尽管在我努力地解释其含义时碰到了一些时间上的困难：实际上，这一模糊的术语促使读者或听众自己提出问题或者去查找信息。没有人可以自己猜测这个词语包含什么，并因此而先验地设想出一个错误的或过于简单化的观念，而这可能是很多更为常见的术语会碰到的问题。

格式塔心理学

现在，让我们看一下格式塔心理学或格式塔理论，在法语里，它经常被定义为"形式心理学（或理论）"，这可以使我们成为有关亲缘关系争论的具有合法理由的陪审员。

确立这个新流派的第一项正式研究出现于 1912 年，共同署名者有三：**马克斯·韦特海默**（1880—1943）、**库尔特·科夫卡**（1886—1941）和**沃尔夫冈·科勒**（1887—1967）[1]。因此这一流

---

[1]　科夫卡特别有兴趣的是有机体与其环境的关系，这是格式塔治疗的中心主题——此处环境主要由他者尤其是治疗师构成。

科勒尤其以关于高等猿类行为的研究而闻名。

派主要涉及德国现象学流派的当代研究工作。

这些研究者尤其借鉴了一位比利时物理学家**约瑟夫·普拉托**（Joseph Plateau）的较早的经验，他从 1832 年开始研究了一个名为"费纳奇镜"（phénakistiscope）的装置：点状图像的组合给人以整体持续运动的印象……正因如此，格式塔治疗意外地发现自己和卢米埃尔兄弟的电影拥有同样的祖先，是电影的日耳曼堂兄弟！

格式塔的一位先驱**克里斯蒂安·冯·埃伦费尔斯**（1859—1932）在 20 世纪初便强调指出，"整体是不同于其部分之和的一种现实"（一支曲子不仅仅是一连串的音符），格式塔心理学家继续从事埃伦费尔斯的研究工作，他们首先主要对感知和有机体与其环境关系的生理及心理机制进行了研究。

其后，他们将其研究工作拓展至记忆、智力、表达，以及最终的整个人性。他们强调身体领域和心理领域的相似性，二者经常遵从类似的法则，而且他们对物质和精神、物体及其原则的二分法提出抗议：客体不是具有一个形式，它就是一个形式，一个格式塔，一个特殊的受限定、结构化、有意义的整体。①

所有的感知场（champ perceptif）都可分化为一个背景和一个形式，或一个图形。形状是闭合的，结构化的。轮廓看起来正是隶属于形式的。没有背景，我们无法区分图形：格式塔对二者都感兴趣，但是对二者的相互关系更有兴趣。

———————

① 为存在主义所复述的一个观点："对于笛卡尔主义的存在主义批判认为，其错误在于作为'我的客体'的身体的再现"。所有将自体化约为一种无空间的精神的做法都是矫揉造作的……人即（在其存在的一种意义上）其身体，而且他只有一个身体。"（U. Sonneman, in *Existence and Therapy*, New York, 1954, S.G.翻译。）

感知同时依赖于客观因素和主观因素，二者的相对重要性则可能不同。主体倾向于孤立出"好的形式"或"简洁的形式"，这些形式支配着有机体和环境的关系。

通过著名的实验室实验，格式塔学者强调了主体与客体之间的辩证关系，这给了当时对所谓的"科学的客观性"的信仰致命一击：人们证明了客体方面依赖于主体的不需要，反之，主体的需要依赖于客体方面。因此，口渴让我突然间辨别出画面丰富的风景画中远处的一眼泉水，而同时，看到泉水将会加剧我的口渴。

某个既定时刻，明确地承认我的主导图形，这不仅仅使我的需要得到满足，之后其分解（［dissolution］或后撤）让我可以进行一项新的身体或精神活动。我们知道这种连续循环无束缚的流动在格式塔治疗中限定了"良好健康"的状态①。

这种疗法鼓励连续格式塔的灵活形成，这些连续格式塔在持续的创造性调整中，适应于有机体及其环境不断变动的关系。格式塔治疗因而可被界定为"良好形式形成的艺术"。

这里我不去详细阐述"形式心理学"②，我因此仅仅简要介绍几点：关于三位格式塔学者的三个词（前文已提及），以及三个反思主题。

1927 年，俄国格式塔心理学家**布卢马·蔡加尼克**，发表了她的一些研究，涉及未被满足的需要和工作中被过早中断的任务。她将由此造成的压力的持续与结束任务、"完成未完成格式

---

① 见第九章有关"自体的理论"的内容。

② 参见 Paul Guillaume, *La psychologie de la forme*, Paris, éd. Flammarion, 1937.（1979 年以口袋书形式再版，收入"场"（Champs）丛书），此书清晰且插图丰富。

塔”进行了比较。未完成工作造成的身体压力带来了当前的担忧（例如，记忆率超过已完成工作的记忆率的两倍[1]，已完成工作因此“归类”……并很快忘掉！）的巨大完整倾向（prégnance）：这就是蔡加尼克效应（*effet Zeigarnik*），在教学和广告中（“连续剧”原则）得到大量使用。然而长期来看，这种身体压力的持续制造了一种慢性压力，皮尔斯甚至在其中看到了神经症的一个来源。

库尔特·戈尔德施泰因（1878—1965）继续对患有脑损伤或失语症的伤员进行观察。他构想了一个处于与自身环境关系之中的有机体的整体理论[2]。他拒绝生物和物理、正常和病态的二分法。我们可以从中看到后来各种人本主义心理学运动（马斯洛，美国，1954）和反精神病学运动（库珀、莱恩、伊斯门，1960）某些基础概念的萌芽。正如我在下文将有机会谈到的，戈尔德施泰因是弗里茨·皮尔斯，尤其是他妻子罗拉的导师之一。

库尔特·勒温（1890—1947）则将格式塔理论的原则推论至物理学场的一般理论，研究个人与其社会环境之间的相互依赖，这些工作开启了团体动力学（*dynamique des groupes*）的创立，令他闻名于世。当时，麦克斯韦（Maxwell）的电磁场理论凭借时空与其内容的统一，刚刚为爱因斯坦的物理学所普及，而勒温在明科斯基有关心理时空研究的基础上对其进行了外推，并整合进了一定数量精神分析的概念。在其学生（其中之一即蔡加尼克）的帮助下，他得以于1922年提出了一个结构严密的人格与

---

[1] 这就是多次学习功课的好处！

[2] Kurt Goldstein, *La structure de l'organisme*. 本书1934年在美国出版，1952年翻译成法语。（1983年于弗拉马里翁出版社[Flammarion]再版，收入“思想”[Idées]丛书。）

其环境互动的理论。接着他将其有关个体场的假设普遍化，推至社会心理场，并通过一些著名实验证明了这些假设，这是些有关团体的民主氛围和命令模式的实验。最后，考虑到人类决定或社会事件的偶然性，他将其相对时空的结论外推至统计时间的范畴。目前，这个场理论（*Théorie des Champs*）更为经常地被整合进一般系统理论（*Théorie générale des Systèmes*）①。

形式的多义性

下面以几幅画和一个小故事结束这有些艰难的一章。

我的权力是毋庸置疑的：我可以创造整个的星座。实际上，是我的主观注视赋予外太空中事实上相距数十亿千米的分散星星（其中一些几千年前就不存在了！）一个象征的（并且是任意的）形式。

在追寻一致性与掌控中，人赋予无意义的东西意义……或不如说，赋予可能具有多重意义的东西意义。一个格式塔是一个有意义的整体，不一定是通过它自己，而更多地是为我自己而有意义。

我们再举一个例子：当我画这幅画时，你很可能会看到一个正方形。

但是这四个点现在是什么呢？

----

① 见第八章有关"系统论"的内容。

（方块图及点阵图）

第一眼看上去，出于习惯，您很可能再次看到"一个方形"……但是这个点会形成图形，也可以是一个圆、一个十字或者一个字母 Z！……

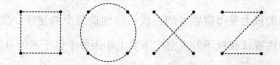

看到第一个形状，我本能地觉得它最为简单，遵守格式塔心理学者认定的一定数量的明确法则（对称、结构、轴、同质性等等），但是，正如所有的语言，这种形状是多义的，也就是说它同时包括多种意义，各种意义并非互不相容，而是根据所使用的阅读网格（*grille de lecture*）而明确地或隐含地显现：我们不是去寻找几何形状，而可能在其中看到花、动物或脸庞……

如我们所知道的，宗教典籍也是如此，传统在四个层次上解码：字面的、轶事性的意思，任何人都可理解；暗指的、象征的意义，大部分人能够理解；隐藏的意义（如卡拉巴质点 [la séfirotique kabbalistique] 的数字编码语言），只有一些人使用；最后，宗教奥义，只有在例外情况下才会揭晓。

对外部"现实"的这种感知实际上不停地出现在我们的日常

生活中，每个姿势、我们的每句话都同时隐含着对每位在场的参加者而言多个层级的多种意义①。格式塔努力引导我们进入这个多义性的厚重组织之中，这产生了我们日常生活的厚重和无限丰富性，并要求我们对我们多维的存在进行多重的解读。

对于图形与背景的感知和选择的主观性——有意识的或无意识的——格式塔心理学家多次进行了实验室试验。

放松一下，这里是两个经典的错觉图（*figures ambiguës*），根据观察者的意向——甚至是无意的——他可能给出不同的意义。

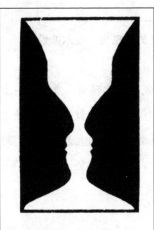

鲁宾花瓶：黑色上的
白色花瓶？还是白底上的
两张侧脸？

莱维特（Leavitt）和博林
（Boring）的错觉女子：一位鹰
钩鼻、下巴又长又尖的老妇人？
还是一位翘鼻子的年轻姑娘？

顺便说一下，分开两张侧脸的花瓶已经成为格式塔心理学常见的象征物，有时也被引申为格式塔治疗的象征物。

---

① 一个简单的例子："我很累"的意思可能是"让我安静点！"，或者恰恰相反，"关心一下我！"，再或者，"总是我为所有人而工作"，言下之意还有其他很多种……

所有观察到的现象绝非一个自在的客观现实，而是现象本身与其所处环境之间在这一时刻，对观察者来说的总体关联。

"我们必须从我们的词汇表中删去旧词'观察者'并代之以新词'参与者'。量子理论出人意料地告知我们，我们生活在一个'参与的宇宙'之中。"[1]

正如"道"[2] 所教导的：

> 所有的大海都因我们所掷入的一块石头而海水上涨。

我们不关心客观性：它并非我们的现实。皮尔斯说：

"我在桌上书写，按照当代物理学理论，桌子是一个由数十亿运动电子占据的空间。但是我这么做就好像桌子是坚固的。在科学层面上，桌子具有实践层面之外的词义。对我来说，在我现在所占据的场中，它是一件坚固的家具。"[3]

从前有一只小小的原生动物……

现在，一个小故事作为结束。在我领导面向问题年轻人的

---

[1] Wheeler, « The Univers as a Home for Man », in Gingerich, *The Nature of Scientific Discovery*, Washingtong, 1975. (S.G.译)

[2] 见第八章有关"东方亲缘关系"的内容。（下文方框内所引谚语似讹传为中国道家思想，实则化自法国哲学家帕斯卡的《思想录》。——译注）

[3] 引自 *Le Moi, la Faim et l'Agressivité*, 1942，同前。

"观察中心"时，我经常给我的接受培训的教育者讲述这个故事。那个年代——离现在还比较近——部长通函宣扬对青少年违法行为的客观观察，认为这一观察可以带来科学的诊断，并使后续恰当的定位成为可能。

> 从前有一只小小的原生动物……
>
> 它平静地生活在一个大大的水族馆里，那里有一位著名的生物学家，名叫罗伯逊（Robertson），他有条不紊地观察着它的生活习性，在一个多栏表格上熟练地记录下来，标注日期，并计时……
>
> 一些时间之后，罗伯逊有了一个主意，他在同一片水域放入了第二只原生物动物，为的是比较他的两个保护对象的行为。他并不感到意外地立刻发现，几乎是立刻，第一只的行为尽管被极其审慎而科学地记录下来，还是发生了巨大的改变，而这些不幸的小动物一点我们精巧的感觉器官都没有，无法沟通！……这些所谓的"客观"观察……失败了！

这就是我们所说的"罗伯逊效应"（effet Robertson）：所有活生生的存在物的行为都为位于附近的另一个他者的单纯在场所改变，即便不存在表面的互动。

那么关于人的行为又可以说些什么呢？

同样，比如说我们经常看到同一位来访者在与同一位治疗师的一次个体工作和一次团体工作之间行为上的重要转变，不仅如此，还能看到根据某位参与者（或治疗师）的在场，同一个团体内部同样明显的改变。我们同样知道，来访者"让治疗师开心"

的隐秘欲望产生的常常是无意识的影响，这一欲望与治疗师通常未明确表达出来的期待或者理论交织在一起，因此，不同治疗师对同一个来访者（有时同一个治疗师在不同时期也会不一样[①]），其治疗路线经常差异很大。

观察对所观察现象的影响大大超出了生物、心理或社会的框架，因为这甚至触及材料学的基础领域。举一个简单而可接近的例子："客观地"观察一片简单的金属直薄片并不容易。实际上，要观察，必须照亮它，而光线照射的爆炸（光子粒子的爆炸）使薄片以电子显微镜可以测量的曲率弯曲：因此它在光下看起来是弯曲的。要看到它是直的，则不能将它置于任何光线照射下……但是，这样就不可能看见它了![②]

> 因此，惰性材料自己无法让自己在"客观中立"中被看到，而是在我们的观察程序之下弯曲。

在这里我们大力提醒一点：我们不仅要研究物（或存在），而且要研究物（或存在）之间的关系，因为

> 意义浮现于文本，同样浮现于语境。

[①] 有关这个主题，参见 *Les deux analyse de M.Z.*，1979（法语版：Paris, éd. Navarin, 1985）。此书涉及著名美国精神分析师、国际精神分析协会1965—1973年的副主席海因兹·科胡特的一个代表性自我批判式叙述。

[②] 物理学家已经找到了一个"招数"：只要以同等强度的一束光照另一面就可以了！

第四章
弗里茨·皮尔斯

格式塔之父：一个可怕的孩子

  遵循笛卡尔式逻辑，现在或许可以介绍一下格式塔治疗其他奠基人，尤其是弗洛伊德的精神分析及其继承者和反对者，但也包括弗里德伦德尔（Friedlaender）的表现主义（*expressionnisme*）、史末资（Smuts）的整体论、柯日布斯基（Korzybski）的普通语义学、爱默森（Emerson）的超验主义（*transcendantalisme*），当然还有莫雷诺的心理剧，以及影响格式塔治疗的一些相近的方法，如阿萨焦利（Assagioli）的心理综合（*psychosynthèse*）、德苏瓦耶（Desoille）的幻想、罗杰斯以来访者为中心的治疗、伯恩（Berne）的沟通理论、勒温的团体动力学、舒茨（Schutz）的相遇团体、赖希的植物疗法（*végétothérapie*）、洛温（Lowen）的生物能、夏洛特·塞尔弗（Charlotte Selver）的感官觉察、艾达·罗尔夫（Ida Rolf）的罗尔夫疗法、蒲鲁东（Proudhon）或克鲁泡特金（Kropotkine）的无政府主义、犹太教、道家学说、禅宗……并且我当然还遗漏了不少！……

事实上，皮尔斯阅读了上面列举的奠基人中大部分人的著作并与他们见过面，他甚至或多或少地实践过所有这些思想体系、理论、方法和技术，从他们那里借用了一些思想，以自己的"方式"加以改写，用他的妻子罗拉、保罗·古德曼和其他若干人的主要贡献使之更加丰富。

认为格式塔是一种不合规则的"杂乱"，距这种看法可能就一步之遥——某些爱嚼舌头的人可能毫不犹豫地就跨过去！然而，这并非事实：这是一种特别且协调严密的综合，尽管从经验上看，它大部分是经由很多次的相遇和缓慢的反复实验而建构起自身的。这里再次说明了"整体不同于其部分之和"！

克劳迪奥·纳兰霍（Claudio Naranjo）这样强调道：

> "在任何情况下，我们都不能任由自己将格式塔治疗视为不同取向的混合，或是一种简单的选择性取向，我们不会把巴赫的音乐视为意大利、法国和德国等过去各种风格的混合（在某种意义上，它正是如此），我们尤其对综合的独特性印象深刻，这种综合是通过其各个组成部分的标记而浮现出来的。同样
>
> 格式塔治疗旧砖新建构尤其令我们印象深刻。"[1]

因此学术界的分析逻辑真是见鬼了！展示理论链会让人以为格式塔诞生于对其他各种取向的丰富性与欠缺之处的一种理性批

---

[1] Claudio Naranjo, *The Techniques of Gestalt Therapy*, Berkeley, 1973. 1980 年于格式塔期刊出版社再版。(S.G. 自译)

判，丰富而无其他取向的思想，或是诞生于一种具体的综合。绝非如此！它完全不是一种方法的构想，不是一种有组织、系统化的探索，从已开辟道路出发，努力在断层和裂缝上建造桥梁……

格式塔诞生于弗里茨·皮尔斯天才的直觉和性格危机，我们必须将他看作格式塔治疗的主要奠基人。当然，它也经过很多人的大量调整和加工，如罗拉·皮尔斯和保罗·古德曼，以及最早的那些合作者和第二、第三"代"的继承者，我们将在下文谈到主要的贡献者（伊萨多·弗罗姆、吉姆·西姆金［Jim Simkin］、约瑟夫·辛克、埃尔温·波尔斯特和米丽亚姆·波尔斯特等等），但是，如果现在不引入下面这个人的话，我们就不能走得更远，他就是"格式塔之父"、精神分析的可怕的孩子，垮掉的一代的加利福尼亚的那个"可鄙老人"——弗里茨·皮尔斯，前面经常提到，却从未介绍。

说真的，如果我没有早些介绍他，这并非偶然：与现在大多数的格式塔学者一样，实际上，对于我们的"头头"，我既感到骄傲又觉得羞愧，我不停地在让他为人所认识并欣赏和将他隐藏起来之间犹豫不决！按照人们照亮他的探照灯的不同颜色和他生命的不同阶段，我们可以使他成为一个受到神启的天才，或是一个魔鬼的人类化身！

事实上，他可以有多种表现：自私、自恋、傲慢和"吝啬"；冲动、愤怒和偏执；性层面的"多形态反常"（［pervers poly-morphe］他这样界定自己）、不知悔改的诱惑者（尽管身体上吸引力很小）、哗众取宠的人、暴露癖患者和偷窥者；他给自己服用 L.S.D.和其他致幻剂，他一天抽三包骆驼牌香烟；他是个糟糕的儿子、平庸的丈夫和不称职的父亲；在专业层面上，他自己承认自己是个平庸的精神分析师和混乱的作家。①

总而言之，如果我放任自己放大我的感受（按照格式塔的一个珍贵习惯），我可能会得出结论，即弗里茨·皮尔斯是七宗罪的活生生的体现：

贪婪、愤怒、嫉妒、暴食、淫欲、傲慢和懒惰！（我按字母顺序排列②，以免任何等级排序企图。）

这样我们至少准备好避免一种经典风险：想要模仿大师，把他推销成"宗教导师"，而弗洛伊德的神经症行为造就了那么多的信徒（例如，他对接触的恐惧③）！

然而，几乎无可争议的是弗里茨的天才，他观察的锐利、他

---

① 好几部以他的名义出版的著作部分内容由其合作者撰写：

《自我、饥饿与治疗》很大一部分由他的妻子罗拉完成；两卷本《格式塔治疗》，格式塔的"圣经"，一卷由赫弗莱恩撰写，另一卷由古德曼撰写（以皮尔斯的大量笔记为基础，这是事实）；

《格式塔的规则与游戏》（Les règles et les jeux de la Gestalt），亚伯拉罕·列维茨基（Abraham Levitsky）撰写；

《格式塔中的梦与存在》（Rêves et existence en Gestalt-thérapie）是他演示研讨会录音的逐字稿（即《格式塔治疗实录》——译注）；

《我的格式塔治疗：进出垃圾桶》（Ma Gestalt-thérapie : une poubelle-vue-du-dehors-et-du-dedans）是一部自传体日记，有时充满诗意（英语），但总体而言相当混乱；

至于皮尔斯写作最为用心的著作《格式塔取向与见证治疗》（The Gestalt approach and Eye witness to Therapy），1973 年（他去世后三年）该书在美国出版，尚无法语版，非常遗憾！皮尔斯所有法语版著作目前都绝版了，据我所知都没有再版计划。

② 上述七宗罪的法语原文分别为：avarice、colère、envie、gourmandise、luxure、orgueil、paresse。——译注

③ 折磨弗洛伊德的病症之一是个人的歇斯底里病，害怕所有的身体甚至目光接触，不可否认的是，他自身的问题极大地影响了他的治疗技术。

经常让人惊奇的直觉、他广博的学识——刻意地伪装在一种粗俗的举止之下——他的创造性和充溢的活力、他的幽默和文雅的自我批判感、他日常行为中挑衅的真实性（人们甚至确信他是"这个世纪唯一真实的人"！）。

他的妻子说到他时认为，他是"先知和可怜虫的混合体"——弗里茨认为这句话非常准确，他自己时常骄傲地引用。

与他的治疗相比，人们更熟悉的是 1968 年以后他的公开演示，不过人们一致承认他技艺老练，一下子就能抓住每一个来访者（他们中大部分的确有过长期的个人治疗经历！）核心的存在性问题。

这首先是一位艺术家，而"事实上，正如每个人都知道的那样，这个世界上的大多数伟大艺术家从来都不是清教徒，他们甚至极少是可以让人尊重的"[①]。想一想莫扎特、瓦格纳、维克多·雨果，还有多少的其他人……

弗里茨·皮尔斯的生命动荡不安，他的内在情感（和感受）和外在行为、社会关系……以及地理上的迁移都是如此。

为了确定某些时间点，我做了一张他的生平概要表。我将他的一生分为七个阶段，有几个日期不确定：皮尔斯的各种传记对零散收集的言语证词和看法不一，而这个"漂泊的犹太人"自己太没有条理了，未保存明确的文件。因此我以英语、法语和德语的七个不同来源为基础进行了最可能的交叉印证[②]。

---

① 见 H. L. Mencken，转引自杰克·盖恩斯（Jack Gaines）的皮尔斯传记。（S.G.翻译。）

② 下面这些人的传记和访谈：弗里茨·皮尔斯自己、他的妻子罗拉、杰克·盖恩斯、马丁·谢泼德（Martin Shepard）、让·安布罗西、安德烈·雅克（André Jacques）、希拉里翁·佩措尔德（Hilarion Petzold）。

皮尔斯生平年表

	年龄	时长	时间	地点	主要事件
1	0—40 岁	40 年	1893 年 7月8日— 1933 年	德国和奥地利 柏林 法兰克福 维也纳 ……	·乱糟糟的童年和青少年。 ·医学学习（精神病学）。 ·第一次世界大战。 ·依次进行四次精神分析。 ·与洛尔（罗拉）·波斯纳结婚。 ·作为精神分析师安顿下来。
	40 岁	1 年	1933 年	阿姆斯特丹	·逃离纳粹德国。
2	41—53 岁	12 年	1934—1946 年	南非 约翰内斯堡	·作为精神分析师安顿下来，并过着"布尔乔亚"式上流社会的生活。 ·1936 年布拉格国际精神分析学会大会。 ·遇见弗洛伊德。 ·出版：《自我、饥饿与攻击》(1942)。
3	53—63 岁	10 年	1946—1956 年	纽约 和美国之行	·1946—1950 年作为精神分析师工作。 ·创立"七人团体"。 ·出版：《格式塔治疗》（1951，是年 58 岁）。 ·创建第一所格式塔学院（纽约，1952）。 ·大量旅行以介绍格式塔。

续　表

	年龄	时长	时间	地点	主要事件
4	63—67 岁	4 年	1956—1959 年	佛罗里达迈阿密	·消沉并生病："退休"。 ·遇见马蒂·弗洛姆，重新品尝生活滋味。 ·在加利福尼亚主持几个研讨班。
5	67—70 岁	4 年	1959—1963 年	在美国游荡周游世界	·加利福尼亚、纽约、加利福尼亚、以色列、纽约、日本、加利福尼亚……在以色列一个"垮掉的一代"社区中生活，在日本一个禅宗寺庙生活，等等。
6	71—76 岁	5 年	1964—1969 年	伊萨兰（加利福尼亚）	·"常驻"伊萨兰：主持演示研讨会和培训研讨会。 ·1968 年左右变得很有名（75 岁时）。 ·出版：《格式塔治疗实录》（1969）和《进出垃圾桶》（1969）。
7	76—77 岁	1 年	1969 年6 月—1970 年3 月	加拿大温哥华	·在考伊琴湖畔（温哥华岛）创立"格式塔基布兹"社区。 ·1970 年 3 月 14 日逝世于芝加哥，享年77 岁。

©塞尔日·金泽，1986

现在让我们再次仔细回顾一下这个不同寻常的人的动荡历程。

1. 德国

· **1893 年**　7 月 8 日，弗里德里希·萨洛蒙·皮尔斯
（Friedrich Salomon Perls）通过一次艰难的产钳分娩，诞生在柏林郊区的一个犹太贫民区。他是一对默默无闻夫妇的第三个——也是最后一个——孩子（在两个女孩之后）。

他的父亲纳坦（Nathan）是罗思柴尔德（Rothschild）的一个葡萄酒零售商，后来成为代理商：他经常出差，多次出轨。他迷人而富有魅力，"不可抗拒"，但是易怒，粗暴，并且傲慢。（我们在弗里茨身上将会发现所有这些特点。）他在共济会活动积极，梦想有一天成为他所在会所的大导师（Grand Maître）。

他的母亲阿玛莉亚（Amalia）[①] 是一个犹太教信徒，出身于一个遵守犹太教教义和安息日仪式的小资产阶级家庭。她热爱戏剧和歌剧（就像皮尔斯，终其一生都热爱这两种艺术）。

这对夫妻生活在持续的冲突甚至仇恨的氛围中：经常争吵，甚至打斗。

长女埃尔泽（Else）几乎失明，因此受到母亲的过度保护——这让弗里茨对她充满嫉妒和挑衅。她和母亲一起在集中营中并去世时，他一滴眼泪也没有掉。

次女格雷特（Grete）是个真正的"假小子"：她和弗里茨非常亲近，甚至和他及他妻子一起在纽约生活了近 10 年，在某种形式上，是他们的"家"佣。

弗里茨渐渐地发展出一种针对他父亲的巨大仇恨。他甚至怀疑自己的血缘——这种怀疑持续了他的一生。他父亲呢，对待他

[①]　有的文献作"阿梅莉亚"（Amelia）。可参见《弗利茨·皮尔斯：格式塔治疗之父》一书（［英］彼特鲁斯卡·克拉克森、［英］珍妮弗·麦丘恩著，吴艳敏译，南京大学出版社，2019 年 3 月，第 1 版）。——译注

如同他是一堆"废物",并预测说"这个小无赖不会有好下场的"。其后,弗里茨和他的父亲再也不说话了,甚至在他父亲下葬时都未出现……(究其一生,弗里茨对父亲形象都表现出很大的敌意,包括对弗洛伊德。)

·**约 1903 年** 弗里茨 10 岁,他变得更加令人无法忍受:他在学校里起哄,拒绝学习功课,成绩单造假,翻他父亲的私人物品,窥视女士的裙底……他母亲经常用掸衣鞭或是地毯棒抽打他,但是弗里茨会反抗:他剪掉鞭子的条子,打坏棒槌,甚至朝他母亲脸上扔东西……

·**1906 年** 13 岁时,他终于因为"卑劣行为"而被学校开除,他跟一个同学闲逛,尤其是,这个同学教会他手淫并带他见了一个妓女。

他父亲把他送到一个糖果和糕点店当学徒,但是一年后,弗里茨决定重拾学业,他自己与他的同学一起注册上了一所非常自由的学校——在那里人们更感兴趣的是学生而非大纲。他在那里尤其培养了他对戏剧的趣味——他终身的兴趣,并且很明显地在格式塔中流露出来①。在整个青少年阶段,他都学习戏剧课程,

---

① 我们注意到与莫雷诺的相似性,他至少见过莫雷诺三次:1946、1958 和 1968 年(泽卡·莫雷诺 [Zerka Moreno] 和安妮·金泽的私人通信),他经常受到启发,却从未在其著作中明确地引用。强调一下这一点是有意义的:他的妻子罗拉和保罗·古德曼也都醉心于表现技术。罗拉从童年期就练习舞蹈和钢琴(参见第十七章);而古德曼,他为"生活剧场"(Living Theater)写过多部无政府主义的戏剧。

欧洲格式塔治疗学会的前主席希拉尔翁·佩措尔德将心理剧和格式塔视为两种接近——甚至互补——的"表达主义治疗",并强调了二者共同的来源,即萨洛蒙·弗里德伦德尔、马克斯·赖因哈特(Max Reinhardt)和亨利·柏格森(Henri Bergson)——他们滋养了莫雷诺和皮尔斯的青少年时期。见 A. Peyron-Ginger, *L'apports du psychodrame morénien à la Gestalt-thérapie*, Paris, S.F.G., 1988, 以及 *Pour un psychodrame gestaltiste*, Doc. E.F.P., Paris, 1992.

后来在柏林大学继续其医学学习时，他继续在戏中跑龙套。皮尔斯经常去看德意志剧院（Deutsche Theater）伟大的表现主义导演马克斯·赖因哈特的戏，赖因哈特宣扬演员完全地介入其角色。皮尔斯着迷于"左翼"艺术家团体，此前他就与之有往来。后来他声称戏剧是他第一段伟大的爱，他生命中的梦想曾是成为一个戏剧导演。直到他生命的终点，75 岁时，在伊萨兰，他才在他所自称的"他的马戏团"中找到了自己的风格。

·**1914 年**　战争爆发，他因心脏畸形而退役并被指派到辅助性服务部门。下一年，**22 岁**时，他作为志愿者加入红十字会。

·**1916 年**　他被重新派往比利时的前线，在极具创伤性的状况下，参加了 9 个月的壕沟战：他看见他的战友在榔头打击下生命终结，看到敌军为毒气所杀。身为犹太人，他遭到虐待并被派往最危险的前线：在他被遣送回国并住院之前，他自己也中过毒气，并因炮弹爆炸而额头受伤。很长时间内他都留有这些创伤，甚至表现出人格解体，以及对于其环境的彻底冷漠……

·**1920 年**　战后，弗里茨继续他的学业，并于 1920 年 4 月 3 日获得了医学博士学位，时年 **27 岁**。他是神经精神学家，不过事实上，一直以来他对戏剧特别有兴趣，经常去柏林哲学家、诗人和"反文化"的无政府主义艺术家出没的"左翼"咖啡馆。正是在那里皮尔斯遇见了表现主义哲学家、《创造性无极点》（*L'Indifférence créatrice*）的作者萨洛蒙·弗里德伦德尔，这部随笔旨在超越康德的二元论。他提出了"空"（vide）或"盈空"（vide fertile）的概念①（抑或称"无分化状态"［état indifférencié］）。

---

① "一个花瓶里，重要的是中间的空。"萨特说。这是对老子思想的重述："花瓶制造中黏土的用处来自其不在场所留下的空洞。"（《道德经》原文作："埏埴以为器，当其无，有器之用。"——译注）

"零点"（point zéro）可能是在紧随后撤并先于新感觉浮现的一个状态，在这一状态下不再有图形和背景。禅宗将这一难以捕捉的空无状态称为"空"，留下大量的文字和公案。我们在道家对立两级平衡的观念中找到了相近的主题，这一主题在格式塔中被大量采纳。[1]

弗里茨一直着迷于边缘人，终其一生人们都可以看到他处于一些无政府主义的圈子和团体中：在纽约，和保罗·古德曼与贝克（Beck）的生活剧场；在以色列，和"垮掉的一代"的画家团体；在加利福尼亚，作为反文化的"嬉皮士"的"教父"之一。

对坚持"布尔乔亚"规范、屈服于权势集团社会压力的这种敌意将继续影响着格式塔，无论这种集团是世俗的、精神分析的还是政治的……格式塔主义者目空一切的个人主义甚至将在几十年中成为创立全国性行业协会的障碍[2]，人们担忧——也许有道理（?）——它无法很快地产生硬性的标准化。

·**1923 年 10 月到 1924 年 4 月** 弗里茨出发去纽约，希望在那里得到他的德国医学博士学位的美国认证，但是他碰到了语言上的困难[3]，而且他难以忍受大都市的严酷的竞争氛围。他未得到他的"医学博士"（M.D.）便回到了德国，并为美国文化而气馁——在这之后的一生中，他从未停止过对美国文化的批判……

· **1925 年** 弗里茨 32 岁。他仍然住在母亲家。他完全没有自信：他相貌丑陋，贫穷，驼背，遭到父亲的蔑视，在始于战争的慢性麻木之中"渐渐衰落"。他怀疑自己的性能力，说自己因

---

① 见第六章有关东方哲学的相应内容。

② 1981 年在我们的发起下成立的法国格式塔学会，看来即便不是最早成立的学会，也是最早成立的学会之一。

③ 然而他学习过拉丁语、希腊语、希伯来语，并且会说流利的法语。

手淫而"迟钝"……

正是在那时他遇到了露西，一个迷人的年轻已婚女子，10分钟就把他诱惑到了旅馆床上，接着让他领略了各式各样的情色行为：双人、三人、四人聚会、暴露癖、窥视癖、同性恋等等。她预备进行一切最大胆的体验，而对弗里茨来说，他为违反所有的禁忌而欣喜万分……

·**1926 年，33 岁** 这些新的情感，既让他感到刺激又使他具有负罪感，他感到有必要对之进行仔细分析，并决定与卡伦·霍尼（Karen Horney）进行精神分析。他很快就被征服了，接下来立刻决定自己成为一名精神分析师。

卡伦·霍尼请他与露西保持距离并离开柏林。几个月后，他因而搬到法兰克福，在那里他找到了一个职位，担任库尔特·戈尔德施泰因的医学助手。戈尔德施泰因正在格式塔心理学的基础上，进行脑损伤人员感知障碍问题研究。正是在那里，他遇见了洛尔·波斯纳，在三年多时间里，波斯纳一直是他的情人，三年多后，成为他妻子。①

·**1927 年** 在法兰克福，他与另一位精神分析师克拉拉·哈佩尔（Clara Happel）继续他的分析。一年后哈佩尔突然宣布他的分析结束（当他身无分文时!），并建议他立刻作为精神分析师安顿下来②。于是他去了维也纳——精神分析的故乡，在那里他接待了他的第一批来访者，自己接受著名的"冰女人"海伦妮·多伊奇（Hélène Deutsch）的督导。

·**1928 年** 他返回并作为精神分析师定居柏林，与欧根·

---

① 见第 60 页，注释②。
② 当时这种"仓促"并不少见。

哈尔尼克（Eugen Harnick）重新开始他的第三"段"的分析。哈尔尼克是一位匈牙利精神分析师，在节制规则上特别正统，因为他要求中立、培养挫折，甚至到不去握来访者的手以欢迎他们的地步，而且他几乎一个星期说不到一个句子。为了表明一次治疗的结束却又不显露他的声调，他仅仅用脚擦擦地。①

然而，正如弗里茨自己在回忆录（《进出垃圾桶》中所说的，他有意识地继续与哈尔尼克的日常分析。哈尔尼克遵循精神分析家当时特别常见的一个原则，禁止来访者在整个治疗过程中做出任何重大的决定。因此，当弗里茨提到他想与洛尔结婚时，哈尔尼克以立即中断分析威胁他②。弗里茨利用了这一个"勒索"，摆脱了他的分析师，并且"他将精神分析师的长沙发换成了婚床"。

·**1929 年** 8 月 23 日，尽管分析师禁止，洛尔家人持强烈保留态度，弗里茨还是和洛尔结婚了。他 **36 岁**，洛尔 24 岁。

·**1930 年** 在卡伦·霍尼的建议下，他开始了第四段分析，这次是和威廉·赖希。弗里茨终于感觉到被理解并获得能量。他对赖希非常欣赏，而随后他的格式塔治疗尤其受到赖希的启发。

1920 年 10 月，赖希 23 岁时得到了维也精神分析学会（Société Viennoise de Psychanalyse）的认可，并且就像当时的惯常做法，立刻得到学会授权并接待了他第一批来访者。1927 年，他出版了《性欲高潮的功能》（*La fonction de l'orgasme*）一书（之后多次修订）。从 1924 到 1930 年，在弗洛伊德的要求之下，他主持精神分析技术研讨会，进行写作，这些文本后来构成《性格分析》（*L'analyse caractérielle*）一书。与对早期童年的"考古发掘"相比，

---

① 他去世于一个精神病院……

② 要说明的是，哈尔尼克同时威胁中断对洛尔的分析，他担心结婚使她在取得心理学博士学位之前便中断学业。

赖希对当下更有兴趣。事实上，他一直关心一个事实，即经过一次精神分析，一个症状的意义和无意识得到澄清……但是这个症状并没有因此而消失！因此他试图发现治愈的各种进程。他进行积极的分析，勇于触碰病人的身体以便引起他们对自己"性格铠甲"压力的注意。他直接谈论攻击性、性和政治……1933年他将被开除出维也纳精神分析学会，1934年被开除出国际精神协会（Association Psychanalytique International）……

• **1931 年** 皮尔斯第一个孩子出生：一个女孩，雷娜特。弗里茨感到特别自豪，因为他之前担心自己没有生育能力。在四年时间里他和孩子非常亲近，直到他第一个儿子史蒂夫出生，之后，他完全忽视两个孩子，直到生命终点。

他柏林的客户此时人数众多，但是很快就发生了国会纵火案，纳粹夺取了政权……

• **1933 年 4 月** 弗里茨·皮尔斯逃离了德国，那时德国对犹太人的迫害已经开始了。他逃到了荷兰，抛下了所有的财产（除了一张 100 马克的纸币，藏在他的打火机里！）。但是在阿姆斯特丹，他无法取得工作许可，正是在这个时候，他的朋友、弗洛伊德传记作者欧内斯特·琼斯（Ernest Jones）给他推荐了南非的一个职位。

2. 南非

• **1934 年** 皮尔斯利用三周的船上旅行时间提高了自己的英语水平，然后在约翰内斯堡安顿下来——他很快将在那里建立南非精神分析学院（Institut Sud-Africain de Psychanalyse）[①]。弗

---

① 而且，他将是唯一的会员（和他的妻子）！

84

里茨和洛尔①有很多来访者接受治疗，还有几个参加精神分析的教学培训。他们很快就变得富裕而有名。他们买了一栋奢华的住宅，带有私人网球场、游泳池、冰上（原文如此！）的滑冰道等等。他们雇用了大量仆人。弗里茨身着西装套装，佩戴领带，过着上流社会的布尔乔亚生活：工作日努力工作，周末休息，沉湎于各种他喜爱的娱乐活动——游泳、冰上滑冰、驾驶私人飞机、集邮、下棋等等。②

这个时期，弗里茨仍然尊重精神分析的僵化规范：每周 7 次咨询，每次 50 分钟，和来访者没有任何的接触，无论时身体的、视觉的还是社会的。后来他说道，觉得自己渐渐地变成"一具算计的尸体——就像大多数他所认识的分析师那样"。

·**1936 年**　精神分析国际大会在马林巴德（［Marienbad］靠近布拉格）召开。皮尔斯梦想驾驶他的私人飞机前往参加，这样可以成为"第一个飞行的分析师"！这不现实……但是这次大会给他预备了其他的失望！

他准备了一篇关于"口腔阻抗"的论文，对弗洛伊德与清洁教育相关的"肛门阻抗"的思想进行了补充。他期待见到弗洛伊德并向其提交自己的报告，但是弗洛伊德的接待对他来说构成一个"创伤"，他从未从中恢复健康。我引用他自己的话：

"1936 年，我认为是时候了。难道我没有最早创办了他的一个学院，我没有穿越 6500 公里来参加'他的'大会？

---

① 尽管哈尔尼克充满疑虑，她还是完成了博士学业和精神分析培训。
② 洛尔则宣称，在这段时间里，她"每天工作 16 小时，每周工作 7 天"……而这是在她的家务事之外的！

我定了约会。一个上了年纪的女人（我想是他的姐姐）接待
了我，我等着……

"接着一道大约 60 厘米宽的门打开了，大师出现在我眼
前。他没有离开门洞，我觉得很奇怪，不过那时候我对他的
恐惧症一无所知。

"'我从南非来，在大会上宣读一篇论文，并来见您。'

"'啊，真的！……那您啥时离开?'他说。

"谈话大约持续了四分钟，其余的内容我记不起来了。
我又震惊又失望……①

"几年后我和弗洛伊德及其学派彻底决裂，但是幽灵从
来没有完全驱逐。"

大会上的第二个失望是他和威廉·赖希的相遇，赖希在两年
时间里每天接待他进行分析……却几乎没认出他，对他的经历毫
无兴趣，满脑子都是自己的研究。

最后，第三个震惊是全体精神分析同行对他论文的冷冰冰且
有保留的欢迎态度带来的。他准备的论文论述了口欲和婴儿食物
消化模式的重要性，这一模式是婴儿与世界未来关系的第一个模
式。他将饥饿（个体自卫的本能）和性欲（物种自卫的本能）、
"需要"和"欲望"进行了对照。

·**1940 年** 他扩展了这些论题，并完成了他第一本书《自
我、饥饿与攻击》，本书与他的妻子合著，她讨论了背景，改写
了形式，并自己撰写了某些章节。而且在 1942 年南非德班

---

① 罗拉·皮尔斯为弗洛伊德进行了辩护，她回忆道当时他年事已高，下颌癌
症严重。他戴着一个人工下颌，说话非常困难。他不再授课，并且实际上
只和近亲交谈。

(Durban) 出版的第一版前言中，他感谢了她，但是在英国
(1947) 和美国 (1966) 的其他版本中则删除了这一段落，并在
后来声称对本书拥有完全的著作权。

在第一部著作中，我们已经可以看到数个观点的清晰呈现，
这些观点九年后带来了格式塔治疗的正式诞生：当下时刻的重要
性；身体的重要性；对综合而非分析取向的追求；移情神经症的
争议，他认为这种争议是一种无用的复杂化，是在浪费时间。他
已经在提倡病人和分析师之间直接而真实的契约，而非"与其投
射之间的假契约"。书中也论及其他问题，如对有机体及其环境
的"整体论"取向、阻抗、内摄和投射、"未完成情绪"等。全
书以对"专注治疗"的论述结尾，包括视觉化技术、第一人称单
数的使用、为自己的情感负责、专注于身体和感觉，以及回避
定位。

实际上，他在书中主张一些完全是"异端邪说"的论题，已
经在质疑构成精神分析本质的东西：无意识、婴儿性欲的至高性
和力比多、移情用作疗愈的动力……我们对玛丽·波拿巴
(Marie Bonaparte) 的反应一点也不感到吃惊，她当时清楚地建
议他离开国际精神分析协会——他拒绝了。

也许人们还没有充分地强调指出，皮尔斯的第一本著作在多
大程度上受到史沫资 (Jan Christiaan Smuts, 1870—1950) 的影
响。史沫资毕业于剑桥大学，南非总理 (1919—1924，1939—
1948) 和司法部长 (1933—1939)。史沫资是 1919 年国际联盟和
1945 年联合国的共同创立者。而且，他被视为整体论的奠基者，
这一理论从达尔文、柏格森（创造进化论 [*Evolution
créatrice*]）和爱因斯坦的思想出发构想而成。弗里茨·皮尔斯
经常阅读柏格森的文本（并经常引用），他也是史沫资的狂热崇

拜者，他接受邀请，出发前往南非部分也是因为史沫资。例如，在《整体论与进化》（*Holisme et Evolution*，1926 年出版于纽约），史沫资宣称：

> "有机体根本上是一个无数成员以彼此的相互帮助而合作的社会……在这个连续体中包含了所有保存下来的过往，过往总是为影响当下和未来而行动……换句话说，有机体及其场，或作为整体的有机体、整体论的有机体，在其当下之中包含着其过去和很多的未来……有机体为自身营养和发展而同化必要物质的自发活动表明，它是作为一个自由的有机整体而运作的……"①

皮尔斯明确指出，史沫资的这本书是戈尔德施泰因助手研读的基础读物。实际上，他比戈尔德施泰因走得更远，不仅将有机体自身视为一致的整体，而且看作与其环境和整个宇宙紧密相互依存的整体。史沫资已经将内摄定义为他人"接受但并未同化的"体验。

在南非期间，皮尔斯也初步学会了阿尔弗雷德·柯日布斯基（1879—1959）的普通语义学，这门学科寻求发展"非亚里士多德"的直觉思维。皮尔斯很经常引用他，后来定期——古德曼同样如此——与《普通语义学期刊》（*Revue de sémantique générale*）合作。

对于柯日布斯基来说，所有体验都是多维的：因此，我们可

---

① 转引自 H. Petzold dans « Die Gestalttherapie von Fritz Perls, Lore Perls und Paul Goodman », in *Integrative Therapie*，n° 1-2/1984.（理查德·罗森 [Richard Rosen] 和安娜·金泽自译）

以将情绪因素归因于每一个智识表现，反之亦然。整合理论必须包括语言及其全部语义背景：说话，这是行动，并且是在既定的文化背景下行动。

· **1942 年**，第二次世界大战激烈进行。皮尔斯作为军官医生参军，他在南非当地当了四年的精神科医生。他经常不在，忙于寻求性刺激，对妻子和孩子越来越冷淡，经常发火，毫不犹豫地打他们——就这样复制着他自己父亲的行为。

3. 纽约

· **1946 年夏天，53 岁**时，他决定再次抛弃一切：家庭、奢华的房子、富裕的顾客群，再次出发前往新的海岸……

在纽约，他并不欣赏纷扰和竞争。况且，他不为正统精神分析师所欢迎，他们谴责他"离经叛道的"思想和他不合群甚至挑衅的行为。实际上，他下流而放荡，不尊重任何基本礼仪的社会习俗（人们从未听到他说"谢谢"），而且他公开勾引异性——包括他的男女来访者。但是，他得到了一些人的支持，如他以前的精神分析师、后来的忠诚朋友卡伦·霍尼，还有埃里希·弗洛姆（Erich Fromm）①，以及费伦齐的学生克拉拉·汤普森（Clara Thompson）。因此，他相当快地就找到了新的顾客群，一年后，他的家人来到新大陆与他团圆。

在纽约他继续他 23 年精神分析职业生涯的最后一段，直到 **1951 年**，即合著著作《格式塔治疗》——标志着新实践的正式开始——出版的那一年。

尽管有过偶尔几次的面对面咨询，他还是使用长沙发，并在

---

① 请勿与他未来的弟子伊萨多·弗罗姆（From，只有一个字母 m）相混淆。

格式塔治疗实践的最初几年继续使用（例如，从 1952 到 1955
年，和他最早的弟子之一：吉姆·西姆金）——正像赖希所做的
那样。

然而，他越来越对团体治疗感兴趣——后来他主要致力于
此——直至最终将个体治疗视为过时。1969 年，在《自我、饥
饿与治疗》新版的引言中，他甚至宣称：

> "大部分治疗师及其病人尚未意识到
> 可能必须抛弃个体治疗和长期治疗。"

在治疗活动进行的同时，他重新与艺术界和波希米亚圈子、
战后"左翼知识分子"、无政府主义者和反叛者来往：作家、画
家、音乐家、舞蹈家，尤其是生活剧场的演员们，他们和他一样
宣扬通过与公众的自发性接触，直接表达"此时此地"的感受，
而不是传统地通过排练学习。

所有这些人都公开显示出道德上很大的自由，其中大部分人
公开地实施双性恋①和群体性行为，不停地探索自己的边界并违
反社会的边界。

正是在这里他遇见了保罗·古德曼——诗人、革命的论战作
家、无政府主义斗士，洛尔（已经成为"罗拉"）对其进行治疗
而后培训②。他不久成为新学派的"思想家"之一。

他同样遇到了伊萨多·弗罗姆，学哲学的大学生，自己也是
同性恋者。他给弗罗姆做治疗，作为交换，弗罗姆给他上了一些
哲学课，后来成为著名的克利夫兰格式塔学院的顶梁柱之一。

·1950 年，"七人团体"因此成立了，包括：伊萨多·弗罗

---

① 保罗·古德曼认为社会插手规范私人性行为是"荒唐的"。
② 另一方面，古德曼此前已经跟随赖希的学生亚历山大·洛温做分析。

姆、保罗·古德曼、保罗·魏斯（［Paul Weisz］心理治疗师，向皮尔斯传授禅宗）、埃利奥特·夏皮罗（Elliot Shapiro）、西尔维斯特·伊斯门（Sylvester Eastman）、弗里茨·皮尔斯和罗拉·皮尔斯。后来人们又加上了拉尔夫·赫弗莱恩，他大学教授的职位似乎可以为该团体带来一种担保，他们希望发表他们的论文。

·1951年，《格式塔治疗》出版，由于两位美国合著者古德曼和赫弗莱恩的积极合作与编辑，以及出版方的介绍——他决定以"实践练习"部分开始本书——书的内容多少有点"美国化"。

·1952年，弗里茨和罗拉创办了第一个格式塔学院，即纽约格式塔学院，其后，1954年，成立了克利夫兰①格式塔学院。很快弗里茨便把管理权扔给了罗拉，还有两个保罗（古德曼和魏斯），而他自己开始了无休止横穿美国的朝圣以兜售他的新方法——在超过15年的时间里，这个新方法只引起十分有限的回响。他在各处创造并主持"非连续团体"和准点演示工作坊：芝加哥、底特律、多伦多（加拿大）、迈阿密、洛杉矶……在出行途中，他与很多杰出的治疗师见面，学习他们的思想和技术。

·因此，他定期上夏洛特·塞尔弗的课，持续了18个月，从她"对身体的感官觉察"那里获得了启发。

·他实践莫雷诺的心理剧，尤其是他的"单人剧"（或"单人治疗"），剧中主角自己依次扮演提到的不同人物。

在这个时期，皮尔斯尚未设想出"热椅子"程式，他主要以言语方式工作，寻求对此时此地"体验"的觉察，主张对梦的每

---

① 位于美国的中北部，靠近底特律，在五大湖沿岸，也就是说大约在纽约和芝加哥的中间。

一个元素的相继认同，以及来访者与其治疗师之间真实的直接接触，挖掘出寄生在这一关系中的各种投射。

他对体验的摸索性研究受到格式塔"纯粹而顽固"派即保罗·古德曼和罗拉·皮尔斯的严厉批判，弗里茨渐渐地把两个他们共同创立的学院的领导权让给他们，分别在纽约和克利夫兰——很快那里将产生"第二代"格式塔学者，主要包括：伊萨多·弗罗姆、约瑟夫·辛克、埃尔温·波尔斯特与米丽娅姆·波尔斯特等等。

上文我已经提到，他也对柯日布斯基的普通语义学充满兴趣。

4. 佛罗里达

· **1956 年** 对于在一个近乎荒芜之地布道，弗里茨·皮尔斯感到气馁而疲惫。他对和罗拉的关系感到厌倦。他有心脏病……他 63 岁了，认为自己的生命"已经在普遍的冷漠中结束了"。他梦想着隐居起来，在迈阿密，在佛罗里达阳光灿烂的海边，在墨西哥湾沿岸……

因此他在那里定居，"离群索居"，不为人知，阴郁而沮丧，躲在一个廉租小公寓里，几乎不见天日。他在那里主持了零星几个八人或九人团体，就在他那个狭小的起居室里——那里从来不打扫……他在街区的一个犹太小餐馆孤零零地吃午餐。他没有朋友。生命中第一次，他由于担心突发心脏病而放弃了所有的性活动……

· **1957 年 12 月** 奇迹发生了：马蒂·弗洛姆（Marty Fromm），一位女性来访者，32 岁，一星期和他做四到五次治疗。她害羞，神经质，性冷淡，从来不与丈夫做爱。一天，治疗结束后，弗里茨搂住了她的脖子，亲吻了她……很快，他们俩都重新找回了生活的滋味，成为情侣，充满激情。"这是我生命中最重要的女人。"皮尔斯说。他教会了她所有性的快乐，和她一起实现了他最为大胆的性幻想……同时进行她的治疗和她的治疗师培训！

在这之后，为了追寻总是更为新鲜的体验，他服用引起幻觉的毒品，每两天到 L.S.D.或赛洛西宾（［psylocybine］提取自墨西哥的一种宗教致幻蘑菇）那里"游玩"一次。

他的潜在慢性偏执狂在那时突然公开爆发了。他想要"疯狂活到头"，他说毒品带给他一种"宇宙觉察"。无论如何，他认为自己"完蛋了"，因此不再自我约束。

但是对于他谵妄中的顺从、他的精神病，尤其是他变得病态的嫉妒，马蒂难以忍受。而且，他接连承受了两次外科手术（痔疮和前列腺），最终马蒂离开他，投向一个更年轻情人的怀抱。

5. 旅行

于是弗里茨开始了一个新的流浪时期。

·**1957 年**　在旧金山范杜森（Van Dusen）和洛杉矶吉姆·西姆金（他早期来访者之一，1952 年到 1955 年在纽约接受他的治疗）的邀请下，他数次去加利福尼亚。他在那里过着不稳定的流浪生活，没有固定住址，日夜闲逛。但是西姆金成功地说服他戒掉了毒品。

·**1962 年和 1963 年，75 岁时**，他用了八个月时间周游世界，特别是在以色列艾因荷德（Ein Hod）一个"垮掉的一代"青年艺术家村住了几个月。他着迷于他们的生活方式：明确地什么也不做，对此没有负罪感，反而很开心！

"所有这些人甚至都不忙于度假！你们明白我想说的吗？所有这些我们让自己难受的事情：为了晒黑、皮肤涂防晒油、墨镜、鸡尾酒会的邀请、关于物价和减肥节食的闲聊，或是戒烟的尝试……"

他自己快乐地重新开始绘画。

而后，他去了日本——在那里的一个禅宗寺庙住了两个月，"只是为了看看"……但悄悄地希望品尝"顿悟"（启示）。在美国时他曾经和他的朋友保罗·魏斯一起习禅，禅宗作为无神的宗教吸引着他，但他失望而惊讶地看到每一次修行前都必须跪在一尊佛像前祈求保佑……

他这样总结道：

"从禅宗角度来看，我的日本之行失败了，这让我更加确信一点：

> '就像在精神分析中，如果经年累月什么也无法实现，那就是有什么东西行不通！我们至多可以说，精神分析孕育精神分析师，就像禅宗研究产生僧侣……'

"我两个经历都有：在禅堂的寂静中，坐于莲花座之上，或是躺在长沙发上，吐出滔滔不绝的废话……二者现在都安眠于在它们坟墓的石头之下，在我垃圾桶的深处。"①

---

① 但是，有些人甚至将格式塔定性为"西方禅宗"。

6. 伊萨兰

·**1963 年 12 月**，弗里茨遇见了迈克尔・墨菲（Michael Murphy）。墨菲刚刚在大苏尔（［Big Sur］位于加利福尼亚海滨，旧金山以南 300 公里）继承了一栋宏伟的房产，特色是带有含硫的温泉。他将这个地方称为伊萨兰，这是一个印第安部落的名字，这个部落曾经来这里举行宗教仪式。迈克尔・墨菲和他的中学同学迪克・普赖斯（Dick Price）梦想将这里变成一个"人类潜能发展中心"。两年来，他们将这个地方开放给一些有名的演讲家，如阿道司・赫胥黎（Aldous Huxley）、保罗・蒂利希等等，这里却仍然更像一个地方旅馆，而非一个国际研讨中心。人们在那里交谈，喝酒，人们在那里抽烟，但是那里没发生什么特别的事情，除了一些毒品和同性恋体验——总之，在加利福尼亚海滨，这变得相当常见。

事实上，必须承认一点，很大程度上是弗里茨・皮尔斯唤醒了伊萨兰，使其出名——而伊萨兰很好地报答了他，将这个"等待死亡的老鳄鱼"变成一个终日赴宴的杰出治疗师！

·**1964 年 4 月**，尽管一开始接触时有犹疑①，弗里茨还是同意作为"住院医生"定居在那里，他提议举办了一些演示工作坊，然后是一个格式塔的专业培训项目。但是他的成功来得很慢：他的工作坊只吸引了四五个参加者！……尽管 1964 年埃弗里特・肖斯特罗姆（Everett Shostrom）拍摄了一部电影，将卡

---

① 弗里茨尤其是个享乐主义者，扎根于即刻的感官性，他不怎么喜欢统治伊萨兰的唯灵论气氛。

尔·罗杰斯、阿尔伯特·埃利斯（〔Albert Ellis〕所谓"理性情绪"〔rationnelle-émotive〕疗法）和皮尔斯三人对同一位来访者格洛丽亚（Gloria）治疗的不同流派进行了对比。

·**1965 年**，皮尔斯 **72 岁**。他仍然非常疲惫，心脏一直有病。为了下到"浴池"（由天然温泉水修建而成），也就是不到一百米的距离，他要开车！

就是在这时，理疗师艾达·罗尔夫给他做了 50 来次的结构性整合深层按摩（罗尔夫疗法），以及椎骨脊椎按摩，很快，他就不再驼背，他的胸部也不再凹陷，他找回了新的青春。他后来宣称艾达给了他一个礼物：数年的生命。

两年后，他的工作坊和研讨会仍旧不令人满意，每个工作坊和研讨会人们都只能勉强数出 10 个左右的受训者。然而，人们按照他的意愿建了一栋宏伟的圆形木别墅，突出于悬崖之上，他在那里的一个铺有厚地毯的玻璃大客厅里举办他的工作坊……在那样一个总是烟雾缭绕的环境里，地毯很快就满是烟蒂，被烟灰烧坏了……因为他从来不给房间通通风！

·**1967 年**，在那里他着手撰写回忆录《进出垃圾桶》，并于 1969 年出版。

·**1968 年**　年轻人"受够了"的伟大运动：越战危机达到顶点；大学生，而后加利福尼亚的"嬉皮士"，他们主张自由生活的权利、废除禁忌、身体的快乐、裸体的权利、"要做爱，不要作战"、"此时天堂"……①

这一解放运动扩散到全世界，就像尘土蔓延，在我们这里则

① 与皮尔斯和古德曼关系密切的生活剧场当时演出了充满挑衅的《此时天堂》（« Paradise Now »）《偶发》（« happening »）等，大获成功。

带来了墙上标语——"禁止不许张贴",文化的革命,太快遭到遗忘,或许甚至因为它的过度行为遭到否认。但是,重新看一下我们的墙:

> "夸张,即开始发明"
>
> "想象权力"
>
> "严禁禁止"
>
> "我宣布进入永恒快乐状态"
>
> "我的欲望即现实"
>
> "艺术已死,解放我们的日常生活"
>
> "诗歌在街上"

我们的社会将会做好准备以最终迎接人本主义心理学和格式塔。

弗里茨·皮尔斯现在75岁了。他的照片出现在美国最重要的那些周刊上。他"上"了《生活》杂志的封面。他被推为"嬉皮士之王"。这是荣耀!

每个周末,他都展示他自己所说的"他的马戏",数百人拥挤着来看他的"节目":他在人群中邀请几个志愿者,给他们分配一个序号,然后让他们轮流坐在"热椅子"上,面对一把"空椅子",然后在几分钟时间里,通过他们的态度或者他们的梦,挖出他们潜在的存在性问题。看上去,阻抗若干年精神分析的一些问题永远消失了,就像魔法一样……然而,这不是深层的治疗,而是惊人的演示!

人们给他录像和录音,这些演出的片段于1969年收入《格式塔治疗实录》一书中,法语版有个奇怪的题目《格式塔治疗中的梦与存在》(*Rêves et existence en Gestalt-thérapie*)[1]。

杰出的专家从四面八方来到伊萨兰：例如，我们能看到格雷戈里·贝特森（[Gregory Bateson]"心灵学派"和"双盲"）、亚历山大·洛温（生物能）、艾瑞克·伯恩（沟通分析）、约翰·李利（[John Lilly]感官隔离箱）、阿兰·沃茨（[Alan Watts]东方主义）、斯坦尼斯拉夫·格罗夫（[Stanislas Grof]超个人心理学）、约翰·格林德（John Grinder）和理查德·班德勒（[Richard Bandler]神经语言程序学）等等。

但是皮尔斯仍然易怒，而且嫉妒某些同行同时获得的成功，如威尔·舒茨[2]（他领导一些非言语的相遇团体，出版了《快乐》一书，获得了巨大的成功）、伯尼·冈瑟（[Bernie Gunther]组织了皮尔斯的最早一批工作坊，而后自立并出版了《感觉放松》[*Sensation Relaxation*]，也售出几十万册）、维吉尼亚·萨提亚（她教授家庭治疗），以及一些印度瑜伽修士（他们指导公开的冥想，出现在电视新闻头条上……）

弗里茨想当唯一的头，无可争议，没有对手，而且他梦想最终建立一个格式塔基布兹（Gestalt-Kibboutz）[3]，一个人们可以全天24小时过着格式塔生活的地方，在那里他会真正地感到"在自己家"。这是皮尔斯一直以来希望的，而他与古德曼的相遇

---

[1] Edition L'Epi (Homme et Groupe), Paris, 1972（绝版）。另外，译本有很多不准确之处，诸如："压抑"（refoulement）误作"退行"（régression），"圆满"（plénitude）误作"无畏"（intrépidité），等等。

[2] 即威廉·舒茨（William Schutz, 1925—2002）。——译注

[3] 参见 Hilarion Petzold, *Le Gestalt-Kibboutz, modèle et méthode thérapeutique*, Paris, 1970（多次重印），以及 André moreau, « Et voilà un Kibboutz-Groupe », in *Acta psychiatrica belgica*, Bruxelles, 1980, pp. 805 – 838.

更是强化了他的这个想法：如人们所知，古德曼是个无政府主义
斗士，孜孜不倦地阅读傅立叶（Fourier）和克鲁泡特金的文章，
也是伊万·伊里奇（Ivan Illich）的朋友，他幻想一个和平的世
界，这个世界由各个自我管理的社群组成，建立在集体自发互助
的基础上……

在实践这一古老梦想之前，弗里茨明确说道，"我已经说过，
个体治疗过时了。今天，我更进一步：我认为所有的团体治疗也
过时了"，他寻求"生活中的格式塔"的实现……

7. 考伊琴（加拿大）

·**1969 年 6 月** 他在加拿大西海岸温哥华岛上的考伊琴湖
畔买了一栋旧的渔夫汽车旅馆。30 个左右伊萨兰的忠实弟子追
随他来到这里。

他制定自己的法律："不要孩子，不要狗!"不要捣乱者——
他是绝对的主人！所有的人都生活在社群中，参与集体劳动，以
及治疗或培训。

弗里茨终于幸福地生活着，"像孩子一样"放松：他下棋，
集邮，开玩笑……甚至请同事去下馆子，他一直把"钱袋子看得
那么紧"！他宣称："生命中第一次我平静地生活着。我不需要与
其他人斗争。"

接下来的那个冬天，从欧洲（柏林、巴黎和伦敦）游玩回来
后，他中途去了一趟芝加哥，主持几个工作坊，正是在那里，在
1970 年 3 月 14 日这一天，在他的**第 77 个年头**里，他因为心肌
梗死而去世了。另外，尸体解剖显示，他患有胰腺癌。

在葬礼"颂词"中，保罗·古德曼激烈地批判了他，认为他
"背叛了格式塔"，这仍然激起他从前的东海岸朋友和加利福尼亚

朋友之间的暗中争吵，后者并不同意这些"卑鄙的清算"，以至亚伯拉罕·列维茨基很快就组织了"恢复名誉"的第二次葬礼！

弗里茨·皮尔斯就这样度过一生，必须将其——无论我们愿不愿意——视为格式塔治疗的主要创造者和代言人，即便恰当地说，他并非格式塔治疗的理论家。他受到当代某些格式塔学者的批判甚至怀疑，然而不可忽视的是，他在这一新取向中留下了深刻的个人印迹，在美国这一取向被看作"弗洛伊德以来精神分析领域最重要的创新"，从那时开始它跻身大西洋对岸的治疗与个人发展一流方法之列——如果不是最好的方法的话。

第五章
格式塔与精神分析

皮尔斯与精神分析

很清楚，格式塔治疗是精神分析的一个女儿——正如所有赖希治疗和新赖希治疗（植物疗法、奥根［orgonomie］、生物能、根源①等等），或者沟通分析——然而，这是一个反叛的孩子，对于皮尔斯对弗洛伊德的反叛，至少在早期她是充满疑虑的。

正如我们刚刚看到的那样，弗里茨·皮尔斯连续接受了四次精神分析，但是每一次都发生在不同寻常的情况下：

· 第一次，和卡伦·霍尼，只持续了一年；

· 第二次，和克拉拉·哈佩尔，突然被中断；

· 第三次，和欧根·哈尔尼克，持续了较长时间，但是我们已经看到了，哈尔尼克的被动可以夸张到什么地步；

· 第四次是和威廉·赖希进行的，他正相反，特别重在干预

---

① 指根源理论（Theory of Radix），在赖希身心理论基础上发展起来的一种新赖希疗法，由赖希学生、美国实验心理学查尔斯·凯利（Charles Kelley，1922—2005）创立。——译注

并越来越不正统，尽管他一开始被弗洛伊德自己任命为精神分析教学培训的负责人。

而且卡伦·霍尼和赖希后来成为明确反对弗洛伊德的两大流派，尤其是在他们移民到美国之后，见证了他们后期著作的出版。

最后，要强调指出的是人们经常忽视一个事实：**桑多尔·费伦齐**间接而重要的影响（尤其是他积极的技术和热情的身体干预），他的几个弟子或崇拜者陪伴在弗里茨或罗拉·皮尔斯身边，在弗里茨和罗拉参加入门的教学培训时和后来的研究中，这种影响得以传递。这些人包括：兰道尔（Landauer）、希奇曼（Hitschmann）、奥托·兰克、埃里希·弗洛姆、克拉拉·汤普森、格雷戈里·贝特森、海因茨·科胡特（Heinz Kohut）和卡伦·霍尼自己。这种影响能够充分地解释人们经常提及的，皮尔斯实践和温尼科特（Winnicott）实践之间的某种亲缘关系，温尼科特是费伦齐的亲传学生——就像他的同事梅拉妮·克莱因（Mélanie Klein）和迈克尔·巴林特（Michael Balint）那样。

总而言之，必须强调指出，皮尔斯并没有传统的"经典"精神分析经历，尽管他有 6 年的分析和教学培训（1926—1932），以及 23 年的精神分析师实践（1928—1951）。

因此，他对他那个时代传统精神分析的持续批评必须置于这一背景下——1936 年布拉格大会时，他与弗洛伊德失败的会谈使他遭受了粗暴的自恋创伤，这更使此背景因素恶化。

更进一步地考察之后可以发现，皮尔斯特别加以批判的是，**他自己想象的有关精神分析的夸张想法**，今天的分析师几乎无法从他所反对的精神分析图像中辨认出来。

最后，不能忘记一点，皮尔斯和古德曼与所有的创新者一

样，想要自己方法的专业获得认可，然而

> 人们只能通过反对来获得认可。（瓦隆［Wallon］）

认同的征服意味着边界的明显加强和差异的强调。

争议

我并没有"敢死队"的使命感，因此并不想对那个精神分析和那个格式塔做系统深入的比较。即便存在这种比较，也是冒险举动，可能给我招致这些或那些人恶意的、有明确动机的批评，由于每个专家都发展出自己对各种原理的解读，用以证明构成他个人实践的那些多少算是特别的组成部分，因此这些批评会更加多样化！……C. J. 荣格已经指出：

> "归根到底，理论的差异反映出人格的差异：人们选择与自己心理结构相一致的模式。"

关于模式，皮尔斯喜欢一个故事——是他学生亚伯拉罕·列维茨基讲述的[①]：

> "从前有一个美国人，他制造茶杯。他已经创造出了一个特别的茶杯，但是在美国生产对他来说太贵了。因此他决定把这个茶杯寄到日本去，以工业化规模生产出来。在运输途中，把手打碎了。善于完美复制的日本人生产了一些茶

---

① 转引自 Marin Shepard dans *Le Père de la Gestalt*, trad. Montréal, Stancké, 1980.

杯，把手都以同样的方式打碎了。

"而在弗里茨·皮尔斯看来，弗洛伊德——他害怕正面看人——通过让病人面对着墙而解决了问题。而从那一刻开始，精神分析师以同样的方式复制了茶杯那打碎了的把手。

"……而同样的，皮尔斯的一些缺陷也影响了相当一部分格式塔治疗师！"

在本书中，从头至尾我们都会发现频繁地间接提到精神分析，尤其是皮尔斯从他的角度出发，或多或少有根据的批判……因此，本章中，我仅仅快速提到格式塔、弗洛伊德和直接来自精神分析流派的其他几位作者之间某些共同的主题或争论。

不言自明的是，这只是我自己对格式塔和精神分析的"金泽式"解读，是有意识的主观解读，按照格式塔的一个根本原则，我为此负有全部责任。当然，在这一快速概览中，我完全不奢望对提到的各位作者的主要论文进行概述，我只是更为节制地指出与格式塔有关的一些汇聚点或是分歧点。

弗里茨反对西格蒙德

"当恭敬的，恭敬他"①：因此，让我们从西格蒙德·弗洛伊德（1856—1939）开始，而后再召唤他的朋友——忠诚的或不忠诚的。

实际上，皮尔斯反对正统弗洛伊德理论和技术上的很多根本观点：无意识、婴儿性欲的至高性、压抑在神经症产生中的作

---

① 出自《圣经·新约·罗马书》第13章第7节。——译注

用、俄狄浦斯情结、阉割焦虑、死的本能、疗愈中移情神经症的使用、仁慈的中立、节制规则等等。

无意识

在他看来，弗洛伊德的无意识无节制地将下列因素重新分组：

· 一方面是最近意识到而遭到压抑的情感；

· 另一方面是从未出现在意识中的印象；

· 最后是那些不能够被意识到的生理感觉——如营养过程或增长过程。

因此，他更愿意谈论"此刻无意识"[①] 并研究当前的压抑过程，而不是被压抑的物质内容。无论如何，他更感兴趣的是来访者自己所知道的或所感受的东西，而不是来访者所不知道的东西。

然而，不言自明的是，皮尔斯"并不否认无意识"——像我们有时候听到某些人所说的那样，这些人不了解情况……或者心怀恶意！他仅仅提议从言语联想或梦之外的其他途径着手：尤其是通过倾听身体、感觉、情绪。

总而言之，皮尔斯认为，从认真观察当前的表面现象[②]中能够学到的东西，与追忆"所谓的童年回忆"的缓慢"考古学发掘"一样多——无论如何，这些回忆被后来的重新转化极大地歪曲了。

---

① 这在某种程度上让人想到弗洛伊德第一定位（première topique）的前意识。

② 表面的旋涡使人们可以猜测深处的运动。而且，"当人们在楼上有自来水时，为什么要竭力去深井里抽水？"（皮尔斯）

　作为隐喻，我们也能够注意到，了解周遭环境使我们能够准确地确定中心，反之则不然。

神经症

另外，皮尔斯很重视口腔和皮肤的生理需要（饥饿和接触需要），这对于个体生存来说是根本的，并且先于准确意义上的性冲动①。

对他来说，神经症跟随"未完成格式塔"的总和而来，未完成格式塔是被中断的需要或不满足，而非社会禁止的欲望，亦非超我审查或自我审查压抑的欲望。因此神经症主要产生于有机体与其环境（母亲、父亲、他者）的冲突，这就是为什么神经症尤其是在个体与其生活环境的接触边界上被识别②。

移情

来访者的自发移情有意地转变为"移情神经症"，被认为与婴儿的神经症是类似的，分析师人为地维持着这一转变（它意味着咨询师以仁慈的中立后撤的态度），他认为这是一种无用甚至危险的迂回③。它的作用是通过引入一种过度的依赖而显著地延长治疗，这种依赖会在数年时间里疏离来访者（例如，禁止他在日常生活中做出重要决定）。另一方面，它有促进和维持投射机制的危险——皮尔斯认为投射是对正视社会现实的阻抗，以及责

---

① 参见弗洛伊德的支撑（étayage）概念（性冲动/自我保存冲动［pulsions d'auto-conservation］）
② 见第九章"自体的理论"。
③ 正如我们将在下文（第十章）看到的，大部分法国格式塔学者（其中的大部分有过精神分析经历）不再认可这种对移情的过度不信任。他们考虑移情，但是更多的是去探索反移情（或治疗师的移情）而非来访者的移情。见：D. Juston, *Le Transfert en psychanalyse et en Gestalt-thérapie*, éd. Boite de Pandore, Lille, 1990.

任面前的逃避。

因此他提倡的是一种我所称的"受控卷入"（*implication contrôlée*），使得人对人的更有动力的接触成为可能。移情干预并不因此而遭到否认，而是逐渐地被瞄准，而移情并不构成治疗的主要动力：因此不同的是治疗策略①。

此时此地②

一般来说，对于第一童年期创伤中障碍的形成原因的所有解释性研究，在他看来都会构成防御性的正当理由，强化神经症而非与之斗争。因此，例如，假使我得出结论："我无能，因为我的母亲过度保护我并且压榨我的父亲。"这是为我当前的困难"找借口"，并使我将自己置于一个宿命论的决定论中。因此，我们可以同拉康（Lacan）一样说道：

> "阐释滋养了症状。"

也就是说，赋予症状意义，阐释维持并在一开始加重了症状，而对今天的障碍的表现方式所进行的仔细分析，以及它此时带给我的可能的附带益处，可以鼓励我更容易地放弃它：

·这是"怎么样"和"为了什么"（［*pour quoi*］两个词），而不是"为什么"（pourquoi）；

·当下而非过去；

·承担责任，而非悲观地屈从于沉重的宿命论。

不过，皮尔斯明确指出：

---

① 见第十章"治疗关系和移情"的相关内容。
② 对皮尔斯来说，格式塔可以总结为四个词（在英语中押韵）："我和汝，此时和此地。"——换言之："此时此地你和我之间如何？"

　　"在任何情况下，我都不否认一切都在过去中有个根源，并趋向今后的发展，但是我要澄清的是，过去和未来在当下之中不断地获取参考，因此必须与之相联系。没有当下的参考，它们将失去意义。"①

　　而且，对过去的分析——即便成功了——并不总是足够的，因为"症状经常自我维持，尽管觉察到遭到压抑的再现"（赖希《性格分析》，1933）。

　　我们或许可以说，格式塔在某种程度上提供了一种治愈过程的反面：在精神分析中，人们假定觉察带来实际经验的改变，而在格式塔中，实际经验的改变——通过体验——使得行为的改变成为可能，这一改变伴随着可能的觉察。对于精神分析师来说，症状的消失是"奢侈"的，而对于格式塔学者来说，有时被视为"奢侈"的是觉察。

个体心理治疗和团体心理治疗，言语和互动

　　在分析中，有可能发生这样一种情况：诊所里的"双重"言语关系，有可能发展出一种病态推理（例如，抑郁的推理），或者诱发幻想——有时濒临发狂——而这与外部"社会现实"没有任何的交锋。

　　因此，例如，我可以将自己感知和描绘为特别"有诱惑力和厚颜无耻"（真诚地这样想），然而在包含言语和互动的真实团体情境下，一些极其不同的特点可能很快就显示出来。

----

① F. Perls, *Le Moi, la Faim et l'Agressivité*, Durban (Afr. du Sud), 1942.

再举另外一个常见的例子：我们如何通过个体治疗识破一种夸张的自恋倾向，即在任何时刻都喋喋不休，以此独占全部的关注？

言语与动作的或社会的行为处于潜在的不一致中，这并不罕见，然而这种行为在惯常的治疗情境下被减小到最低限度，来访者被动地躺在长沙发上，所有的运动，甚至和治疗师的单纯的目光接触都被剥夺了。

皮尔斯假设，这一治疗特殊的背景设置（*setting*）可以用弗洛伊德个人病态的恐惧来（害怕注视）解释，他甚至将精神分析技术的这一面视为"为精神分析师所用的一个巨大的防御系统"（原文如此）。

仁慈的中立

虽然皮尔斯的看法有点过分，但是的确，精神分析从来不是中立的：来访者直觉地感受其深层的（反移情的——但同时是移情的）情感[1]，即便他们是受控的。关于这一点，萨沙·纳赫特（Sacha Nacht）明确指出：

> "在很长一段时间里，分析师确信，通过中立态度，他们能够'掌控'甚至消除他们自己的无意识的反移情反应。今天我们知道反移情在分析工作和移情中是同样丰富的。"[2]

另外，来访者无意识地试图满足他的治疗师的期待（他所感

---

[1]　除了他对来访者移情的反移情，也就是说他的反应——积极的或消极的——治疗师自身并不能避免对自己病人的某些直接移情性情感，病人可能自动地在他身上唤起自己过往的回响（见第十章）。

[2]　S. Nacht, *La Thérapeutique psychanalytique*, Paris, 1967.

受到的或是投射在治疗师身上的）：例如，他给治疗师带来"美好的梦"① 或一个典型的"俄狄浦斯情境"……

理论和规范的分量

人们"猜想"分析师"知道"并进行阐释，而在实践中，经常会觉得与格式塔治疗师相比，分析师更爱"进行评判"——尽管他保持沉默并表现出中立。格式塔治疗师分享个人的感受，甚至自己的观点——因而有意地使来访者可能与自己争辩。

精神分析建基于一个严密构造出来的独断体系，来访者有时感到（错误地或有理由地）在一个确定的疾病分类体系中"被分类"，"被标签化"。他必须在被认为具有普适性的理论中找到自己的位置②，他并不总是觉得自己的独特性受到尊重：在某些情况下，分析师甚至被想象成更关心他的理论而非来访者这个人。③

关于这一点，皮尔斯有些夸张地提到他所称的：

·弗洛伊德式"麻木不仁"（节制、中立甚至冷漠），

·罗杰斯式"共情"（与他者一起颤抖，"设身处地"）；

·格式塔式"同情"（两个人之间真实的"我-汝"关系，每个人保留各自的位置）。④

---

① "阻抗可能利用梦去躲避直接精神分析。"（Sacha Nacht, *op. cit.*）
② 关于这一主题，可参见美国文化主义学派（米德 [Mead]、本尼迪克特 [Benedict]、卡迪纳 [Kardiner]、沙利文 [Sullivan]、弗洛姆、埃里克森……）关于俄狄浦斯情结的普适性的讨论。
③ 参见 A.P.I.（Association Psychanalytique Internationale）1965—1973 年的主席海因茨·科胡特令人印象深刻的自我批评：« Les deux analyses de M.Z. », in *International Journal of Psycho-Analysis*, 1979（Trad., Paris, Navarin, 1985）.
④ 见第十章"治疗关系"相关内容。

在无数严格规则之下，精神分析有时候显得很规范，建议一些社会化和适应的目标：例如，同性恋在精神分析里有时仍被认定为"反常"①（[perversion] 具有常用语中这个词的所有贬义内涵）。回想一下，赖希自己总是拒绝给同性恋做治疗。②

相反，格式塔清楚地表现得更为自由，没有先验的分类，来访者也没有对治疗师的隐含期待。然而，必须承认这一混乱的态度悖论性地具有构成新规范的风险："必须……没有规范！"就这样导致一种反对因循守旧的因循守旧！无论如何，人们在格式塔中重新发现皮尔斯的第一个老师戈尔德施泰因的一个原则，前文已经提及："正常不能由适应来界定，相反，应该由创造新规范的能力来界定。"

精英主义和民主

最后，怎么能不强调精神分析中有限的治疗影响，只有有限的一个社会阶层，即某种贵族阶层③才能接触到精神分析，这并

---

① 例如，参见 Laplanche & Pontalis, *Vocabulaire de la Psychanalyse.*

② "我不想让自己掺和进这样的肮脏事"，赖希这样回复哈夫勒沃尔医生（Dr Havrevold），他向赖希建议治疗一个有"重大价值"的同性恋病人（伊斯勒·奥伦多夫 [Isle Ollendorf] 在《威廉·赖希》一书中转述）。赖希写道："必须预防年轻人彻底地误入这一歧途……"他明确指出："每一个同性恋者都可以通过接受一种非常明确的治疗而停止做同性恋……"（但从未试验过！）请注意，在 2000 年，在美国（50 个州中的）40 个州，同性恋仍然是解雇的合法理由。

③ 在美国，人们说精神分析是 *W.A.S.P.* (*White Anglo-saxon Protestant Society* [盎格鲁-撒克逊白人清教徒上流社会]) 中 *Y.A.R.V.I.S.* (*Young、Attractive、Rich、Verbal、Intelligent、Successful*："年轻、有吸引力、富裕、健谈、聪明、高雅"）所专有的。因此，1970 年，据计算有不少于 77 个精神分析师在好莱坞有钱人居住区贝弗利山执业，而美国"腹地"的全部六个州只有一个分析师（转引自 Françoise et Robert Castel, in *La Société psychiatrique avancée*, Paris, Grasset, 1979）。

非仅仅出于金钱方面的原因，也是因为精神分析要求足够的能力，将自己的经历言语化。另外要强调的是，在传统形式中，按规定，精神分析尤其用于不超过 40 岁的来访者。

反之，和大多数人本主义心理学的其他流派一样，格式塔使用更为自发而多功能的语言（言语的或非言语的），而且，经常使用团体治疗使所有地位和所有年龄的人都能接触到格式塔。我就是这样才能够在旧金山参加对路人开放的工作坊，那里"嬉皮士"、流浪汉或吸毒者，年轻人或老年人，开始是出于好奇而参加进来，然后就定期回来，以他们的方式来寻找内在的平衡，从中得到几个美元。我也参加了一些特殊的治疗团体，这些团体将受害者和"性虐待"加害者（强奸受害者和强奸者）聚在一起，双方都通过格式塔技术来表达令人心碎的情感。①

另外，还要注意一点，即一个经典精神分析师在整个生涯中都只能治疗有限数量的病人（大部分属于同一个阶层）：这个数量很少超过一百或两百人——因为平均一周三到四次，持续四到五年。② 而一个做个体和团体治疗的格式塔治疗师能够认识和治疗从一个到几千个人——究其原因，比如说，在个体来访者之外，平均一周一个团体或一个月一个集中工作坊，持续一到两年。

在对精神分析的各式批判之后，现在我们要来说皮尔斯和弗洛伊德仍然接近的观点。

---

① 目前在加利福尼亚（2200 万居民）有将近 80 个这样的专门中心在运作，人们估计 25％的妇女在生活中的某个时刻曾经是性暴力的受害者。接受格式塔治疗（平均一周两次，共两年）的性罪犯重新犯罪的比例很低，低于未接受治疗的对照组的犯人数倍。
② 美国人——他们热爱统计——估算，一个精神分析师的"正常平均"时长为 500 小时。

重复性强迫

皮尔斯保留了弗洛伊德的重复性强迫（compulsion de répétition）概念，不过在他看来，这一趋向可能与未满足需要，与"未完成格式塔"有关——蔡加尼克指出，未完成格式塔表现出一种自我"封闭"的内在倾向。此外，皮尔斯强调指出，重复并不一定是一种"致命的僵化"（由死的本能维持），它同样是以完全的学习为基础，能够释放生命能量。

两难

在格式塔中，弗洛伊德的两难（ambivalence）主题——另外，为荣格所发展——在对立"两极"的整合中找到了其必然结果，两级如：爱/恨，暴力/温柔，自主/依赖，冒险/安全，男性/女性，等等。[①]

梦

我们已经指出梦在两种取向中都大量使用，尽管使用模式不同。在分析中，它用作自由联想的基础并且可能引发阐释。

在格式塔中，对梦的不同元素的逐一识别同样带来联想，经常伴随着情绪反应，并可能因心理剧形式的演出而放大。[②]

阻抗

"在精神分析治疗过程中，人们将被分析者的行动和言

---

① 第二章和第六章提到的原则。
② 见第二章（格式塔的全面介绍）和第十三章（想象和梦）。

语中，所有与他进入自己无意识相对立的东西[1] [……]、
'所有干扰治疗工作继续的东西，都命名为阻抗'（Freud，
1900）。[……] '针对过去危险的防御机制以阻抗治愈的形
式重新回到治疗中。'（Freud，1937）[……] 整个一生，弗
洛伊德都没有停止将对阻抗和移情的阐释视为其技术的专有
特征。而且，鉴于阻抗用行动的重复（répétition agie）代替
了说出来的回忆（remémorisation parlée），必须将移情看作
一种阻抗……

"[……] 弗洛伊德区分了五种阻抗：压抑、移情的阻
抗、疾病的次级获利（bénéfice secondaire）、[……] 无意识
的阻抗[……] 和超我的阻抗。"[2]（拉普朗什和蓬塔利）

在格式塔中，我们同样提到阻抗的概念，不过意义不同。
"在我们看来，阻抗值得考虑：它不是一堵要推倒的墙，而是接
近艰难世界的一股创造性力量。"[3] 它就像一座堤坝，隐含能量。
我们将在下文第九章看到皮尔斯及其后继者列出的一个主要阻抗
清单[4]。

---

[1] Laplanche et Pontalis, *Vocabulaire de la Psychanalyse*, Paris, PUF, 1967.
[2] 至于防御机制，安娜·弗洛伊德列举了很多：压抑、退行、反向形成、隔离、追溯性抵消（annulation rétroactive）、投射、内摄、转向自身（retournement sur soi）、逆转至对立面（renversement dans le contraire）、升华（sublimation）、通过幻想否认（négation par le fantasme）、理想化（idéalisation）、与侵犯者相认同（identification à l'agresseur）等等。
[3] E. & M. Polster, *La Gestalt*, 1973, trad. fraç., Montréal, Le jour, 1983.
[4] 尤其是：融合、内摄、投射、内转和自我中心。按照作者的观点，这些机制被命名为：自我功能丧失（*pertes des fonctions de l'ego*）、阻碍、中断或干扰（*interférence*），再或者回避机制。

还要注意在基本的治疗指令或"规则"方面，对于来访者的差异而给出的相反阐释。

・在精神分析中，手势经常被视为对言语化的一种阻抗：一次治疗中的 *acting-out*（有时被不恰当地称为 *acting-in*）或见诸行动，绕过言语分析。

・相反，在格式塔中，早熟的言语化（*verbalisation prématurée*）经常被视为一种阻抗，阻止自己通往能够让相关深层经验浮现的感受（防御的合理化［*rationalisation défensive*］）。

通过情绪发泄进行的宣泄

实际上，格式塔中的工作通常扎根于身体感受（此时此地），但是身体感受经常唤起过去的场景，这些场景"重新上升至表面"并因此而在当下被重新经验。

在精神分析中，是言语唤起可能诱发当前情绪的记忆，而在格式塔中，更确切地说，是当下的身体感受诱发情绪，情绪进而有可能唤起某个记忆：

　　　　罗贝尔——我感到胸口透不过气……

　　　　治疗师——保持这一印象……强化它……描述它……

　　　　罗贝尔——我感到被压垮了……我窒息……我有种无力感……我害怕……

　　　　治疗师——试着闭上眼睛……继续更用力地感受这一压迫的感觉和这些情感……有什么要到来就让它到来……

　　　　（罗贝尔闭上眼睛；他的呼吸变快了；可以说他呼吸困难；他伸出双臂，手指张开着……）

　　　　罗贝尔——我喘透不过气……我害怕……我在黑暗

中……我好像被关在单人囚牢里……小时候，如果我犯错误的话，我母亲就经常把我一个人关在小房间里。有一次，我大概六岁，她把我给忘了——或者故意把我留在那里——整个夜晚……

治疗师——好的……用现在时态说：你现在六岁，你正在那里，一个人，在一个黑乎乎的小房间里……你透不过气……

罗贝尔——对的……我害怕……我被抛弃了（叹气）……我要死了……

治疗师——你还是六岁……直接对着你母亲说："妈妈，我要死了，不要抛弃我……"

罗贝尔（他喊叫）——妈妈！你在哪里？让我出去！我透不过气！我透不过气！……我会死的！

治疗师——更大声一点！如果你想喊的话，就喊出来，不要怕！如果你想的话，就再叫她……想说什么就说什么……

（……其后是一段很长的工作［大约半小时］，"重新经验"幼儿期的创伤情境和其他相关片段。）

实际上——正如在精神分析中——记忆是准确的还是重新加工过的，对我们来说并不重要：重要的是带着"戏剧化"的情绪强度去体验那个情境，唤醒埋藏起来的焦虑，而这些焦虑与当前身体感觉相关联①。

---

① 见第十二章我们关于与记忆的情绪体验相关的大脑"边缘系统开放"（ouverture limbique）的假设。

1893 年，弗洛伊德自己声称，以前他曾经被某些来访者的一些宣泄反应吓着，不知道如何控制："创伤记忆的复活只有当它是情绪性的时候才能治愈；因此宣泄效果存在于情感的发泄之中。"不过他很快就放弃了与来访者的所有身体接触，因而来访者除了自己发展出对抗自身宣泄反应的防御机制外没有任何其他资源。[①]

在格式塔中，人们实际上认为，当下的情绪体验比理性地觉察障碍可能的来源（觉察可能会额外地突然发生！）更有疗愈作用。总之，重要的是罗贝尔的哮喘会不会在这个片段（或其他某些片段，过去的或埋藏得更深的）之后出现，或甚至它与任何特别的创伤都无关，而是与压迫的总体气氛有关，再或者它的病因更多的是生理而非社会心理的……对来访者来说，重要的是他当前的哮喘持久地消失！而经验显示，在一次或数次高强度的情绪经验之后，他经常出现哮喘，这些情绪体验与所倾注的那些当前的情感关系相连，并伴随着恰当的言语化。

格式塔、精神分析与行为主义

相对于精神分析和行为主义，格式塔与其他所有所谓的"人本主义"流派一起，处于"第三条道路"。

·因此，例如，在传统**精神分析**中，症状有时被降至次要地

---

① 见下文费伦齐对"新宣泄"（néo-catharsis）的评论。此外，我们可以在以下书中找到对宣泄的批判史：Richard Meyer, *Les Thérapies corporelles*, Paris, éd. Hommes et Groupes, 1986. 另见第十一章"格式塔中的身体"的相关内容。

位，它在某种程度上被视为自体发现道路上的一个简单的路标。通过移情分析和阻抗分析，同时凭借阐释，人们寻求全面接近深层人格，以此来逐步觉察被压抑之物。"治愈"被假定是"额外地"突然来临的，弗洛伊德建议对"治愈的狂热"要小心。

我们知道这么一则趣闻，一个尿床的人接受精神分析，并且感到满足："一切都好！我还是尿在床上……但现在我知道为什么了！"

这个人的观点是主观而且相当悲观的（第一童年期的沉重的决定论，自然的"多态性反常"[perverses polymorphes]倾向，等等）。

• 在**行为主义**取向之下，这正相反，出于效率和对"来访者明确要求"的尊重，治疗的仅仅是症状，来访者为了这个而来，一般不做其他要求。我们不向来访者建议一整套昂贵的西装，而他进来仅仅是为了买一条领带！

例如，在恐惧或性障碍案例中，一些去条件反射（déconditionnement）和去敏化（[désensibilisation]沃尔普[Wolpe]）经常使症状以快速的——甚至惊人的——方式消失，但是这并没有全面地重新调整人格。① 另外，还要考虑的是，从统计上看，有时候人们所指出的"*症状性移置*"（出现新的替代症状），比精神分析师让人们猜想到的更加稀少。相反，人们甚至注意到频繁的积极"连锁反应"（相关联的次要症状消失的

---

① P.N.L.（神经语言学程序学）修改并发展了这些通过身体"扎根"而进行的条件反射方法中的某些。

"良性循环"，未经直接处理)。①

　　人的观点想要客观而现实（环境和学习上的压力，强大但是可改变）。

　　·在**格式塔**中，症状被视为个人的特殊呼喊：它所"选择"的是语言，甚至是无意识的。人们甚至鼓励最大声地表达出来，增大呼喊声以便更好地听见。症状，尤其是身体的症状，经常是一道"进入的门"，使得与来访者的更深层接触成为可能。在来访者自己的邀请下，人们将在他的"住所"陪伴着他，并鼓动他进行实验，对他整体的存在于世和各种关系进行可能的重新调整。

　　这里关于人的看法是主体间性的，并且是有意乐观的，将重点放在每个人身上可开发潜能的丰富性。

格式塔，作为"精神分析的延展"？②

　　最终，我们能够说在某些方面，格式塔远非与精神分析相对立，而是汲取了其源泉，并根据其独特的看法而追随它——那个时代的文化背景和弗洛伊德的人格不允许更深入地探讨？这种见解颇有吸引力……

　　实际上，皮尔斯提出了"对弗洛伊德理论的一种修正"——按照他第一本著作《自我、饥饿与攻击》最初的副标题的说法。

---

① 因此，例如，与性无能的治愈同时发生的可能还有不再发生车祸（与身体图示［schema corporel］不适有关的碰撞）和不发脾气（给人一种力量的幻觉）的消失。

② 参见 André Moreau, *Gestalt, prolongement de la Psychanalyse*, Louvain-la-Neuve, éd. Cabay, 1983.

如我前文所说，这本书 1942 年在南非的德班第一次出版。[①]

但是，如果我们参照弗洛伊德自己确定的最小条件（*conditions minimums*），那么几乎不能令人满意将格式塔看成精神分析取向。事实上，弗洛伊德于 1922 年在一篇题为《精神分析治疗的奠基石》（《Les pierres angulaires de la thérapie psychanalytique》）的文章中写道：

> "与无意识精神过程的存在相关的肯定（affirmation），阻抗理论和压抑理论的重新集合，赋予性和俄狄浦斯情结的重要性：这些是精神分析阐释的要点，也是其理论的根基。不全部接受这些的人，不能算作精神分析师中的一员。"

这就是被删去并无法上诉的皮尔斯！……但是，无论如何，他并非唯一一个发现自己被大师驱逐的人：阿德勒、荣格、施特克尔（Stekel）、兰克、赖希和相当多的其他人的命运跟他一样！

然而今天，精神分析处于充分的发展中，人们甚至可以想象，随着时间的推移，格式塔治疗重回其怀抱……

弗洛伊德的若干合作者、继承者或异议者

不幸的是，本书的框架使我无法对他们贡献的整体进行讨论，也限制了我，我只能在一张很简要的表中，提到涉及我们主

[①] 人们经常说的这本书的出版时间（1947）是错误的，那是在伦敦出版的第二版的时间。这一版和之后的美国版本（1966 年和 1969 年）删去了副标题。

题的特定的几个要点；因此这张表的目的绝非总结他们著作的要点，而仅仅是指出与格式塔治疗理论或实践的若干相似之处。

在这之后，我将稍微详细地说一下与格式塔尤其接近的四位作者的研究：费伦齐、荣格、温尼科特和赖希。

几位精神分析师和格式塔

精神分析师	出生	死亡	与格式塔治疗相近的思想和实践
西格蒙德·弗洛伊德	1856	1939	（见上文……以及本书全文！）
格奥尔格·格罗德克	1866	1934	·病人的整体论取向与心身取向； ·身体存在于词语之中，反之亦然； ·无意识是躯体性的； ·陪伴来访者，避免任何的阐释； ·无正常/病态的边界：疾病＝积极的创造。
阿尔弗雷德·阿德勒	1870	1937	·"教育的"治疗，旨在发展自体的自主与肯定。
桑多尔·费伦齐	1873	1933	·关注来访者的身体反应：创立生物分析；新宣泄；积极的技术；身体见诸行动；满足、母性照料（［maternage］对于边缘型或精神病个案）、内摄的重要性。 ·技术弹性：每个人都寻找自己特定的风格。
C.古斯塔夫·荣格	1875	1961	·治疗师的积极和介入态度："镜像"和同伴；治疗师个人方程式的重要性（独有风格），临床和人本主义的取向，不仅仅是一种理论取向。 ·无意识＝潜能蓄水池，而非压抑的过去。 ·个体的追求；求助于内在对话；生活体验（expérience vécu）、对过程的关注；自我调节（autorégulation）；东方主义，象征主义、想象；两极。

格式塔：接触的治疗

精神分析师	出生	死亡	与格式塔治疗相近的思想和实践
梅拉妮·克莱因	1882	1960	·早熟的攻击性口头冲动的重要性； ·身体和身体反移情的重要性； ·引入游戏治疗； ·爱/恨、好客体/坏客体的双重性（两级）。
奥托·兰克	1884	1939	·治疗时间的缩短（出生创伤的发泄）； ·梦的元素作为睡眠者的投射； ·神经症＝失败的艺术作品：由此而来的创造性治疗。
卡伦·霍尼	1885	1952	·文化环境和当前因素的重要性。 ·根本的存在性焦虑：由此而来的安全性的热烈气氛。目的论观点：障碍的次级获利。
唐纳德·温尼科特	1896	1971	·现象学式照亮：过程、生活体验。 ·与环境的早熟关系：需要的概念。 ·支持的干预作用（抱持、照料……）。 ·游戏和创造性的地位，过渡客体和过渡空间。 ·自体（和虚假自体）。
威廉·赖希	1897	1957	·记录在（"说话"的）身体里的回忆和情绪； ·重新结合分裂的各个部分； ·作为生命冲动的性器性欲（*sexualité génitale*）和攻击； ·怎么样优先于为什么，形式优先于内容，此时此地的体验优先于过去。

©塞尔日·金泽，1987

桑多尔·费伦齐（1873—1933）

能够为这位在精神分析师中"不受欢迎的人"平反，我感到很开心。50多年来，精神分析师对他的看法充满争论，讨论的议题在当前的精神分析研究中处于核心地位。对我个人来说，正如我之前已经提到的，我认为他实际上是格式塔治疗的真正先驱之一，格式塔的"祖父"。

不幸的是，他的回忆长久以来都被精神分析学界内部的争吵所玷污了，尤其是"非专业的分析"或"外行的分析"[①]，也被弗洛伊德官方的传记作者欧内斯特·琼斯的嫉妒所败坏[②]。人们只会高兴地看到他的法语版全集终于翻译出版。然而，遗憾的是弗洛伊德的继承人决定仍然不公开他和费伦齐的私人通信，继续保密20多年。

我非常高兴地从爱森斯坦的《精神分析先驱》一书[③]中相当多地引用桑多尔·洛兰（Sándor Lorandt）的文字：

"在精神分析学家中，费伦齐是个'浪漫的人'，被他的

---

① 也就是说面向非医生。费伦齐坚定地认为，教育工作者应该做分析，他看不出教育工作者成为合格的治疗师有什么可反对的。这些立场给他带来了很大的敌意，尤其是在美国。

② 欧内斯特·琼斯认为费伦齐"阴谋反对他"……他将费伦齐认定为"弗洛伊德的狂热分子"——而弗洛伊德将费伦齐看成"他秘密的首相"（Freud，1929）。

③ Eisenstein Franz & Martin, *Psychoanalytic Pioneer*, New York, édit, NewYork/London, Basic Books, 1960. Tra. P. Sabourin, in *École de Budapest*, Paris, Le Coq Heron, N° 85, 1982.

同事们视为"'一个可怕的孩子'；弗洛伊德称他为'我亲爱的儿子'①。从 1908 年他第一次遇见弗洛伊德到他去世，桑多尔·费伦齐扮演了一个英雄的角色——相当于弗洛伊德的助手——使得分析成为科学的一个分支。弗洛伊德将费伦齐的临床和理论贡献看成'纯金般的'……

"从 1908 年开始，他们成为亲密的朋友，一直持续到费伦齐生命的终点。他和弗洛伊德进行自己的分析，他们一起度过了了很多的夏天②……1909 年，弗洛伊德请求费伦齐陪同他去美国……在那里，早上弗洛伊德做报告前，他们经常一起散步，费伦齐经常给他建议当天的报告主题（Freud, 1933）。

"在弗洛伊德所有的弟子中，费伦齐是对精神分析做出最大独特贡献的一个。他不仅是一个伟大的导师，如弗洛伊德说的那样'将我们都变成了他的学生'，而且是无可匹敌的组织者。"

1910 年，正是他在弗洛伊德的提议下，创立了国际精神分析协会，并且在 10 年后创办了《国际精神分析期刊》（*Journal International de Psychanalyse*）。他还在大学创办了第一个精神分析世界讲坛。

最后，回想一下，他担任了 20 年的匈牙利精神分析协会主席，慷慨地为格罗德克、兰克做了很多次出于友情的分析，他还给弗洛伊德自己做分析，弗洛伊德定期向他叙述自己的梦。在这

---

① 并且有很长一段时间想让费伦齐当他的女婿。
② 特别是，他们一起去美国、荷兰、意大利、法国旅行。人们知道一开始，弗洛伊德没有将精神分析和个人关系分离开来。而且，他自己给自己的女儿安娜做分析。同样，荣格分析了自己的妻子。

之后，他还分析了包括迈克尔·巴林特①、欧内斯特·琼斯、梅拉妮·克莱因、克拉拉·汤普森等在内的很多人。②

不过，我该回到格式塔上来，在费伦齐的众多思想和实践中快速列举为皮尔斯及其后继者所借用、发展或重新发现的几个思想或实践。

从 1908 年起，费伦齐发表了"内摄"的概念，1921 年为弗洛伊德所采纳。

费伦齐非常关注身体：他观察伴随着联想和言语阐释的那些细小的动作、身体的调整和声音的改变。③ 他很可能是第一个谈论生物无意识（*inconscient biologique*）并建立他所说的"生物分析"的人。他毫不犹豫地在治疗过程中建议身体练习——其"扎根"或"grounding"为生物能学者（以及一些格式塔学者）所珍视。他实践新宣泄法，他的来访者达到接近出神（*transe*④）的层次。

费伦齐不断地强调说，精神分析师必须具有灵活性和"技术的弹性"，与其人格自身的组成部分工作。这一原则对所有格式塔治疗师来说仍然弥足珍贵，格式塔治疗师每个人都在有意地寻找着个人特殊的"风格"。

1920 年，在弗洛伊德的建议下，他创立了"积极技术"，这

---

① 顺便说一下，他在一个格式塔学者（科勒）面前完成了博士论文答辩。

② 费伦齐还继续进行了有关"相互分析"（*analyse mutuelle*）的研究。

③ 至于他的匈牙利同事勒内·施皮茨（［René Spitz］以其关于住院症［*hospitalisme*］的研究而出名），为达到这一效果，则建议精神分析师坐在来访者身后，稍稍错开一些，以便观察来访者颈动脉的跳动，这种跳动会暴露来访者的情感。

④ "transe"，来自拉丁语 trans-ire："从另一边来，跨越"。这是一种转-移（*tans-ition*）、一种通道，是某种形式的传授（initiation），不一定是歇斯底里症发作。

随之为他带来了不少的批评；实际上，他的干预随着来访者的需要而调整，干预的方式经常是公开建议，或是提议将幻想象征性地在身体上见诸行动。而且，正如他自己在面对批评时所强调指出的那样，阐释已经是来访者身体活动中的一种积极的干涉。此外，必须明白一点，费伦齐是在那些难处理的个案中逐步进行专门研究的，这是些极端的或"边缘型"个案，被大部分他的分析师同行①所拒绝，很显然需要对"正统的"治疗技术进行专门的改造。

这里必须提醒注意一点，弗洛伊德自己远非总是中立的或令人受挫的：他在咨询时说得很多，可能会给出建议……有时甚至给与经济上的帮助！

在这个议题上，他与欧内斯特·琼斯有争议，他觉得琼斯"太绝对了"，1918年，他写道：

"我们不能避免接受那些性格如此软弱的人做分析，他们能力不足，无法适应生活，我们可以会发现自己必须为他们而将教育的影响和分析的影响相结合。[……]此外，对于我们的大部分病人来说，我们也发现必须将自己当成教育者和顾问。但是每次这样做都必须非常小心，不能试图将病人按照我们的形象来塑造，而是推动他去解放和完善自己的人格。"②

精神分析师贝尔纳·蒂斯（Bernard This）甚至写道：

----

① 他的来访者中有些已经接受过其他分析师十多年的长期治疗，但没有成功。
② S. Freud, « Les voies nouvelles de la thérapeutique », in *La technique psychanalytique*, Paris, PUF, 1970, 转引自 R. Dufour in *Ecouter le Rêve*, Paris, Laffont, 1978.

"通过歪曲分析规则，通过发明弗洛伊德从未要求过的这个著名的所谓'仁慈的中立'，分析师们在相当大程度上将分析'固定'在一种可能长期持续的智性化之中：'这更为舒适，病人说话，不转转身来，我可以读我的报纸……漂浮的注意……没有喊叫也没有危机，没有'出神'，病人一直正面朝上躺着，就像一个死者卧像，不动，静止。这很安静，可以平静地说话，更为舒适'……对分析师来说！"①

因此，从 1927 年开始，费伦齐放弃了一贯让人沮丧的传统姿势，相反，在可能的情况下，他表现得像一个令人满意的图像，刻意地积极，甚至如母亲一般，并且他向来访者表露出言语上和身体上的情感迹象，甚至在带有色情意味的温柔中相互亲吻，由此向来访者建议自恋性的"修复性体验"，补偿早期温柔的缺乏。②

弗里茨·皮尔斯和罗拉·皮尔斯在与兰道尔和希奇曼进行教学性分析时，已经学会了这些母性照料和"再亲子关系"（re-parentage）的积极技术，尤其是对于那些严重紊乱的来访者。20 世纪 40 年代起，在她的精神分析的相同框架下，罗拉·皮尔斯有时实践了这样一种态度。③

我们在温尼科特（抱持）、卡斯里埃尔（黏合［Casriel，bonding］）、弗朗斯·韦尔德曼（触摸法［Frans Veldman，haptonomie］），以及一些格式塔学者（尤其是在加利福尼亚受

---

① In *L'Haptonomie*, Doc. de travail du « Coq Heron », n° 9, Paris, 1985.
② 这不是掩盖旧伤口，而是重新发现并包扎旧伤口。
③ 参见 H. Petzold, « Die Gestalttherapie von Fritz Perls, Lore Perls und Paul Goodman », in *Intergrative Therapie*, n° 1, 2, 1984. (理查德·罗森和安妮·金泽自译)

训的那些）那里找到了多少有些相似的态度。①

为结束这一列举，强调以下这一点也许并非无用：仍然是费伦齐最为坚定地主张②，为针对未来分析师而做的个人分析——所谓的"教学"分析——确立分析职责，他将其看成"精神分析的第二条根本规则"（1927）。同样，他制定了对新手执业者的控制或监督要求。

卡尔·古斯塔夫·荣格（1875—1961）

他于 1907 年遇见弗洛伊德，他们是"一见钟情"：两个人立刻开始讨论，不间断持续了 13 个小时！他很快就成了弗洛伊德的朋友，他"偏爱的弟子"，然后是他的"继承者"。弗洛伊德选择了他（和费伦齐）陪他一起在美国待了七个星期……但是，1912 开始，二人绝交。

在这里概述他重要著作（包括 20 个厚厚的分册）不会有问

---

① 黏合（［*bonding*］字面意思为"贴紧于"）旨在于一段时间内紧紧地贴近某个人，身体相接触，站立或者平躺。理查德·迈耶（Richard Meyer）同样提倡这种技术（身体分析［*Somatanalyse*］）。触摸法（"触摸的科学"）的目的在于通过非言语接触获得一种根本的安全感，人们尤其可以与子宫里的胚胎建立这种安全感。

另外，我们要指出的是，雅克·拉康虽然没有多说，但是他和荣格一样，也没有停止实践"安全的身体接触"。至于 1936 年接受弗洛伊德分析的萨沙·纳赫特，他提出了"医生无条件的善意"（la bonté inconditionnelle du médecin）这一思想，以及病人在治疗师身上所找到的爱的重要性，这种爱用费伦齐的话来说，是病人"自己的父母没有给他的爱"（参见 P. Sabourin in *Ferenczi*, Paris, éd. Universitaires, 1985）。

② 这一思想最早似乎是由 C. G. 荣格提出的。

题，但是重要的是指出他对今天格式塔学者的影响的特殊重要性①，他们在他的著作中重新找到了众多对他们来说多少有些熟悉的观点和概念，例如——

· 治疗师的积极态度，既是"镜子"又是合作者，他让自己摆脱含蓄，去和自己的来访者对话，与来访者交流自身的感受。对他来说病人并非"一个附属的存在，我们让他平躺在长沙发上，而自己像神一样待在其身后，时不时地丢下一句话"。病人是一个我们可以帮助和喜爱的人，在治疗之外也是如此。正因如此，我们才可以说："荣格的心理学是一种母亲的心理学，而弗洛伊德的心理学则是父亲的心理学。"②

· 荣格的精神分析与"他的个人方程式"工作，他不得去寻找摆脱这一方程式，相反，他必须努力赋予其重要性：他自己构成了体验的一部分，不去寻找虚幻的客观性，而是寻找一种被照亮的主体性（*subjectivité éclairée*）。

· 与理论的形而上学相比，临床的和人本主义的取向占了上风。理论连接了个人发展和对智慧的寻觅。它对任何年龄来说都是可能的："心理治疗和神经症无关，而是和一些人类存在有关"……"治疗停止的地方，发展开始：我对治疗的个人贡献正在于此。"③

---

① 参加过（荣格的和格式塔的）混合培训（formation mixte）的治疗师在法国和美国都并不罕见。这样的人很多，比如说玛丽·珀蒂，第一本全面的关于格式塔的法语著作的作者：*La Gestalt, thérapie de l'ici et maintenant*, Paris, Retz, 1980（réed. chez E.S.F.）。

② 这个说法转述自 A. Nataf, in *Jung*, Coll. « Le monde de… », M.A. éd., Paris, 1985.

③ C. G. Jung, *La Guérison psychologique*, trad. franç., Genève, Libr. de l'Université, 1953.

• 至于神经症，他的立场接近皮尔斯："神经症是一个迹象，无意识中能量积聚到成为一个可能爆炸的电荷上。"[1] 对他来说，神经症与拒绝承认自主，以及个体无意识和集体无意识的丰富创造性有关。因此治愈将来源于个人或个性的重新统一。这里——就像在格式塔中——无意识被视为未来潜能的蓄水池，而非过去被压抑物质的寄存处。

• 荣格很接近东方哲学：他曾长期研究禅宗、道家学说、密宗、《西藏度亡经》和《易经》[2]。他常常使《易经》为其所用。在他的著作中，我们可以发现他熟悉东方的各种痕迹——或者这种自然的亲近——通过很多形式表现出来：

• 与自体工作的非唯意志论、非纯粹智性化的构想；

• 对直接体验的重点强调；

• 向内部秉性（dispositions *intérieures*）的外部迹象如反应或同伴开放；

• 不断地提到矛盾双方的互补性，即"自体"[3] 的主要属性；

• 图像形式而非概念形式的象征思想（如四位体［quaternité］）。

还有《炼金术》（*Alchimie*）中可以找到的那些主题——荣格后半生主要致力于这些主题。

---

① C. G. Jung, *Métamorphoses et Symboles de la Libido*, trad. franç., Paris, Montaigne, 1931.

② 正是在与荣格的密切接触中，受教于中国老师的里夏·威廉（Richard Wilhelm）给西方带来了《易经》——《变化之书》（*Livre des Métamorphoses*）的第一个译本。

③ "无论人们如何定义'自体'，它与自我是不同的，鉴于一种高级的知性（entendement）将本我引导向自体，自体代表了更具延展性的某种东西，它包括本我的体验并因此而超越本我。"（C. G. Jung, in *Psychologie et Orientalisme*, trad franç., Paris, Albin Michel, 1985）.

　　这里强调与皮尔斯的那些灵感之间的相似性是无用的——他从来都只是一个业余的东方爱好者，不过对这些思想和各自的"对立两级"的综合很感兴趣。

　　作为对这一相当不完整的列举的结束，我还要快速指出方法和技术领域的其他一些共同点。

　　·荣格——就像皮尔斯那样——更为感兴趣的是正在展开的身体过程，而非可以通过精确定位（*topique* précise）而辨认的深层结构。

　　·他赋予投射中心地位，移情可以是投射的表现。

　　·他提倡与来访者某些人格化部分的内部对话，类似某种"内部戏剧"，例如：梦中的任务、他的阿尼玛（anima）、他的"精神导师"或"年长的贤人"①，集体无意识的表现。

　　·我们还可以提到幻想的利用、象征性"曼陀罗"、梦的工作中提倡的放大的技术、作为治疗阶段的自体膨胀（参考格式塔中的自我中心［*égotisme*］），以及在更一般意义上，对作为当前有意义语言的症状、内部自动调节（生物学家的内稳态，皮尔斯大量使用这一术语）和人与外部世界辩证法（格式塔的接触边界）的全部兴趣……

　　我想这一简短的概述②充分地强调了两个取向之间的亲缘关系，尽管荣格和皮尔斯之间在人格上有着根本不同。

---

① 阿尼玛是每个男人身上的女性部分，而阿尼姆斯（animus）是每个女人身上的男性部分。此外，阿尼玛与人格面具相对立。"年长的贤人"是每个人内部智慧人格化的原型。

② 在此我要感谢荣格取向的心理治疗师和格式塔治疗师皮埃尔·雅南（Pierre Janin）在对 C. G. 荣格思想的分析中给予我的宝贵帮助。

唐纳德·W. 温尼科特（1896—1971）

温尼科特是当代精神分析师中论点最为接近格式塔的一位。[①]

我借用让-玛丽·德拉克鲁瓦对两个取向之间几个共同元素的阐述：

> 在温尼科特的著作中很清楚地表现出：
> ——他受到现象学的影响；
> ——他将所有临床的基础建立在年幼孩子与其环境的关系上；
> ——他赋予需要和冲动同等重要——如果不是更重要的话——的地位（这使得某些精神分析师不将他接纳为他们中的一员）；
> ——他赋予体验和体验的进展并因此也赋予过程予某种价值；
> ——他赋予真实身体某种地位，而不一定将其视为一种

---

① 同时代人中参考了精神分析的著作还有：
Roger Gentis, *Leçons du corps*, Paris, Flammarion, 1979.
Willy Pasini, *Le corps en psychothérapie*, Paris, Payot, 1981, 1993.
Richard Meyer, *Le corps aussi : de la psychothérapie à la somatanalyse*, Paris, Maloine, 1982, 以及 Les *Thérapies corporelles*, Paris, éd. Hommes et Groupes, 1986.

"见诸行动"，一种治疗环境中的行动[1]；

——他谨慎而节制地使用阐释；

——他偏爱游戏[2]和创造性，由此而产生出他与来访者之间的某种类型的关系；

——他从来不提俄狄浦斯神话（勉强提到一两次）。

此外，德拉克鲁瓦强调说，古德曼和皮尔斯的自体与温尼科特的自体之间存在相似之处：

——在格式塔中，自体是一个时间过程，涉及有机体及其环境，以及滋养二者增长的种种互动。这一过程随着一个接触-后撤循环展开，有机体在这个循环中找到自己的边界……

——在温尼科特那里，自体是存在的核心，因为与环境的接触而建构自身，这个环境首先是"足够好的母亲"，它必须将自身与母亲区分开来，以便找到自己的范围和边界……

但是吉茨（Geets）做了一个有些不同的解读。他写道[3]：

［温尼科特的］自体并不像蓬塔利指出的那样，是中心、

---

[1] 参见年幼儿童的抱持（抱、支持）和处理（［handling］操纵、安慰）技术。（本书作者注）

[2] 定义一个"中间的空间"（*espace intermédiaire*），既非纯粹的现实，亦非纯粹的幻想，温尼科特和格式塔或心理剧中偏爱的治疗师及其来访者之间相遇的空间。皮尔斯则经常提及"中间区域"（zone intermédiaire），称之为"DMZ"，"非军事化"区域。

[3] Claude Geets, *Winnicott*, Paris, Delarge, 1981.

> 内部：它是二者之间（l'entre-deux），自我和他者之间（l'entre-moi-et-l'autre），就像它在一种体验中实现自身那样。

这里我们非常接近古德曼的自体。

温尼科特非常关注病人自我表达的方式（不仅仅是他言辞的内容）：结构相当好的话语，以矫揉造作的声音说出来，"了无生气"，这会泄露出一个适应性强、顺从的"虚假自体"，一个单纯的外壳，试图替代一个脆弱的内核，以此来保护它。

与卡伦·霍尼一样，温尼科特强调，安全和认可的第一需要，先于所有的独立的渴望并早于"独自一人的能力"（这意味着年幼的孩子对母亲立刻回来的内在确信）。

从同一个隐含假设出发，在格式塔连续治疗团体的最初几次治疗中，我们经常会发现建构一种信任和安全的温暖气氛的烦恼①，这种气氛能够使后面万一要进行的更大"冒险"成为可能，这种冒险发生于深层退行性"浸入"（plongée）或团体"此时此地"的攻击性面质中。同样，在攀登或洞穴研究中，当人们信任向导和同组队员，并且预先确信这一纽带——以绳索代表——的牢固性时，在探索新道路时就更容易冒险。

最后我将说一下温尼科特的一个概念即转移客体（[objet transitionnel] 毛绒动物、被子一角等），它代表着母亲——是母亲的替代物而非象征物——起到自动安抚的作用。②

但是我不赞成德拉克鲁瓦的推断，以我的极端意见，这样来

① 当然，这不能滑向一种亲密无间的"团体幻觉"（安齐厄 [Anzieu]），促进融合，而非为独立所必需的安全做准备。
② 关于这个主题，参阅一篇转移客体概念的长篇回顾批判：G. Boulanger-Balleyguier, « Le Consolateur », in Revue: Enfance, N° 2., 1984.

看待这一概念，则视为"转移客体"① 的不仅有治疗师，而且包括接触循环自身，而接触循环是一种抽象物。

反之，用靠垫或者某个物体来代表一个不在场的人（比如说，父母或配偶），情感投入其中，这在格式塔中可能得到使用，我觉得这表现出和这一概念的某种相似性。

因此，总而言之，皮尔斯和温尼科特的交汇之处是多重的，在理论层面，以及方法论或技术层面上都有，人们可以认为温尼科特建造了精神分析和格式塔之间的"一座桥"。

威廉·赖希（1897—1957）

他非常年轻就开始作为精神分析师从业，因为 1920 年，他遇见弗洛伊德不久之后就被维也纳精神分析学会接受，那时他还是个医科大学生，不过 23 岁。由于这个学会在当时有名气，他立刻就有了第一批来访者，其中有几个是弗洛伊德自己介绍给他的。

不久以后，正如我们已经看到的，他将成为皮尔斯的第四个也是最后一个分析师，就在他被开除出国际精神分析学会前夕（1934）。

但是，当时他仍然自认为弗洛伊德的信徒——弗洛伊德亲自将精神分析教学培训的责任托付给他——不过很快就觉得自己

---

① 我们还要指出的是，阿尔韦托·拉姆斯（Alberto Rams, Barcelone, 1983）对"转移治疗"（thérapie transitionnelle）的概念化，同时从格式塔、心理剧和温尼科特的研究中获得启示。

"被 1920 年之后的弗洛伊德背叛了"，而他固执地继续追寻自己导师的踪迹，赋予性——字面意义上——人们所知道的重要性。他将攻击性和神经症的起源归因为生殖器性张力的累积，并坚持将"高潮的功能"看成"生物电的植物性电流"调节器，使得内含的能量能够放松与和谐——在他看来分四个时间产生：紧张、充电、放电、休息①，依据的是在收缩和扩张之间交替的生命冲动的一般法则……

但是赖希强烈地"担心一个事实，即很多次，在一次分析中，一个症状的无意识感觉得到更新之后，并未自动带来症状的消失"②，而这一点看起来一点都没有对他的大部分精神分析师同行造成困扰！

因此，他建议进行"性格分析"，寻求通过生物治疗（1936）来驱散性格铠甲或肌肉铠甲——为对抗焦虑而建构的阻抗——并重建能量流的自由流动："肌肉系统的僵硬是压抑的躯体部分和躯体维持的基础。"

他评价道，必须鼓励一种来访者总体表达的模式，而不仅仅是言语上的话语，不过，与生物能分析的创立者、他的学生亚历山大·洛温③相反，在治疗中，他自己几乎不进行身体干预：病人一直躺在长沙发上。赖希仔细观察病人的呼吸、姿势和声音的变化，但是仅仅在例外情况下，他才会触碰病人的下颌或胸骨。

他也坚决主张怎么样优先于为什么，主张信息的形式而非信

---

① 我们还将注意到与保罗·古德曼所阐述的"格式塔循环"之间的某种相似性……还和内燃机相似！

② 转引自 C. Garraud, in *La Bioénergie*, Paris, ESF, 1985.

③ 赖希于 1942—1945 年对洛温进行分析，在与皮尔斯做分析的 10 年之后。洛温当时是律师。后来他离开去了日内瓦，1947—1951 年（共 4 年）在日内瓦攻读医学博士学位。

息单纯的内容优先。

赖希的著作太有名了，我就不在此展开了，我只想简单地提醒人们注意与皮尔斯工作的明显的亲缘关系。

结论：格式塔，精神分析的延伸、修正还是背叛

通过增添这些文献，我希望展示出格式塔和精神分析不同流派之间的模糊关系：

> 它反对，同样也从中获得启发。

此外，将不同取向进行比较将是徒劳无益的，它们之间经常是越来越互补，这种互补的特殊指征将需要得到明确。

我们注意到，在法国，相当多的格式塔学者接受过精神分析的培训，或是在他们格式塔培训之前，或是在之后。①

不幸的是，除了许多的误解之外，技术性"行话"进一步维持了这种模糊性并招致了持久的混乱，因为同样的术语，不同的作者使用则有不同的意义——或内涵。例如，下面这些词语（还有很多）就是如此：内摄、阻抗、本我、自体（self）、自我（Soi）、人格、需要、神经症等等。

因此，对于费伦齐、弗洛伊德和梅拉妮·克莱因来说，内摄

---

① 在法国格式塔学会（S.F.G.）认证成员中，大约三分之一的专业格式塔学者，还有四分之一巴黎格式塔学校（E.P.G）的毕业生是这样的。就我而言，在转向格式塔之前，我进行了经典的弗洛伊德式分析；至于安妮，她在转向格式塔之后接受过荣格式分析。而且，我们两个人在实践中都曾经受到琼·菲奥里的强烈影响。她是我们的加利福尼亚"导师"之一，长期当任伊萨兰项目的主任。她是一位卓越的治疗师，整合了多种的培训：精神分析、新赖希疗法和格式塔。

更具有积极的内涵：这是将好的东西化为己有（相反，投射使得拒绝坏的东西成为可能），而对皮尔斯来说，这是一种带有贬义内涵的过程，旨在"不加咀嚼地吞下"异己的身体，以及现成的思想或价值观（"必须……""我们应该……"）[1]。

在一种更为一般的方式上，格式塔中的阻抗[2]准确说来与精神分析的防御机制是一致的。

无论如何，这些理论争议相对来说是"学术性的"，并且越来越被当代大部分所谓的"第三代"格式塔学者降为次要问题。

· **"第一代"** 由创始人构成，也就是说弗里茨·皮尔斯、罗拉·皮尔斯和古德曼——他们需要确认他们方法的特殊性……有时候，其代价是某些夸张！

· **"第二代"** 包括 50 到 70 年代的"理论家"，他们试图从仍然是部分经验性的实践中得出一些根本原则，构思一个结构严密的理论，以方法和专门技术为支撑。我们可以指出克利夫兰和纽约格式塔学院的那些先驱：伊萨多·弗罗姆、埃尔温·波尔斯特、米丽娅姆·波尔斯特、约瑟夫·辛克，以及吉姆·西姆金、乔尔·拉特纳和其他一些人。

· **"第三代"** 是目前的"实践者"——我将自己定位为他们中的一员。我们试图通过将我们的培训（大部分时候来自不同学派）和我们的临床实践整合起来，继续进行理论构想。因此，我们中的每一个人都根据自己的人格和通常的来访者，对这个或那

---

① 这一主题也见于沟通分析（A.T.），如父母亲的"处方"（积极）和"指令"（消极）导致了一个重复的"剧情"的建构，以时代错置的模式（mode anachronique）在后来阻碍了成年来访者，人们将鼓励他通过"重做决定"（redécisions）来摆脱它。
② 见下文第九章"自体的理论"。

个方面感兴趣：身体、情绪表达、"热椅子"、言语表达、创造性、接触-后撤循环中的各种中断、梦的工作、个体或团体工作，诸如此类。

就我而言，风格的这种丰富性和多样性让我感到有信心，因为我坚持之前已经强调过的一个想法：

> 与精神分析不同，格式塔并不主张科学的地位，而是为继续作为一种艺术而感到荣幸。

我们哪一个人能够自称实践的格式塔是"纯粹而正统的"？——假如可以这样去界定的话。

皮尔斯的天才正在于他将多种影响（下章我们还将提到几种）整合成一个新的结构严密的"格式塔"，维持一个有效的实践，这一实践将这半个世纪的主要治疗和哲学流派联合起来。

而且，"链条"继续，因为众多源自格式塔的技术成为学派，并在今天经常为很多人所使用——尽管有时候是在不同的精神之下——如一些生物能治疗师，沟通分析领域的治疗师，儿童、精神病患者或毒品成瘾者的精神分析师，以及很多其他服从行为（obédiences）的活动组织者或干预者——而这一点他们经常并不知道！

至于格式塔的特殊性和可靠性，这还引发一些争议：一些人觉得它得到完美建构，另一些人则觉得相当混乱——甚至令人失望。

对我来说，这种状态更让我安心，因为

> "一切都开始于热情……而结束于组织。"
>
> ——E. 赫里欧（E. Herriot）

并且我怀疑教条的僵硬化①，它威胁无论哪种理论，并只会以僵化和死亡而终结……对我来说，只要我具有安全定位的若干标记，我就热爱沿着不确定道路去探索地图上的空白之地，如果只是在远处。

---

① 因此，同样身为精神分析师，吕西安·伊斯拉埃尔（Lucien Israël）毫不犹豫地揭露某种帝国主义和经院式精神分析的"恐怖理论主义"（*Initiation à la Psychiatrie*, Paris, Masson, 1984）。

第六章
东方之源

　　我并不打算宣称格式塔与所有时代、所有地方的所有哲学流派或治疗流派有亲缘关系，也不打算不计代价地寻找事物之间或许是纯属偶然的相似之处，如占星术和格式塔、科学和艺术、爱神和死亡冲动、钓鱼和水彩画、滑翔和石头雕塑、蜗牛和大象、飞鱼和潜鸟……

　　总之，这里涉及的是一个游戏或一个经典的测试，玩的人每一次都赢："蛋和种子之间有共同点吗？零和无限之间呢？精神分析和格式塔呢？道家学说、禅宗和格式塔呢？"诸如此类。

　　我们经常听到一种说法："皮尔斯从东方哲学那里借用了很多"，但是人们很少明确说具体借用了什么！在流传甚广的占有非婚生孩子的游戏中，同样地，每个人都为它找到了众多法律推定的父母：精神分析、心理剧、生物能等等。[①]

　　请放心！我不会大胆地去试图穷尽分析所有可发现的影响——另外，更好的说法是，干扰——因为没有人能够准确地指出谁影响了谁……正如大部分时候人们不知道在国际冲突中谁开了第一枪！

　　格式塔和数个前面已经列举的流派之间有过很多"交叉"，

――――――――――

① 见第四章开始的"大家庭"。

并且现在仍然如此，这是非常清楚的。但总而言之，分发优先权筹码对我们来说并不重要，因为的确，这些流派中的每一个都在与所有其他流派的接触中丰富了自身，并将继续如此。

> 对我们来说，重要的不是发现我们从什么矿中提炼出珍贵的宝石，而是宝石是否在项链中找到自己的位置：是一致性而非技术的独特性让方法具有价值。

目前没有人不知道种族杂交是活力之源①，只要社会结构允许整合的话。为了避免心理学兄弟仇人之间无谓的论战，我更愿意首先坚决地转向一位不太有争议的祖先：东方思想——在全世界，它都显示出一种毫无意义的重获青春，尽管它具有千年的历史……因为它甚至刚刚和非常年轻的当代量子物理学联姻。

"物理学之道"②

我们知道，当代一些伟大的物理学家正在彻底地颠覆我们最

---

① 除了著名的格罗德克，他竟敢写道："我们当代人对与有色人种通婚来污染血统毫不迟疑［……］搅乱肤色的婚姻是亵渎神明，配偶双方和他们的孩子至少必须付出丧失公民权的代价［……］马来血统更接近于猴子的血统而非人类。需要证明这一点的可能还有中国人、黑人和日本人，必须把这一点贴满所有的街角……"

　　当然，他既是种族主义者，又是性别歧视者："我们这个时代，如果女人有能力获得与男人一样的成果，这只能证明一件事：人类的成就水平已经降低到女人的水平……"（转引自 Lucien Israël, in *Initiation à la Psychiatrie*, Paris, Masson, 1984.）

② 弗里肖夫·卡普拉（加州伯克利大学基本粒子物理学教授）：Fritjof Capra, *Le Tao de la Physique*, éd. angl., 1975, trad. français., Paris, Tchou, 1979；*Le Temps du changement*, New York, 1983, trad., Monaco, éd. du Rocher, 1983. 另外，和他的科学研究工作相比，卡普拉更出名的是他的反思著作。

为经典的概念，如有关物质、客体、空间、时间、因果等，因而与神秘的东方传统思想相交汇——东方思想从未将物质和精神想分离，并总是将所有的客体和世上所有的现象看成同一个终极现实的不同却又紧密地相互依存的面向，这个充满活力的终极现实是"永恒运动的，充满生机的，有机的，既是精神的又是物质的"（卡普拉）。

> 离开水无法理解鱼。

显然，格式塔的整体论观点从属于对世界的这样一种感知——我们可以将之看作道家思想[①]——其中治疗师感兴趣的从来不是孤立的征兆、姿势或者言语，甚至不是一种较好构想出的复杂行为，而是个体与其一般的社会和宇宙环境之间全面持久的相互联结，是不停息的流动中的一个整体，我们只能通过对此时此地的每一时刻保持警觉而领会，此时此地伴随着其不间断的格式塔序列，而格式塔在持续动荡的进程中则不断形成、实现和消解。

我们知道，自然界中不存在静止，所有的物体，从无限大到无限小，都处在不停的内在震动中，同时被卷入令人眩晕的宇宙运动，将在场和缺席相连[②]，也就是说将物质微粒和概率波（*onde* de probabilité）相连。概率波，亦即促使其运动的能量的外在表现，就像病人可见的姿势只有通过不可能捕捉的能量才具有意义。这种能量暗示着可见的姿势，无法测量，躲藏在自由的偶然性之中。

[①]　"道"意思是"路"或宇宙的"规范原则"，也就是说自然的秩序。
[②]　或者更确切地说，将现实的在场与潜在的在场相连。

在现象学家和格式塔学者几年之后，当代物理学家①因而重新发现了古代中国人珍爱的主题，而且他们现在知道，在自然中，没有物质现象脱离人的思想和视角而独立存在：他们决心——带着遗憾——抛弃中立而客观的观察者的神话，而承认介入的参与者的地位。

> "量子理论的首要思想是观察者不仅对于观察一个原子现象的属性是必需的，而且对于**激发**这些属性也是必需的。[……]电子没有独立于我的精神的客观属性。" （F. 卡普拉）②

这也是格式塔治疗师面对来访者时有意采取的立场，他不去观察来访者的行为"本身"，而是与来访者一起，有控制地参与，进入布伯"我/汝"隐秘细线的不断缠绕中明确的或隐含的相互关联，而这些不断的缠绕自身也包含在宇宙的"我/那个"（*Je/Cela*）之中，

觉察连续谱、"格式塔的序列"（或说 *Gestalten*，如果我们

---

① 当然他们并非全部如此！然而，在"尖端"研究中，比人们通常想象的要多。在那些明确研究物质和精神关系的物理学家中，我们可以列举出几个最为有名的：戴维·玻姆（[David Bohm] 英国）、弗里肖夫·卡普拉（美国）、让·沙龙（[Jean Charon] 法国）、奥利维耶·科斯塔·德博勒加尔（[Olivier Costa de Beauregard] 法国）、B. 德斯帕尼亚（[B. d'Espagnat] 法国）、石川光南（[Mitsuo Ishikawa] 日本）、诺贝尔物理学奖得主布莱恩·约瑟夫森（[Brian Josephson] 英国）、巴萨拉布·尼科莱斯库（[Basarab Nicolescu] 法国）、于贝尔·里夫斯（[Hubert Reeves] 加拿大/法国）、诺贝尔物理学奖得主尤金·维格纳（[Eugène Wigner] 美国）等。

② F. Capra, *Le temps du changement*, op. cit.

想要保持语言纯粹的话①）的格式塔主题，即图形在背景上的出现与消失，令人想起《易经》——中国的《变形记》所象征的流动的世界，处在永恒的转变之中。

很显然，自认为是唯一科学的牛顿式机械分析无法把握住变化的宇宙——这个宇宙的"所有东西都与剩余的其他东西相互连接"，"如果人们思考任何一个部分，那么其属性并不服从于任何一条主要的规律，而是都取决于其他所有部分的属性"。

但是应该指出，在任何时间，大部分科学研究者预测到事物的这一状态：牛顿正是如此，他提出了万有引力，解释了潮汐现象，发明了天文望远镜，分离了颜色，还论述了……炼金术，以及统一的力学和光学！至于弗洛伊德，他在 1912 年宣称（在给 H. 卡林顿［H. Carrington］的一封信中）他要重新开始生活，将致力于研究神秘现象，并且，在 1932 年，他一反惯常的怀疑论态度，明确说道：

> "10 年以来，当我看到自己视线范围内突然出现这些神秘现象时，我自己也感到了疑虑，担心它们会威胁我们对世界的科学构想，会使其让位于通灵术或神秘主义，如果某些秘术的资料得到确认的话。现在，**我的观点改变了。**在我看来，这所证明的不是对科学的信心，而是认为科学无法同化和重组秘术的资料中那可能会被认可为正确的那些。"②

---

① Gestalten 为德语 Gestalt 的复数形式，故作者有此言。——译注
② S. Freud, *Nouvelles Conférences d'introduction à la psychanalyse*, Paris, Gallimard, 1984. 转引自 Pierre Sabourin, in *Ferenczi*, Paris, éd. Universitaires, 1985.

最后，对爱因斯坦来说，他也对超心理学和所谓的"超常"现象很感兴趣：他甚至为厄普顿·辛克莱（Upton Sinclair）关于心灵感应（*Mental Radio*）的一本书撰写了序言。

因此我们不得不试图全面、综合地通过直觉体验去理解种种现象——带着我们右半球的"诗意"认可，而非处于左半脑的猜疑而专制的监视下之下，我们贪婪的左半脑进行着过时的种种分类。

让我们听一听法国国家研究中心（C.N.R.S.）和天体物理研究院（Institut d'astrophysique）高级研究员（Directeur de recherches）于佩尔·里夫斯是怎么说的：

"古代人对着一个回应他的宇宙说话。今天科学宣称宇宙是虚空而沉默的。无论如何，这是莫诺（Monod）和其他许多理性主义者发出的讯息，而莫诺是这种讯息的主要阐释者。就我个人而言，我不相信宇宙是沉默的，而是相信科学失聪。

"但是，让人印象深刻的是，首先感受到这种不适的是物理学家，他们典型地处于理性方法的最前沿。面对着对他们说'帮我们在电子里找到意识的根源'的生物学家，物理学家在当代这样回应：'但是总之，我们要在意识里寻找电子的根源！……'

"[……]目前，要做的是在我们身上调和两种方法，不为了一种而否认另一种，而是要确保那只仔细观察、分析并剖析的眼睛和那只沉思、敬仰的眼睛，和谐并充满智慧地共处。[……]现在我们必须学习在同时实践科学和诗歌中生活，我们必须学习保持两只眼睛同时睁着。"①

不过，这里我不对科学和哲学、物理学和形而上学，以及在更为一般的意义上，对本章开头提到的各种思想流派之间错综复杂的相互影响展开论述，尽管我很希望这样做。因此，我回到印度教、中国和中国西藏，以及日本等东方传统上来，并将试图指出道家、密宗和禅宗（不去讨论另外的几个在我们国家不太出名的分支）的趋同和特殊之处——我再一次将自己限定在某些与皮尔斯提出的格式塔主义的哲学有关的要点之上。

道家思想

《道德经》或说《道之书》（*Livre de la Voie*）可能由孔子的同时代人老子著于公元前五世纪末。这是除了《圣经》，全世界被翻译最多的一本书！

与儒家思想相反，道家思想并不宣扬特别的伦理，也不关心对善的追求——因为一切都是自然的：善如此，恶亦如此。而对立物自动地从对方中浮现出来：人们一为一物命名，无论是何物，其对立方就立刻出现。

因此，尤其存在不可分割的两大根本原则：

· 阴——女性——象征着美、温柔、寂静、大地、月亮等，有时以一个方形代表，表示稳定性；

---

① Colloque de Cordoue, octobre 1979, in *Science et Conscience*, Paris, Stock, 1980.

·阳——男性——象征着坚强而深刻的真理、天空、太阳等，有时以一个圆圈代表，表示运动。

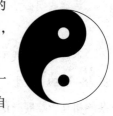

我们知道在最经典的图示中，二者为一条弯曲而"交错"的线所分开，以便使各自的轮廓线等于二者总轮廓线，并且阴的那一半（黑）含有一个阳的点（白），反之亦然：这正是根本上互补的相反双方。

相对而互补的两级这一主题上文已经谈到过：攻击性/温柔；男性/女性；自主/依赖；完美主义/自由放任；等等。格式塔中频繁地对此进行"工作"。[1]

道家学说信奉者尊重身体，并不将其视为一所为精神而设的"监狱"，而是看成身体的住所：因此它不沉湎于苦行（将自己的灵魂安置在一个糟糕的身体中），相反地，它去找具有活力的实践。而且，

> "努力只有在快乐中进行才会有成果"。

这是热情地经历着"此时此地"，因为"过去是死去的重负，唯有当下生气勃勃"。

几个世纪来，道滋养了所有的中国思想和东方思想，当然也对后来的不同佛学流派施加了重大影响。

就格式塔而言，我在这里提到的如下概念与道有密切亲缘关系，只凭记忆或恐有所重复：

·自由而自发的表达（在"出来的东西"……的意义上）；

---

[1] 皮尔斯在德国哲学家弗里德里希·谢林（Friedrich Schelling, 1775—1854）——黑格尔的同学——那里已经学习了这一点，谢林对黑格尔影响很大。谢林将之当作自己反思的中心：自然依据力量对立的原则而自我建构：吸引/排斥；电的正极/负极；行动/禁止。

· 作为精神"居所"的身体的重要性；

· 与说教的"内摄"（"必须……"）相对的解放；

· 相对立两极的整合工作；

· 集中于此时此地；

· "改变的悖论"（Beisser，1970），它首先暗含着对"如其所是"的接受；

· 觉察连续谱原则，格式塔建构与破坏的持续流动；

反之，与格式塔正相反的是，道家思想看重未完成，认为

> 所有不完美都是改变的驱动者①，

而且，道家思想几乎不关心各种感觉所提供的意象，认为"所有激化的情绪都会打破自然的和谐"，并因此而建议人变得"泰然自若——即便整个宇宙坍塌！"。

密宗

现在我不展开细述，而是简单谈一下佛教中的金刚乘（Vajrayâna）或密宗（*tantrisme*）的"道"——在法国人们所知甚少，经常被嘲讽——与禅宗一样，这一宗教流派寻求"此时此地"的启示（顿悟），不过与禅宗不同的是，它以大量的感官支持为基础：

· **延陀罗**（［*yantras*］宇宙的线性几何代表）；

· **梵咒**（［*mantras*］仪式的音节或声音："唵"等）；

---

① 这与蔡加尼克效应的"未完成任务的压力"是一致的。

· 曼陀罗（［*mandalas*］以圆形为基础的更为复杂的图形构成①——经常包含在方形之中——作为指示与中介的象征性支持而使用）；

· 手印（［*mudras*］神圣的仪式性姿态——经常使用手）；等等。

"密宗方法有其独特之处②：技术的丰富性，即为这一目的可使用所有的东西，无论是好的还是坏的。正如在柔道中，练习者学习使用自身相对于对手体重的优势。障碍转化为提供神奇的必要冲动的工具。在大部分其他精神之路中，必须将黑暗转向光明，而金刚乘的瑜伽修士将天使和恶魔作为他们的同盟者而欢迎。

"……一个练习者的行为很可能极少是教条的：决心将生活中的一切作为实现手段而使用，它并不将吃、睡、排泄和（如果并非僧侣的话）性行为等动物过程排除在外。欲望和激情的能量不应该失去［……］。密宗的这一面带来了与道德许可相混淆的巨大错误。尽管所有的东西都可作为手段，但是必须正当地使用。

"……密宗经文和图像——以及大量误解的来源——中大量使用的性象征必须作为对性的一种坦诚接受而加以理解，这里性被视为驱动人类的最强大力量……它象征着对立物的联合，这种联合即构成整个密宗系统基础的教义。"③

---

① 曼陀罗在梵语里意为"圆形"。圆形与方形的共存象征着化圆为方（*quad-rature du cercle*），总体性和平衡的范型（四位体）。

② ……不过非常接近格式塔的某些实践！

③ John Blofeld, *Le Bouddhisme tantrique du Tibet*, Paris, éd. du Seuil, collection « Points », Série « Sagesse », 1976.

实际上，这是唤醒身体、情绪和心灵中所有可用的能量：

> "接近真理的生命链是人的身体，连同身体的全部感觉和身体对外部世界的体验。"
>
> ——密宗

我们还以为这是在读一个格式塔的定义！

为了结束对密宗——我们在尼泊尔时，它强烈地呼唤或说引诱我[①]——的这一侧面一瞥，或狡黠的一瞥，我忍不住诱惑，要最后一次引用约翰·布洛费尔德（John Blofeld）的精彩分析：

> "决心追寻解放之路的佛教徒更关心实践的怎么样而非存在的为什么。尤其是禅宗和金刚乘（密宗）各流派，回归佛教最初的不鼓励思辨立场。人类的心灵处于其普通意识之中，大概无法把握生命的最终奥秘，而流逝于思辨的实践最好是用在进步之上，以便实现启示"[②]。

禅宗

禅宗（Tch'an）[③] 是佛教的另一流派——公元 6 世纪（道家学说诞生千年之后）由印度的菩提达摩传入中国。600 年后的 13 世纪，禅宗传到日本，在日本获得了西方人更为熟悉的名字：

---

① 我还必须明确指出，我父亲——犹太裔——曾是一位东方学学者，一位虔诚、积极的佛教徒。

② 参见皮尔斯特别喜爱的用以形容思辨的挑衅性表达：*bullshit*（蠢话或"牛屎"），*fucking mind*（强暴心智），诸如此类。

③ 禅在中文里的意思是"沉思"。

zen。又过了 7 个世纪①，禅宗正在进入我们的国度！……某些思想体系在平静中发展着！

临终前，C. G. 荣格床头所读的书正是关于禅的②，他狂热地喜爱，甚至专门让他的秘书写信给作者，表示说"他自己也会说完全同样的话"。

至于马丁·海德格尔，人们认为下面这些话是他说："如果我正确地理解了禅宗的教导（通过铃木博士［Dr. Suzuki］），那么这是我在我所有的写作中都想要说的！"③

禅宗教导说，唤醒（"顿悟"）处于"等待-注意"（la *smr-ti*］)④ 的最后，这种"等待-注意"应该是一种"无客体的警觉"："没有什么要等待的：要发生的事情，发生了。自然中没有法律、规则和目的，思想中也没有。"

这里我们认出了与格式塔主义学者关于觉察的基本态度相近的一种看法，信任而专注的：

> *"Don't push the river: il flows by itself"*
> ——巴里·史蒂文斯⑤

---

① "禅的修炼在 1967 年由弟子丸禅师 (Maître Deshimaru) 从日本传入西欧，他定居于巴黎并在那里创办了一个中心，1975 年该中心成为欧洲第一座禅宗寺庙，接着他在北非、加拿大、拉丁美洲设立分支，创建了国际禅宗学会。"（佛教徒 Roland Dunkel, in *Zen et Gestalt*, Mémoire de fin d'études de Gestalt-praticien, Paris, E.P.G., 1983 et Roland Rech 1998.）
② 查利·卢克 (Charley Luk) 的《中国禅宗和日本禅宗教义》（*Ch'an and Zen teachings*）。
③ 转引自 Philip Kapleau, *Les trois piliers du Zen*, Paris, éd. Stock, 1972.
④ "佛"意为"悟"，也就是说处于永恒觉察之中的人。禅宗包括两个主要流派：临济宗 (Rinzaï) ——等待突然的启示；曹洞宗 (Soto) ——追求逐步的、渐进的启示。
⑤ "不要去推河：它自己流动"，巴里·史蒂文斯 (Barry Stevens) 一本书的题目，她在书中描述了她在考伊琴湖的格式塔基布兹居住期间的事，那是在弗里茨·皮尔斯生命的最后几个月。Moab, Real Peoble Press, 1970.

只要练习"放手"（布施，dâna］）和"不停地从一物转移至另一物，渐渐地，带着一种持续的超脱"（参考格式塔的接触-后撤循环）。此外，我们如何能够依附于一个自身处于持续改变中的世界？

> "没有什么是永恒的：
>
> "唯有非永恒性是永恒的。"
>
> "我们无法两次踏进同一条河。"

"时间不是一条直线，而是一系列的此时之点，不留痕迹。过去、现在并非存在。唯有此时此地存在。怎么样做？怎么样心动？我们此时此地的行为应该怎么样？这是禅宗公案"①。

禅宗禅师一直不断地劝说弟子勿陷入对启示刻意而无谓的追求："没有什么功课要做的：一切都是在日常生活中把握的，并无事务：拉屎和尿尿，穿衣和吃饭。"②

"接受现实——本质上是非永恒性——也是坐禅③和日常生活中练习凝神-观察时一个根本原则和禅的实验。观察自己思想的浮现和逃逸，什么都不回避也不寻找：

> '不回避各种启示。不寻找真理。'

---

① 弟子丸禅师，转引自 Roland Dunkel, *op. cit.*

② P. Demevielle, *Les entretiens avec de Lin-Tsi.*

③ 坐禅 (Zazen) ＝冥想的基本姿势：莲花坐于一个厚垫子（蒲团）上，脊柱挺直，既不僵硬也不松弛；静止由细微的动作构成；人们用膝盖推动着地，用头顶着天。眼睛盯着前方大约一米处的一个点。呼吸自然……

"这是按照现实展现给我们的那样去接受现实，包括我们自身的现实——有时是幸福的，有时是痛苦的。"[1]

> "即便我们爱花，花也会凋谢。"
> "即便我们恨稗子，稗子也会生长。"

因此我们致力于非思量（hishiryo），即"不思考"，它看上去源自中间脑（cerveau central）潜意识的深层，由无客体的冥想——我们知道，这种冥想促进阿尔法波[2]的增强与延伸——所驱动，使得左脑和右脑、大脑皮质和皮质下的同步化成为可能，因此也能够更为清晰地觉察到身体所感受到的情绪。[3]

在格式塔中，有时我们注意到在一系列强烈的情绪卷入中有相近的状态。[4]

以下是精神科医生施内茨勒博士（Dr. Schnetzler）对这种"非思量"实践的一段描述：

---

① Roland Dunkel, *op. cit.*
② 主要的脑电波有：
    · 贝塔（bêta）波，大约 30 赫兹（或每秒 30 次），清醒状态下有意识、活跃的快速节奏，分布在脑的所有区域；
    · 阿尔法（alpha）波，8～12 赫兹，放松或冥想的规律节奏（休息时的波），尤其是出现于双眼闭着的情况下，特别触及额叶，具有脑半球间差异的缩小。
    · 西塔（thêta）波，3～6 赫兹，睡着时，白日梦与梦之间的中介；
    · 德尔塔（delta）波，1～3 赫兹，深层睡眠（阶段 3 或 4）。
    在进行禅宗实验的被试身上我们可以观察到脑电波快速回归阿尔法波。
③ 参见 Dr Auriol B.（精神科医生），« Le quatrième état de conscience produit par les écoles orientales », in *Les premiers entretiens de la Gendronnière*, Paris, éd. Association Zen Internationale, 1983.
④ 参见下文第十二章"大脑与格式塔"。

"在表现出来的欲望、设想、愉快的或创伤的回忆、补偿性话语、自我批评等不中断的队列中，专注的冥想者什么也不记住，什么也不认可，什么也不谴责，而是任由一切坠落……治疗过程就处在这样一个序列中：

"·让精神生产到来，其假设是对自己最低限度的信心[……]

"·保持对现象的关注，不以任何方式延伸自己的存在[……]，其假设是冥想者保存了最低限度的平静和专注的清醒，

"·抛弃现象而回归冥想对象 [……]

"如果将这些条件联合起来，就会连续不断地出现种种病理性精神构成，而主体对抗它们，看见它们，摆脱它们……"

这里我们找到了"觉察连续谱"中"格式塔形成与破坏"的不中断序列。施内茨勒接着说道：

"为了解释这一改变过程，我们可以使用精神分析的一个术语并援引：

"·一系列的情绪微观放电，包括种种重复的情绪发泄；

"·一系列的整合觉察，这个任务'并非不可能，尽管它很难'，弗洛伊德这么对我们说道。

"按照行为主义的看法，我们可能会说，充满焦虑的有问题的精神生产在冥想的专注的平静中得到检视，由此而启动一个消灭冲突性焦虑的过程，并最终使得治疗师所说的去条件反射成为可能。

"……每一次，微观解脱都因为觉察的清醒视点而成为

可能，在所思考现象的辩证游戏中，这一觉察不与任何对立双方相同化。这一觉察是禅宗通过'非思量'所听到的。因而，如此理解之下的非思量正是这种根本的非二元论[1]态度，在'观'（vision pénétrante）之时，在它所产生作用的层级上，使得解脱成为可能[2]。"

然而，笛卡尔如此看重的这种二元论侵入所有当代西方思想，各种二元对立：身体/精神、自我/他人、主体/客体、男性/女性、善/恶，诸如此类。

此外，公案[3]一派令人惊奇的教育目标之一，是逐步化解弟子的逻辑精神，以便让他能够接近禅宗的"超逻辑的"统一思想——顺便说一下，在哲学和当代科学中，现象学家梅洛-庞蒂，他下了一个定义：

> "精神是身体的另一面。"

或者如物理学家 J. 沙龙，他毫不犹豫地宣称"一切物质都是精神的载体"[4]。这个统一的形成是

"在自体的完全在场中，在没有身体和精神限制的专注

---

① 非二元论的意思不是"没有二元论"，而是"二元论"和"非二元论"（Dunkel, *op. cit.*）。

② Dr. Schnetzler, « Les moyens du changement par la technique méditative », in *Les premiers entretiens de la Gendronnière*, Paris, éd. Association Zen Internationale, 1983.

③ 公案：谜题或悖论，无法通过逻辑解决。公案大约存在 1700 年了（！）。

④ Jean Charon, « La Physique identifie l'esprit », in *L'Esprit et la Science*, Colloque de Fès, Paris, Albin Michel, 1983. 抑或：*J'ai vécu quinze milliards d'années*, Paris, Albin Michel, 1983. 让·沙龙作为哲学家的名气大于作为物理学家。

中，在此时此地的圆满中，那里瞬间可成为永恒，因为过去和未来不过是梦与想象，是空想"。

这样说的并非皮尔斯……而是弟子丸禅师。他继续说道：

"禅并非加之他人的一种意识，更不是智性思辨或讨论的一个客体。它是，也只能是，一种个人体验，最为私密的那种东西，什么都无法替代我们去体验。"（弟子丸泰西仙）。

"在禅中，我们不说一个人通过与各种事物的接触无法辨认热和冷。这里，一切通过生活体验来获得解释……"（内山兴正［Kosho Uchiyama］）①

而铃木禅师补充说道②：

"现实的禅取向旨在直接参透客体自身，如客体自在所是地去理解其内部：

> 认识花即成为花，
> 像花一样开放
> 并且，像花一样，为阳光雨露而欣喜。
> 而花对我们说话，将其全部生命交付于我们，
> 如其所是，颤抖
> 于自己的最深处。

---

① 转引自 R. Dunkel。
② D. T. Suzuki, « Le Bouddhisme Zen », in *Bouddhisme Zen et Psychanalyse*, trad. franç., Paris, PUF, 1971. (墨西哥大学［Université de Cuarnavaca］召开的关于禅宗和精神分析研讨会会议纪要。)

"禅在创造性之源中延伸自己……智者杀戮，而艺术家尝试重新创造，因为他知道现实无法通过解剖而达到。

"我们不能要求每个人都成为智者，但是我们所有人都天生可以成为艺术家，并非狭义上的画家、雕塑家、音乐家、诗人，而是广义上的生活的艺术家……而'生活的艺术家'不需要在自身之外去寻找。其全部的存在——身体和心灵——都将是其工作的材料和工具。"

这里我们可以找到精神分析学家奥托·兰克在《艺术和艺术家》（*L'art et l'artiste*）中大力阐述的一些主题，皮尔斯和古德曼尤其欣赏这本书。

＊　＊
＊

最后，禅宗和格式塔之间主要的区别会是哪些？我觉得自己不怎么有资格对此做出分析，但是我冒险发表以下几点看法。

· 禅宗方法没有禅师（精神领袖）帮助很难理解，它包括一段时间对禅师权威的完全服从——尽管如此，禅宗也说（即便这是为更"高级的"弟子而写的）：

> "如果你在路上碰到佛祖了，杀了他！"①

总而言之，这构成了对所有模式下的内摄的良好警示！

格式塔的过程原则上暗含着来访者自主承担责任，从一开始便是如此……有时这在现实中有点不切实际，我们承认这一点！

---

① 这一格言也被用作一本关于心理治疗的书的题目：S. Kopp, *If You Meet the Buddha on the Road, Kill Him !: The Pilgrimage of Psychotherapy Patients*, Palo Alto, Sc. And Behavior Books, 1972.

·禅宗坚决主张静止（坐禅）的丰富性，格式塔则自然而然地重视运动。

·修习禅要求勤奋训练（即便它最终目的在于促进"放手"）和抛弃自我（ego），而格式塔有时允许某种享乐主义（*hédonisme*），甚至可能经历某些自我中心阶段——被太有名的"皮尔斯祈祷文"的挑衅模式所丑化①！

……至于要知道禅宗是否也是"治疗"方法，格式塔是否也是一种"生活哲学"……争论仍然在公开进行着，并且最终通往对术语的各种定义。

① 见第九章。

第七章
人本主义心理学与格式塔

拜访伊萨兰

人本主义心理学史

得益于各种哲学流派的丰富遗产，格式塔（正如心理剧）参加了人们一致称为人本主义心理学的先驱流派，但是应该指出的是，皮尔斯个人从来没有积极参与这个运动。

50 年代，"人本主义心理学"以一种非正式的方式围绕着一些心理学家而诞生，这些心理学家包括：亚伯拉罕·马斯洛（Abraham Maslow，1908—1970）、罗洛·梅（［Rollo May］来自维也纳的一位培训精神分析师）、卡尔·罗杰斯（1902—1987）、夏洛特·比勒（Charlottes Bühler，1893—1973）、奥尔波特（Allport）、安东尼·苏蒂奇（Anthony Sutich），以及其他一些人，他们中的大部分人受到欧洲存在主义流派的强烈影响——尤其是德国和法国（海德格尔、布伯、宾斯万格、萨特、梅洛-庞蒂、加布里埃尔·马塞尔等）。

对他们来说，这是

> "重新将人置于心理学的中心"，心理学已经变得越来越"科学"、冰冷而"非人化"。

目的是创造一个"第三种力量"，使得同时摆脱两种具有侵略性的帝国主义，即正统的精神分析和行为主义（[*comportementalisme*] behaviorisme）成为可能——人们指责这两种流派将人作为其细胞生化的产物和家庭与社会环境的产物来处理，将人贬低为研究客体，而不是赋予其主体地位，为自己的选择和生长负责。

那时，在美国，精神分析的权力集团夺取了所有精神卫生部门的关键职位，行为主义则侵入各所大学，自称为唯一的科学取向，严格地保持"客观"，其结果受到统计学上的控制，敢于起来反抗它们，这不能缺乏勇气。

而且，没有一个美国出版商肯接受出版一本"反科学的""倒退的"书的风险——没人认为这样一本书会有人感兴趣！因此最早的一批著作以印刷资料（documents multigraphiés）[①] 形式流传，留下了一条居高临下的微笑痕迹……比现在某些法国精神分析师面对"新治疗"时表现出虚假冷漠更具有攻击性，这些"新治疗"有时仍然被看成"时髦小玩意儿"……

因此，人本主义心理学流派是"一战"后 10 年（1945—1955）逐步在美国诞生的。

一些标志性文献列举如下：

· 罗杰斯：《咨询与心理治疗》（*Counseling & Psychotherapy*，1942）、《来访者中心的治疗》（*Client-centered Therapy*，

---

① 即灰色文献，介于正式印刷出版的白色文献和非正式出版物之间的一种文献，多为非卖品。——译注

1951)、《论成为一个人》（*On Becoming a Person*，960）

　　·皮尔斯：《自我、饥饿与攻击》（1942）

　　·马斯洛：有关自体实现标准的印刷论文（1960）、《动机与人格》（*Motivations & Personality*，1950）

　　·奥尔波特：《成为》（*Becoming*，1955）

　　·穆斯塔卡斯（Moustakas）：《自体》（*The Self*，1956）

　　这个运动形成于 1954 年，当时马斯洛集中列出了相关人员的地址清单（一开始大约 30 人，后来 100 人左右）——他给这些人寄去了一小本定期简报，形式为印刷通报。[①]

　　1957 年夏天，马斯洛和安东尼·苏蒂奇彼此商定，构想定期出版一份杂志——创刊号出版于四年之后的 1961 年（第一次流通之后的七年！），刊名为《人本主义心理学期刊》（*Journal of Humanistic Psychology*）。

　　这是当时的发刊词：

　　　　"《人本主义心理学期刊》由一群心理学家和其他领域的专业人士创办，对人类的能力和潜能感兴趣，这些能力和潜能找不到系统性位置，无论是在实证主义和行为主义理论中，还是在经典的精神分析理论中，例如：创造性、爱、"自体"、个人生长、有机体、基本需求的满足、自我实现、高价值、自我（ego）的超验性、客观性、自主性、同一性、责任、身体健康等。这一取向的特点也能由以下一些人的著

---

① 27 年后，在分发给 30 位左右治疗师的一份通报中，我拿到了一份等比例大小的类似的创刊号。分发通报是为了筹建法国格式塔学会（S.F.G.）——今天学会向大约 200 名成员分发联系简报并定期组织全国研究交流会，以及全国性或世界性的研讨会或大会。

述而表现出来：戈尔德施泰因、弗洛姆、霍尼、罗杰斯、马斯洛、翁焦尔（Angyal）、比勒、穆斯塔卡斯等，同样还有荣格、阿德勒和一些'自我精神分析师'"的某些方面的著述。"①

实际上，人本主义心理学从来没有过严格的定义——正相反：它只是一种导向，一种普遍趋势——在原则上——保持"开放"，以便能够适应价值观的演化，并拒绝让自己僵化成任何一种过于明确的教条，在其他很多人看来，这样的教条很可能会陷入经院式独断论，很快就会沦为无政府主义。

正因如此，今天人本主义心理学的边界仍然是模糊的，人们对于将某些取向包括于其中感到犹豫不决——如沟通分析，在某些方面过于规范化甚至行为主义，或与之相反，"人本主义的"星相学（丹·鲁德海尔［Dan Rudhyar］），心理学特征显著，但是神秘难懂。

美国人本主义心理学会形成于 1961—1963 年，随之成立了世界人本主义心理学会，而后——1978 年——成立了欧洲人本主义心理学学会（EAHP）② 和法国人本主义心理学会（AF-PH）③。

第一届国际大会召开于 1960 年，不过实际上，1958 年在巴

---

① 本书作者翻译为法语。
② 在法国总统弗朗索瓦·密特朗（François Mitterrand）的支持下，欧洲人本主义心理学会于 1982 年召开了第六次大会。1000 多人注册参加了此次大会（包括很多著名人物，如埃德加·莫兰、科斯塔·德博勒加尔等）接近 400 项的不同活动：150 篇论文、160 个工作坊和 50 场圆桌研讨会……
③ 不幸的是，由于管理上的争议和领导成员之间的争吵，法国人本主义心理学会于 1986 年解散了。

塞罗那的国际存在主义精神病学大会上，罗洛·梅、莫雷诺和宾斯万格已经公开发表了人本主义心理学的主要概念。

"没有人在自己的国家是先知"，人本主义心理学家遭遇了权威心理学家同行的猛烈反对。他们意想不到地得到了工业部门的支持：从 50 年代开始，马斯洛关于创造性潜能发展的讲座得到了工业界的关注——尤其是在全面膨胀的电子部门，正因如此，创造性技术很快成为繁荣的研究部门，首先在工业领域，然后在教育中，最后在心理和治疗部门。

方法的丰富

1971 年，塞弗林·彼得森（Severin Peterson）的《个人发展模式目录》（*Catalogue des modes de croissance personnelle*）[1] 在美国出版，书中已经详细说明了 40 种左右的主要方法，而在法国，1977 年安娜·安瑟兰－许岑贝格尔（Anne Ancelin-Schützenberger）在一本著作中描写了差不多同等数量的方法，这本书特别清晰，引证丰富，题目是：《身体和团体》（*Le Corps et le Groupe*）[2]。埃德蒙·马克也在 1982 年出版的《新治疗实用指南》（*Le Guide pratique des Nouvelles Thérapies*）引用了数量相等的方法[3]。

---

[1] S. Peterson, *A Catalog of the Ways People Grow*, New York, Ballantine Books, 1971.

[2] A. Ancelin-Schützenberger et M. J. Sauret, *Le Corps et le Groupe : les nouvelles thérapie de groupe, de la Gestalt à la bio-énergie, aux groupes de rencontre et à la méditation*, Toulous, Privat, 1977.

[3] E. Marc, *Le Guide pratique des Nouvelles Thérapies*, Paris, Retz, 1982.

实际上，今天在美国，可以数出几百种的方法——或多少有些特殊的变体，甚至多多少少有些梦幻——每种都具有一个独特的名字（如根源、阿里卡 [Arica]、西纳农 [Synanon] 等）。[①]

为了记住这些思想，这里按字母顺序列出了几个我所知道的，**今天在法国得到最广泛传播的方法：**

· 沟通分析（E. 伯恩）

· 艺术疗法（绘画、音乐、舞蹈等）

· 生物动力（G. 博伊森 [G. Boyesen]）

· 生物能（A. 洛温）

· 合作咨询（[co-conseil] 重新评估或者相互支持）（H. 杰金斯 [H. Jackins]）

· 优张力（[Eutonie] G. 亚历山大 [H. G. Alexander)

· 格式塔治疗（F. 皮尔斯）

· 相遇团体（C. 罗杰斯、W. 舒茨）

· 柔软体操（[gymnastiques douces] 尤其是：亚历山大、费尔登克赖斯 [Feldenkrais]、梅齐埃 [Mézières] 等）

· 触摸法（F. 韦尔德曼）

· 埃里克森催眠（M. 埃里克森）

· 顿悟（通往顿悟的密集课程 C. 伯纳 [C. Berner]）

· 姿势整合（[intégration posturale] J. 佩因特 [J. Painter]）

· 按摩（赖希式、加利福尼亚式、东方式、导引 [do-in]、指压 [shiatsu] 等）

· 冥想（静态的或动态的，东方的或西方的……）

---

① 参见，如 E. Rosenfeld, *250 façons de connaître les Paradis artificiels sans drogues*, New York, Quadrangle, 1973, trad. franç., Ottawa, éd. de la Presse, 1974 et éd. Marabout, 1983.

·戈登法（Méthode Gordon）

·维托法（Méthode Vittoz）

·心理剧（J. L. 莫雷诺）

·超个人心理学（S. 格罗夫）

·心理综合（R. 阿萨焦利］）

·存在主义心理治疗（L. 宾斯万格、罗洛·梅）

·神经语言程序学（J. 格林德、R. 班德勒）

·再生（［Rebirthing］L. 奥尔［L. Orr]）

·放松（尤其是 E. 雅各布森［E. Jacobson］）等）

·梦-醒-引导（［Rêve-Eveillé-Dirigé］R. 德苏瓦耶）

·罗尔夫疗法或结构性整合（I. 罗尔夫）

·普通语义学（A. 柯日布斯基）

·性治疗（［sexothérapie］马斯特斯［Masters］和约翰逊［Johnson］、米歇尔·梅尼昂［Michel Meignant］等）

·身心学（［sophrologie］A. 凯塞多［A. Caycedo］）

·暗示疗法（［suggestopédie］G. 洛扎诺夫［G. Lozanov］）

·东方技术（冥想、太极拳、瑜伽、禅宗、密宗等）

·家庭治疗（系统式、精神分析式、格式塔式等）

·原始疗法（［thérapie primale］A. 亚诺夫［A. Janov］）

·自生训练（［Training autogène］J. H. 舒尔茨［J. H. Schultz］）

·植物疗法（W. 赖希）

·可视化（［Visualisaiton］C. 西蒙东［C. Simonton］）

···········

人本主义

那么这些所谓的"新治疗"的方法或"取向"有何共同之处？谁授权予我们将其一起归入当时尚被称为人本主义心理学的人类潜能运动之列？难道这种称呼中没有无用的冗余成分：我们能够想象一种非"人本主义"的心理学吗？①

首先，为什么选择"人本主义"这个术语？——它经常带来混乱，而且对于我们中的大部分人来说，它尤其让人想到文艺复兴时期？1961年，经过长期的辩论，在为新的期刊选择刊名时，这个术语最终得到采纳。

"人本主义"——《罗贝尔词典》说——是"所有以人道的个人及其发展为目的的理论或者学说"。

众多人本主义者为哲学史和文学史开辟了道路，并且占满了很多百科全书的书页。我仅仅快速展示一下几个重要人物。

在古代：苏格拉底和普罗塔哥拉斯（［Protagoras］公元前5世纪）——对他们来说，

> "人是万物的尺度。"

这一原则与本质主义的柏拉图思想相对立，这种思想主张先验而普适的绝对真理；人们说拉丁诗人泰伦提乌斯（［Térence］公元前2世纪）这样说过这样一句名言："我是人，人的一切对我来说都不陌生。"

---

① 我们刚刚看到，在美国正是如此，因此正是在一种刻意"挑衅"模式的基础上，这个运动的推动者选择了这一术语。

当然，人本主义①在文艺复兴时期得到充分发展，这个时期充满乐观主义，重新对人、对人所有未开发的丰富性具有信心。拉伯雷（Rabelais），狂热的人本主义者，充满活力，为他的卡冈都亚（［Gargantua］象征不受限的人，宇宙之王）梦想着整体的道德与教育，其中身体、能量和心灵同时发展；在"德廉美修道院"（Abbaye de Thélème），人们致力于身体的、智识的和道德生活的同时充分发展——其黄金法则是"做必须做的"……皮尔斯不会反对的法则！蒙田宣扬内省并声称"每个人自身都具有人之条件的完整形式"。

距我们更近一些的英国哲学家席勒（Schiller）在其《人本主义研究》（Études sur l'Humanisme）中认为知识必须从属于人之本性和根本需要——此外，这也是当代粒子物理学研究者所提到过的。

我忍不住要提醒一点，马克思于1844年写道："人是人的最高的善。"② 他预计共产主义首先意味着"一切个体全面而自由的发展"……我们还可以引用基督教哲学家马里丹（Maritain）发表于1936年的著作《整合人本主义》（Humanisme intégral）。10年后的1946年，萨特出版了一本重要著作：《存在主义是一

---

① Humanisme 中译有"人本主义""人文主义""人道主义"等不同译法，在文艺复兴语境下，一般译作"人文主义"，为行文一致，这里仍作"人本主义"。下文萨特和海德格尔著作中的 humanisme 则遵循一般译法作"人道主义"。——译注
② 疑作者记忆有误。经查询，这句话转引自 J. Lacroix, « L'humanisme de Marx selon Adam Schaff », Revue internationale de philosophie, 1968, pp. 379 - 386, 但未见于马克思1844年的著作《1844年经济学哲学手稿》。马克思1843年所著的《〈黑格尔法哲学批判〉导言》中有类似的话："人是人的最高本质。"——译注

种人道主义》（*L'Existentialisme est un humanisme*）。第二年，即 1947 年，海德格尔出版了《关于人道主义的信》（*Lettre sur l'humanisme*）。大约又过了 10 年，德裔美国哲学家马尔库塞（Marcuse）揭发了文化上的"超压抑"（sur-répression），这种压抑旨在通过压榨个体的情感生命和身体生命，以及个体的自发性和创造性，将人转变为社会生产的可靠的"机器"。他将是继 1967 年"爱之夏"（*The Summer of Love*）之后的 68 年 5 月人道主义解放的世界浪潮的标志性人物。

现在我想强调指出所有时期自称为人本主义的思想家所定期主张的价值观，与人本主义心理学（*P.H.*）当前流派之间的密切亲缘关系，这些流派现在仍被称为新治疗——尤其是格式塔治疗。

它赋予人各个方面的全部尊严和权利：

· 让他的身体和感觉更有价值、满足他根本的生命需要、表达他的情绪的权利；

· 建构他的唯一性，同时尊重每个人的特殊性的权利（差异的权利）；

· 不让自己受限于"拥有"和"做"，充分自我发展和自我实现，创造自己的目的，不断超越自身极限，创造自己的个体、社会和精神价值的权利。

对于伊萨兰"公开相遇团体"的创始人威尔·舒茨——他是伊萨兰最有名的"领袖"之一——来说，人的根本需要是：

· 食物和庇护处；

· 融入（［*inclusion*］属于或整合进一个团体，在那里感到有自己的位置）；

· 控制（竞争、支配的需要）——或者，至少掌控自己所处的情境；

　　·情感（亲密关系的充分发展和与爱情相称的感情）。

　　（1952 年通过问卷开展的一项大型研究的结果。）

　　至于亚伯拉罕·马斯洛，他于 1954 年建立了他著名的需要层次，在这个层次中，每一个种类都在下一层级的需要——更为强烈——得到足够满足时出现。

　　·有机体的需要（呼吸、口渴、饥饿、排尿的需要等）；

　　·安全或保护的需要（物质上和心理上）；

　　·群体归属的需要（"融入"）；

　　·社会尊重和认可的需要（能力、声誉、成功）；

　　·自我和潜能实现的需要。

　　令人震惊的是，得到关注的是心理、社会或道德上的需要——在经典心理学中经常遭到忽视——而非物质上的需要的重要性。

正常与病态

　　对弗洛伊德来说，"正常的"或"治愈的"人是那些"爱并且工作"的人……也就是说，他适应"地铁-工作-睡觉！"这一理想型。

　　人们很好地评估着文化价值的相对性和可变性，这些价值可谓时空的囚徒！美国文化人类学的研究工作（R. 本尼迪克特、M. 米德、A. 卡迪纳、G. 贝特森等）充分地强调指出规范性概念的脆弱性，各个国家、不同时代差异非常之大。

因此，人们很容易忘记诸如奥运会运动员通过赤身裸体来相互较量（但是已婚妇女不被允许上看台……违者死罪！）——由此衍生出 gymnastique（体操）这个词（词根 gymnos＝裸体）——又如在法国，本世纪初，人们甚至给手淫的年轻人动手术[1]，治疗那些体验到高潮的女性（当时性冷淡被当作身体和道德规范，女性所有快感的流露都被视为"歇斯底里"……）

规范性遭到质疑，病态的范围也变得模糊起来。因此，在伊朗，当我在日程本上记下一次会面时，我被看成在忍受着"强迫性神经症"的痛苦：实际上，试图掌握和组织未来正是完全无法适应这个持续不确定国家的迹象！相反，伊朗大学的教授只要一个大学生提出再小不过的问题（被先验地称为一次抗议）就经常感觉到躯体的不适，这在我们国家则会被视为"歇斯底里"……[2]

因此，人本主义心理学要抛弃一切的疾病分类，而去关心几乎无限的一系列个体行为，这些行为在原则上被视为"正常"。

这种态度将滋养**反精神病学**的人本主义运动，60 年代，这个运动围绕着莱恩（Laing）、库珀（Cooper）和其他一些人诞生

---

[1] 必须提醒大家注意的是，（美国）密苏里 1923 年的法律规定：

"当确定一个人会谋杀、强奸或者会在大路上偷盗，会偷窃母鸡，会使用爆炸物或偷窃汽车时，预审案件的法官将立即指定一位住在案件发生地的能干的医生给被告施行旨在使其绝育的输精管切除术或输卵管切除术，以便永久地剥夺其生育能力。"

因此，直到 1944 年，如果我们只考虑官方数字的话，美国开展了将近 42 000 起合法的绝育手术……但是 1945 到 1955 年间实施了大致相同数量的额叶前部的脑叶切开术——在 1970 年仍有数百起手术！

数字引自：F. & R. Castel et A. Lovell dans *La Société psychiatrique avancée : le modèle américain*, Paris. éd. Grasset, 1979.

还要提醒大家注意的是，根据弗洛伊德阴道高潮至高性的论断，众多精神分析师（包括玛丽·波拿巴公主）通过外科手术在阴道壁上移植阴蒂！

[2] Serge Ginger, *Nouvelles Lettres persanes*, Paris, éd. Anthropos, 1981.

于英国，与美国有着紧密的联系，也参考了存在主义哲学（克尔凯郭尔、海德格尔、萨特）。

尤其是在意大利，这个运动随着巴萨格里亚（Bassalglia）及其团队而繁荣发展起来，并带来了精神病学"去制度化"的世界潮流，其中最蔚为壮观的例子是由……当时的加利福尼亚州州长罗纳德·里根（Ronald Reagan）带来的，1974 年他将精神疾病住院病人的数量减少至 7000 名（而 1956 年为 37 500 名）——即 20 年内减少了 80%（原文如此）的精神疾病患者，做到这一点仅仅是因为，为了减少税收并重振家庭汽车旅馆，那里曾经塞满了从精神病院出来的缺乏护理的病人。①

不过，让我们回到人本主义心理学：因此它致力于"正常人的治疗"——在广义的治疗上。②

因此，精神分析首先关心的是病人的精神病理学，以便随后将其发现推论至正常人的个性，而人本主义心理学正相反，放弃了这种划分——原则上——而突然对每个人最优的充分发展感兴趣。因此，皮尔斯喜欢重复说道：

> "格式塔治疗是一种过于有效的方法，只应该留给病人使用！"

在超越了传统科学的主体/客体区分和医学模式的正常/病态区分之后，人本主义心理学还要放弃笛卡尔式的原因/结果的区分，并以便采取一种系统论③的观点，在这种观点下，所有的现

---

① 有必要补充说明一点，一项调查显示，与住在精神病院相比，在这种新的条件下，他们病情的发展既没有变好，也没有变糟！
② 见第二章。
③ 见下一章。

象都被视为相互依存的循环：人是开放的整体系统，包括子系统（器官、细胞、分子等），并且自身也包含在更大的系统之中（家庭、社会、人类、宇宙）——总之，非常久远的主题，因为我们看到，正如 13 世纪的波斯神秘诗人鲁米（Roumi）已经描绘过的那样：

> "如果你打开一粒沙，你将从中找到太阳和星球。"

我们因此通向了一个综合的全球取向，整合了整个宇宙：这是超个人的导向①——它寻找从属于人和世界的潜藏统一性，并宣扬发展一种全球意识②：这是"一项试跨学科的研究，试图展示人只能作为一个超个人的现实的一部分而加以理解"。在这种扩大了的新人本主义中可以看到心理学、物理学、生物学的研究者，还有哲学家、作家、神学家和神秘主义者，他们想要通过将各种表面上不一致的现象联系起来而赋予生活意义。

---

① 人内（*intra-personnelle*）维度尤其是由对内在心理现象感兴趣的精神分析所代表的。人际（*inter-personnelle*）维度由团体方法等代表：伴侣治疗、家庭治疗等，其中占优势的是各种心际联系（relations inter-psychiques）。

　　超个人（*trans-personnelle*）维度向一个更为广阔的精神观点开放，其中人的现象（*Le Phénomène humain*，Teilhard de Chardin，1955）超越了个体的状况。

　　在美国大学研究者的推动下，国际超个人学会（Association Internationale Transpersonnelle，I.T.A.）创立于 1972 年，在爱尔兰、巴西、芬兰、澳大利亚、印度、比利时……召开过大会。一个法国的全国性学会刚刚成立。

　　格式塔通常联合了上述三个维度（"内""际""超"）。

② 参见，如：Joël de Rosnay, *Le Cerveau planétaire*, Paris, éd. Olivier Orban, 1986. 对此，作者认为人之全体代表了一个巨大的有机体，而"我们是地球的神经元"……"卫星或个人计算机通信网络是社会神经系统的最早的循环之一"。

安德烈·马尔罗（André Malraux）说道：

> "21 世纪将要么是宗教的，要么不是。"

水瓶座时代

我们就这样进入了一个可称为"水瓶座时代"（*L'Ère du Verseau*）① 的时期，在这个年代系统的和类比的新范式取代了我们分类工业文明的分析的和逻辑的范式。

后者以二元性为标志：东方和西方、科学和宗教、物理学和形而上学……而"水瓶座"范式可能会是以人和宇宙的统一的大综合为特征，也就是说以空间和心灵的征服为特征。

在"拥有"（*l'avoir*）的文明之后，"所是"（*l'être*）的文明预示自身的到来，其基础不再是积累的个体化物质价值（财富、工厂的建造、知识的储存……），而是精神价值，即通过非等级化的共同体网络而进行的能量与信息的交换与流通：

> 这样的时刻可能将会到来：
>
> 从理性到关系，
>
> 从竞争到合作，
>
> 从财富积累到信息交换，
>
> 从物质到精神，从分析到综合。

---

① 西方占星术认为，太阳每 2100 年在黄道十二宫的一宫中运行，过去的 2000 年中，太阳一直在象征着基督的双鱼宫中运行。虽然水瓶座的开始时间众说纷纭，但人们普遍认为进入水瓶座时代则意味着基督时代及其统治思想的终结，人类社会将进入一个科学、进步、自由的新时代。水瓶座时代的说法在 20 世纪 60 年代的嬉皮士运动中为人所熟知。——译注

这是我们电子的后工业时代，通过计算机通信进行世界性交流。正如麦克卢汉（McLuhan）所说："电子网络正在让西方东方化：内容、区隔、分离物——我们的西方遗产——为循环物、统一物、熔合物所代替。"

在物质的征服——由无限小中的原子裂变和无限大中的宇宙旅行所象征——之后，现在将要来临的是精神和人的征服时代。当我们对此进行反思时，在人们能够从一米远的地方朝月球开枪并在一平方毫米的硅"芯片"上记录 100 000 个符号（抑或，您正在阅读的这本书的全部内容记录在我衬衣口袋中一张 9 厘米×9 厘米的小小的磁盘上）的这一刻，我们仍然不知道也无法阻止胡子重新长出来，不能选择婴儿的性别，这实在令人感到惊奇！对于人来说人仍然是一个谜。

因此，所有这一切，以及很多其他东西仍将处于预示到来的这个时代的规划之中！

至于文明转变所带来的心理和社会后果，玛里琳·弗格森（Marilyn Ferguson）的著作《水瓶座的孩子们》（*Les Enfants du Verseau*）① 对这一转变进行了引证翔实的说明。

伊萨兰

对新的综合价值的追寻催生了——尤其是在加利福尼亚沿

---

① Marilyn Ferguson, *Le Enfants du Verseau : pour un nouveau paradigme*，1980 年在美国以《水瓶座阴谋》（*The Aquarian Conspiracy*）的书名出版，1981 年在法国由卡尔曼-列维出版社（Calmann-Lévy）出版。

本书题目具有欺骗性，因为它完全不是星座学著作，而是对科学发展、知识形式和价值观转变的研究，是由大脑研究专家撰写的一本书。

岸——一大批"增长中心"或"个人发展中心"（*Growth Centers*），这些中心将身体和精神的发展，东方的神秘主义和西方的技术，以及宗教、艺术和科学联系起来。

现在我请你们陪同我们——我和安妮——前往 70 年代一个夏天的伊萨兰，所有这些中心中最有名的一个，人们将其视为人本主义心理学的摇篮和团体治疗师的麦加（"必不可少的朝圣！"）。

我们搭乘一架小型螺旋桨飞机离开旧金山机场，飞机把我们放在蒙特雷（Monterey），200 公里之外的南方。

伊萨兰的"豪华轿车"（集体出租车）就是到这里来接我们的。

我们身边的是一个金发年轻人，晒得很黑，脚穿木底皮凉鞋，身着白色亚麻长袍，脖子上挂着一条青铜项链：无须是专家便可看出，这是众多学习格式塔的德国大学生中的一员，到伊萨兰来进修。多塞尔多夫（Düsseldorf）的弗里茨·皮尔斯学院是世界上第一个专业格式塔学者的"制造者"：他已经培训了（学制四年）超过 1500 名精神科医生、心理学家和社会工作者。

那里还有一位年轻的魁北克姑娘，口音令人惬意，另外有一个健谈的南美洲姑娘——如果她说着夹杂着英语的西班牙语，或是西班牙风味的英语，人们就很难听懂……

沿着崎岖不平的悬崖，在峭壁开了一个多小时的车，沙质小海湾，陡峭岩石下的狭海湾……但是太平洋中空无一人，泛着波纹的水面雄伟地起伏着：由于来自阿拉斯加的洋流，海水冰冷。

旧金山以南 280 公里（故洛杉矶以北 48 公里），就是大苏尔，艺术家与作家之村——其中包括"被诅咒的"小说家亨利·

米勒（[Henry Miller]在美国遭禁，直到 1960 年）。我们已经开过指示牌约 20 公里了。但是村庄，一个都没有！大苏尔——正如洛杉矶（不过所有的比例保留！）——更像一个地区而非一个村庄：没有中心。没几栋房子，各处散落，大部分隐匿在小山丘和树林之后。

各条道路的尽头是一行行的信箱，如同孤独的前哨哨兵，只有看到它们我们才能猜想有人在。

到达

这是一条小路，延伸至绝壁：我们到达伊萨兰领地了（得名于过去占据这个地方的古老的印第安部落），1962 年为迈克尔·墨菲所继承。当时他刚从印度的一个静修处回来，他在那里待了 18 个月，着迷于东方传统和冥想。他决定将这处宏伟的产业改造为人类潜能发展常设中心，为此他和过去在斯坦福大学一起学习的同学理查德·普赖斯合作，目的在于将东方的神秘主义和西方的技术进行综合。

伊萨兰是第一个大的发展中心，这些中心很快就在西海岸涌现出来，而后在整个美国出现，随后又传到欧洲。

现在我们就在椭圆形的接待草坪上，这里半裸着身体的嬉皮士在草地上铺上了旧衣服。他们弹着吉他，想来是要把衣服卖给参观者的，而一群晒黑的孩子在草丛间和破衣服中蜷缩着……

在低一些的地方，露天游泳池里一些男人、女人和孩子在嬉戏，完全赤裸着，而其他人同样一丝不挂，在非常特别的加利福尼亚草地上睡觉，这种草又厚又密，就像中阿特拉斯（Moyen

Atlas）的长绒地毯一般。

黑色大洋在下面 30 米的更低处沉睡着，对面的泳池边，一些学员逆着光，就像剪影一样，缓慢地跳着，举行一种奇怪的日舞仪式（rite du Soleil）①：这些人是太极拳的信徒，什么都不会转移他们积极的冥想。

欢迎

我们走进接待办公室：这一次，幸运的是，我们将有权利分到一个带有浴室的舒适房间，就在弗里茨·皮尔斯过去的私人房子里，这是一栋圆形木制小屋，俯瞰着硫化温泉池和温泉池的按摩阳台。

房间——大部分是两张床——是按照到达顺序分配的。正因如此，另外一次，我受到一个可爱的美国女心理学家的欢迎。那次我是一个人来的，我到接待处拿了钥匙并到我的房间去，她正光着身体躺在床上休息！在分配房间时人们一点都不考虑性别。

在这个时期，伊萨兰大约可以接待 100 位学员，住在 15 栋左右的木头建筑中，这些建筑分散在产业各处，每一栋包含数个房间，舒适程度差异很大。自开放起，超过 60 000 名学员来过伊萨兰——将近 30 年以来，它成为一个有世界性吸引力的中心。

---

① 日舞仪式为美洲原住民的一种祭祀仪式。——译注

178

"世界上"最大发展中心的活动

中心全年开放：它同时提供 1—5 个不同的工作坊（*work-shops*），每个工作坊参加人数各不相同（从 4 个或 5 个……到 50 个甚至更多!）

领导者（*leaders*）根据他们的学员支付费用的一定比例获得报酬；因此，没有一个活动出现赤字，但是有些团体有时候人数过多，而组织者倾向于这样的团体工作——带给他们更多报酬。①

每年伊萨兰邀请将近 200 位不同组织者，几乎全部都是美国人，大部分人相当有名，尽管重要性不同。

当我偶然间翻看这 20 年来的目录时，我发现，如格雷戈里·贝特森、罗洛·梅、迈克尔·墨菲、理查德·普赖斯和克里斯蒂娜·普赖斯、威尔·舒茨、亚伯拉罕·列维茨基、乔尔·拉特纳、斯特拉·雷斯尼克（Stella Resnick）、弗兰克·鲁本费尔德和伊拉娜·鲁本费尔德、珍妮特·莱德曼（Janet Lederman）、摩谢·费尔登克赖斯、阿兰·沃茨、马蒂·弗洛姆、保罗·雷比洛、琼·菲奥里、斯坦尼斯拉夫·格罗夫、弗里肖夫·卡普拉、蒂莫西·利李（Timothy Leary）、朱利安·西尔弗曼与贝弗利·西尔弗曼（Julian & Beverly Silverman）、约翰·李利、阿兰·施瓦茨、杰克·唐宁、西摩·卡特、夏洛特·塞尔弗、米尔顿·特拉格（Milton Trager）、贝蒂·富勒（Betty Fuller）……以及其

① 参见第四章有关皮尔斯初到伊萨兰的一些回忆。

他几十个很有名的心理学家和团体治疗专家的名字。

一次培训通常持续 2～5 天：

·要么在周末（周五大约 6 点至周日 3 点）；

·要么在工作日（周日大约 18 点至周三大约 13 点）。

但是培训的某些特殊阶段要长得多（15 天至 1 个月）。人们组办会议、艺术展、音乐会，以及外部的一些项目："野外"山间徒步、骑马、溪降（descente de canyons）、"生存"行动（opérations « survie »）等等。

而且既然我的眼前是我的目录收藏，我的脑海中，是我穷尽一切的百科全书般的固执需要，我的心中，则是众多美妙的回忆，以及与你们分享的欲望，就让我们再一起翻阅一会儿，来满足一下好奇者和未来的"朝圣者"。每年出版 3 本目录（有一个月重合）：1 月到 6 月、5 月到 10 月、9 月到 2 月。

现在让我们看看**提供的几个培训的名称**，这些培训种类繁多并且顺序被故意打乱：

·认识伊萨兰（一般性的初次体验培训）

·高级密集按摩（实践和理论）

·伴侣工作坊（通过格式塔）

·美洲印第安人的萨满教实践

·通往身体知识（格式塔、罗尔夫按摩、按摩、费尔登克莱斯方法、过度换气〔hyperventilation〕）、视频反馈〔vidéo-feedback〕等）

·家庭信息革命实用介绍

·非演员戏剧（théâtre pour non acteurs）

·量子物理学和贝尔定理（théorème de Bell）

·催眠和超心理学

·太阳时代的公民：全球思想和本地行动

· 格式塔和梦

· 荣格分析治疗中的移情

· 星相学：心理地图

· 商人工作坊

· 死亡与复活

· 格式塔与催眠

· 神圣物的各种技术

· 活跃的课堂（通过格式塔和心理综合）

· 存在主义超个人危机的紧急处理

· 垂直舞蹈（攀岩）

· 剑和笛：战争与和平的神话

· 人的能量系统和格式塔

· 单身人士工作坊

· 当代物理学的世界

· 性、女性主义和同性恋

· 伊萨兰苏维埃-美利坚研究项目进展

· 格式塔和结构整合

· 格式塔戏剧和心理剧

· 通向创造性性爱

· 整体论医学（顺势疗法、针灸等等）

· 格式塔和艺术

· 同性恋工作坊（单独或伴侣）

· 超个人实践（荣格、格式塔、西藏萨满教等等）

· 格式塔和葛吉夫（Gurdjieff）

· 离婚人士工作坊

· 英雄旅程

· 格式塔和身体觉察

·等等，等等

趁着头还没有晕，我就列举到这里，因为每年有接近 400 个工作坊！

设施

还是让我们回到现场，就在指定给我们进行格式塔治疗的房间：地上石榴红色的厚羊毛地毯，上面弯弯曲曲地放着长长一排各种颜色的大靠垫。总之，与今天我们习惯的法国环境没有本质上的不同！但是 15 年前，我们第一次拜访时，我们这里更常用的是椅子和扶手椅而非靠垫或床垫。

现在是休息时间：我们可以选择内部的餐厅（窗玻璃改造成温室，以便种植各种性质的嫩草）或是木制露台上放在阳光下的桌子——那里有两位从头到脚都化了妆的学员趴着在下棋……

在中间，一张长长的桌子，摆着出产的本地"沙拉"，带着根和嫩芽，供人自取：食物主要是素食并且是蔬菜。人们也可以用一把大剪刀自己去"剪"点脚下的草，并用许多独创又好吃的装饰来给它们提提味儿——我从来没能找到搭配法。饮料方面：牛奶、茶或花草茶。有一个付费的酒吧，是为那些"啤酒"或可可"成瘾"的人准备的。

三餐——与住宿和所有的设施一样——包含在培训的费用里。①

这天下午，我们的团体去泡澡：这是天然的温泉，含有一些

① 作为说明，以下列出了 1990 年的价格：周末培训，325 美元；5 天培训，630 美元，含住宿。

硫化物，修成了热水浴池，即大的集体池子或者浴缸，每一个能够容纳 10 个左右的学员。水很热并不停地更新。

所有人都赤身裸体并且整个团体一起泡澡，一共有 10 个地浴池或小型游泳池（以及若干单人浴缸），其中有一些是露天的，面对着冰冷而不可接近的大洋，那里海狮在峭壁下方的黑色的海草间跳跃。

建筑的一翼是用于沉浸于水中时的沉默和冥想的，水温同羊水的温度一样；另一侧，正相反，回荡着学员的呼喊、笑声和抽泣声，他们或是放松，或是从他们的深层情绪开始"工作"。

这些浴池从古代起就为人所知，也是伊萨兰声名远播的原因之一。此外，每个星期有几个晚上也对一般公众开放[1]，凌晨 1 点到清晨 6 点，在蜡烛的微光下，因此除了那些经典的活动项目时间之外，很多当地的居民夜里也会在这里聚会。某些夜晚甚至只留给印第安人，以便让他们能够使自己的传统仪式流传下去。

在温泉浴池上方是**按摩**露台：一些软垫椅排成一行，十来个按摩师忙于工作，用香油涂抹顾客身体并给顾客提供不同的选择：

• 加利福尼亚按摩，也被称为感官舒适按摩，或"敏感性格式塔按摩"（*sensitive-Gestalt-massage*，S.G.M.）[2]；

• 特拉格按摩（［massages Trager］以震动为基础）；

• 精神按摩（远距离用手，不与皮肤接触）；

• 罗尔夫疗法（深层组织按摩，目的在于姿势整合）；

⋯⋯⋯⋯⋯⋯

---

① 不幸的是，经过最近的一些修理之后，不再这样做了。

② 见第十二章"格式塔中的身体"的相关内容。

我们要做的就剩下在这个壮丽区域里的小路上随意地散散步：在学员和奖学金得主充满爱意养护的植物园里（他们也溜着冰负责做饭和服务），巨大的旱金莲缠绕着桉树，雪松枝杈优美，到处是芦荟和各种不知道名字的花。我们一直散步到玻璃建筑物观景阁那里，这是驻地工作人员永久的幼儿园——那里人们几年来在进行一项自由而整合的试验，这项实验从人本主义心理学的选择那里得到启发，这个地方也作为实验室而服务于缺乏创新的教师们。

伊萨兰常规的工作坊还作为一些美国大学的人文科学课程、护士学院和医学院的有效学分而得到承认，某些学校甚至在伊萨兰为专业人员组织大学毕业后的特别培训课程。

去或是不去？

我还能够长久地继续叙述我的伊萨兰漫游回忆，的确我天真地爱恋着伊萨兰，它就像这个动荡地球上的一个天堂般的小岛、一个伊甸园，那里人们将在一段时间里重新找回他们的想象的原初关系……我们定期回到那里，着迷于对这一独特的社会现象的研究。

但是，我没有忽略那些合理的**批评**：对的！这已经变成了一项获利甚丰的商业事务……对的！滑向神秘主义的危险一直都有……对的！这种地方维护了一种精英主义的危险神话，远离第三世界悲惨的经济和政治现实，而且远离那些被排除在我们所谓的文明社会之外的人……对的！这是一种人造括号（从词源上来讲，即"以技巧来做"），不需要香槟之外的其他什么东西就可以冒充一场盛大聚会……对的！即便是在伊萨兰，由于吸毒过量和从悬崖上跳下的自杀，死亡时常发生……对的！对的！对的！……这一切，还有其他的事情，都是真的！

然而，这些地方继续存在仍然极其重要，在这里，人们可以保持对于人及其资源的信念的摇曳不定的火焰，而一种 *peak-experience*（高峰体验）得到了证明，哪怕只有一次，哪怕是在几个短暂的瞬间，这并非没有用处的，这种高峰体验使您明白，在您身上另外有某种东西，也许只需朝着火炭吹一吹便可使其燃烧得更旺……

我在这里住过几次，精神得以喘息，因此对于人本主义心理学的几位重要人物选择扎根于这里，度过人生中的若干年，我并不奇怪，这些人有威尔·舒茨、弗里茨·皮尔斯，还有格雷戈里·贝特森——我们很高兴就在他逝世前在这里遇见他。

……甚至一个秘密项目！

1979 年开始，这里开展了一个美苏高水平专家之间的长期合作项目，对我也并不感到奇怪。这些专家来自科学、哲学、政治、艺术等众多领域，其首要目标在于共同出版几本著作。

正在进行的交流尤其在以下领域进行：

• 整体的健康和疾病预防；

• "精微能量"（énergies subtiles）科学研究（超心理学、意志力［psychokinèse］、皮肤电子潜能沿着针灸经络的自愿变化……）

• 关于基本粒子物理学和能量的研究；

　　•宇宙飞行的心理效应；

　　…………

　　不幸的是，这些研究工作并不为大众所知，而苏联受资助的研究者们独自生活在按他们的意愿布置的专门的一栋建筑中。

　　我必须补充一点，自 1983 年的大暴风雨以来，整个伊萨兰都在重建中。这场暴风雨将树木连根拔起，摧毁了住宿小屋，损坏了温泉浴池和按摩露台。因此一项宏伟的现代化规划正在进行之中——甚至要建设一座会议礼堂……这个规划可能彻底改变伊萨兰"好孩子"的氛围，彻底让美国生活方式边缘化——这曾经赋予伊萨兰某种魅力……但是我仍心存希望，就像每天早晨，太阳最终会穿透薄雾……

第八章
系统论取向与格式塔
金泽的五角星

系统论革命

东方与西方，艺术、宗教和科学，传统与现代，身体、心灵和头脑，人与其社会环境、宇宙环境之间的这一必要综合，我们时代由人本主义心理学所进行的这一必要综合，在我看来尤其得到了格式塔的很好说明。

从我所持有的视角来看，实际上，这所关涉的并非一种电子取向，从这里或那里借来一些或多或少算得上丰富的贡献；这所关涉的尤其不是一种互补元素的简单和谐合并，这些元素互相补充或者互相丰富；这所关涉的更多的是系统论设想下，对处于持久互动中的人与世界的一种新观点——相对于在科学领域统治了三百多年的机械论的笛卡尔-牛顿式范式①而言是革命性的。

不可低估这种思想革命的重要性——它偷偷地侵入了大部分

----

① 范式（*Paradigme*）＝作为世界理解基础的"基本的批判性假说的整体，在这些假说的基础上，理论和模型可能自我发展"，或者"世界科学共同体所共同具有的信念的整体"（托马斯·库恩 [Thomas Kuhn]）。

当代科学，人们却一直没有认识到已经实现了质的飞跃而不再是量的飞跃。因此，例如，在大学里，人们还在将各门科学相分离而进行教学：物理，在一栋建筑里；生物，在另一栋；心理学或社会学，在另一个不同的学院！这种情况下，没有一位研究者能够知道这些学科对可比较现象的研究已经到了何种程度，尤其是，这些现象是紧密相互依存的。

复合"共同-对待"（*com-prendre*）——也就是说"一起对待"——人或动物的共同呼吸，没有植物的光合作用，一方无法离开另一方而运转？[①] 如何理解经济的通货膨胀而不去考虑股市的心理社会因素？……正如通过分析颜色来描绘一幅画！

我们感兴趣的不再是物之事实，亦非物之结构，而是它们的互动，这不再是物质的孤立的外部微粒（excopuscules），而是推动它们的能量：真相不在物之物质性之中，而在使物活着、分离和联合的时空之中；它不在词典固定的词语之中，而在人的瞬间思想之中；它不在我们的器官之中，而在器官的运作之中，在我们的存在于世中，这种存在于世限定着我们的健康或者疾病……我们知道，爱因斯坦之后的量子物理学认为"亚原子粒子不是'物'，而是物之间的相互联系"（Capra，1983），这一相互联系存在于时空的四维宇宙之中，其中某些粒子（"反粒子"）毫不迟疑地从未来移动向过去，没有任何的线性因果链。我们现在知道质量不过是能量的一种形式，不再与一种物质实体相关联。因此粒子不再能够像三维物体，或者台球或沙粒那样进行描述。物质粒子能够创造和毁灭，它们的质量能够转化为能量，反之亦

---

① 参见 Joël de Rosnay, *Les chemins de la Vie*, Paris, Le Seuil, 1983.

然。原子最终不过是"能量的一种永恒舞蹈"[1]。

帕洛·阿尔托学派（*école de Palo Alto*）领军人物之一格雷戈里·贝特森[2]——他公开将系统论思想引入精神病学——预计说物理学这些最新的发现将彻底改变我们思维方式，因为"每个事物可能都将不以自身之所是而得到定义，而是由它与其他事物的关系来加以定义"。爱德华·霍尔（Edward Hall）具有相近的观点，他转述道："日本人只对交叉点感兴趣，而忘记决定交叉点的线。在日本，具有名字的是十字路口，而非道路。房屋不是依据空间来排序的，而是依据时间排序，并根据建造时间来编号的。"[3]

回到我们的领域，这里有两个已经成为经典的示例，是关于有机体的系统功能运作的，身心与这一功能运作紧密相连。

> 在谢耶（Selye）的研究之后，霍姆斯（Holmes）和拉厄（Rahe）的压力量表（［*echelle de stress*］1967）强调了有机体适应一切事件的困难，无论这一事件是消极的还是积极的[4]：

> 配偶的死亡被定为 100 分；婚姻 50 分；解雇 47 分；退休 45 分；搬家 20 分；度假 13 分；等等。

---

[1] Fritjof Capra, *Le temps du changement* (coll. « L'esprit et la matière »), Monaco, éd du Rocher, 1983.

[2] Gregory Bateson, *Vers une écologie de l'esprit*, trad. franç., Paris, Seuil, 1977.

[3] Edward Hall, *La dimension cachée*, éd. Améric., N. Y., 1966, trad. franç., Paris, Seuil, 1971.

[4] 从本义上说，"压力"（stress）指的是一种挤压的力量、一种张力、一种加强，因此其含义不完全是消极的。

然而，在 12 个月内心理压力得分累计超过 300 分将引发 49％的严重精神疾病（尤其是癌症）——相对而言……对照组按此压力量表累计得分未超过 200 分，这个比例仅仅是 9％！

同样，一项针对将近 5000 名寡妇的英国研究显示，在配偶去世后的一年之内，她们的死亡率比正常比例高了 40％：

这可能与无意识社会心理原因导致的免疫性抵抗力极大变弱有关。

此外，西蒙东夫妇将其著名的精神可视化（*visualisation mentale*）癌症心理治疗法部分地建立在这种类型的研究的基础之上。[1] 然而，我们还远未实现对癌症学家的心理学和社会学的系统教学，大部分医生轻视心理学……就像很多心理治疗师忽视身体！

复杂性理论

仅仅认识的并置不够了。正如若埃尔·德罗奈（Joël de Rosnay）所说的：

"C. P. 斯诺（C. P. Snow）曾揭露科学和人本主义这两种文化二元性，在这二者之外，我们看到因为各种生命科学，产生了一种'第三文化'，它能够在物理科学和人文科

---

[1] Carl et Stephanie Simonton, James Creighton, *Guérir envers et contre tout*, Paris, L'Épi, 1982.

学之间、微观系统和宏观系统之间架起桥梁，微观系统构成了组成我们的物质，我们则是宏观系统的细胞。今天，决定着我们社会未来的各门学科被称为经济学、生态学、生物学。这些学科对形成企业、社会、生态系统或活跃组织的各个高复杂性系统进行考量。分析性推理再也无法应对。相互依存的复杂性禁止一切部分的解决之道。"[1]

如果让我们60万亿的身体细胞和我们的思想，让我们的欲望和我们环境相互作用？……而且，不要忘记，这些细胞中的每一个自身都是一个复杂的"工厂"，集合几十万个不同元素："水泵""阀门""锁""钥匙"等各种元素。[2]

在难以计数的这些相互连接的系统面前，如何才能避免眩晕和欣赏，这些系统敏锐地感觉到我心灵中闪现的一个单纯形象，我能够随心所欲地发动这些系统！

因此，例如布拉桑—"想到费尔南德"[3]……他就在这一刻动员起数百万细胞的一个强烈的生物化学活动，这为他带来没来由的快乐……

因/果，分析/综合

线性因果解释的简单化企图今天具有什么价值呢？

---

[1] Joël de Rosnay, *op. cit.*

[2] 参见 Jean-Pierre Changeux, *L'Homme neuronal*, Paris, Fayard, 1983（见下文第十二章有关大脑的相应内容）。

[3] 这句话出自法国著名歌手乔治·布拉桑（Georges Brassens, 1921—1981）的单曲《费尔南德》（*Fernande*）。——译注

由此，我如何能够解释为什么我会成为格式塔主义者？

· 这是对我的父母的反抗吗？他们是俄罗斯边缘诗人，脱离于时代和诗人群体，从未给我任何的身体接触：从不亲吻，从不抚摸。

· 我在科学学院的哲学、数学和普通物理学的学习分量有多重？

· 是因为较长时间以后，长时间的正统精神分析无法满足我所有的人本主义愿望吗？

· 我与各种宗教的新教徒之间的众多接触，我普世的战斗精神，这些是否影响了我？

· 我到约50个具有不同文化的国家进行了多次旅行，并数次旅居美国，这些具有何种影响？

· 我长期练习日本武术，这又起了何种作用？

· 如此等等。

我的职业上或思想上的种种潜在可能的原因的累积可能永远不足以解释：我的一切行为都处于多重互动中，并处在一个错综复杂的网络之中，其中相互交织着种种身体和情感因素、有意识的理性选择、偶然的社会情况、任意的偏好、深层的哲学或精神选择……

天真地拉动我那错综复杂的动机线团的无论哪根线，我都只能把它缠得更乱！

因此我们必须同时从各个方面着手去讨论多重现实，也就是说：

> 由综合而非分析开始。

此外，正如我们所自发地做的：

·当我认出一张熟悉的面孔时，我没有费力地事先逐一分析脸部特征；

·当我听一部交响曲时，我不详细地说明每种乐器的音色，或是音的连续；

·当我恋爱时，我并非先进行严格的分析，并以"爱恋对象"的品质进行加权计算，此后我的感情才产生……

实际上，无论得到大力鼓吹的传统辩证法对此如何论述，我都不会花时间来权衡利弊。黑格尔式取向是依照正题、反题与合题而进行的，尽管很有吸引力，但是事实表明，它完全不适应生活现实——生活现实的运转正相反，也就是说，从初步的综合印象，到后来的分析性合理化。

正如"理解"（com-préhension）这个词的词源所表明的，对一个现象或一个物体的理解通常并非来自对其组成成分或结构的分析，亦非来自对其原因的假设性研究，正相反，理解来自对其整体和目的论的①统一体的综合——通常是直觉式的。

让我理解"刀"的并非对刀柄和刀锋组装的研究，而是组装之后的使用。因此认识是重现一个有意义的对象，也就是说，不是分析现实，而是构想一个功能运作中的模型。正因如此，我们仍然能够区分所谓的"让诺之刀"（couteau de Jeannot）——人们更换了刀柄，更换了刀锋……但是它仍然是同一个物体：让诺之刀！②

但是不能止步于综合，从一种简化论倒向另一种简化论：从

---

① 目的论的（Téléologique）：源自希腊语 *télos*（目的）= "导向一个目的、一个终极目标"。

② 参见 Jean-Louis Le Moigne, *La Théorie du Système Général. Théorie de la modélisation*, Paris, éd. PUF, 1977.

机械论转向整体论——机械论设想，对所有部分和所有规律的认识有一天将使得理解全体的功能运作成为可能，而整体论则想象，对全体的认识能够解释每个部分的功能运作。关于这一点，这里选摘埃德加·莫兰的基础认识论著作《方法之方法》（*La Méthode de la méthode*）中的一些文字。这部著作充分阐述了《失去的范式》（*Le Paradigme perdu*）中已经概述过的基本概念。在我看来，所有对自己的方法进行深入反思、充满忧虑的格式塔学者都必须阅读这些著作①。

　　"分析的元素分解同样分解系统，而系统的组成规则并非添加式的，而是改造式的。［……］但是在认为整体论超越了还原论的同时，实际上整体主义施行的是一种'还原至整体'：由此，不仅在作为部分的各个部分上是盲目的，而且在作为组织的组织上是近视的，对于总体的统一体内部的复杂性也一无所知。［……］整体从此而成为一个快乐的（既然我们对内在的限制、对各个部分质量的缺失一无所知）、功能性的、运转良好的（既然人们对内在的对立潜在性一无所知）概念，一个幼稚的概念。［……］单独的整体不过是一个洞（*whole is a hole*）。

　　"系统涉及的既非'形式'，亦非'内容'，既非孤立对待的各个元素，亦非单独的整体，而是由改变它们的组织所

---

① Edgar Morin, *Le Paradigme perdu : la nature humaine*, Paris, Seuil, 1973, 以及《方法》（*La Méthode*），五卷本，1977 年以来陆续在瑟伊（Seuil）出版社出版：《自然之自然》（*La Nature de la Nature*）、《生活之生活》（*La Vie de la Vie*）、《知识之知识》（*La Connaissance de la Connaissance*）、《生成之生成》（*Le Devenir du Devenir*）、《人文之人文》（*L'Humanité de l'Humanité*）。

联系并处于这个组织中的所有的这一切。［……］观察者也构成了所观察系统定义的一部分，并且所观察的系统也构成了智性和观察者-系统文化的一部分。它在这样的一种关联中由这种关联创造了一种新的系统全体性，这种全体性同时包括二者。［……］我们的目的并非创造还原论系统。我们将普遍利用我们的系统构想，不是将其作为**全体性**的关键词，而是在复杂性的根源上使用它。［……］也就是说，在所有的事物上强调环形重点（*accent circomplexe*）！"

《方法论》（笛卡尔，1637）

正如让-路易·勒穆瓦涅（Jean-Louis Le Moigne）在其杰出的著作《一般系统理论》（*Théorie du Système Général*）① 中明确展示的那样，这里涉及的是从根本上重新审视以四条逻辑规则为基础的一切笛卡尔思想——今天这些规则已经过时了，尽管它们缔造了所谓的"科学的"思想，直至 20 世纪早期：

· 证据规则（只承认明显如此的东西为真）；

· 还原规则（将每个困难都尽可能地分解成小的部分）；

· 因果规则（依序理解从原因到结果的各种关系）；

· 穷尽规则（处处进行完整的清点和全面的再查看，以确保没有任何遗漏）。

---

① J. L. Le Moigne, *La Théorie du système Général*（同前引）。另参见：von Bertalanffy, *General System Theory*, New York, 1949; J. de Rosnay, *Le macroscope*, Paris, Seuil, 1975; Capra, *Le temps du changement*（同前引）; Edgar Morin（同前引）; 等等。

我不适合在此复述那些明显的证据，证明这一推论方式的四条基本规则中的每一条如今都过时了，我建议所有相关读者（以及勇敢一点的读者！）参阅勒穆瓦涅的前述著作——概括介绍它只会是不准确的。

我仅仅举一个例子：《方法论》（*Discours de la Méthode*）的第二条规则主张"将每个困难都尽可能地分解成小的部分……以便更好地解决问题"，而这一分析几乎成为方法的同义词！然而，通过将问题分解成不恰当的各个部分，我们反而面临更大的增加难度的风险！……

今天，解释的目标被视为更大目标的一个部分，而非必须分解成部分的各个整体。因此，为了更好地看见，必须从传统的显微镜转向若埃尔·德罗奈的"宏观镜"（macroscope）。"经典力学中，部分的属性和行为支配着整体的属性和行为，而在量子力学中，情境颠倒了：是整体决定着部分的行为。"（卡普拉）不言自明的是，人类有机体通常同样如此，而格式塔总是强调这一点。

时间之箭

同样，"其他条件不变"（第三法则），自然规律带来相同的结果，这种广为传播的假设不过是一种简化的近似，因为其他条件从来都不是不变的，时间之箭在我们日常层面上是无法撤回的，它在所有事物之上都印上其痕迹，在所有思想上亦如此。因此，同样的原因并不总是带来完全一样的结果。

1912 年起，格式塔心理学家（韦特海默）已经指出："在时空之中，不同刺激的组合引发不同体验，这些体验的结果无法根据对每种刺激的认识而进行预测。"

在反思时间因素的影响时，克斯特勒（Koestler）补充说道：

> "如果要素并未严格地受到过去推力和压力的统治，那么它们可能无法以某种方式为未来之'拉力'所影响，这是换一种方式在说，'目的'可能是宇宙演化的一个具体的物理因素？"

这样，我们得出一个终极目的论的假设，这一假设不仅是针对生物的，而且是针对思想和物体的。这种目的论视角得到当代物理学家们的极大重视。

无论如何，总的来说，我们在此处找到了一种平淡的日常体验：

> 至少，未来和过去同样多地引发了我的行为。

例如，假如我今天晚上很早就睡了，这可能是因为忙碌的一天之后，我累了，但是这也可能是因为我预计明天事情会很多；抑或，如果您读这本书，那是因为您买了它，但是更是因为您想要知道书中讲了什么（"未来的拉力"）。

> "过去和未来同时存在，但不在同一个时间，
> 就像美国和欧洲同时存在，但不在同一个空间。"①

---

① 科斯塔·德博勒加尔（［Costa de Beauregard］法国国家研究中心高级研究员）。

我并不更多地坚持这些主题——今天它们可能看上去是显而易见的，但是我们还远不能得出推论——无论是在社会结构中还是在治疗结构中。因此，与其在过去中寻找各种障碍的"为什么"（因果主义的视角），不如进一步询问各种障碍当前的维持状况，询问它们是"为了什么"，疾病带来了或维持了哪些次级获利（终极目的论视角）。

雅克·莫诺①带着遗憾评论道："客观性迫使我们承认生物的目的论特性，承认在其结构和表现中，它们实现并继续进行着一个规划。"

如若埃尔·德罗奈将系统定义为"不同要素的整体，这些要素处于动态的互动之中，根据一个目的而组织起来"。

系统技术将所有"客体"（物质的、精神的、社会的等等）定义为："一个活跃、有结构的系统，在环境之中相对于某一终极目的而演化。"（Le Moigne，1977）

三元辩证

对勒穆瓦涅来说，所有的"客体"都可以从三极来定义：其所是、其所为、其所成（结构之本体论极、活动之功能极、进化之基因极）。这一"三元辩证"（*trialectique*）强调"过程"的重要性，就是说强调

---

① 诺贝尔奖医学奖得主 Jacques Monod, *Le Hasard et la Nécessité. Essai sur la philosophie naturelle de la biologie moderne*, Paris, Le Seuil, 1970. ——其主题尤其与系统论思想的先驱之一德日进（Teilhard de Chardin）相对立。

> 时间对空间的至高性。

三个基本"处理器"为：**时间、空间和形式**——它们造就了**物质、能量**和**信息**。因此，比如说在所有活的细胞中，这三个功能由三个不同元素来确保：核糖体实现了物质的综合，线粒体蓄积能量，而细胞核储存并调节信息。

格式塔不断强调人与环境（人在其"场"中）之间的系统性相互依存，以及一切行为和多因素动力过程的多义性。

不过，用一个简单的例子来说明：一个物质客体。如果我考虑一下我正在上面书写的纸张，我可以从很多不同方面来描写它，比如：

- 纸张的结构、厚度、质地（仿羊皮纸，80 克）；
- 其形状和尺寸（21 厘米×29. 7 厘米）；
- 其所在之处（我的书桌上、窗户前等等）；
- 这一切发生的时间（今天，23 点……）
- 其功能和找寻的目的（记下我对本章的思考）；
- …………

对这张纸的描述会忽略这些方面中的某一个，总是非常肤浅的，在功能上是不完整的。

不过通常，我们的确生活在宇宙的一个"中波段"，有意地同时忽略了：

- 无限小；无限大；
- 无限久远；无限未来……[1]

我们的教育的基础仍然是一种笛卡尔-牛顿式假设，是对各

---

[1] 1983 年保罗·莫利耶（Paul Molliex）在巴黎格式塔学校的报告。

种现象的线性而可逆的可重复性[①]的粗略假设，脱离了时间……

在我看来，格式塔对此时此地——或者，更准确地说，对此时怎么样（*now and how*）——持续的重新关注正是突出了时间因素的优势：事实上，即便是浮现于觉察的过去的回忆，也每天甚至每个小时都在改变之中。其情绪意涵随着空间、时间和社会情境（*contexte*）的不同而不同，因此对其的治疗要一直有效，也必须有所区别。[②]

> 事实上，意义浮现自情境，正如它浮现自文本……

仅仅是理性的历史觉察无法在更加可接近的精神结构中将回忆重新分类，但是回忆的持久改变意味着它在这一刻的情境之下"重塑"，与之相伴的是身体、情绪、情感和理性的多维度参与，并且是在他人面质的目光下进行的。

拉特纳的错误

因此，格式塔显然非常接近系统论思想，我刚刚简短地回顾了系统论的一些基本原理，但是我必须立刻强调一个事实，即不止一位真诚的格式塔学者从乔尔·拉特纳的一篇富

---

① "除了普遍的科学之外别无科学。"（亚里士多德）

② 其他的心理学和心理治疗方法参考了系统取向，并且这种参考与格式塔治疗相比更为明显，以致在大众心目中，这些方法有时和系统论本身相互混淆！如帕洛·阿尔托学派（格雷戈里·贝特森、保罗·瓦茨拉维克［Paul Watzlawick］等）。特别是，这一学派提出了一种家庭系统治疗（*thérapie familial systémique*）。

有争议性的长文①中归纳出了一个错误。拉特纳是《格式塔治疗之书》（*The Gestalt Therapy Book*，1973）的作者、《格式塔期刊》编委会成员，也是加利福尼亚和纽约地区众多格式塔治疗师培训的负责人。在我看来，这篇文章的立论根基在于对系统论的错误或倾向性解读：首先，它完全歪曲了系统论，其次，它对系统论进行了猛烈的批判——并且遵循一种常见的流程（尤其是皮尔斯批判精神分析所使用的）！至少在我看来，他的解读令人震惊：对此人们可以做出判断！

拉特纳将经典物理学（而非当代物理学）和牛顿力学与系统论联系起来……然而系统论的构想正是与之对立的！他这样写道②：

"系统论是思考机械客体和人类客体之间关系的一种方式 [……] 它澄清了作为机器的世界的概念。[……] 其特征是秩序、因果关系、客体的边界概念、对客体（而非客体之间的空间）的关注、对世界上各个客体的二元隔离，以及诸客体的分离与属性 [……]，绝对物独立于情境的存在，观察对象与观察者的在场效应的相互隔离。[……] 行为是分裂的，原子化的。激情调动着人，就好像撞球杆调动着球 [等等，等等]。"（原文如此！）

---

① Joel Latner, « This is the speed of light: field and systems theories in Gestalt Therapy », in *The Gestalt Journal*, Vol. VI, N° 2, 1983, trad. par J. M. Robine, Bordeaux, IGB, 1985.

又及：在巴黎与我的一次真挚的长谈中，拉特纳（我给他看了这一章）愉快地承认了对于系统论思想的发展他缺乏足够的信息。

② 其措辞还是谨慎的："假设您阅读物理学著作 [……] 有能力的读者将会好不费劲地发现在这个领域中我的理解力是不够的 [……]"

我们无法更好地阐释清楚系统论思想对此的抗议！

我已经充分地阐述了这些概念，但是让我们回到源头：人们普遍将路德维希·冯·贝塔朗菲（Ludwig von Bertalanffy）视为系统论（他为其命名）思想的奠基者之一，他写道：

> "［……］从前的所有一切都表现出一种令人震惊的看法，一种对世界一元构想的视角，至今都未遭到质疑。"（1961）

在接下来的文字中，拉特纳将他所称的"场理论"（［*la théorie du champ*］我们更多地说各种场理论［*des* théories *des* champs］——尤其是各种场的量子理论［*théories quantiques des champs*］，今天这些理论将反物质和基本重粒子或强子的发现考虑进来，但仍然无法解释粒子的质量）定义为：

> "［……］空间并非虚空，［……］这是一个场，［……］它所包含的客体是这个场内部能量的一些聚集。［……］场是空间的物理状态；场参与事件。［……］场是空间的一种非二元论概念。场无所不在。［诸如此类］在场理论中，关键不在于图形，而在于场中的图形。"

正如人们将会注意到的那样，这些实际上都涉及一般系统论……场理论包含其中：实际上，后者不过是前者在当代物理学中的特例，而系统的一般理论或一般系统论是跨学科的方法论上的构想，涉及科学总体的认识论，并同时在物理学、化学、控制论、生物学、量子力学、心理治疗、社会学、政治经济学等领域得到发展。当然，一种理论并不多排斥另一种理论。正如爱因斯坦所明确指出的：

> "建立一种新的理论，并非建造一栋摩天大楼以取代原来的破房子，而更像是攀登一座山，逐渐地看到更为广阔的不同景色，发现我们的出发地与其多彩的环境之间的出人意料的联系。因为我们出发的地点一直存在并总能看得到，尽管它看上去变小了，只是我们扩大的视野中一个微小的点。"①

在他对系统论所具有的错误前提下，对于格式塔的不同美国流派，拉特纳进行了大胆的推论，当然也更加看重目前他自己的流派，即纽约学派，但是这是以损害如克利夫兰和西海岸等其他流派为代价的，他带着某种的轻视对待这些流派。我并不准备讨论这个争议。然而，我认为这是对系统论取向的一种夸张，对此我无法保持沉默，拉特纳与我们的一些同行一起散布了这种夸张。

象征主义

为了更清楚地展示这一多维度的系统论取向，我认为求助于象征主义（symbolisme）是有用的。

象征再现（représentation *symbolique*）超越了依靠符号

---

① 转引自 Marilyn Ferguson, in *Les Enfants du Verseau*, Paris, Calmann-Lévy, 1981.

（*signes*）——其意义是对惯例的回应，而惯例经常是抽象的——行事的口头语言，尤其是当它以一种可视化方式表达出来的时候。通过对我们右半脑的动员，象征再现使得一种综合的、统一的看法成为可能，这是一种关于人和世界及二者关系网络的多义取向，而这些关系网络经常是无法猜测的。

实际上，象征符（*symbole*）使我们能够逃脱"排中律"（*tiers exclu*）的长期独裁，排中律为古典概念逻辑奠定基础，根据排中律，"两个矛盾命题中，如果一个为真，另一个必定为假，反之亦然"。

相反地，象征主义假设了"函中律"（*tiers inclus*），也就是说一种矛盾双方的可能的互补性，一种相互依存的各维度的无限性，一种对"解读"或阐释的自发感知的多重性，矛盾双方非但不相互排斥，反而相互增强。

它装扮着无意识，使其具有潜藏的、意想不到的丰富性，以及遭到压抑的禁忌幻想，使其因此能够隐秘地跨越意识的边界，这正是"被压抑之物的通行证"（passeport des refoulés）[1]。

因此象征符[2]可能是真正的精神世界语，通用的语言，既是言语之下的又是超越言语的，与我们的存在深处的各个层次直接沟通，而这同时给予我们的存在调解的功能、社会化的功能和治疗的功能。

---

[1] 根据让·皮卡（Jean Picat）的中肯表述，见 Jean Picat, *Le rêve et ses fonctions*, Paris, Masson, 1984.

[2] 回想一下，"象征的"（sym-bolique）相对于"恶魔的"（dia-bolique）！实际上，在希腊语中，*dia-ballein* 的意思是"扔过、分离、拆开"，而 *sum-ballein* 的意义是"扔或者放在一起"。
　　象征主义在希伯来语中和总体的犹太文化中具有重要地位。

金泽的五角星

因此好几年以来，我一直试着找到一个象征标志，它无须分析便能够为每个人表述并阐明人的多维度取向，在我看来，这种多维度取向正是格式塔的特征，并且我习惯于使用五角星来说明——它象征人，所根据的是一个传播甚广的传统，可追溯至毕达哥拉斯，并且经由达·芬奇的著名画作而得到普及。

确切说来，依据传统，一个尖角在上的"积极"五角星代表了**站立的人**，有头、两只张开的胳膊和两条腿。倒过来，尖角在下则代表了**魔鬼**（堕落的人），其形状为一个山羊头，头上有他的两只角、两只耳朵和山羊胡：在这种情况下，他被视为"被动"而不吉利的。[①]

为什么是一颗有五个角的星星？数字五的多义性尤其丰富，其象征意义得到普遍承认，无论是在中国、印度还是日本，是在伊斯兰世界还是在美洲印第安人中（阿兹特克人、玛雅人、印加人……），是在凯尔特人、古希腊人还是在共济会会员中……

五角星在各地都代表着人，生命原则、辐射能与互补力转化的能量：雌性（二，平衡论的雌性偶数）和雄性（三，动力论的雄性奇数）。

当然，它也让人想到将人与世界相联系的经典的五种感官，

---

① 积极（红色）五角星被苏联选中作为标志，美国选了白色五角星作为象征。我曾对国旗上有一个或多个五角星的国家数目进行过统计，一共有——53个国家！

以及五根手指头——象征个体融入团体①。

在毕达哥拉斯学派的象征主义中——尤其是得到共济会重新采纳，用在了哥特式教堂之中——五角星或"火焰式星星"位于其他元素构成的十字架的中央：五角星是 *quint-essence*，"第五元素"，亦即根本而纯粹的原理。②

五象征着完成、均衡的联合与和谐。它是**中心**之数，位于**世界**的四个基本点之间。

五个角代表人，在五角星的中央，人们按照各种传统放置的要么是心脏，要么是性器官，再或者是字母"G"③。

在凯尔特传统中，五代表**总体性**。对阿兹特克人来说，五是"人，世界意识"，是当下世界的数字。

在伊斯兰教中，五角星是有益的，是法蒂玛（Fatima）的五根手指头，让厄运远离（这就是为什么我们经常在车辆的后窗上看到五角星，尤其是在中东地区）。

在古希腊人那里，五角星被献给健康与幸福女神许革亚（Hygie），并且人们乐于以一颗五角星作为敬语来开始一封信件——每个角的顶点上都有一个这位女神名字的一个字母——这个传统为拉丁人所继承，不过是"salve"（"致敬"或"保重"）这个词的五个字母。④

受此激励，我也在五角星上记下了我的希腊字母，不过是将

---

① 在波斯语中，同一个词（*daste*）意谓"手"和"团体"。
② 见 Jules Boucher, *La Symbolique maçonnique*, Paris, éd. Dervy, 1948.
③ 我们字母表的第五个辅音——根据其他人的观点，它代表着大地（*Géo*）、上帝（*God*）、圣杯（*Graal*）、世代……还有格式塔，为何不是呢！
④ 参见 Serge Ginger, « La Gestalt-thérapie et quelques autres approches humanistes dans la pratique hospitalière », in *Former à l'Hôpital*, sous la direction de B. Honoré, Toulouse, Privat, 1983.

其作为法语单词惯常的首字母，代表了我所认为的**人类活动的五个主要维度**——在我看来格式塔治疗特别好地表现了并统合了这五个维度：

> **(1) 身体**维度（φ）：身体、感官、运动机能、性征……
>
> **(2) 情感**维度（α）："心"、情感、爱情关系、他者……
>
> **(3) 理性**维度（ϱ）："头脑"（及其两个半球!）、思想和创造性想象……
>
> **(4) 社会**维度（σ）：与他人的关系、人的环境、文化的环境……
>
> **(5) 心灵**维度（ω）：人在宇宙环境和全球生态系统中的位置和意义……

在星星的中心，我放置了"γ"，对我来说，这是 *Gestalt* 一词的首字母，象征五个根本维度之间的相互关系。

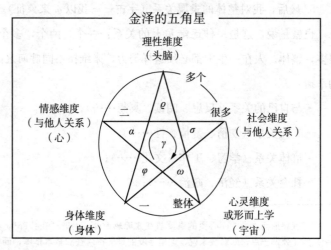

©塞尔日·金泽，1981

当然，我放置不同维度所依循的次序不是随机的。

在我的图示中，人靠在他的两条腿上休息：身体的腿和形而上学的①腿，它们确保了他"扎根"（*grounding*）于大地和这个世界。

他的两只手臂使他可以进入与"那个他者"和那些他者的关系中，即左臂（心脏那边）的特殊情感关系和借助于右臂（更为主动）的多种社会关系。

我们将注意到五角星的左边部分涉及人的内部生活（他的身体、心脏、头），而右边部分涉及他附近的（社会的）或整体的（宇宙的）环境。

假设我们顺时针从一个角到另一个角，我们将会依次遇到：

1. 我与我自身身体的关系，这仅仅牵涉到我自己（独自一人）；

2. 我与特殊他人的情感关系（夫妻）；

3. 我的知识交流（与多个人）；

4. 我与人类群体的更为广阔的社会交流（社群）；

5. 最后，我对整体的隶属关系（宇宙——我以 ω 来象征）。

也就是说，这是一种逐渐扩大的关系：一个，两个，多个，很多，整体。人在一生中都必须这样努力，来维持不同时间之间的平衡：

· 与自己的关系（反思、阅读、冥想……）；

· 二人关系（友情、爱情、性……）；

· 群体关系（学习、工作、文化……）；

· 社会关系（经济、政治……）；

---

① 假如我将形而上学的、心灵的维度放在靠近地面处，而非"在头部"，那是为了强调一点，即对我来说，这里涉及的是一种内在的基本根源，而非赋予人的超验之力。人来源于物质和精神。

· 与世界的关系（生态、哲学、心灵、宗教……）。

这也是个体发育的次序，人是按照这一次序发展的，从生到死：

1. 婴儿尤其以自己的身体为中心；

2. 其后宝宝与母亲建立起特殊的情感关系；

3. 接着幼儿将关系扩大至父亲和同龄人，这发生于就学和"懂事年龄"（âge de raison）；

4. 然后青少年和成人积极地参与社会生活；

5. 最后，面临自己的死亡的老人越来越对心灵生活感兴趣。

当然，我的行为是由这五个维度一起诱发的：经由我的有机体和我的感觉、我的欲望和关系、我的思想或决定，以及围绕我并部分限制我的社会环境。我的行为也与整个宇宙相互依存：气候、季节、地球的重力或阳光……更不用说集体无意识和上帝了。

然而，每种文化都会特别看重这些维度中的某几个。

· 因此，比如说，在法国，人们通常格外看重理性、情感和社会维度，为了维持某种禁忌，人们"可能乐于砍断我们的腿"，这种禁忌可以是身体的，也可以是精神的形而上学维度的。实际上，一种顽固的审查（censure）统治着身体交流：例如温柔只限于家庭的私生活——而身体接触和皮肤接触在所有的人类中都是基本的①；裸体——然而

---

① 关于这个主题，我们可以饶有兴味地阅读哈洛（Harlow）有关小猴子面对"假妈妈"的研究：95％的小猴子是通过与妈妈毛发或皮肤的接触来寻求温柔，而不是一个铁丝做成的"母亲"给的奶瓶。

同样可参见精神分析师 J. 鲍尔比（J. Bowlby）有关"依恋"的著名研究，以及更近的一项研究：Montagu, *La peau et le toucher*, Paris, éd. Le Seuil, 1979.

还可以阅读斯皮策和其他人的经典研究，如温尼科特、帕热斯（Pagès）和安齐厄的研究（*Le Moi-Peau*, Paris, Dunod, 1985）。

是自然的——仍然是遭到禁止的。但是审查同样也统治着心灵的或意识形态的交流（对有倾向性的改宗迅速地产生怀疑，更常见的是，各种协会中对工作场所的禁令）。

· 相反，其他文化看重这两个维度：比如在印度是身体的和心灵的训练（传统瑜伽和冥想）。还有一些文化强调的是不同的维度：因此美国和苏联尤其致力于身体、智识和社会关系的发展（这在我的图示中奇怪地通过箭头表示出来！）。

不同文化看重的维度图示

法国　　　　　　　印度　　　　　　美国和苏联

几种治疗取向

在主要的经典治疗取向中我们观察到同样的现象，即理论上，所有取向的目的都在于全面的理解和人的和谐发展，但实际上，大部分取向尤其偏好特定的两条研究路径，如：

· 生物能尤其从身体和情感（情绪）上入手，寻找身体和"刻在"身体上的情感创伤之间的联系；

· 精神分析尤其以更好地意识到（在知识部分）情感生活为目标；

· 团体动力阐明了（理性维度）各种社会的相互关系；

· 宗教和某些形式的冥想是心灵维度的集体取向；

· 自然医学，如针灸，还有瑜伽、太极及其他东方技术强调将身体和宇宙能量或心灵能量相结合的紧密纽带。

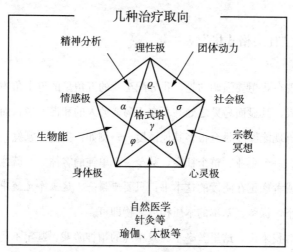

几种治疗取向

©塞尔日·金泽, 1981

如果我把格式塔放在了这一示意图的中间，那是因为格式塔

> 同时通过人类的身体的、情感的、理性的和心灵的

方式，努力去维持一种多维度的有效取向，不仅考虑到所有这些
方面，而且尤其去考虑它们之间的相互关系，格式塔所提供的并
非一种分析，而是一个全面的综合观点，更致力于阐明"此时这
是如何运作的"，而非"为什么这样运作"。

我们或许还可以以一种更为形象的方式说：

> 格式塔使右半脑的功能得到昭雪，而我们的文化尤
> 其使用分析和理性的左半脑，让我们因而"半身不遂"。

然而，

> 实在物并非理性的；它是不大可能而又神奇的。[1]

---

[1] Michel Serres, *Le Parasite*, Paris, éd. Grasset, 1980.

走向"社会格式塔"

现在我想要强调的是，我分配至我的五角星的五个角主要的五个极，其显而易见之处并不在于隔离的人的和谐发展，而在于这种再现能够外推至很多其他情境——例如：夫妻、家庭、一个机构、一个企业、整个社会，甚至一个单纯的客体——就像我正在写或者您正在阅读的这本书：只要变换一下这五个主题中的任何一个，保留其基本的本质构成之物即可。

对我来说，这里丝毫不涉及单纯的精神游戏，甚至不是供我的学生使用的解释教学图解，而是一个工作的功能性工具——有确定无疑的启发①价值——并且自从我详细阐述这一工具以来，我自己一直在使用它，无论是用于诊断还是用于处理各种情境。

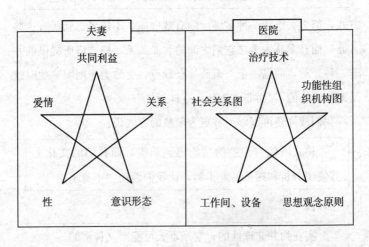

---

① 启发＝促使发现。

因此我从检查是否某些维度发展过度或发展不足入手，试图设想一种能够让情境和谐的策略。

作为示例，这里用表格列出一些情况下的这五极。

五极	人	夫妻	医院	企业	本书
身体的或物质的	身体	身体关系（性）	物质背景：建筑、办公场所、设备	物质手段：办公场所、成套工具、资金……	其物质外表：封面、纸张
情感的或关系的	心、他人	情感关系（爱恋）	自发的社会关系图：治疗团队的纽带和生活	理性气氛：团队工作的氛围	阅读能够带来的快乐：风格、想象、与作者的接触
理性的或知识的	头脑、思想	思想和利益的分享	治疗技术、教育……	生产和销售技术	提出的思想：其清晰度和吸引力
社会的或文化的	人、他人	朋友、关系和社会活动的圈子	结构化的功能性组织机构：层级	社会结构：层级、工会生活	学界对本书的影响：职业影响
心灵的或思想观念的	世界	分享的思想观念的介入	面对死亡（无望抢救）、面对真相（告诉病人什么?）等的思想观念	从属目标：企业的社会哲学	提出的哲学和思想流派

©塞尔日·金泽，1987

因此，上个月有人请我到一所适应不良儿童寄宿学校参加一天的制度干预（*intervention institutionnelle*），这些儿童经历了一段时间的危机期，并受到封闭的威胁。

到了现场几个小时之后，很快我就看出五个基本轴中的两个尤其被忽视了：

- 儿童团体的工作场所完全是破败不堪的，给人以悲伤和抛弃的印象（身体极或物质极）；

- 教育者几乎不相信自己工作的价值，认为不停地对大量的缺陷——他们将之几乎完全归因于"社会"——"修修补补"毫无用处（思想观念极）；

- 此外，团队里的非正式关系是热烈的（情感极）；

- 并不缺乏活动或实时"体验"的想法（理性极）……而人们并不相信这些想法！（人们可以做这个做那个……但这毫无用处，无论如何，没用！……）

- 制度化的社会关系是可以接受的——无论是在内部的组织机构图方面（功能分享），还是在与环境的交流方面（儿童的家庭、邻居……）。

因此，这一速览使我可以一下子便将精力集中于那两个在我看起来最为失败的轴：物质领域和思想观念上的倾注。

当然，受到我所说的"社会格式塔"（socio-Gestalt）的启发，在我的发言中，我并不特意对造成这个机构令人担忧的现状的假定历史原因进行制度分析：即便我能够提出一些可能的假设，对目前的破败做出解释，这么做除了令团队士气更加低沉，几乎达不成什么结果，充其量是事后为经受的困难而辩解："发生了这些事之后，还能如何呢？"

与此相反，我试图促进对目前情境的觉察：更清晰地意识到当下和人们可能体会的东西。

因此，我以敏感化的名义向团队不同成员提议，让某些工作场所"具身化"并使其"开口说话"：

——"我是团体游戏室。没有人爱我：人们再也不来看
我了，再也不装扮我了……来到我这里却看不到我，与此相
比我更喜欢人们一周搞一次聚会：我会让自己漂漂亮亮地接
待你们，等等。"

或者，我提议在几个教育者和一个"来自其他星球的"
访问者之间演出一系列的想象的"单人剧"，对于团队成员
暗暗参照的不同政治和思想观念的分歧，假定访问者对此一
无所知……由此，每个人都被迫以一种摆脱了先验语言的新
的语言来明确其原则立场。

对于那一天的机构干预工作的介绍就到这里了。很清楚，如
果"来访者"不再是一个隔离在困难之中的个体，而是处于功能
障碍中的整个机构的话，在这种情境中，大量的适应和转换都是
可能的，无论这些适应和转换是一般哲学上的还是格式塔的特殊
技术上的。

最后，稍微想象一下，人们会发现大部分格式塔的原理和方
法不可能外推①。因此，比如我们可以探索：

· 机构和社会的接触边界；

· 回避机制：未能很好整合的机构原则的内摄和思想观念的
　破坏性融合，将困难投射至环境或社会，攻击的近乎"自

---

① 阿诺德·拜塞尔 1970 年时就在他著名的论文《改变的悖论》中断言道，
这种改变的理论可应用到各个社会系统中……"这意味着系统意识到其被
疏离的内外部碎片，以便能够通过一种与个体获得认同相类似的过程，将
这些碎片重新整合进其主要的功能运作中。"（S. 金泽自译）

亦可参见 S. Herman et M. Korenich, *Authentic Management: A
Gestalt Orientation to Organization and Their Development*, U.S.A., éd. Addison-Wesley, 1977.

杀性"的内转，导致机构濒临关闭，等等；

· 这所寄宿学校通过自己的"人格"所建构的形象等；

· 人们仍然可能让这个机构的不同部门之间进行对话，重建
不同部门（"头"与"身体"）之间的交流，或者促成亚
团体的情绪表达，等等，对……说，而不是说……；

· 对集体的梦进行工作（机构幻想……）；

· 挖掘出机构生活中的未完成格式塔（例如，实际上并未执
行的已做出的决定）和接触－后撤循环的功能运作障碍
（体验的同化）；

· 寻找相反极性的整合（对每个人特殊性的尊重和社会融
入等）；

当然，完成这一整项工作的基础，仍然是觉察浮现自情境的
此时此地的东西。

因此，我所称的"社会格式塔"并非格式塔在机构或企业之
中的应用，而是

> 将格式塔应用至机构（或企业），这个机构（或企
> 业）被视为一个总体的"有机体"，与其环境处于互
> 动中。

第二部分

格式塔的方法与技术

自体的理论

治疗关系

身体与情感

大脑

想象

梦

第九章
自体的理论

古德曼与自体理论

对皮尔斯来说，神经症与"未完成格式塔"及未满足的需要（或者其满足被过早地打断了）的积累有关，也就是说与重复出现的有机体及其环境之间的调整困难有关。

人对环境——内在的和外在的——的创造性调整过程构成了保罗·古德曼（1911—1972）所说的自体（*self*）①，古德曼通常被视为格式塔创始时期的第一位理论家。

---

① 与我的魁北克同行尤其是安德烈·雅克相反，我避免将这个词翻译成"自我"（Soi）"，"自我"经常在不同的语义中得到使用，尤其是在荣格心理学和超个人心理学中（psychologie transpersonnelle）。

　　至于让-玛丽·德拉克鲁瓦，在《这些哭泣的神，或精神病患者的格式塔治疗》（Jean-Marie Delacroix, *Ces Dieux qui pleurent ou la Gestalt-thérapie des psychotiques*, Grenoble, éd. IGG, 1985）中，他对二者进行了区分，并且声称"**自体**通往**自我**"（[le Self mène au Soi] 两个词的首字母皆大写）。

自体理论（*Théorie du self* ①）在皮尔斯、赫弗莱恩和古德曼合著并于 1951 年出版的《格式塔治疗》一书的第二卷中得到阐述。这部著作仍旧是今天某些格式塔治疗师的"圣经"。实际上，第二卷完全是由古德曼——他是最早的合作者之一——以弗里茨·皮尔斯散乱的手稿为基础编排和撰写的。古德曼是"七人团体"的主要理论家。后来正是他领导了最早的两个格式塔学院，即纽约格式塔学院（成立于 1952 年）和克利夫兰格式塔学院（1954 年）。

保罗·古德曼是小说家、诗人、评论家和无政府主义者，因其挑衅的立场②在纽约激进左翼界相当有名——赖希都觉得其立场过分了！在撰写这本书的那个时期，古德曼没有任何作为治疗师的临床经验，但是他接受过赖希一个学生亚历山大·洛温的分析。洛温曾是律师，后来成为医生，创立了生物能疗法。他似乎是通过伊萨多·弗罗姆而被引荐给皮尔斯的，而且直到今日，弗罗姆仍然在不停地发展他的思想，最近他再次重视起**自体理论**——很多年来变得过时，被好几个格式塔治疗"大人物"抛在一边，比如说波尔斯特夫妇③或克劳迪奥·纳兰霍；甚至遭到其他一些人的公开质疑，如吉姆·西姆金，皮尔斯最早也是最为忠诚的合作者之一。西姆金写道（在与乔尔·拉特纳最近的一次通信中）：

---

① 皮尔斯（在《格式塔治疗实录》中）建议小写这个词，因为这并非固定边界上的一个"珍宝"，而是一个抽象而变动不定的概念：当我呼吸时，空气已经是我的自体的一个部分，还是仍属于外部世界？

② 比如，他因此公开宣称："自从我满 12 岁以来，我就是双性恋者。"

③ 而他们自己就是受训于伊萨多·弗罗姆的；拉特纳估计，在目前在世的格式塔学者中，无论是在美国国内还是国外，波尔斯特夫妇都培训了最多的学生。

　　"在 1982—1983 年间，我好几次尝试阅读《格式塔治疗》的第二卷——但均未成功。古德曼的才华是显而易见的，但是他的某些跳跃我无法抓住。对我来说，这个材料的相当大一部分最多不过是与格式塔治疗有些次要关系，从根本上来看，更多地属于精神分析。我一点也不向试图学习格式塔治疗的学生建议阅读第二卷，而且面对这个第二卷，我和他们有着同样的困难。"①

　　同样，在法国，很多格式塔学者几乎不依赖**自体理论**，例如，让·安布罗西、马克斯·菲勒洛（Max Furlaud）、玛丽·珀蒂等等。至于我们，我们认为**自体理论**当然能构成格式塔的"脊柱"，但是将格式塔简化为**自体理论**将会使其简化为一具骨架，没有肌肉和神经！实际上，它缺乏三个基本轴：一个心因理论、一个诊断的疾病分类、一个治疗策略。

　　那么，何谓"自体"？

　　在格式塔中，这一术语具有非常专门的意义，不同于传统精神分析中的意义，如在温尼科特、科胡特或其他人的理论中。它也经常是误解的对象。

　　必须说，古德曼著作的法语译本（翻译是在魁北克完成的）特别具有争议，对于一个没有经验的读者来说，这个译本让该书的众多段落难以理解。还要补充一点：可以说，古德曼自己刻意地力求保持相当的深奥，为的是他的方法不被那些并未进行严肃个人实验工作的第三方所借用。在导论里，他自己毫不犹豫地宣称："读者显然会发现自己面临一项不可能的任务：为了理解这

---

① 转自 *The Gestalt Journal*，Vol. Ⅵ，N° 2，Automne 1983.

本书，他必须具有格式塔心态……而要拥有这种心态，他必须理解这本书！"

无论如何，这部著作在出版时没有受到任何的好评。但是，只要稍微对这部著作做些详细的注解，就能看到格式塔最重要的部分已经在书中体现出来了——纽约格式塔学院仍然在这么做。

因此，自体不是一个固定的实体，也不是一个心理实例（instance psychique）——如"**自我**"或"Ego"——而是每个人的一个特殊过程，并且在既定时刻和既定场中，根据其个人"风格"，显示出其固有反应方式的特征。这并非其"存在"，而是其"存在于世"，随着情境的不同而变化。

为了说明这一点，古德曼提到了工作中的艺术家或游戏中的儿童：在持久的创造性调整中，在觉察中，他们既是主动的又是被动的，而这种觉察既有对源自环境的外在感觉的觉察，也有对源自其有机体的内在创造性冲动的觉察。

> "自体是我们介入所有过程的特殊方式，我们在与环境接触中的个体表达方式……它是与当下接触的施动者，使得我们的创造性调整成为可能。"
>
> ——J. 拉特纳①

接触边界

古德曼说："病理心理学（*psychologie pathologique*）是对

---

① J. Latner, *The Gestalt Therapy Book*, Julian Press, New York, 1973.（S.G.自译）

中断、抑制或创造性调整过程中的其他意外的研究。"

而皮尔斯在他最重要的著作（很遗憾，这本书仍然没有法译本）中明确说道：

> "研究一个人在其环境中的功能运作方式就是研究在个体与其环境之间的接触边界上所发生之事。"处于这一接触边界上的，正是心理事件。我们的思想、我们的行动、我们的行为、我们的情绪，是我们体验并与这些边界事件相遇的方式。"[1]

我自己和世界之间的边界被称为"接触边界"。

正如我在第二章中已经提到的，皮肤既是一个具体的例证，也是一个隐喻：一方面，它保护我并限制我（它是我的边界），但另一方面，通过神经终端和毛孔，它是与我的环境进行交流的器官（它是一个接触器官）。[2]

本我、自我与人格

格式塔学者的自体以三种模式进行功能运作："本我""自我""人格"——一些作者还添加了一个"中间模式"。

---

[1] F. Perls, *The Gestalt Approach*, Palo Alto, Science & Behavior Books, 1973.

[2] 我已经提及近几年来神经生物学家对活体细胞的**细胞膜**现象的重视，细胞膜是保护细胞并与相邻细胞进行交流的接触边界。人们在**自体理论**提出的多个主题中重新找到了令人震惊的相似性。

- "本我"功能（或者以"本我"模式进行功能运作的自体）涉及内在冲动、生命需要，尤其是其躯体表现：因此"本我"在自我内部扩散一个饥饿、窒息或放松的印象……它在我的无意识行为中进行功能运作：呼吸、行走，甚至在想着其他事情的同时开着车。某种程度上，我的"本我"在我几乎不知道的情况下让我行动。

- "自我"功能正相反，构成选择或有意拒绝的主动的功能运作：这涉及我自己的责任，即限制或增加接触，并意识到我的需要和欲望，在此基础上操纵我的环境。这一功能可能的扰乱通过古德曼所说的"自我功能丧失"（*pertes de la fonction ego*）而体现出来，有些人将其与自我防御机制或回避机制（玛丽·珀蒂）进行比较，很多格式塔学者——在波尔斯特夫妇之后——用一个含糊的名称"阻抗"来指称。

- "人格"功能是主体对自己的再现，是他的自我形象，使他得以自我认可，认为自己对所感受之物或者所做之事是负责的。正是我的"自体"的"人格"功能确保了我过去体验的完整性，确保了我整个故事中所经历之事的同化，正是它建构了我的同一性情感。它是自体的"口头表达"（traduction verbale）。

- 在它的三个功能中，或更确切地说，在它的三种功能运作模式中，自体存在着，与之相伴的是随着时刻而变化的强烈程度或精确性。因此，有时候"我认不出自己"，我处于一种我所不常见的反应中，就像怒火"占据了我"。其他时刻，我的自体在强烈的融合中"溶解了"：舞蹈、狂喜、性高潮……或者正相反，处于一种内部"空虚"的、

"盈空"的状态中，这种状态使人想起东方的无为，即处于无为（non-agir）之中的一种彻底无拘束状态，其后一个新的图形浮现出来，它将集中我的注意力。

精神病、神经症与精神"健康"

- 精神病可能更多的是"本我"功能障碍：主体对外部（感知的）或内部（本体感受的）刺激不敏感，无法自在地做出反应，无论是对外部世界还是对自身的需要，他都不明确地进行回应。他与现实隔绝开来：不再有有机体对环境的"创造性调整"。

- 神经症，正相反，可能是"自我"功能或"人格"的丧失：难以做出合适态度的选择，或者选择是不恰当的。"本我"感知到外部世界和内在需要，但是"自我"的反应并不令人满意：行为的创造性调整与必要的"需要等级"并不一致。这些反应并未得到实现。因此神经症是各种废弃的或者过时的反应的总体，在"性格结构"中经常是僵化的，这种性格结构再生产着在其他时间和其他地点获得的行为。[①]

————————

① 通过极端简要的概述，我们可以比较若干作者对于神经症病因学的不同假设：
　　· 对于弗洛伊德来说：力比多冲动的压抑，为超我所禁止；
　　· 对于赖希来说：生殖性欲冲动表达的社会禁止；
　　· 对于霍尼来说：临时的经济解决方法——变得过时——在紧张情境中带来最大次级获利；
　　· 对于皮尔斯来说：中断的需要或未完成格式塔的累积；
　　· 对于古德曼来说：创造性调整的自我（ego）功能丧失。

体验循环中情绪、思想和行为的正常流动，在接触和后撤的不停交替中被扰乱。

· "健康"状态的特征实际上是由一种持续过程，既是内稳态（［homéostasie interne］生命的生物化学平衡的维持）的过程，又是对物理环境及社会环境条件——不停地变动——的外部调整过程。

接触-后撤循环

皮尔斯等人，特别是他的几个合作者，如保罗·古德曼、约瑟夫·辛克、埃尔温·波尔斯特与米丽娅姆·波尔斯特等，详细分析了"需要满足循环"的正常而理想的进展，他们还将这个循环命名为"有机体的自动调节循环"（cycle de l'auto-regulation organique）、"体验循环"（cycle de l'expérience）、"接触-后撤循环"（*cycle de contact-retrait*）——甚至更为简单地称为"格式塔循环"（*cyclede la Gestalt*）。

重要的是强调一个事实：对于人本主义心理学来说，人的需要并非只限于有机体的需要，而是包括心理和社会需要，经常也是简洁的（prégants），正如舒茨和马斯洛所特别强调的。[①]

因此健全的人毫不费力地识别出这一刻的主导需要，知道为了满足这个需要该做出一些选择，因而能够接受新的需要的浮现：他受到"格式塔"形成和随后的解体这一持续之流的影响，在其人格背景的前景中，"图形"依次出现，这种持续之流正是

———————

① 见第七章有关人本主义心理学的介绍。

与面对这些图形的需要层次相关联的运动。

每位作者都将这一**接触循环**细分为一定数量的主要**阶段**，对此的划分则引发争议（见第 247 页的表格）。

因此，比如说波尔斯特夫妇（Polster et Polster，1973）区分了八个阶段：需要的浮现、表达、内部斗争、定义、僵局、高潮（acmé）、启示（illumination）、承认（reconnaissance）。辛克（Zinker，1977）分离出六个阶段：感觉、觉察、能量动员或兴奋、行动、接触、后撤。米歇尔·卡策夫（Michel Katzeff，1978）则区分出七个阶段，即增加了一个："完成"（［accomplissement］在接触和后撤之间）——这使他可以减少（以在我看来有些武断的方式）循环亦即东方人七个主要脉轮（chakras）循环的各阶段的数量……

这里我不展开这一描述——辛克通过饥饿的经典例子对此做了长篇说明，卡策夫则偏爱口渴的例子：身体感觉、对"口渴"这样的需要的心理认同、起身走向冰箱的决定……打开冰箱……拿一瓶饮料……感觉和液体的接触……喝饮料……止住需要之后自觉可以做其他事了。

就我来说，在我有效的临床诊断中——无论是在个体还是团体治疗中——我承认没能领会细分的主要好处在哪里，这种细分对现实进行过度的原子式分解，在治疗层面上仍然未能带来可利用的改进之处。

这种划分的主要好处可能在于，可以更好地对中断、阻碍或另外一种完全不同的紊乱产生于循环的哪个阶段进行定位，例如：未感知到某种感觉或需要（在精神病患者中）；或是识别出这种需要，但是缺乏能量动员（在冷漠的神经症患者中）；再或是无法后撤（在焦虑而难以满足的神经症患者或融合的歇斯底里症患者中）；又或是"失控"加速……

古德曼明确指出，中断时刻限定了"自我功能丧失"的类型。由此，在他看来：

- 我们在兴奋之前可能有融合；

- 兴奋中，内摄；

- 面对环境时，投射；

- 冲突和破坏时，内转；

- 最终接触中，自我中心。

约瑟夫·辛克用长长的一个章节[①]来论述功能障碍可能的发生地，但是他提供了一个不同的划分。

乔治·皮埃雷（Georges Pierret）[②] 则明确了循环中断每一个时刻所特有的"阻抗"类型……但是他并未将这些类型放置于与前述其他作者一样的地方！

归根究底，在我看来这些分类特别像一些"智力游戏"，旨在给予特殊的个体行为一种虚幻的一致性。幸运的是，这些行为轻视所有的概括性理性建构。

事实上，人们能够在循环的不同时刻观察到大部分回避机制的出现（内摄、投射、内转、融合等等）。

为了阐明这一点，我们在这里复述一下古德曼最初的**四个主要阶段**的划分，其优势在于容易记住。他区分了：

- 前接触（pré-contact）；

- 接触中（*contacting*）；

---

① J. Zinker, *Se créer par la Gestalt*, U.S.A., 1977, trad. franç., Montréal, éd. de l'Homme, 1981.

② G. Pierret, *Ma forme quotidienne, une Gestalt-praxis*, Namur, éd. Wesmael-Charlier, 1981.

· 完全接触（［plein contact］*final contact*）；

· 后接触。

在这个循环的每个阶段，自体都按照不同的模式进行功能运作，而兴趣点在变动：一个新的图形——或"格式塔"——从背景中浮现出来，并动员注意力。

（1）**前接触，或者需要或欲望的浮现**，这主要是一个感觉阶段，在这个阶段中，我体内初生的感知或兴奋——通常是面对环境的刺激——将会成为引发我的兴趣的图形。比如说，在看到我所爱的一个人时，我的心因此开始更强烈地跳动。

我的自体主要以本我模式进行功能运作。（"本我发生在我身上①……"）我的心是图形，而我的身体是背景。

（2）**"接触"，或更确切地说"接触中"**（*contacting*）构成一个主动的阶段，在这个阶段中，有机体将直面环境。这里所涉及的并非既定接触，是接触的建立、过程的建立，而不是某种状态的建立。这是将成为图形的欲望客体（或预料的可能性），而身体的兴奋将逐渐地成为背景。通常，这个阶段伴随着某种情绪。

自体以"自我"模式进行功能运作，允许对不同可能性的选择或拒绝，并介入对环境的一种负责任的行动。

在引用的例子中，我将采取一个行动（言语的或身体的）来进入与那个人——我的欲望客体的接触。

（3）**"最终接触"，或更确切地说，"完全接触"**，是一个有机体和环境、我和汝之间的健康融合与未分化的时刻，一个接触边

---

① 原文为法语惯用语 ça m'arrive，ça 在法语里除了有"本我"的意思外，在口语中还表示"这个、那个"，可用作无人称句的主语。——译注

界开放或废除的时刻。行动在此时此地是统一的：感知、情绪和运动之间是和谐的。

自体仍然是以自我模式进行功能运作的，但是这一次，不再是以主动形式，而是以"中间"模式①：同时是主动和被动、主体和客体的。

它在两个身体和主体/客体的边界之间、在自我和他者之间建立了一种"完全接触"，一种互动，一种健康的融合。自体的强度逐渐减小。

（4）**"后接触"**或**"后撤"**是一个同化阶段，促进增长。我"消化"我的体验。

自体以"人格"模式进行功能运作，将体验整合进个人获得的知识中，在每个人特有的历史维度中为此时此地重新定位。它一点点地失去其敏锐度；意识逐渐减弱，主体发现自己可接受另一个行动，格式塔结束，一个循环完成了。人们回到了"零度状态"的交接时刻，回到创造性无极的盈空，从此处将会浮现出新的体验。

接触-后撤的这四个经典阶段可以由下列表格来概括（请横向阅读）：

---

① 古德曼的表述"最终接触"是模糊的。有时候它指的是接触的结束——而实际上正相反，这里涉及的是最后，或终于……接触！因此我偏好"完全接触"这一已经变得常见的说法。但是人们可能会区分字面意义上的接触结束的实际阶段，这个阶段先于后撤-同化阶段：关系"解除"的那个时刻。(v. p. 238)

"最终接触是进行接触的目的，而非其功能性终点，即同化和增长。"（古德曼）

循环阶段	前接触 兴奋	"接触" 接触中	"最终接触" 完全接触	后接触 后撤
自体的 主导功能	本我	自我		人格
自体的 功能运作模式	被动模式	主动模式	中间模式	自体的 逐渐变小
中心"图形"	主体 我（我自己）	客体 汝（你自己）	主体/客体 我们	个人历史中的 总体的个人

©塞尔日·金泽，1985

阻抗（自我功能丧失或回避机制）

在实践中，事物的运转并非那么简单：很多事物是未完成格式塔，是在接触边界上受到扰乱的中断的格式塔，来自主体内部或外部的扰乱，不允许主体自由发挥。

这些防御或回避机制根据其强度、灵活性和干预时刻，在更为一般的情况下，根据其机遇，可以是健康的或病态的。

至于它们的命名，盛行着某种融合（甚至是某种确定的融合）：事实上，好几位作者用不同的词语来给它们下定义——每个人都提出了特别的意涵。

皮尔斯说的是接触边界上的"神经症机制"或"神经症扰乱"——这意味着功能运作的反常……而他自己强调这些机制的经常是正常且必要的那些方面！……

古德曼将这些命名为"自我功能丧失"——自体并非自我，而是一个抽象过程，对于那些并不清楚知道这一点的人来说，这个提法让人联想到的含义更具贬义。

安德烈·雅克用"自我防御"来"表达"——相反地，这有让人联想到自体加强的风险，并且让人想到"防御机制"，尤其是安娜·弗洛伊德分析了这种机制。

波尔斯特夫妇说"阻抗"并长期以来一直强调每一种阻抗（"阻抗-适应"）的两面（正常的和病态的）。"阻抗"这一术语更为经常地得到使用：人们尤其会在好几位法语作者的笔下看到它，如德拉克鲁瓦、卡策夫、莫罗（Moreau）、皮埃雷、萨拉泰（Salathé）……这个词就其简洁性来说用法恰当，但也是模棱两可的，因为在精神分析中，这个词是在不同的意义上使用的。

拉特纳说"自体障碍"（désordres du self）或觉察中的"干扰"（interférence）——其优势在于无须涉及判断：事实上，在某些情况下，这会促使人们有效地中断不成熟的或危险的行动。

玛丽·珀蒂选择的是"回避的神经症机制"。"回避"直接接触，对的！……但是为什么一定是"神经症的"？

……至于我，我在犹豫！……因为这些术语中的任何一个都无法让我完全满意，而我不敢再引入一个，来表达所有僵化的病理性方面，同时又尊重一个原则：在既定情境下每个人都有权选择适合自己的"功能运作系统"。对我来说，"阻抗"这个词也让人想起将能量转化为光的电阻（résistance éléctrique）、让桥梁起支撑作用的材料强度（résistance des matériaux）和维持一个受到侵略国家的同一性的军事抵抗运动（Résistance militaire）……

无论如何，古德曼区分了四种主要"机制"——或"边界事件"——我在前面已经有机会指出过：融合、内摄、投射和内转。他描写了第五种机制，即自我中心，不过其地位有些不同。

其他作者增加了偏转（déflexion）、外转（proflexion）等等——而且这些词看起来更像是前面那些词的组合，而非独创的过程。

确定这些机制——原则上，每一个都意味着一个专门的治疗策略——对格式塔从业人员来说构成一个最重要的担忧。

但是让我们明确指出，首先，格式塔治疗与其他取向不同，目的并非攻击、说服或"超越"阻抗，而更多的是让阻抗更能被意识到，更加适应于那个时刻的情境。因此治疗师经常会试图强调这些阻抗，以便令其更为明显。很清楚的是，这些"阻抗"对于社会心理平衡来说可能是正常而必要的：它们经常是对适应的健康反应。唯有它们的激化，尤其是在不适当时刻的僵化持续才构成固着的神经症行为，盎格鲁-撒克逊人称之为"性格"——在词源上的意义是：以擦不掉的方式"刻下的符号"。

正如我在上文中提及的，好几位作者确认说这些"阻抗"尤其在循环的这个或那个时刻出现，但是在出现次序上他们意见不一！

另外，每个人对它们的次序的描述都是不同的，正如人们在下面的对比表中可以看到的那样：

古德曼	皮尔斯	拉特纳萨拉泰	波尔斯特	玛丽·珀蒂	皮埃雷
融合 内摄 投射 内转 自我中心	内摄 投射 融合 反转	融合 投射 内摄 内转 自我中心	内摄 投射 内转 偏转 融合	投射 偏转 内摄 反转 融合	去敏化 内摄 投射 内转 越轨 贬低 融合

就我来说，我会坚持古德曼选择的次序，这一次序结构严密，并且符合正常的个体发育（儿童发展过程中惯常的出现

顺序）。

1. 融合

这涉及的是非接触情境，是接触边界临时缺失带来的融合。自体无法得到识别。

年幼的孩子与母亲处于正常的融合中（共生），就像情侣之间，但也如成人与其共同体，甚至是所有的人与宇宙之间，只要他们自己觉得和宇宙处于神秘的和谐中（相通或极乐的"海洋一般的"情感）。

融合理论上跟随着后撤，使主体得以重新赢得其接触边界，重新找回其以独特性和差异性为标志的自身的同一性。当这一后撤表现得很困难，融合持久进行时，功能运作可能被定性为病理性的（神经症，甚至精神病）。

我们能在抑制中找到这样的例子，这种抑制禁止打破所有已建立的平衡，禁止实施负责任的行动。我们也在众多夫妻中看到融合，这些夫妻双方中的任何一方都不容许哪怕最小限度的分开活动，那被当作"背叛"。

在社会层面上，融合禁止所有的面质和所有的真实接触（这意味着两个不同的人之间的分化），由此也禁止了所有的社会进步。在某些狂热的崇拜者或宗派信徒身上也能注意到融合，他们与自己的信仰或者宗派相同化，"被包裹进"一个僵化的独断系统中，他们与这个系统合成一体——无论这个系统是宗教的、政治的、方法论的，还是其他方面的。

所有融合的粗暴打断因此导致强烈的焦虑——经常伴随着罪恶感——这可能发展到病理性的代偿失调。

治疗态度尤其在于对自体的边界进行工作，对每个人的"领域"、其特殊性、时间限制和关系的流动性（接触和中断的交替进行）进行工作。这意味着一种信任和足够安全的气氛，允许"融合物"自我解放而无须感到被抛弃或"溶解"。

格式塔的多项经典练习（身体的、言语的或是象征的）有利于对自体同一性的这种肯定：表达身体限制和团体中自身的节奏，寻找自己的特殊位置，通过曼陀罗寻找个人的图示象征再现，与同伴的身体"面质"，等等。

正是为了揭示出融合，皮尔斯拟定了著名的**"格式塔祈祷文"**——这个文本引发了很多评论和对他的大量批评，而批评来自那些无法看清祈祷文精神实质的人。

> 我做我的事，你做你的事。
>
> 我在这个世界上不是为了满足你的期待，
>
> 你在这个世界上亦非为了满足我的期待。
>
> 你是你，我是我，
>
> 如果我们偶然发现彼此，那很美好。
>
> 如果没有，那也没办法！①

2. 内摄

它同时构成了儿童教育和生长的基础：只有通过同化外部世界，某些事物、某些思想、某些原则……我们才能够生长。

但是如果人们满足于吞下这些外部元素而不咀嚼，那么它们将未经"消化"，它们像外来的寄生体一样留在我们身体里。

所有的同化都开始于一个解构、结构破坏的过程：

---

① 作者自译（S.G.）。最后一行在近来美国的"引文"中经常被省略（"审查"）。

> 我们咀嚼苹果，然后吞下；
> 我们批评一种思想，然后采纳。

病理性内摄旨在"囫囵吞下"思想、习惯或原则，而不费心力去转化以便同化它们。

例如，在犹太-基督教传统教育中，这可能涉及我们童年所有不加选择、不加同化地被动吸收的"必须……，你应该……"。让我们回想一下，皮尔斯的一本书《自我、饥饿与攻击》强调了所有同化都必不可少的攻击性一面。人们记得，尤其是口头攻击——与肛门攻击相对立——这个主题导致他与弗洛伊德的决裂。对皮尔斯来说，就像对诺贝尔生理学或化学奖得主、动物行为学家康拉德·洛伦茨（Konrad Lorenz）来说，攻击性是一种积极的本能[1]，对自然选择和物种生存是必要的。

民族文化智慧的保管者词源学再一次地走到了学者之前，因为它让我们想到攻击（源自 *ad-gressere*："走向他者，在他者之前"）是一种前进（[*pro-gression*]"走向前方"），与后退（[*ré-gression*]走向后方）和违反（[*trans-gression*]"跨越行走"）相对立。

由此而回到内摄上，在格式塔中人们明确寻求发展来访者的独立（自体支持）、其责任、其自信[2]，并且人们因此而力图驱逐内摄中所有的虚幻庇护……包括内摄格式塔自身的原则，比如说："必须自由表达所有的情绪。"或者，难以捉摸地显得更为矛

---

① 参见 K. Lorenz, *L'agression, une histoire naturelle du mal*, Autriche, 1963, trad. franç., Paris, Flammarion, 1969.

② 自信：肯定自己正当的价值观，自在地表达自己的观点，不带焦虑地表现自己的兴趣，同时并不否认他人的价值观、观点和兴趣，这样的人的态度即自信。

盾："永远不能说'必须'！……"关于这个主题①，克劳迪奥·
纳兰霍提及乔·怀桑（Joe Wysong）的一句俏皮话："弗里茨曾
作为自己而帮助其他人——而正如经常发生的那样，他的某些弟
子不是以他为榜样，做他们自己，而是……成为弗里茨！"

这里是其他一些常见的内摄例子——值得冷静地"咀嚼"一
下（！）：

- "必须爱并尊敬父母。"
- "必须'杀死'父母，以便成长……"
- "必须总是对配偶说真话。"
- "永远不得不必要地让配偶受苦……"
- "必须知道为了孩子而放弃自我。"
- "尤其必须自己是快乐而满足的，以便给孩子一个快乐的
  榜样"……②
- "要自发。"
- "不要相信我所说的。"（*double-bind* 的经典例子）

3. 投射

皮尔斯将其定义为内摄的反面：

"内摄是让自体为实际上属于环境一部分的东西负责的

---

① 在他于第三届格式塔治疗国际大会的开幕报告中（3ᵉ Conférence interna-
tionale de Gestalt, Baltimore, 1981, in *The Gestalt Journal*, Vol. V.,
N° 1, Printemps 1982）。
② 按照贝特森的观点，悖论性处方的内摄（*double-bind* 或双重束缚）可能是
某些精神病的根源。

　　　　倾向，而投射则是赋予环境为根源于自体的东西负责的
　　　　倾向。"①

换言之，在内摄中，自体为外部世界所占据，而在投射中正相
反，自体"外溢"，侵占了外部世界。

　　投射是所有心理学家都很熟悉的一种机制，一种多疑、具有
被害妄想的偏执狂患者的最高机制，这些患者责怪他的整个环境
的攻击，而这一攻击正是他自己投射至其他人的："我很清楚，
你们怨恨我……"，"我白费力气，解释给你们听，我知道你们不
听我的……"，等等。

　　然而，健康的投射仍然是必不可少的：正是投射使我可以进
行接触并理解他人。事实上，我只有通过或多或少地将我自己放
在他者的位置上，才能理解他者的感受。在某种程度上，共情从
投射中吸取养分。至于我的与未来相关的展望，这也是一些我对
自己的想象的投射。对于那些与自己的作品或人物……相同化的
画家、雕塑家、作家来说，滋养他们的艺术创造的仍然是投射。

　　只有当投射是系统的，成为一种习惯性的、刻板的防御机
制，与其他人实际的现实行为无关时，它才能被定义为病理性
的。这通常通过将他人的行为以概括的字眼任意地重新组合表现
出来："你们不听我的……""人们从来都不理解我……"——而
非："我认为你现在没有很好地理解我。"或者："人们从来不能
信任任何人……"——而非："我觉得这一次你想欺骗我。"

　　由此，在投射中"外部世界变成斗争场，主体的内在冲突在

----

①　Perls, *The Gestalt Approach*, Palo Alto, 1973. (S.G.自译)

这个场中对峙"①。

因此，这里所涉及的仍然是自体的亦即边界接触的一种扰乱，因为人们将实际上发生于我们自己内部的事情归因于他人："我很清楚你们很累了。"教师对他的学生这样说道，其实他自己累坏了……

团体工作对**治疗干预**帮助很大。事实上，将当事人的立场与团体其他成员的立场相互"对照"因此是有可能的：由此，当一个人宣称"我真的觉得你们厌烦了"或者"你们都拒绝我，因为我是同性恋者"时，让他明确指出是团体中的谁表达了这样一种情感，并且他是根据哪一种明确迹象而下此"判断"的，这将具有澄清作用。

多亏了各次格式塔治疗期间所确立的惯有的真实性，很少出现团体成员欺骗和过度保护另一个参与者的情况。实践中，常见的情况是观察到"保护者"的惊讶，最终他会说："好吧！对的！实际上对于我所设想的，我什么客观的迹象都没有发现：这应该是我自己脑子里想的！"……

一些角色改变的心理剧游戏（"单人剧"或"单人治疗"）经常也能够带来这种觉察。

在个体治疗中，某些投射机制会导致移情，这种移情给治疗师带来他所不熟悉的各种品质，赋予他假想的知识或想象的权利，治疗师在此时此地会遭遇这样的人际关系现实。

当然，移情机制仍然是常见而必要的，但是这些机制不是人维持的或培养的——如精神分析中的"移情神经症"那样——治疗师将幻想和实际可感知的情境进行对照，逐步地将移情的表现

---

① Perls, *The Gestalt Approach*, op. cit.

驱逐出去。①

4. 内转

内转旨在让动员起来的能量转向而对准自身，对自己做人们想对他人做的事（例如：为了不攻击，我咬自己的嘴唇或者我咬紧牙关），又或者对自己做我们想要他人对我们做的事（例如：我自我吹嘘）。皮尔斯因而总结了下列不同行为：

・内摄者做他人希望他做的事；

・投射者对其他人做他责备他们对他做的事；

・忍受病理性融合痛苦的人不知道谁对谁做什么；

・而内转者对自己做他想对别人做的事。

因此，内转可能是与前述三种阻抗形式的每一个依次对立的：

・在融合中，接触边界遭到废除；

・在内摄中，外部世界侵占了我；

・在投射中，我侵占了外部世界；

・在内转中，我侵占了我自己的外部世界。

例如：

・"我们疯狂地相爱"是一种融合；

・"必须爱自己的伴侣并只能爱他"是一种内摄；

・"没有人爱我"是（一般而言！）一种投射；

・"我爱自己"表现了一种内转。

当然，健康的内转是必要的，它标志着社会教育、成熟和自我控制：我不允许自己以自发的甚至"粗野的"方式表达，也不允许自己表达我所有的攻击倾向、我所有的色情欲望，为此社会

---

① 见下一章关于"治疗关系和移情"的内容。

教给我"良好的举止",以及克制我的愤怒或欲望的罪恶的情感,我会部分地"吞下"这些情感。皮尔斯将罪恶定义为一种未得到表达和投射的愤怒(怨恨),但是从我的角度出发,我认为它更多地涉及一种内转的不满。

正如其他的每一种"阻抗",只有当内转是长期的或过时的时候,它才会变成病理性的,并且导致对冲动的受虐式持久抑制,或者正相反,对自恋式满足的激化。

我们经常遇到这样一些母亲,为了孩子全身心地奉献自己,一点都不让自己休息或娱乐——而他们的孩子有一天还会责备,因为他们模糊地知道:

> "为了我们所爱的人,我们还能够做的事仍然是让自己快乐。"(阿兰)[1]

表现并分享自己的快乐,而非炫耀自己牺牲,与传统的"快乐的权利"相比,这难道不是一项更值得尊重的利他的"快乐责任"吗?

内转经常演出人格两个部分之间不停的内在冲突,皮尔斯将此命名为"上位狗"([Top Dog] 通常翻译成"首领"[Grand chef])——我的卫士责任,以及"下位狗"([Under Dog] 通常翻译成"伙计"[sous-fifre])——我的快乐保证。[2]

---

[1] E. Alain, *Propos sur le Bonheur*, Paris, 1925.

[2] 上位狗是狗拉雪橇犬的领头,即"带领者";这实际上涉及英语中的两个常用的通俗表达,特别是游戏和运动中在"获胜者"和"失败者"(或"被压制者")这个意义上使用。"看门狗"(chien de garde)和"流浪狗"(chien de rue)这样的"半字面"翻译(卡策夫)并未表达出这两个术语的通常含义。这两个词经常被拿来与精神分析**超我**和**本我**或者沟通分析里的**父母**和**儿童**进行对比。

对于弗洛伊德来说，现实性原则必须优先于快乐原则，而对皮尔斯来说，现实的是快乐原则：任何建设性的东西都无法在焦虑、挫败或牺牲之中得到设想。这是对**内在小孩**（*Enfant en nous*）的平反，他不再是一个潜在的"邪恶的多形体"（pervers polymorphe），而是自发并富有创造性的**生命冲动**（*élan vital*）之源。

长期的内转将尤其是各种躯体化（*somatisatitons*）的根源：为了努力控制我的愤怒或怨恨，我让自己胃痉挛，甚至溃疡。人们知道**拉博里**（Laborit）关于**行动抑制**（*inhibition de l'action*）[1]的研究，以及西蒙东夫妇[2]对癌症的研究，据统计，受到过度控制的人中罹患癌症的比例相当之大，这些人几乎不明确地表露情绪——无论是"负面的"（生气、悲伤……），还是"正面的"（喜悦、兴奋……）——因此压力累积，耗尽其免疫机制的资源。

因此**治疗**在于总体上鼓励情绪表达，若不成功，则在于放大这些情绪，直至释放的宣泄，这可能借助了象征性"过渡客体"，代表所爱或所恨的父亲——或伴侣——这样人们就可以以最强烈的方式向其表达自己的情感。

这样的场景在格式塔中经常发生，使从未表达出来的顽固的愤怒或怨恨得以释放（例如，对已去世父母一方的遭到禁止的愤怒，对他的感受是犯了"抛弃罪"），或者相反，遭到压抑的乱伦力比多吸引力，通过内转引发强烈的罪恶感，经常伴随着性障碍（性冷淡等）。

---

[1] 见第十章。
[2] C. & S. Simonton, *Guérir envers et contre tout*, Paris, l'Epi, 1982.（已引）

好几位作者还列举了其他不同的被称为"阻抗"的行为，如下文所述。

5. 偏转①或偏差

偏转或偏差（波尔斯特）可通过让能量自原来的客体转移来避免直接接触。这是一种逃跑态度、一种回避态度，是分散注意力的无意识手段。

这里再一次地，某些迂回可能是有效适应的策略（参考危机时期的政治"手段"，目的在于转移公众注意力），不过系统而不恰当的偏转禁止完全的真正接触，在边缘型个案（cas limite）中，甚至会引发精神病：主体从不融入情境，他总是"在旁边"说别的事，或者行动独立于外部环境。

6. 外转

外转（西尔维娅·克罗克 [Sylvia Crocker]），可能是投射和内转的组合：让他人做我们希望他人对我们做的事。例如，我充满赞美地评价他人的服装，为了让他们对我的服装感兴趣……又或者"跟我说，我有一些事要告诉你"（[*Parle-moi, j'ai des choses à te dire*] 雅克·萨洛梅 [Jacques Salomé] 一本书的题目）。

人们可以这样清点出回避或阻抗行为的其他形式、其他细小差别或组合，在我看来，实践中的益处有限。

---

① 并非 déflection，就像好几位同行所顽固地拼写的那样。这个词派生自一个切切实实的法语单词：flexion，就像 réflexion！（"偏转"法语原文的正确拼写为 déflexion。——译注）

我觉得那四个主要阻抗已经足够常见了，能够说明大量的治疗干预，这并非为了禁止它们，而是为了更加清醒地认识它们，并因此使得对它们的可能的使用更有分寸。

因此，宣称使用"自体理论"的治疗师不停地提出三种问题：

- 被激活的自体功能实际上是哪一个？
- 如何？也就是说自我功能丧失或者阻抗的可能的类型是什么？
- 何时？也就是说处于接触-后撤循环的哪一个阶段？

还剩下一种有些特殊的"阻抗"，古德曼称为"自我中心"（没有更好的术语）。

但是，首先这里有一个我个人的图表，展示了提到的这些主要机制：

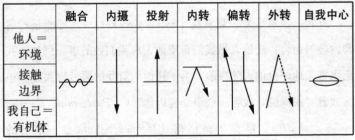

	融合	内摄	投射	内转	偏转	外转	自我中心
他人＝环境							
接触边界							
我自己＝有机体							

©塞尔日·金泽，1985

7. 自我中心主义

这里涉及接触边界的有意强化：来访者拼命抓住他的已知自我（"我是法国人"，"我是天主教徒"，等等），他带着骄傲和自我的膨胀培育已知自我，而且通过各种治疗尤其是格式塔治疗，这种膨胀自愿地得到发展。事实上，所有治疗中的来访者都对自己和自身的问题很感兴趣，投入很长时间自我观察，自我讲述或让自己演出，创造体验，为自己的发展和更好的自己牺牲时间与金钱：实际上这是一个自我中心主义（*égotisme*/*égocentrise*）的时期……治疗中的来访者的家庭对此并非没有抱怨！

格式塔治疗特别看重每个人的责任感。责任与某些规范性社会内摄进行斗争，限制某些控制——被视为内转——揭露融合并因此而打断依然保持的脆弱的旧平衡。

因此，在治疗过程中，来访者更有兴趣的是自己而非亲友或环境，尤其是，他给予自己长期压抑的满足，这并不反常。

此外，由于感到通过有意的行动而获得了更多的自主，他乐于对自己感到满意，并且可能在气人的自恋中自我满足：

　　——"现在再也不让别人打断我的话了：我在团队里（或夫妻中）找到我自己的位置，我再也不让别人操纵我了……"

　　——"我意识到压抑我的性欲望让我不快乐，最终我因此而怨恨我的伴侣。现在我允许自己满足需要，我觉得自己放松和自在多了……"……不过并不总是伴侣！

这里我们看到与"皮尔斯祈祷文"说法经常是相反的批评，以如下形式夸张地表达："你想做啥就做啥，其他人活该！"

事实上，一个"自恋性复原"（*récupération narcissique*）句子在治疗中看起来是必要的：甚至它很有可能是个重要的动力元素，以便来访者为自己负责并获得自足（[auto-suffisance] *self-support*）。

在某种程度上，自我中心因此可能与正统精神分析的必要通道即"移情神经症"（*névrose de transfert*）相类似。正如后者，自我中心也是有意——临时地——培育的，其形式是自我的过度膨胀，以及对"接触边界"上其自身的"创造性调整"过程不中断的觉察。

这里我们与我们的同事、朋友诺埃尔·萨拉泰观点一致，他将这种"阻抗"作为治疗工具来使用。但是当这些临时治疗手段"放回"配件库时，不能认为治疗结束了。尤其是在如下情况下：

- 在精神分析中，当移情神经症"了结了"，来访者已经走出对治疗的过度依赖时；
- 在格式塔中，当自我中心解体，来访者不再以一种过度独立于治疗师或其他亲友的态度而自我满足，用罗比纳的话①来说，他离开一种自我学（*égologie*）而回到了一种生态学（［*écologie*］在贝特森意义上）。

必须依次浏览一遍所有人的道路的四个经典阶段：

- 儿童对其家庭依恋中的正常依赖；
- 青少年具有攻击性的反依赖；
- 成年人或多或少自私（或"自负"）的独立，通过艰难的逐步摆脱而获得；
- 成熟的独立，觉察到对社会和宇宙环境的根本依恋。

---

① Jean-Marie Robine, « Quel avenir pour la Gestalt-thérapie? », communication aux Journées nationales d'étude de la SFG (Grenoble, déc. 1985), in *La Gestalt et ses différents champs d'application*, Paris, SFG, 1986.

接触循环的主要阶段 依据几位作者			
阶段数量	图示	作者	评论
3	接触 2 浮现 1　3 后撤 同化	诺埃尔·萨拉泰 1987	（根据史密斯［Smith］循环） "接触"阶段自身可细分为三个阶段： 2a. 觉察（兴奋＋情绪） 2b. 定位（行动＋互动） 2c. 完成（满足）
4	前接触　接触中　完全接触　后接触 1　2　3　4	保罗·古德曼 1951	（见上文的详细描述：第228—231页） 注：古德曼并未提供图示，因此这是我对他描述的个人改写。
5	2.介入　4.脱离 3.接触 1.前接触　5.同化	塞尔日·金泽 1989	两个关键时刻的重要性，正是在这两个时刻结成了最重要的东西。 （在一次治疗中，在一个关系中，在生活中） · 介入 · 脱离 （见圆周率符号的象征性）
6	3　4 2　5 1　6	约瑟夫·辛克 1977	（根据古德曼的循环） 细节见《格式塔治疗中的创造性过程》[①] 1. 感觉 2. 觉察 3. 能量动员 4. 行动 5. 接触 6. 后撤

---

① 辛克的代表作之一，出版于 1977 年，英文原书名为 *Creative Process in Gestalt Therapy*，法译本书名为 *Se créer par la Gestalt*。——译注

接触循环的主要阶段 依据几位作者			
阶段 数量	图示	作者	评论
7		米歇尔· 卡策夫 1978	（根据辛克的循环） 1. 感觉 2. 觉察 3. 能量化 4. 行动 5. 接触 6. 实现（卡策夫所加） 7. 后撤

©塞尔日·金泽，1991

我发现——在使用时——古德曼循环的四个传统阶段并没有足够强调两个关键时刻的重要性，这两个时刻是所有治疗干预中微妙的本质性时刻：接触的本义上的开始时刻和结束时刻，即介入和脱离。

足够时间的前接触使需要、欲望、设想得以浮现，大部分格式塔学者已经充分论述了其必要性。

相反地，接触中时刻的重要性经常被低估：在这个关键时刻，行动"形成"，治疗中的人们着手处理工作的一条路径，着手处理一个关系、一个决定或一个设想。事实上，这种**介入**并非总是在完全的觉察中进行的，并不总是意味着能量动员：有时，它是一种直觉或逐渐的"滑动"——或相反——一个"摇摆的"情境的成果……这个危急时刻的定位和治疗利用在我看来是至关重要的。

另一个重要时刻是"**脱离**"时刻：在这个时刻，情境以这种或那种方式"松开了"。在本义上的后撤阶段之前，在多少有些长的体验的同化（无意识的和有意识的）时期之前，存在结束这一关键时期：停止、分离、终结。决裂或觉察的这些重要时刻设定了生命的方向：是人们将离开治疗师或结束一种关系的时刻，但也是"关闭格式塔"或认识到一种长期化态度的浮夸的时刻……人们不再处于"完全接触"中，却也还未处于"后撤-同化"中：人们处于脱离的关键一刻。在日常生活和治疗实践中，这经常涉及一个困难的、"协商"不佳的时刻，无谓地被延迟或不合时宜地被加速。所有循环的这个重要阶段，在格式塔理论化中仍然遭到忽视，通常却构成了新手治疗师的绊脚石——他们不知道何时结束一次治疗……或全部治疗。

　　曲线的形状让人想起圆周率符号——对我来说它象征着从直径到圆、从直线到圈、从构想到完成的转变。

第十章
格式塔中的治疗关系
移情与反移情

词源小考

　　格式塔治疗是一种心理治疗——甚或，它只是一种心理治疗吗？某些格式塔学者强调这一点，并因此坚持要人们称他们为格式塔治疗师，而不是格式塔从业者①或格式塔学者——尽管人们说"精神分析师"或"心理剧家"……包括我在内的其他人，与皮尔斯一样，认为这将使一种如此丰富的取向仅仅限制在"病人"中使用——他们还以有意的煽动性模式谈及"给正常人的治疗"……

　　但是，说实在的，一种治疗只是针对"病人"吗？

---

① 《罗贝尔》词典明确指出，"从业者"（praticien）指的是"了解一门艺术或一种技术的人"，艺术或技术这里就是：**格式塔治疗**（参见"心理治疗从业者全国工会"[Syndicat National des *Praticiens* en Psychothérapie]或"关系心理治疗和精神分析从业者全国工会"[S.N.P.Psy.]）。对我们来说，"从业者"这一术语比"格式塔治疗师"含义更广。它还包括了那些在治疗本身之外的其他领域从业的人：比如说，那些在机构或企业中应用格式塔治疗的人。

那么有关治疗义务对未来的治疗师有什么需要说的？要成为治疗师必须是"病人"吗？……

什么是"**治疗**"？……什么是"**病人**"？……

让我们考察一下词源（étymologie）——这个词本来即来源于 *étymos*："真实"。因此这里涉及一个词的真正含义，正如我们过于经常相信的，涉及其唯一的历史起源。

・*thérapia*，在希腊语中的意思是宗教照料、众神崇拜。

衍生：对父母的尊敬、细心照料。

衍生：对身体的照料、装饰。

衍生：医疗照顾、治疗。

・*thérapeutris*，修女（［religieuse］来自 *religare*，即联系［relier］），也就说，调解者，任务是维持人与神、天国与尘世、物质与精神之间的良好关系。①

・*thérapeuticos*，照料神或导师的人（不是导师给他们治疗），也就是说忠实、热情并乐于助人的仆人，朝臣或者奴隶。

至于我的个人定位，我可能会顺便承认一点，即这一研究让我放心……因为：

"塞尔日"（*Serge*）的意思是"仆人"（*le serviteur*）——因此是"治疗师"（！）；他是"观察"和监视的人。

"金泽"（*serviteur*）尤其指"推动者"（这一次是英语！），来自 *ginger*："姜"，调味品的典型②。比喻义：动力、能量、

---

① 至于治疗师的派别，这是一个与基督耶稣同时代的犹太隐修士团体，在亚历山大（埃及），他们致力于对摩西五经的寓意注释。因此他们也是调解者。

② 姜，著名的催情香料，也象征相反两级的综合：它既是甜的又是辛辣的，既是柔和的又是灼热的，并因此而将温柔和激情之火联合起来。人们在它的两个英语派生词中能够找到这一主题，这两个词外形相近，意义却相反：*gingery* ＝暴躁、易怒的方式；*gingerly* ＝温柔地，细致地，小心翼翼地。

活力。

这带来以下含义，如：

· *to ginger* (*up*)：用香料提味，加辣椒，刺激，使活跃；

· *a ginger group*：（政治中的）一群活动分子、活跃分子或压力团体；

· *a gingerman*：推动者；

等等。

治疗师的语义场将我们带到"仆人"一词，让我们快速看一眼这个词的词源。

"仆人"（*serviteur*）来自印欧词根 *swer*、*ser* 或 *wer*——其意义为"**注意**""**关注**"……这里我回到了"觉察"，格式塔学者的根本态度！

servus，仆人或者奴隶，任务是"观察"，也就是说"关心"……

最后我们提一下同一语系的堂兄弟："守卫"（*garder*）——法兰克语（法兰克人的语言，源于日耳曼语）的 *wardon*；"治愈"（*guérir*）——法兰克语的 *warjan*。

因此，"**治疗**""**治愈**"这两个词都**与疾病无关**，而是与服务、与警惕、与**觉察**相关（证明完毕！）。

因此"治疗师"不是对他人拥有权力的人，他在他人的权力掌控之下，是他人的仆人。

这里我们远离了"全能"治疗师的医学神话和辅助医疗神话，认为他们有生死予夺权；也远离了受庇护的（被监禁的?）治疗师神话，他们躲在牢牢固定的知识"护栏"之后，"被假定为懂得"。我们更接近格式塔治疗师，他们"被假定为不知道"（!），陪伴来访者在其体验中去经历冒险。来访者是唯一一为自己负责的人，其体验是独特而不可化约、原子而多义的，也就是说并不顺从于既定的一般法则，并且能够在那个时刻的特殊格式塔中，按照来访者自身的解读，领会多种多样的含义——并非互相排斥的。

但是，"**来访者**"究竟是什么意思呢？

· "**来访者**"在古罗马人那里，是受到强大保护主庇护的公民，由此衍生：求助于某个人服务的人，通过酬劳；

· "**病人**"是受苦的人，被动地容忍或忍受干预的人（这是为什么我在格式塔中避免使用这个术语，在格式塔中，"来访者"从不是被动的）；

· "**主体**"（« *sub-jectus* »）同样是"置于下面"、"屈服"、从属的人（顺便说一下，由此来看，从词源来看，它比"客体"［*ob-jet*］更为低下，客体是"置于前面""被展示的"!）。

最后，在面对下列说法时，格式塔学者可能觉得更为合适：

· "**搭档**"：我们与之联合的人，我们和他一起交谈，或者与他建立一种关系？

· "**主角**"：在某项事务中扮演首要角色的主要演员（治疗师不过是"第二主角"［deutéragoniste］，那个演次要角色的人!）？

受控卷入

……当然不是的！没有第一或第二，没有分类也没有区分！治疗师及其来访者是两个介入一种真实二人关系的"搭档"，即便他们的地位和角色不同，而格式塔治疗的特征正在于此。

格式塔治疗师并不退隐于自己的领域，隔绝在一片凝固的沉默中，在他的城堡的庇护下不可接近，这个城堡内部布满书架——是博学的，同样也是隐蔽的……

他也不暴露于所有的风中，在高质量的共情中，被迫具有对来访者的"积极而无条件的考虑"——无论来访者是谁，无论他做什么……

他更不是医疗急救中心的消防员①，在紧急情况下注入虚弱的能量，或给昏厥的人提供他的氧气瓶。

格式塔治疗师并不试图理解症状，并在这样做的同时维持和合理化这些症状。他并不谋求消灭症状，同样，他不打算忽略症状。他觉得自己准备好了，可以与来访者一起探索，在同情的关系中，一起分享这一双人冒险——皮尔斯以多少有些夸张的方式将此与他所称的罗杰斯式共情或精神分析式冷漠相对立。

——卡尔·罗杰斯的"非直接"取向鼓吹共情：治疗师觉得自己在情绪上接近来访者，秉持"无条件接受"的态度；治疗是"以来访者为中心的"。

——精神分析建议的是"仁慈的中立"态度，治疗师在情绪上与来访者保持距离，尊重"节制原则"，这维持着一种有目的的挫败，以促进移情机制。皮尔斯将这种有保留的态度定性为"被动挫败（因其不回应）＋冷漠"，将其与"主动挫败＋同情"相对立，后者有鼓动和建构动员性"呼吁"的作用（来自 *pro-vocare*："向……呼吁"）。例如："我意识到，五分钟前开始，我不再听你说了什么……"

——因此格式塔治疗鼓励同情：治疗师在与来访者的现实

---

① 法国的消防员也参与急救。——译注

"我/汝"关系中作为个人而在场。他激发来访者对自己与环境（这里是治疗师）相互关系的觉察，并有意地探索作为治疗动力的自身的反移情。

因此，他对自己的搭档感兴趣，他"以来访者为中心"——但是人们完全可以说他是"以自己为中心"，关注他个人在这一刻面对来访者的个人感受，并且毫不犹豫地与其有意识地分享自己的部分感受。[①]

矛盾的是，格式塔学者经常鼓动来访者以第一人称交谈，自己却从不这样做！他并不中立，而是介入，带着选择的真实性，一种受控卷入。

> 干预，并且是"积极的"，但不是"直接的"！

他做出回应并促使行动，也就是说他互动，但确定工作方向的并不是他。就像登山向导或洞穴向导，他听命于来访者，在路程中陪伴他，后者自己决定路线。不是他即治疗师着手进行（*get out of the way*：从道路上退出，古德曼提醒道），但是他并非被动地接受任何东西。

简言之，他的角色就是允许和促进，而非理解或做：既非领先于来访者，亦非限制来访者，而是陪伴来访者，同时保留自身的相异性。

---

① 正因此，皮尔斯直接指导的学生亚伯拉罕·列维茨基（Abraham Levitzky）改写罗杰斯的话，俏皮地宣称："格式塔治疗是一种'以治疗师为中心'的治疗！"人们可以在下列著作中读到这方面的一些例子——有时是夸张的——Jean Ambrosi, *La Gestalt-thérapie revisitée*, Toulouse, Privat, 1984。

催化师

他并非"分析-师"（*ana-lyste*），解剖情境，以追溯至其起源（来自希腊语 *ana*：从低到高，反向），而是**"催化师"**（*cata-lyste*）——如果我斗胆用这个新词的话——（来自 *cata*：从高到低，从表面到深处），部分符合化学催化剂五个经典的主要特性：

· 他通过其在场加速并放大反应；

· 他通过很低剂量的干预来行动；

· 他不取代内在平衡，而仅仅是让更快达到平衡成为可能；

· 他的权力极大地与其自身身体状态相关联；

当反应结束时，他自身未发生任何改变。此处，"未发生任何改变"要从词源意义上去理解：他并非变成"另外一个人"，相反地，因为互动，他变得更加是自己，擦拭一新，得以显露。如果他"变形"（trans-formé），那么他并未"毁形"（dé-formé）：更确切地说，他找到了一种"更好的形式"、一个有力的"图形"、一个好的"格式塔"——就像他的搭档那样。

最后，这个催化师不能自我描绘，至少不比来访者更容易做到：他们所有的行动都与二者之间的相互干扰有关，而且治疗师的觉察不是孤立地对搭档中的一方或另一方的觉察，而是对分离并联合他们的"过渡空间"的觉察，是对他们处于网络之中的互动的觉察，发生于五个层级：身体、情绪、智识、社会和心灵（或"超个人的"），其取向是系统的，看重整体："处于其周围和总体环境中的治疗师与来访者"。

移情

如果互动是真实、相互的，那么格式塔中的移情的问题——如此经常地引起争议——在哪里？

首先，一旦我们使用一个脱离其惯常语境的术语，就最好谨慎一些："移情"在精神分析中具有非常特殊的含义，将其运用于所有谈话则很有可能是一种滥用……甚至在大众语言中：

——"我女儿对她的老师有严重的移情……"

而且，这一术语过于经常地被简化成其积极的一面，人们很少谈及"我的儿子对交警的负面移情"！……

格式塔理论足够强调了一个事实，即"整体不同于部分之和"——整体的每个部分只有相对于整体才具有意义——谨慎起见，当人们在明显不同的语境中使用这一精神分析术语时！

关于这一点，让我们回想一下，一般而言，精神分析并不自我表现为一种心理治疗：正相反，很多精神分析师乐于强调说，治疗的目标不是精神分析的直接目的，并明确地将精神分析和心理治疗相对立——而公众正相反，仍然经常将两个术语相混淆，有时甚至认为所有的心理治疗都是"精神分析的一种"！

让我们再次到拉普朗什和蓬塔利不可回避的《精神分析词汇》里去寻找评判。

广义上，心理治疗是所有使用心理学手段治疗精神或躯体障碍的方法，更确切地说，是治疗师和病人的关系；……在这个意义上，精神分析是心理治疗的一种形式。

狭义上，精神分析经常与各种形式的心理治疗相对立，这是出于一系列的原因，尤其是：无意识冲突阐释的主要功能、以解决移情为目的的移情分析。

正因如此，塞尔日·勒博维奇（［Serge Lebovici］1967—1973 年任国际精神分析协会副主席，1973—1977 年任主席）哀叹道：

> "在法国，在各种事项目前的状态下，看起来未来的精神分析师不可能不从事心理治疗。人们或许能够希望，候选人不再过早地从事心理治疗" ［……］ "不能够与精神分析的退化的练习相混淆"。但正因这一点，这是一个虚幻的希望。[1]

另一位有名的精神分析师吕西安·伊斯拉埃尔（Lucien Israël）则强调，阐述

> "心理治疗，不将其当作精神分析的简化版本，所有人都能用得起，而是当作对精神分析的超越，以便将其应用至新的场中"，而且他借此揭露 "在极权的恐怖主义和偶像崇拜的神学之间摇摆" 的精神分析的 "理论主义"，以及 "精神分析师对心理治疗师的普遍指责趋势"。[2]

尽管如此，所有的作者都一致强调相遇，以及来访者及其治

---

① S. Lebovici, « La formation des psychothérapeutes », in *Nouvelles tendances en psychothérapie*, sous la direction de Pichot & Samuel-Lajeunesse, Paris, Masson, 1983.

② L. Israël, *Initiation à la Psychiatrie*, Paris, Masson, 1984.

疗师所建立的关系的中心位置：“不存在没有相遇的心理治疗。”——伊斯拉埃尔说道——而且他甚至补充说道：“心理治疗的能力与相遇的能力相互叠加。”

让我们明确一点，即在所有的心理治疗中，这一相遇的目的都不在于改变事物或事件，而在于来访者对事实、对事实的相互联系和可能的多重意义的内部感知。很清楚，治疗师的干预力图改变的并非外部情境，而是来访者所具有的个人体验。

但是对既定情境的这样一种新的感知并不一定意味着移情机制假设。在1958年的一篇文章中，人本主义运动的创始人之一罗洛·梅这样描述他的立场：

> “实际上到来的，并不是神经症患者将他对母亲或父亲的情感‘转移’至妻子或治疗师身上。我们不如说，在某些领域，神经症从来没有超越幼儿典型体验的某些狭隘而有限的模式。因此，此后他通过同样的变形而有限的‘透镜’感知妻子或治疗师，过去他通过这些透镜感知父母。这个问题必须以感知的语言通过与世界的关系模式来理解。可分离的情感从一个客体转移到另一个客体，这个意义上的移情概念因此而无效。”

随后他继续说道：

> “对于存在主义治疗来说，‘移情’位于一个事件的新背景中，这个背景产生于两个人之间的真实关系。一次治疗中病人对治疗师所做的几乎所有的事情都包含一个移情元素。但是任何事都不‘仅仅是移情的’，都不是可对病人精确解

释的。这样的移情概念经常作为可接受的**投射屏**而使用，在这个投射屏后面，治疗师和病人互相躲藏，以回避比直接面质更令人焦虑的情境。"①

总而言之，过去的踪迹当然未被否认，但是只有当它作为它自己，在今天、在当下显示出来，被这个时刻的情境、被处于关系中的各个人物的特定立场所塑造时，我们才对它感兴趣。

"当然过去起作用，但作为过去，它以某种方式溶解了：它被吸收进当下的体验中。"（马克斯·帕热斯）②

这就是为什么心理治疗工作的目的不仅仅在于让埋藏的回忆重现天日（为什么），还要让当下关系的偶然和扭曲重新定位（怎么样）。来访者经常聚焦于其话语或行动的内容，而格式塔治疗师对形式、对进行中的过程更感兴趣：因此人们在二者之间注意到图形和背景的颠倒——让-玛丽·罗比纳③用图表这样表示：

	对于来访者	对于治疗师
"图形"	内容 什么 为什么	形式、过程 怎么样 为了什么
"背景"	形式、过程 怎么样	内容 什么、为什么

皮尔斯（正如罗杰斯）集中关注当前关系的此时此地，采纳

① R. May, *Contributions of Existential Psychotherapy in Existence*, New York, Basic Books, 1958.
② M. Pagès, *L'Orientation non-directive en psychothérapie et en psychologie sociale*, Paris, éd. Dunod, 1965.
③ 见 1986 年 5 月在巴黎格式塔学校的报告。

一个极端的、与精神分析某些夸张形式显然相反的立场，他甚至走向了对移情机制的频繁性和重要性的否认。今天大多数格式塔学者不再持有这一观点：他们不再质疑现实甚至是完整倾向，以及移情现象，而是对他们有意利用的适当性提出疑问——而且充满分歧。因此争论很清楚地在于治疗**策略**的选择。

> 这并非因为我决定介入一条我不知道的路径，所以我忽视其他道路的存在①，而是因为我选择了这条在我看来目前最具"可操作性"、对来访者来说束缚最少的路径。

移情神经症

"移情神经症"的刻意发展，传统精神分析治疗的中心元素，不得与自发而不可避免的——不可或缺的——移情现象相混淆。然而，当人们脱离精神分析语境来谈论"移情"②时，有时候就混淆了这两个概念。

有关这一点，让我们重读萨沙·纳赫特的几段话③：

---

① 这个观点同样涉及移情的利用，以及无意识的口头解码或对阐释的求助：这些不同观念没有遭到否认，而是被刻意地留在后景中。

② 英语有两个不同的术语："转移"（transfer）和"移情"（transference）。后者更多的是特别为精神分析保留的。

③ S. Nacht, *La Psychanalyse d'aujourd'hui*, Paris, P.U.F., 1968. 纳赫特（1901—1977）曾于1949—1962年担任巴黎精神分析学会主席（[Société Parisien de Psychanalytique] S.P.P.），于1957—1969年担任国际精神分析协会（I.P.A.）的副主席。1945年，他采取大胆的措施将分析时间从一小时减到45分钟，从一周5次减到4次。至于C. G. 荣格，他只建议一周1次或2次，他认为"病人必须学习独自站立"（in *Pratique de la psychothérapie*, 1958）。

"……病人以后将与其分析师建立的关系会越来越得到加强，不过会保持一个双重矛盾的基础。这一关系将会发展，将会逐渐地绽放，直到完全充满分析情境。它甚至会溢出这一范围，而有意识或无意识地成为主体生活的中心。主体为神经症而来接受治疗，这一神经症却变模糊，甚至会消失，取而代之的是所谓的'移情'神经症：'新的病取代了旧的病。'（弗洛伊德）"

精神分析治疗的最后阶段在于这一移情神经症的"清算"。萨沙·纳赫特继续说：

"……然而，不幸的是，移情神经症的发展不总是遵循这一理想轨迹。相反，它有时会成为继续治疗中困难的主要源泉，甚至会被一种严重的并发症①所牵扯。任何情况下，它都在很大程度上要对许多分析的过长持续时间负责。"

原则上，使用这种移情神经症旨在复制、再次呈现幼年期神经症，以便能够对其进行治疗：

"移情的另一个优势是，在移情中，病人在我们面前以一种可塑的清晰性，介绍他生命故事中的一个重要部分，关

---

① 这里我们有一个器官过分发达（hypertélie）这一很普遍现象的有趣例子，这个例子中指定的目的被超越（来自希腊语 télos：目的）：变得有毒的是攻击本身，就像太多医源性情感中那样。它同样是理论目的，不可或缺，但是当理论僵化为教条时就是危险的。

C. G. 荣格将移情视为肤浅的诡计，完全适合于延长治疗。

于这个故事他给我们的梗概很可能是不令人满意的。这就像他在我们面前表演而非报告这个故事。"（弗洛伊德）①

我坚持顺便强调一点，即**精神分析因此是"此时此地"的一种治疗**，这是因为，最重要的东西正是在此时此地根据现实的移情而得到分析和阐释的。

反之，在格式塔中——并且有悖于仍然得到传播的一个观点——**过去有规律地浮现**（未完成格式塔），有时甚至是一个遥远的、前语言期的、旧的过去。然而只有当它在此时此地自发地显露出来时才会得到讨论。因此格式塔治疗师完全不是封闭于现在的监狱之中。与精神分析师一样，"他关注从过去中浮现的所有东西，如现在的回忆，以及所有此时因此应该具有某种意义的东西"②。

> 以人们对花与果感兴趣为借口，否认根系，这将是荒谬的！

然而，建立移情神经症，使婴儿期行为有可能重新显现，与此相比，格式塔治疗师对来访者拥有的手段更直接，尤其是束缚也更小：身体和能量动员技术与幻想③使一部分过时材料④和重复的不合时宜的行为得以快速浮现。

---

① S. Freud, *An outline of Psychoanalysis*, New York, Norton, 1949. 转引自1981 年玛丽・珀蒂关于格式塔治疗的博士论文（未出版）。

② 爱德华・罗森菲尔德（Edward Rosenfeld）对罗拉・皮尔斯的访谈，见 *The Gestalt Journal*，1978。

③ 特别是参见第十一、十三章。

④ 参阅安德烈奥利（Andréoli）所称的"移情精神分裂症"（psychosomatose de transfert），见 *Eros et changement : le Corps enpsychothérapie*，Paris, Payot, 1981。

人们因此能够避免移情神经症长期而复杂的反复，由此来限制来访者日常生活的干扰并缩短治疗时间。

自发的移情表现

我刚刚提到的是移情神经症而非移情的自发现象，这些现象当然一直存在——即便治疗师经常偏爱在它们出现时逐步地发现它们（顺便说一下：并非不强调——甚至利用——它们）。

在一次个体治疗中，瓦莱丽向我宣告：

瓦莱丽——我很清楚，你不拿我当回事：我不理解为什么你不来参加我的展览的开幕式！开幕式其实很成功，你本来应该为我感到骄傲！

很显然，她是在对着一个父母的形象说话，而非一位在场的治疗师。

与现实的一次司空见惯的面质。

治疗师——什么信号让你觉得我不拿你当回事？或者：——为什么我应该"为你而骄傲"？

这时只需要来访者对移情机制的一个觉察。这个机制渗透进她的行为，而这个问题鼓励她在自己身上寻找令人满意的自我形象，而非到一种过度投入的父母的尊重中去找寻。

另一个例子

达尼埃尔提高声音对我说道：

达尼埃尔——你让我生气：你总是太快地什么都懂！你

看到一切！你知道一切！……

治疗师——继续！更大声一些说出来！告诉我所有你生我气的地方……

很快地，达尼埃尔发起火来，委屈累积……然后意识到这些委屈和他父亲有关。在愤怒宣泄了之后，这次治疗以单人剧继续进行，他在剧中交替扮演自己和父亲……当前情境的现实重新激活了一个过去的情境，让他的分析很"及时"——在分析中我们明确地考虑到自发移情和此时此地。

当前关系与反移情

理解支持的治疗态度[1]和适宜的挫败（*skilled frustration*），二者的合理交替一点点地促进来访者的自体支持（*self-support*）。

正如我刚刚强调过的，在可能的情况下，格式塔治疗师毫不犹豫地表达这一刻自身的感受。

他甚至会允许自己在机会合适时透露自己的兴趣、选择、喜悦和困难——做这些不是为了解释自己，而是为了让自己参与进去。

——"我认为你有绘画天赋，但是我自己并不喜欢抽象艺术：我偏爱杜菲[2]的水彩画！"

> 我作为特别的人在场：我自己，
> 此地——但不是为了我自己在此地！

---

[1] 见受控的治疗性柔情（tendresse thérapeutique controlée）。
[2] 拉乌尔·杜菲（Raoul Dufy, 1877—1953），法国画家。——译注

这是"自体揭露"，是**真实卷入**中对自身的有意透露——**尽管是受控的和选择性的**：由此，我思考我所说的所有东西，但是我所思考的我一点都不说……也不比我想要的多做什么（遗憾！）！

因此我这样建立一种当前的个人关系，部分地嵌入两方的主体间社会现实，并且我在某种程度上同时：

- 与来访者共情——即"在他之中"；
- 与我自己叠合（*congruence*）——即"在我之中"；
- 在我/汝关系中同情——即"在我们之间"。

来访者通常欣赏这种分享，在这种分享中，他感到作为主体、作为"有价值"的对话者而受到认可，而不是被视为治疗师的一个单纯的职业关注客体，尽心尽责但不动感情①。来访者可能利用他自身的经历来作为治疗工具，

> 更喜欢"攻击性"地利用其反移情，而非单纯的"防御性"警惕。

——"你真烦人！"对来访者来说这更具有动员作用，而不是治疗师在心里沉默地询问，没有进行分享，比如说："为什么我在自寻烦恼？"

总而言之，这里涉及的几乎是对传统上竭力主张的**态度的反转**：

- 在**经典精神分析中**，分析师特别关注维持来访者的移情，力图最大限度地控制自身的反移情；
- 在**格式塔治疗中**，相反地，治疗师力图限制来访者的反移

---

① 意大利格式塔学者爱德华多·朱斯蒂（Edoardo Giusti）将罗杰斯取向和格式塔治疗联系起来，命名为"格式塔咨询"（Gestalt Counseling）。

情，非常关注对自己反移情的有意利用，尤其是通过持续
地觉察来访者言语或姿势行为所引发的自身情绪感受和躯
体感受。"他允许来访者的无意识干扰自己的无意识。"
（让·罗利耶）[1]

对反移情的这种"立即"而稳定的分析体现了双重好处：

- 对**治疗师**自己来说，这使他能够控制自己的卷入，有助于
  他在面对多重压力（尤其是攻击性的或色情的）时保持个
  人平衡；

- 对**来访者**来说，他能够促进对其接触、阻抗或自我功能丧
  失机制的觉察（投射、内摄等等）。

此外，应该强调一点：面对反移情的这一最近遭到批评的积
极态度，越来越来得到当代精神分析师的认可。因此，纳赫特
写道[2]：

　　　"……对弗洛伊德来说，移情代表了单向运动：从分析
对象到分析师……情境不是作为一种双方的关系来设想，认
为这一关系包含**交流**的关系模式。

　　　"……相反地，今天所有的精神分析师都相信交流模式
的重要性，相信分析师和分析对象之间分析情境一建立便创
造出来的双方关系的重要性。因此，反移情的作用至少获得
了与移情一样的重要性。

　　　"很长时间中，分析师相信通过中立态度，他们能够

---

[1]　Jean Raulier, « Le contre-transfert érotique : de l'angoisse au savoir-faire poétique », in *La Gestalt en tant que psychothérapie*, Bordeaux, SFG, 1984.

[2]　S. Nacht, op. cit.

'掌控'甚至消灭自己无意识的反移情反应。

"今天我们知道反移情在分析工作和移情中是同样丰富的，当然先决条件是，这是在对病人有益的意义上的。"

哈罗德·瑟尔斯（Harold Searles）则宣称[1]：

"[……] 我和病人之间发生了什么，病人心中发生了什么……有关这些信息，我的认同情感变成我最为确定的来源，这是一种极为敏感而有指导性的科学工具，可以为治疗中病人经常无法用言语解释的那些领域发生了什么提供信息。"

因此，继格式塔治疗之后，今天的精神分析师发现了 20 世纪 30 年代以来费伦齐发表的论文（他的一个学生卡尔·兰道尔指导了皮尔斯的教学分析）。由费伦齐或他的学生培养的其他著名精神分析师，如梅拉妮·克莱因、温尼科特和巴林特等，每个人都以自己的方式提出了一种"积极的技术"，赋予反移情利用广阔空间，尤其是在反移情的躯体共鸣中。[2]

转向性行为

当然，这不涉及从过度中立转向过度卷入，我无法与某些美

---

[1] H. Searles, *Le contre-transfert*, Paris, Gallimard, 1981. 另见：O. Kernberg, « Le contre-transfert », in *Les troubles limites de la personnalité*, Toulouse, Pivat, 1984; P. Heimann, M. Little, L. Tower, A. Reich, *Le contre-transfert*, Paris, Navarin, 1987.

[2] 见上文第五章有关"格式塔治疗与精神分析"的内容。

国同行持同样立场，他们以真实的关系和所谓的人人"平等"为托辞，声称要擦除治疗师及其来访者之间的所有不同，以各种靠不住的滥用为借口，为个人满足而使用某些治疗，甚至转给培训生，以此占用治疗时间来处理自身的问题，或者来满足自己的性欲望——以相互关系的"真实性"来掩饰！

　　这些做法的哗众取宠的效果并不总是可以忽略的，因为培训生很希望看到他们的治疗师的弱点——在他们眼中，治疗师更有"人性"，更加"可以接近"！但是这里涉及的是令人遗憾的滥用（而且是反常的），已经在某种程度上影响了格式塔治疗实践的信誉。[①]

　　这里我并不想逃避这一棘手的问题，这个问题经常被轻视或者"在走廊里"处理。

　　1972 年至 1983 年间，对于治疗师与其来访者之间违背"节制原则"而发生性关系的数千个案——不单单在"人本主义的"研究取向框架内，而且在"经典的"精神分析领域——持有**自由主义**立场的人引证了各种广泛而深入的调查[②]。

　　这些研究得出一个结论，即事实上，不可能在完全客观的情况下，确定这样的实践的结果是消极的还是积极的，无论是对所涉及双方的任何一方，还是在可能的情况下，对团队的其他成员来说都是如此。

　　在一些特殊的个案中，人们提到了此类关系的恶化或次级障碍，不过人们提到了同样多的改善个案（通过自恋性价值重估或幻想的去悲剧化）……

---

① 尤其是在 70 年代加利福尼亚"反文化"的背景中。
② 在美国和加拿大，15%～20% 的心理治疗师——各种派别——可能与一个或多个来访者有过性关系。

在法国，事情更为隐秘，但是我们承认经常接待女性来访者——但也有男性来访者——他们声称与治疗师（"人本主义的"治疗师或精神分析师，男性、女性都有）有性关系，当然这些断言难以控制。

提到"违背乱伦禁忌"的论据只会涉及明确将其治疗师视为父母形象（甚至是化身！）的那些人，而这甚至发生在治疗之外——这包括了一个巨大的移情，或者对社会现实的否认。

某种继承自道德或宗教观念的虚伪，统治这个领域，几乎不允许进行客观的研究。

就在不久前，金赛（Kinsey）或马斯特斯和约翰逊有关性行为的科学研究引发公愤，而人们意识到实际上……80％的人口（原文如此）具有当时官方道德所认定的"堕落"行为！①

回到我们的主题上来，除了完全是道德范畴的偏见，以及对可能的心理"危害性"的先验确定之外，我们认为，无论如何，治疗师和来访者之间的性关系有受到**地位不对称的扭曲的危险**。

- 一方收钱，一方付费。

- 职业治疗师具有——无论他能怎么说——权威地位和他可能滥用的权力，甚至自己都没有意识到。

- 反之，治疗师被男/女来访者"征服"，这并不总是受到真实的情感上的或性方面的吸引的驱动！

---

① 对性活动的相对性和任意性的强调从来不会是足够的。

今天美国有很多洲仍然禁止口交和鸡奸，甚至连一些两相情愿的配偶也有这些行为：如果他们被突然逮着或被揭发，那么他们会被判处入狱。

另请参见：Alexandre Maupertuis, *L'Erotisme sacré*, Paris, 1977. 书中提到神庙中的数个世纪的神圣卖淫活动，以及不同地方、不同时期的性款待义务。某些基督教派别醉心于仪式狂欢。一直到 16 世纪，许多神父有正式的情妇……他们的儿子优先由教皇授予神父之职！

·此外，出于其职业，所有的治疗师都会被引导向与很大数量的潜在搭档的相遇，这种情况尤其发生在来访者情绪脆弱化的情境中：平衡因此被打断。

最后，人们不能不考虑谴责的社会文化背景，在欧洲尽管最近社会风俗进步了，这种氛围还是非常强烈，这强烈地影响了此类的见诸行动，在遮遮掩掩中给予它们一丝罪恶感的气息，或者在卖弄中给予它们一丝挑衅性气息。

从格式塔视角来看，人们不能将个体（以及其心内反应）与其环境（以及一些心际反应［réactions *inter*-psychiques］）相分离，而且所有的行为都只有在其总体场中进行考虑才具有意义，即便设定的限制大部分时候是任意而短暂，依赖于历史和地理的。

在所有情况下，在我们看来，围绕侵犯个案而具有的戏剧化有时比侵犯本身更加有害![1]

与自由主义的立场相反，极端道德主义立场在我们看来并不更值得捍卫，而经验告诉我们要警惕严守戒规的审问者，他们有时候想通过纠缠于他人的弱点来摆脱自身的弱点。

某些治疗团体或个人发展的负责人竟然强制要求每个培训生签署"节制"所有性关系的书面承诺，不仅是与治疗师的性关系（这是不证自明的），而且包括培训生之间的性关系，在各次治疗间隔期也不允许……

---

[1]　有关相似性，回想一下，**手淫**就在最近还被视为罪恶的（"这会让人发疯！"），同时在好多国家（法国直到 17 世纪都仍然如此），经常被用来安抚烦躁不安的儿童，或者在他弄伤自己的时候用来安慰他：因此，在太平洋的某些岛上，一个行人为一个擦破膝盖而他甚至不认识的小男孩手淫，这是允许的——就像在法国，人们会亲他一下或"爱抚"他。

当然，关于这一点，人们同样可能说到著名的"原初场景创伤"（目睹父母交媾），在大量的文化中这很常见，而且是无足轻重的。

身体和情绪冥想的心理治疗工作团体中所确定的关系具有人为"过度加热的"① 特性，对此重复地加以提醒注意，在我们看来是必不可少的，尽管如此，我们觉得这种强制性禁止是对成年来访者私生活的侵害……人们正是以让他们有责任心为借口！

另外，很多证词让我们确信，这种承诺——即便签字了——很少得到全部团体成员的遵守，他们中某些人由此要么陷入带着挑衅违反既定（或强制）法则的反社会立场，要么陷入拒绝的虚伪立场或谎言立场，即便人们声称鼓励每个人真实地表达自己的情绪、感觉、担忧或欲望。

一条分水线

因此，**我们的个人立场**位于一条令人不适的"分水线"上，在两个极端的坠落之间。在面对所有情感、爱恋或性的干预时，它处于最大限度的谨慎之中，不去参考僵化或思想观念上的禁忌，这些禁忌一点都不考虑每个个案的特殊性。

在当前的背景下，我们预计，与对见诸性行动的宽容相比，对它的禁止赋予了更多的身体自由和自在：事实上，如果来访者不担心"失控"，他能够更容易地尽情满足自己经常难以满足的需要，享受温柔或是陷入退缩，由此而找回受压抑的婴儿期感觉，探索遭抑制的欲望并去戏剧化种种幻想。

经常是在暗中确立的各种限制，同时保护着治疗师和来访者：

---

① 但是在某些度假俱乐部同样如此！

"在我们看来，大部分分析师对见诸行动的明显厌恶更多地起源于对安全性的合理担忧，既是对自己的，也是对他们病人的心理平衡的，病人有看到防御坍塌的危险，在冲动释放可能激发的大规模侵袭中，这种防御一直使其避免了妄想和犯罪行为。

"另外，对生物能尤其是原始呐喊（Cri primal）等'人本主义心理学'的责备几乎一直在持续，人们谴责其释放了无意识，对后果却不加控制。"（玛丽·珀蒂）①

在我们看来，对性关系的这些谨慎之处并不会阻碍与来访者的友好而热情的相互关系，这种关系并不在于徒劳地寻求虚幻的亲密无间的融合②，更简单地说，它是为了在信任和安全中保持直接交流的气氛。相反地，必要时这种气氛使得有意的挫败或无害的攻击性面质，以及深刻地"沉浸"入人格的早期地带成为可能。

此外，这使得工作处于快乐③、热情和喜悦之中。然而，很显然，人们带着快乐做事，能做得更好——对于来访者和治疗师来说都成立。

就我而言，我可以确定，我的职业在情绪上是十分难以忍受

---

① Marie Petit, « La fonction thérapeutique de l'enactment en Gestalt thérapie », Thèse de doctorat du 3e cycle, Paris, 1981. (未出版) (在上述引文的后面一段，玛丽·珀蒂参考了 Grunberger et Chassaguet-Smirgel, *Freud ou Reich? Psychanalyse et illusion*, Paris, Tchou, 1976.)

② 参见《团体的幻觉》（*L'illusion groupale*）。迪迪埃·安齐厄从 1966 年起就揭露了这种团体的幻觉："人类主体进入团体，其方式与他们睡觉时进入梦境是一样的。从心理动力角度来看，团体即梦。"

③ 受控的健康色情化可能并不缺乏的愉悦。对我来说，关系的最理想热情就像内燃机的最理想热度：它使其有最佳功能运作——条件是不超过极限温度!

的；但是，我喜欢这一职业，不但因为我知道它是有用的，而且因为在这一职业中每天我都有机会找到热情的关系。我从中感到快乐，对此我没有感到任何的羞耻，只有自豪。而且，正是这一点使我能够持续而有效地从事这一职业，一天数个小时，从很多年前开始就是如此。

　　对我这方面来说，在节制、痛苦和牺牲中我没察觉任何的特殊"优点"，圣本笃（Saint-Benoît）的道德在我看来是奇怪的，这种道德只在殉教中看到圣人，并且断言"死亡就站在快乐的入口处"（《圣本笃会规·七》），而人们"必须学习投奔天主所要经过的一切艰难困苦"（《圣本笃会规·五十八》）。

　　我自觉更接近东正教的教徒，在他们那里基督复活的节日快乐压倒了基督在十字架上的受难；也接近密宗教徒，他们通过欲望和快乐的蜕变而追求成圣；又或者某些苏菲派教徒（Soufis），他们跳着"世界的欢乐"（*Joie du monde*）舞①，就如 13 世纪的神秘诗人鲁米——托旋转钵僧教派的创始人：

　　　　好几条路通往神：
　　　　我选择舞蹈与音乐之路。
　　　　爱是宇宙的灵魂：
　　　　笛子的音乐和美酒的醉人，
　　　　所有存在中的生活热情，
　　　　星辰的回旋和原子的运动
　　　　所有这些都归功于爱……

---

① 参见 Serge Ginger, *Nouvelles Lettres persanes : Journal d'un Français à Téhéran* (*1974 - 1980*)，Paris, édit. Anthropos, 1981.

当您寻找时，在欢乐中寻找，

因为我们是欢乐世界的居民。

我赞同马克斯·帕热斯的观点，他宣称①：

"与弗洛伊德技术所规定的相反，治疗师或者教练员在与参与者的交流中感受到的快乐对改变来说是必要的。这并不是有害的：这也不是一个可疑元素，人们必须确定剂量，带着迟疑和负罪感接受。这是改变的发动机。"

让·罗利耶在《色情反移情》（*Le contre-transfert érotique*）② 中提出了相近的思想：

"对我来说，如果我不与我的欲望接触，那么我与他者共情、共鸣，与他者保持一致，即刻领会、真实接触他者，并且向他者开放，这些都是无法想象的。

"对我来说，治疗关系是两种欲望的关系：这是相遇中的我的欲望重新动员了他者的欲望，他者因此立刻感到自己如其所是地得到认可。"

---

① Max Pagès, *Le Travail amoureux*, Paris, Dunod, 1977.

又及：同时参考他关于"治疗师对情绪交流的干预"的反思，见 *Trace ou sens* (éd. H. & G., oct. 86)，其中帕热斯提出了与我们十分接近的论点。

② J. Raulier, in *La Gestalt en tant que Psychothérapie*, Bordeaux, SFG, 1984.

另外，是否应提醒大家注意，快乐和爱不是性欲（sexualité）的同义词？"性欲"这个词直到 19 世纪才造出来，在当前意义上第一次得到使用则是在……1924 年！（原文如此）经历了怎样的一条道路啊！希腊人更为微妙，具有完全不同的三个词来指称爱：

- 性爱（éros）：欲望，象征性地可定位于身体或性器中；
- 圣爱（agapé）：情感，在兄弟情义的含义上，可定位于心中；
- 友爱（philia）：爱或兴趣（对一位朋友、对音乐、对真相），可定位于头脑中。

至于我，我毫不犹豫地断言：

> 性欲既不可压抑，亦不可"放纵"[1]，

而是要细心并带着敬意，作为根本能量来管理。

这一生命的冲动并非被原罪所玷污的邪恶肉体本能，而是普遍的根本生命冲动的表现。

世纪初弗洛伊德的力比多结构在当时经典热力学模式的基础上将冲动变成了可定量的能量，这种结构由流体交换和卡诺（Carnot）第二定律（熵导致的能量耗散）所主导。在弗洛伊德那里，神经症机制和升华机制暗暗地建立在流体力学的基础上：人们假定能量受到限制，只能转向或改变，却无法繁殖。因此，未使用的原初性好奇经历新陈代谢，可能成为艺术和科学的源泉。

然而爱是**火**而非**水**：它服从的并非连通器原理，而是火焰原

---

[1] 人们可以说——以俏皮话的形式——长期压抑造成神经症（参见弗洛伊德），而无序的"放纵"则有诱发精神病（失去自我的边界）的风险。

理——火焰可以无限地蔓延开来，不会错过任何给予它的东西。人们能够同时爱几个孩子，却未必能将爱从一个人转移到另一个人身上，或者像奶酪一样分享。人们能够正面开展富有创造性并且多产的艺术、科学和性活动，正如各个时代的伟大人物向我们展现的那样。力比多马尔萨斯主义不再传播：不应该节约水，而是要维持火焰——尽力避免被火焰所灼烧……

当人们使用爱、温柔和性时，它们是不会耗尽的……恰恰相反！

治疗师的移情

治疗师绝对的"中立"是一种陈旧的神话，并几乎不再受到精神分析师自己支持。另外，不干预已经是一种常常十分有诱导性的立场，而后撤有时比"诱发"（"唤起"他者的反应）更令人疏离。

还必须强调的是，治疗师的深层态度并不仅仅是对来访者态度的回应——就像"反移情"这个术语令人假定的那样，人们将它理解为来访者对分析师移情的积极或消极的回应。

从对这一概念的界定来看，存在大量不同看法，《精神分析词汇》明确指出：

"……某些作者通过反移情想说的是，所有——分析师人格中——能够在治疗中用来干预的东西，其他人则将反移情限定于分析对象在分析师那里诱导出来的无意识过程。

"达尼埃尔·拉加什（Daniel Lagache）承认后一种说

法，并对之进行了确切的界定，他指出，在这个意义上理解的反移情（对他者移情的反应）不仅仅在治疗师中会碰到，在分析对象中也会遇到……最好是区分出，在场的两个人中，谁移情，谁反移情。"

所谓的"移情"现象出现在这种复杂化的奇特现象中，因为人们由此发现，概要而言，存在六种可能的关系模式——经常是相互依存的：

· 来访者对治疗师的移情；

· 治疗师回应来访者的反移情；

· 治疗师对某些来访者（作为"孩子"、"父母"、对手、学生等等来体验）的移情；

· 来访者的反移情，作为对治疗师移情的回应；

· 来访者有关治疗师自己这个人的当前的感情；

· 治疗师对来访者自己的当前的情感。

……人们可以如其所愿地细化情境，继续区分出不同移情类型，甚至为其加上各种标识！例如，我可以为一个来访者代表她的父亲，但也可以是她的母亲（我的态度比我的性别更有决定性），或者她的丈夫、情人，再或者她的兄弟。最后，我可以是一个认同图像，而她让我开心或引起我兴趣的欲望可以掩饰她接近我直至模仿的欲望。多少来访者不梦想着自己成为治疗师！

对我来说，我承认，各种关系在各个方向上由各种线所编织，既是隐形的，也如神秘单色画一样上色浓重，对于关系的这种错综复杂我一点也不感到遗憾。这里所体现的是人类关系的不可思议的丰富性，为这些关系赋予了厚度、密度和不断更新的独特性。这种充沛避免了所有的惯例并在治疗师心中激发了对每一个时刻的警惕。

控制：谨慎与冒险

格式塔学者密切关注发展中的关系过程，因此发现自己在整个存在中不断地得到召唤。对于发生在他面前的人类悲剧、哀伤、焦虑、爱，以及来访者在各次治疗中经历或再次经历的各种问题，他不能——也不愿意——保持无动于衷。

当然，在通过格式塔、精神分析或其他方式进行的深入治疗中，格式塔治疗师自己会长久地面对个人的存在性问题。其后他将很熟悉他的反移情机制，并将在督导中分析自己的职业态度，由此而在若干年内受益于资深同行的控制和经验。

但是，人们并不是每天都不受伤害地面对痛哭和死亡、欲望、性、金钱、权力、冲突、抑郁、妄想或是疯狂。

因此，看起来必不可少的是，每个治疗师在其整个职业生涯中，都定期为自己保留足够多的时间，进行针对自己的个人工作和专业培训（这两个方面理应不相互混淆）。

格式塔治疗并不假设人们永远无法"找到完美的解决办法，一劳永逸……达到自我实现的圆满……或者通往没有痛苦或问题的乌托邦状态"（保罗·瓦茨拉维克）[①]。

对于治疗师来说，这不是"解决自己的所有问题"（地球上治疗师会很少的！），而是能够不过分焦虑、不"超出其能力范

---

① P. Watzlawick, *Le langage du changement*, Paris, Le Seuil, 1980.

围"地去做。在我看来，执业者必须足够自如地面对来访者经常提到的五种主要的存在性问题：

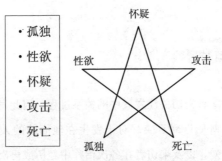

- 孤独
- 性欲
- 怀疑
- 攻击
- 死亡

这是"存在性既定物的五角星"。

这五个问题之后将会长期地在个人治疗、基础培训和未来从业者的督导中得到"研究"，他们的掌握情况将构成测试内容，以判断申请者是否为自己开展治疗做好准备。

格式塔治疗师将识别并不断地调整自身的局限，而且必要时他将拒绝过于危险的"陪伴"——就像登山向导，如果经验不足或是暂时过于疲劳，则会禁止自己踏上那个时候他具备的条件所不允许的行程。

一些人往往断言人们无法在自己经历过的路线之外"陪伴"他人。我不赞成这个流传相当广的观点：我可以有效地陪伴一个分娩的女性，或是一个焦虑的癌症患者，自己却并未经历过这些情境，相反，在面对诸如流放集中营问题时，在情感上我会无法准备好——只是因为这在我心里唤起了一个永恒的未完成格式塔，它与个人难以愈合的存在性悲剧有关。因此重要的不是我自己经历了什么，而是面对谈及的主题时我现实的舒适感。

同样，在一个已经结束的旅程中，我遭遇了车祸，我可能为焦虑所困，相反地，陪伴一组登山运动员走一条对我来说全新但适合我技术能力的路，我可能是小心而高效的。

我承认，就我个人来说，我喜爱与来访者的这些远足，在某些尚未勘探的区域，治疗的路线只是一步步地，甚至是后来才在地图上确定下来的。[①]

> 人们沿途有最为丰富发现的，并不总是在那些设有前进路标的道路上：最美的花朵和隐藏的宝藏隐匿在人们常走的小路之外。

总是预先和来访者在原则上确定一份明确的"治疗合同"，我认为这是不必要的。在众多个案中，他们隐藏的动机是一点点地显露出来的：

"在相当多的个案中——根据我们经验至少 50%——需要发自主体，他们参加的动机模糊而脆弱，但是在他们身上，人们能够感觉到无法明确表述的求助需要。参加觉察团体正是因此而有其全部的价值。它使得主体可以更好地确定他的需要、他的不自在，更好地用语言表达出来。简言之，构思一个面向系统心理治疗的需要。"（玛丽·珀蒂）[②]

一些人能够描述出其不适并明确其目的，另一些人还没做到

---

① 然而，在这样一个"公开的探索"中，最好不要"转圈圈"，也不要同时处理几个问题：可以跟随某一条线索，但是一次一条线索，目的是不分散并"避免回避"。

② Marie Petit, thèse de doctorat.（同前引）

这些，或者再也做不到！格式塔治疗让他们得以——这也是它众多的特殊丰富性中的一种——带着"全方位"的警觉参与发现，而且不再被迫在所有的征途开始前精确地确定路线。

那些组织好的游览，各个阶段精巧地做了预设，与之相比，我总是在即兴的旅行中更好地充实自己，一种敏锐的觉察激励着我，这一觉察伴随着在当地"此时此地"的相遇和重逢而产生——而那些组织好的游览号称是在前期商谈中，按照我自己的自发想法而确定的，实际上是旅行社在"此前彼地"悄悄地"确定方向的"。

因此，治疗师的任务之一不是不惜代价，沿着既定路线维护来访者，而是帮助他在每次出行回来之后，最大限度地利用他在治疗道路上所遇到的东西，更好地识别出障碍和危险，区分必要迂回中不合时宜的各种回避，挑选可利用的各种发现。

但是外行的人并不总是有能力"骑虎"，其激情之虎——加入密宗的人的雄心勃勃的目的——而这样的冒险措施意味着在其内在地图上，每一站都定期地为经过的路线确定方位，缺了这些，我们很可能有在绝望的沙漠或冲动的丛林中迷路的危险。

第十一章
格式塔中的身体与情感

　　格式塔是一种"身心治疗"，还是一种"经由身体和情绪中介的心理治疗"？

　　人们听到说得最多的，正是在这个问题上。

　　罗拉·皮尔斯自己断言：

　　　　"有一点我强调得总是不够多：身体工作是格式塔治疗的组成部分。格式塔治疗是一种整体的治疗——这意味着它考虑全部的有机体而不仅仅是声音、词汇、动作或其他任何什么东西。"①

　　　　"［……］我使用所有种类的身体接触，如果我认为这将有助于病人在觉察当下情境、就此做什么（或不做什么）方面迈出一步的话。对于男病人还是女病人，我没有特别的规则。我可以点燃一支烟，用勺子喂一个人，整理一个姑娘的头发，握住手或将病人搂在怀里，如果在我看来这可能是建立不存在的或被打断的交流的最好方式的话。我也触碰病人并让

---

① 爱德华·罗森菲尔德对罗拉·皮尔斯的访谈，见 *The Gestalt Journal*，Vol. 1，1978.（S. 金泽自译）

他们碰我，以体会他们身体觉察的增长：为了强调某种紧张、糟糕的协调、呼吸的节律、断断续续的或灵活的运动等等。

"看起来有关治疗中身体接触是否可接受，存在各种意见分歧并引发很多焦虑。如果我们希望帮助病人完全地作为真正的人而自我实现，那么我们自己应该有勇气去承担作为人的风险。"①

罗拉·皮尔斯没有将格式塔的艺术表达和身体表达区分开来：她从童年开始就一直练习表现主义舞蹈②和钢琴。后来她不仅继续接受艺术培训，而且在接受精神分析培训的同时，接受过各种身体技术的专门培训（亚历山大、费尔登克赖斯、鲁道夫·施泰纳 [Ruldolf Steiner] 的优律诗舞 [eurythmie] 等等）。

如果说对身体的关注在所有格式塔学者（他们观察体位、呼吸、目光、声音、微姿势等等）那里是一以贯之的，那么应该指出，他们中的很多重要人物几乎不直接对来访者的身体进行干预。

弗里茨·皮尔斯自己当时刚刚离开精神分析而转向格式塔治疗，刚开始从业时，他让来访者躺在长沙发上（就像他的老师威廉·赖希那样）——而罗拉·皮尔斯已经采取面对面坐着的姿势。其后，随着弗里茨·皮尔斯名气和年龄的增长，他几乎不离开他传奇般的扶手椅（同时他的一只手随着烟不停地动着——他一天抽三到四包烟！）。

皮尔斯最早的学生之一伊萨多·弗罗姆，多年担任克利夫兰格式塔学院的培训师③，他自己是哲学专业出身，将格式塔治疗

---

① 美国心理治疗师学会第四届全体年会（Ⅳe Congres annuel de l'Académie américaine de Psychothérapeutes, New York, 1959）上对罗拉·皮尔斯的访谈。大会聚集了五个不同方向的著名治疗师。（S.G.自译）

② 对她来说，"艺术与治疗之间几乎没有区别"。

③ 在那里他特别负责对未来治疗师的个体治疗跟踪。

视为一种对话治疗，主要建立在言语对话基础上。其他有名的格式塔学者，如约瑟夫·辛克或罗伯特·雷斯尼克（在美国）、雅尼娜·科贝伊（［Janine Corbeil］ 在魁北克）、诺埃尔·萨拉泰或让-玛丽·罗比纳（在法国）只是偶尔以积极或互动的模式来使用身体：他们偏好观察和言语询问。

事实上，格式塔治疗根本的理论原则和特殊方法论不包括对身体动员的强制要求：现象学的总体取向、自体理论、接触循环的干扰定位和回避机制（自我功能丧失或阻抗）完全不需要身体的积极干预，不会比对进行中过程的觉察、对体验的此时此地——或更确切地说，对"此时怎么样"（now and how）——的关注更需要。

因此人们可以完美地仅仅通过言语交流来从事格式塔治疗——当然，正如人们可以反过来对身体充满兴趣而一点也不用参考格式塔治疗一样（生物能、重生、罗尔夫疗法、柔软体操、东方技术等等）。然而，在我看来，人们会因此而失去一个强有力的治疗工具，它有助于加大工作的强度和深度，能够增强工作的有效性并缩短时间。

最后，目前绝大部分格式塔治疗的从业者更为看重来访者的身体体验①——并因此更为看重治疗师本身。他们对易感的感官

---

① 同时要避免对身体的神秘化，正如威利·帕西尼（Willy Pasini）和安东尼奥·安德烈奥利（Antonio Andréoli）在《心理治疗中的身体》（Le Corps en psychothérapie）一书中所说的那样。重要的是，身体既不被贬低（就像在柏拉图那里或犹太及基督教文化，甚至精神分析中那样）也不被美化（就像在某些生物能团体中那样，已经提到过的那些人正是如此，如Éliane Perrin, Cultes du corps : enquête sur les nouvelles pratiques corporelle, éd. Favre, Lausanne, 1984. 或是：Roger Gentis, Leçons du corps, Paris, Flamarrion, 1979）。

性（"你现在感觉到什么?"）① 和有机体的运动能动性（"我建议起身并走几步……"）一样感兴趣。

解读身体

怨恨或姿势的放大不是"身体解读"。

格式塔治疗师特别关注来访者所有的身体表现：明显的姿势和运动——有意的或无意识的、半自动的微姿势，各种"身体失误"，进行中过程的显现（大部分时候在来访者不知道的情况下）——例如：手指的叩击、脚的摆动、下颌的微小挛缩等等。当然，他也留心声音，呼吸的节奏、振幅和中断，以及血液循环——可感知到的，例如颈动脉或通过局部的苍白或红晕。②

所有这些迹象都公开或悄悄地向对话者流露出两方面需要：一方面是来访者个人表达的需要，另一方面则是原初的人际交流的需要。

在格式塔治疗中，身体症状被有意地作为"入口"而使用，使得与来访者的直接接触成为可能，同时尊重它自己"选择"的道路，尽管这常常是非自愿的。

因此人们会鼓励来访者尤其关注感受到的东西：

这是总体的觉察（awareness）。人们可能会建议他放大自己

---

① 关于皮尔斯经常提的四个基本问题，见第二章。
② 治疗师具有五种主要的情绪标记：呼吸、血液循环、吞咽、出汗、姿势（体位、微姿势、下颌的紧张等等）。因此，如颈部、胸口出现红晕，在女性那里则经常反映了具有性含义的兴奋。

的感受或症状①，以便更好地感知它，并且在某种程度上让它"发言"，甚至在询问其意义之前。

事实上，在格式塔治疗中，正如我多次强调过的，人们并不打算不惜任何代价地"破译"症状——按照前面已经引用过的拉康的话来说，有时候这回到了"滋养意义"上，所有的解释都有通过合理化症状来维持症状的危险。因此，比如说：

"我是恐怖症患者，因为我母亲在我哥哥去世后变得焦虑、过度保护"，这句话言下之意是"我这样是有充分理由的"，甚至是"我命中注定如此"。

因此，格式塔治疗师对所有依据预先确定的法则进行姿势阐释或"身体解读"都保持警惕。

他宁愿激励来访者自己追踪自发呈现的线索，例如继续讲述、重复或放大姿势以便使其越来越明显或明确，这些都是对此刻个人感受的言语化。由此，通过感觉、姿势、图像、声音或词语的依次联结，经常会突然浮现出一种觉察（洞察或"微小顿悟"——按照皮尔斯有意识使用的俏皮表述），对当前行为的觉察，或者对旧的甚至过时的重复态度的觉察。整体经常伴随着情绪的表现，或强烈或分散（喊叫、抽泣、热泪……）。

但是，正如马克斯·帕热斯所说的：

"情绪是交流的一种次语言（infralinguistique）模式，服从于符号之外的其他法则。因此想要让其说话或对其进行阐释是白费气力。情绪并不比身体更能说话（除非是对于观

----

① "矛盾的"态度，因为相反地，大部分治疗旨在减轻症状。

察者来说）。对它可以使用语言之外的其他干预技术。"①

身体实际上以自身的规律说话，并因此而促成象征化，这与简单化的观点相反，某些精神分析师（尤其是让蒂［Gentis］）过于经常地支持简单化观点，任意地将象征化和语言等同起来。在这点上我同意理查德·迈耶的观点，他写道：

"［……］这种社会情境化构成了精神分析所称的'象征化'的本质本身，成为治疗工作的条件之一。人们可以接受这一要求，却不并因此就将象征化功能归于单纯的语言。实际上，精神分析的霸权——尤其是在拉康领域——已经将言语化变成几乎是唯一的象征化因素，非常任意地将身体贬低为一种前象征功能。当然相较于话语，身体承载着更多前语言阶段的遗产，但是它并不局限于此；它也是在场的，它嵌入社会现实中，为这个社会各成员的'联系'而努力，它靠近并连接；从词源意义上来说，它是'虔诚的'。"②

身体也会撒谎

身体语言经常是深刻、丰富且微妙的。因此我要避免跨出一

---

① 见马克斯·帕热斯在 EPI 出版社国际研讨会有关《治疗中的身体》的圆桌会议中的发言（与会者有 F. 纳瓦罗［F. Navarro］、J. 德罗普西［J. Dropsy］和 S. 金泽）。这一主题在其最近的著作《痕迹或意义（情绪系统）》（ *Trace ou Sens (Le système émotionel)* ）中重新得到阐述——书中论点与我们的观点经常十分接近。

② Richard Meyer, *Les thérapies corporelles*, Paris, éd. Hommes et Groupes, 1986.

大步，去断言"身体从不会撒谎"，正如我们有时会听到的（亚历山大·洛温）那样。我的话语可能故意说谎，或不由自主地背叛我的思想，但是我的身体同样如此！我可能"鼓起胸膛"以掩饰我的害怕或腼腆，流下"鳄鱼的眼泪"以怜悯对面的人，或者躲在亲切的微笑或温柔的声音后面来掩藏我的攻击。我可能并未受到深刻的触动却脸红了，或者并未恋爱却勃起（反之亦然！……）。我可能为表面的一根刺或一颗龋齿而忍受折磨，并忽视无声的癌症肿块的发展。

因此，与为来访者的话语而骄傲相比，为身体而骄傲的合理性不会更大也不会更小。但是为什么要忽视补充信息——无论这些信息与明确的语言信息的是一致的还是不一致的——这一持续而重要的来源？

对格式塔学者来说，身体语言的优势根植于此时此地，而话语在"此前彼地"有意地离开正题，更多地关心什么而不是如何。

驯服情感

眼泪看起来就像所有情绪即所有"灵魂朝向外部的运动"[①]

[①]　"情绪"（émotion）来自拉丁语 emovere，源于 ex-movere："向外部运动"。

"……如果对弗洛伊德和精神分析师来说，无意识尤其是压抑即遭到禁止的冲动的所在地，那么在格式塔中，它也令人想起这个隐蔽的巨大情绪水库，与凯尔特内海的海水一样，有时候能逃脱所有的控制，泛滥并将我们淹没，如果我们太想遏制的话则更是如此。[……]眼泪有点像一个象征符，比泉水更像更好，眼泪因其咸味让人想起海洋……"（Joël Sicard, « Gestalt et Tradition celtique », in 3ᵉ Millénaire, n° 21, juill. 1985.）

的天然润滑剂。

释放的表达（*ex-pression*）由此而对立于沉重的印象（*im-pression*），即向内的压力，重压而留下印记。

不幸的是，在我们的文化中，身体和情绪的表达受到压抑和严格的过滤：人们从童年起便禁止我们公开地表现愤怒、恐惧、悲伤、痛哭或嫉妒……人们还禁止我们喊出快乐或暴露欲望……

社会"为我们而流下"眼泪！它就像对沙漠里的水那样进行定量分配！眼泪只留给悲伤，就像哈欠留给无聊，温柔留给亲密。就好像人们无法为快乐或狂喜而哭泣，为幸福而打哈欠，或分享无缘由的热情而没有生殖的性欲背景！

> 格式塔努力为情绪平反，力图唤醒右脑，它由于我们"阴暗"、理性的脑半球的冰冷独裁而沦落至沉默之中。

这个右半球就像一位英国先生，不停地向我们轰炸"自我控制"和"扑克脸"的指令。①

至于我，我一般鼓励情绪刚出现，便以一切形式自发地表达出来。当它离开藏身之处冒险出现时，我谨慎地欢迎它，试着去认识它并和它对话——既不太早亦不太迟。

如果我观察到吞咽或呼吸中节奏的某种细微改变，或是音调的某种变化，那么我会询问来访者：

——就在此时，对你来说发生了什么？

---

① 扑克牌的玩家必须保持面无表情，无论手里的牌如何。

在"一时的"情绪尚未消逝便这样做。但是不言而喻，如果过于仓促，那么这样的一种干预也具有打断情绪，还没等它真正出现就迫使之"回到地下"的危险！

如果情绪得以确定、认可并接纳，它将很有可能使得"即刻"工作成为可能，这样的工作更为深刻而有效。

关系就像汽车引擎：在最佳热度下它能够更好地进行功能运作：冷，熄火；热，漏油！冷，噼啪乱响；热，卡住不动！……

假如我大胆模仿一下《圣经》，我将会试着这样说："你们有福了，不冷不烫……亦非温吞吞！我唾弃温吞吞——但我将陪伴那些火热并情绪卷入的人直至他们的王国。"

> 那些敢于从欢笑走向泪水、从太阳走向雨水的人将成长并繁殖，就像热带的植物那样。

就我来说，作为治疗师，我有意使用治疗性温柔和攻击、满足、挫败或冲突性面质，有时是在热带气候的突然转换中，有时在穿透雨幕的太阳的同时出现中，这样的太阳雨预示着充满希望的彩虹约柜[1]。

情绪就像润滑剂一样起作用，促进生化神经冲动和神经递质在充满神经回路的"缆线"中的流通，既有纵向的（通过胼胝体，从一个脑半球向另一个脑半球），亦有横向的（在不停息的往复之中，尤其是在大脑皮层灰质和下丘脑边缘的皮层下各层之间）。[2]

---

[1]　约柜（arche d'ailliance），以色列人的圣物，相传装有摩西十戒石板。——译注
[2]　见下一章有关大脑功能运作的内容。

因此，我的目的不在于掌控情绪（就是说将其贬低为奴隶!），而更确切地说是"驯服"（apprivoiser）、驯养情绪，同时避免情绪的泛滥和干涸。来访者将受到鼓励，在每个合适时机去"打开和关闭情绪的水龙头"：其灵活而规律的功能运作将是健康的保证。格式塔学者就好像一个消防员，确保顺畅的流通，疏通线路，以避免干旱和洪涝。

在存在的结冰道路上，学习引导自己不打滑，不因为未及时刹车而失去对方向盘的控制；更好地了解汽车的反应并配合以动作，有信心，保持警惕……无论是哀伤还是狂怒，不要逃避，而是去面对，将其作为自己的情绪去认可，去爱，去"经历"：

> *"The only way to get out is to go through"*（皮尔斯）[1]

愤怒或欲望，所有的激情都如同看门犬，如果被关得太久则会变得危险，但是我不会因此听任它扑向每个行人! 为了驯服它，我必须经常接近它，尤其是必须让它把我当成朋友。对我的每一种情绪也是如此：认识并爱这些情绪，而非忽视或制止。

抑制情绪就像抑制行动，会导致神经症和精神病、心身疾病和社会动荡。[2] 必须超越阻碍或皮尔斯所说的"僵局"。他区分了神经症中的四层，表面的"惯例"层（符合习俗的社会角色）、内爆层（导致僵局）、情绪的外爆层和深处的真实层。[3]

对他来说，内爆是由同等强度的两种矛盾力之间的内在紧张

---

[1] "离开的唯一方法是穿越"（而非抑制或逃逸）。

[2] 见 Henri Labori, *L'inhibition de l'action*, Paris, Masson, 1979, 以及 *L'agressivité detournée*, Paris, U. G. E. 10/18, 1970. 另见：Simonton, *Guérir envers et contre tout*, Paris, L'Epi, 1982.

[3] F. Perls, « Acting Out vs. Acting Through », in J. Stevens, *Gestalt Is*, New York, Bantam Books, 1975.

引起的麻痹：例如，改变的欲望和改变的恐惧，这两种矛盾力动员了巨大的能量却毫无结果。导致内爆的阻碍、抑制或僵局与弗洛伊德指称为"死亡本能"的东西是相对立的：它更多地是一种"保存生命的冬眠"。

当僵局被超越时，我们就来到了所谓的"外爆"层，那里情绪自由地表露，尤其是性欲、愤怒、喜悦或哀伤。奇怪的是，最为棘手的是讨论喜悦并对之工作。

为了最好地表达情绪，我们一有机会就激励来访者去进行身体动员：起身、走路、改变方向、体验一个接触——谨慎的或明确的——温柔的或攻击性的……

我们建议物理放大自动诱发的体位或姿势，并身体演出言语提到的情境。

一个例子："用什么取代我的烦恼？"

治疗师——你是怎么坐着的？

米里埃尔（Muriel）：——我弓着，头向前倾……

T（治疗师）——你可以试着夸张地做这个姿势吗？

M——可以！……我觉得自己被压垮了……就好像我的肩上有一个巨大的负担……

（治疗师在他肩上放了一个大靠垫。）

M——哦！……比这个重多了！

（治疗师又堆了几个靠垫……）

T——你想试着站起来，并且就这样"过你的生活"吗？

（米里埃尔起身；她保持着压在背上的一堆靠垫，迟疑地走了几步……）

M——这样不行！我什么也做不了！

（她愤怒地将一个靠垫扔到地上。）

——好了！我摆脱掉那一个了！（一阵出神的沉默）这个！……是我的朋友吕西安让我越来越重的！他一刻也不让我安宁！

（过了一会儿，她将第二个靠垫扔到地上。）

M——而这个，这是我的秘书工作，它也让我厌烦！……我受够了！……我必须换工作！

（接着，她一个接一个地扔掉靠垫，它们象征：她残疾的老母亲……一个研究的团体项目……）

治疗师——现在呢？……

米里埃尔——现在？……我背上什么也没有了！我可以自由地走动（她走了几步）……但是我不知道去哪里！……也不知道做什么！……所有的那些烦恼，过去让我忙个不停！我没有拿出时间来做哪怕一点点规划！……

当我摆脱了所有这些讨厌的东西时，我觉得生活空虚！过去我的烦恼与我做伴！

（这个觉察在她几个月的治疗中将一直留存于她的心中。）

从身体到话语，从话语到身体

这里，从放大一个体态开始，我们逐渐地达到觉察：这是从身体向话语的进展。

但是在格式塔治疗中，人们也反向进行，即从话语向身体——尤其是通过有意演出的技术。这里所涉及的是部分地受到莫雷诺心理剧启发的一种态度。

由此，为了对梦工作，人们不是提议来访者用图像来言语联合，而是建议他依次具身化他梦中的不同人物或元素，甚至未成年人，并以他们的名义自我表达：例如，这样他将能够依次扮演——用言语或行动——呼唤他的一个老师、他的学生、这个学生的本子、写在这个本子上的一个句子或是单纯的一个墨迹……①

同样，人们可以建议象征性地身体演出一种得到表达的情感。

例如，帕特里克（Patrick）哀叹被"**封闭在自己的习惯之中**"。

在治疗师的示意下，团体通过在身体上抱紧他来象征情境……但是——让大家感到惊奇——他什么都没做来使自己解脱！

这样帕特里克很快就自己意识到，他对自由和主动性的欲望完全是智识和言语上的，而实际上，他那一刻的深层需要是既有的安全和家庭的热情中的一个温暖庇护所。

人们可以这样表述：以可见的、生成的方式，具身化通过言语表达出来的、最为多样化的情绪和情感，如拒绝、抛弃、"僵局"、对热情和社会认可的需要等等。或者，身体演出一些常用表达，如：

——我看不到"隧道的尽头"；

——我总是"孤独地在我的角落里"待着；

①　见第十三章有关"格式塔中的想象与梦"的内容。

——我从来无法"松手";

——我想"放弃一切";

……………

这可以是简短的演出，一个人完成或在团体的帮助下完成，或者是一个延长的段落。

克里斯蒂安及其祖父母

克里斯蒂安（Christian）14 岁。他是孤儿，由祖父母抚养长大。他们年老"守旧"。他们害怕各种事故，拒绝给他买他觊觎的轻便摩托。克里斯蒂安抱怨：

——他们不想理解我。他们太老了！……你看，在我和他们之间有一个虚空：我父母的那个位置……而这个空间，它将永远是虚空的！在我和他们之间，永远都会有那个空洞在！

我立刻建议他将他刚才表达的东西有形化：在他的椅子前，我放了另外两张椅子，空的，一张给他父母，另一张给他祖父母。这个实验让他开心起来：他对他祖父母说话，双手做成喇叭状：

——哎！你们，那里！你们听到我说话吗？……你们太老了！……你们聋了吗？

然后，他站在他祖父母一边，具身化为他所想的他们的形象；而且，从他父母那张空椅子上方，他做出"回答"，声音温柔：

——听到了！克里斯蒂安，我们听到你说话了！我们没那么老！我们才 57 岁！我们没有聋……

然后，克里斯蒂安笑了，神情放松。他起身，自发地排列好椅子。他对我说道：

——你知道……最终，我想我们能找到达成一致的方式：我会研究一下的！……

在穿过办公室大门的时候，他转身并指出：

——奇怪，15 天以来，我呼吸困难，而现在，看！（他深深地吸气）这里流动得"很顺畅"！……

这种简单的隐喻演出由此而体现了此时此地"言语具身化"行动的力量。

"游戏"或"练习"

正如人们所知的，格式塔治疗在个体治疗中和在团体情境中进行得一样好。在后一种情况下，身体使用的可能性倍增。事实上，在双人情境中，治疗师及其来访者直接的身体互动较为有限，这既有物质的原因也有心理或医学伦理学的原因（温柔可能表现出暧昧的意涵，这种危险限制了攻击性面质）。

相反地，根据自发浮现的情境，可以在团体中建议使用众多的热身或放大的"游戏"（jeux）或身体"练习"（excercices）。[1] 当然，这些"练习"无法事先精确地计划好[2]——就像人们还经

---

① 参见 Abraham Levitsky et Fritz Perls, « Les règles et les jeux de la Gestalt », in *Gestalt-Therapy Now*, New York, Harper & Row, 1970 (trad. multigraphiée par S. Ginger & L. Molette, Paris, IFEPP, 973).
② 然而，在一次治疗开始时几个可能的热身练习，或者设定条件的练习除外。

常遗憾地看到这样做，太经常了！事实上，最重要的是，这些练习适合于那一刻的气氛和关注事宜。

　　练习可以涉及整个团体或特定的某个来访者，体验的目的可以是多种多样的，依觉察而定：经历抛弃、放手、温柔、封闭、对抗、冒险、信任、限制等等。

　　例如，人们可以这样建议每个人去寻找房间里总体而言"他的最佳位置"，或者以参加者的身体做一个"团体雕塑"，以表达他对自己家庭的主观体验，又或者闭着眼睛体验相遇，再或者以身体防御"其领地"；人们可以抱一个参加者，让他"飞翔"，摇晃他或束缚他（站着或以胎儿的姿势），促使他通过让自己倒在团体的怀抱里来检验他的信任感，或是通过自愿自我疏离而检验他的不信任感。

　　几十个这样的"游戏"① ——最初用以辨别个体及其环境的

---

① 人们可以在众多著作中找到若干例子，如：

　　André Moreau, *La Gestalt-thérapie, chemin de vie*, Paris, Maloine, 1983.

　　William Schutz, *Joie*, Paris, L'Epi, 1974.

　　Gilbert Rapaille et Michèle Barzarch, *Je t'aime, je ne t'aime pas*, Paris, éd. Universitaires, 1974.

　　Jacques Durand-Dassier, *Groupes de rencontre, marathon*, Paris, l'Epi, 1973.

　　G. Guefand, R. Guenoun, A. Nonis, *Les Tribus éphémères*, Paris, l'Epi, 1973.

　　Michel Fustier, *Pratique de la Créativité*, Paris, ESF, 1976.

　　Aznar, Botton, Mariot, *56 fiches d'animation créative*, Paris, éd. d'Organisation, 1977.

　　H. Bossu et C. Chalaguier, *L'expression corporelle*. Paris. éd. d'Organisation, 1976.

　　H. Lewis et H. Streitfeld, *Growth Games*, New York, Bantam, 1970.

　　John Stevens, *Awareness*, Real People Press, Moab (USA), 1971.

创造性调整中的困难——现在变得很常见并脱离了原来的背景，并且是动不动就使用，经常没有方法论上的根据，甚至仅仅是为了娱乐！原则上，这是为了在某个明确的时刻，使我们接触边界上的接触、后撤、回避、阻抗或冲突过程得到强调。

当格式塔学者提议"练习"①时，不言自明的是，他并不满足于在他的"弹药库"里找到一个适合当时情境的练习：在每一刻，他都努力让他个人的创造性活跃起来，以便设想如何更好地感知所提及的东西，让暗含的东西明确起来。

治疗性身体触碰

在格式塔治疗中，交流并不只是言语或视觉的，身体的有效对质作为有力的动员元素而得到探索：攻击性身体对抗和温柔的交流。前者当然是受控制的，而且必要时以弹簧垫或靠垫作为中介；后者具有性成熟前父母亲般的内涵，或是具有明显的色情意味（按照理查德·迈耶的巧妙说法："合意身体"），也是受控制的，不过是在一个治疗的语境中实现的，超出了对莫雷诺式"仿佛"（comme si）的暗示。

身体接触，肌肤相亲，一般来说会触动深层情绪并经常使得前语言婴儿期的旧材料浮现出来成为可能，这种旧材料通过单纯以语言为中介的治疗很难接近。因此，提到出生或第一次吃奶的密集治疗并不罕见。

费伦齐在1931年便写道：

---

① 我不喜欢这个术语及其内涵，但是它得到广泛使用。更准确的说法会不会是："体验"（expérience）或"实验"（expérimentation）？

"当然，弗洛伊德有理由教育我们说，当分析成功地用回忆物取代你行动时，分析便赢得了一次胜利；但是我认为刺激被激活的重要材料也是有好处的，这种材料接下来可转化为回忆。"

精神分析英国学派（很大程度上来源于匈牙利学派）的好几位作者也强调这种被激活的身体材料的重要性，尤其是温尼科特——他与皮尔斯在思想上的"亲缘关系"在前文已经提到过了：我认为，尤其是在抱持技术（母亲对待她的婴儿的方式，抱着他）和处理技术（治疗操纵的方式）上。

弗朗斯·韦尔德曼的触摸法同样通过触摸来发展治疗，另外他还提出了格式塔治疗中一定数量的常用技术（对自己的身体说话，向着他者的身体"延长"自己的身体，驯服痛苦，等等）。

人们经常在精神分析师迪迪埃·安齐厄那里重新发现身体主题，他明确地受到英国学派的影响。例如，安齐厄写道：

"如今，很多治疗师的心理主义（psychologisme）中 [……] 大量缺少、轻视、否认 [……] 的是身体，而身体是人类现实生命维度，是性成熟前总体且不可化约的已知条件，是所有心理功能赖以支撑的基础。"①

---

① 见 Didier Anzieu, « Le Moi-peau », in *Le dehors et le dedans*, Nouvelle Revue de Psychanalyse, n° 9, Printemps 1974. （在这个时期，看起来他完全不了解格式塔——他明确地找到了其中几个经典的概念。）这篇文章扩展并收入他最近的著作：*Le Moi-Peau*, Paris, Dunod, 1985……在书中，他与之前相比不那么可原谅，他还是一句话都不提尔斯或是格式塔治疗，而提出的论点与之有时非常接近，有时则是相对立的。

这并不妨碍他制定"触碰的双重禁忌"，因此无意识地将来访者扔进"不可触碰"的范畴内，或是"贱民"种姓中。

然而，如果与治疗师的真实身体触碰经常使得开始工作成为可能的话，那么通过发展此时此地可以重现记忆（温柔、抛弃、强奸……）的具体情绪，这种触碰并不总是有助于透彻地表达感受到的情感。因此我们经常在"工作"中以靠垫来替代——这允许来访者走得更远，例如在必要时，猛烈地拍打它，抓它或朝它上面吐痰……假如他感到有需要的话——在一次自由而有启发性的宣泄中①，其后将在言语层面得到复述。

由此，通过身体或通过言语接近象征物，这种接近使人们有可能超越那一刻可触知的身体现实，但是这一现实有助于原初的情绪和能量动员：词语是可以定位的地图，但是身体依然是让汽车前进的发动机。

裸体、"浴池"、游泳池

在我们看来，身体工作的影响被裸体的使用显著放大了。

尽管我们自己经常与所有家庭成员②实践自然疗法，我们还是认为，如果裸体的团体心理治疗工作是建立在强制而粗暴的模

---

① 在突然而出乎意料的觉察中，我们经常会碰到一些人，他们终于认识到了多年来克制的对父母一方逝世的婴儿式狂怒，被精心压抑的愤怒……

② 我的父母从 30 年代起就已经是自然疗法运动的积极分子，因此我从婴幼儿时期开始就使用自然疗法。作为法国自然疗法联盟教育和文化委员会（*Commission éducative et culturelle* de la Fédération Française de Naturisme）的成员，我特意写了 *Initiation au naturisme*, in *La vie au soleil* (n° special, 1972)。

式基础上则会导致创伤，就像在保罗·宾德里姆（Paul Bindrim）的某些"裸体马拉松"团体中，他唆使他的培训生对身体所有部位进行公开仔细的检查，甚至包括最为隐秘的部位，跟他们谈论并让他们谈论……①

至于我们，在温泉、泳池或"浴池"（*hot-tub*）中工作时，我们更喜欢在可能的情况下以更为自发的（并且是可自行决定的）方式引入裸体。

浴池是一个集体大浴缸，通常是圆形或椭圆形的，可以容纳十几个人。其直径大约为 2.5 米——可以让一个来访者躺在水里——深为 1 米至 1.2 米。通常有一把长椅可以坐着，身体浸在水里，直到肩膀。水温是有机体的温度（35～37 摄氏度，据情况而定）。完善的浴池配有脉冲喷射水流系统，激起气泡，水流翻滚②，强度可调节，可以进行放松按摩。

这种设备在日本和加利福尼亚都变得流行起来，很多私人别墅除了传统的游泳池之外也安装了浴池。人们在那里喝茶，喝"血腥玛丽"鸡尾酒（番茄伏特加或威士忌），合适的时候人们在那里讨论……国际范围内的商业事务！

浴池效果是多重的，并且从格式塔治疗的视角来看，很容易使用。③

① 如参见 Jane Howard, *Touchez-moi, s'il vous plaît* (USA, 1970, trad., Paris, Tchou, 1976).
② 有时我们会碰到的"泡泡浴"这个名称就是这么来的。人们还说"按摩浴池"（[Jacuzzi] 出自一个经典的品牌）或水疗（[Spa] 出自比利时一个温泉疗养所的名字）。
③ 参见 Gonzague Masquelier, *Gestalt et hot-tub*, Paris, E.P.G., 1984, 以及 Chantal Marain, *L'eau, médiateur thérapeutique*, Paris, E.P.G., 1991.

　　沉浸在这个新环境中诱发某种"紧张"（［*stress*］在这个术语更为广泛的含义上，因为它可以是舒适的或令人不适的），以及我们所有适应系统功能运作的某种改变：呼吸、循环、感官、重力、排泄（排汗）等等。

　　此外，无论是否有意识，所有这些当然都让人想到产前的子宫内部情境，人们本能地以胎儿姿势躲藏起来，在赤裸的身体之间蜷缩着，泡在温热的"羊水"中，这并不罕见。这种设置（*setting*）[1] 有助于各种退行类型的躯体感受，并使得众多过去的（甚至"前出生"或"超个人的"）场景浮现出来，这些场景伴随着海洋一般的幸福感，或相反，存在性焦虑感或抛弃感……[2]

　　热引发的血管舒张带来血液循环和呼吸的加速，改变着血液的含氧量和 pH 值，由此以某种方式实现了新大脑皮质离散型"自我中毒"（auto-intoxication），类似于另一种更为粗暴地追求的加速，这后一种加速是由重生或生物能疗法所竭力推荐的肺部过度通气（"被迫"呼吸）练习带来的。通过逐渐的"自我催眠"让大脑皮层控制功能沉睡，这种做法促进解放了的大脑皮层下各层（大脑边缘系统的或下丘脑的）的表达，储存于这些区域无意识的原始情感或需要（狂怒或愤怒，抛弃恐惧或焦虑，吮吸反射或寻求温柔的反射，等等）可能因此浮现出来。[3]

　　发麻、刺痛或手足搐搦（尤其是嘴唇或双手）等经典反应可能出现，在信任的氛围中，这些反应很快就会消失。

　　重生、生物能、原始疗法或其他身心灵发展技术追求宣泄或

---

[1]　在精神分析中，这一术语指称治疗的各个场所在设备上的布置——具有其所有的象征意涵。

[2]　参见 Stanislav Grof, *Psychologie transpersonnelle*, Paris, Éd. Le Rocher 1984，以及他四个"前出生子宫"的假设。

[3]　见下章有关"大脑与格式塔治疗"的相应内容。

通灵，与它们诱发的反应相比，这些心理生理反应通常或更为隐蔽。它们根据个体及其当时的身体或情绪状态的不同而各不相同。

除了退行工作，水——温度与体温一样——和裸体所构成的特殊环境使得对众多情境的探索成为可能：放手体验、被淹没的恐惧、屏住呼吸潜水的快乐、与其他赤裸身体的近距离接触、对身体图像和性欲的工作……

工作的进行可以是在沉默中，也可以是在音乐声中的，可以说话亦可不说话，可睁眼亦可闭目，可集体亦可个体。治疗师可以提议进行体验或练习（看、接触、漂浮、按摩等等），或者相反地，单纯地陪伴来访者自发地进行"心身"体验，满足于鼓励他的觉察，激励他时不时地发出声音或词语，或者说出一些句子。

我们也以类似的方式使用一种**"治疗游泳池"**（piscine thérapeutique），加热至同样的温度。退行的含义不那么明显（不再是椭圆形，没有身体的靠近和接触），由于运动和搭档选择的自由，以及或许更为有趣的氛围，性含义更浓。

不言而喻，开始于水中的心理工作可以以个体或团体的形式在地面继续进行或是重新开始。它甚至可以为后续若干次的治疗提供养分。①

而且，面对这样浮现②而出的丰富材料，我们习惯于相对固定地在治疗的连续团体或是个人发展中提供一次热水中的工作。尽管这些治疗不是强制的，而且培训生如果希望的话可以穿着泳

---

① 约翰·利利（John Lily）甚至发展出了"隔绝感官的隔离舱"中的"水箱疗法"（tanking），这种疗法常常脱离治疗情境而遭商业化。

② 正好可以这么说！

装参加，我们看到，事先就经常表达过的担忧还是很快就会到来……而一开始最为犹豫的人经常会变成最经常要参加的人！在治疗结束的回顾中，这一体验经常作为"强烈"时刻甚至治疗的"转折"而被提及。

敏感性格式塔按摩

利用洗浴带来的裸体，我们经常提供一次加利福尼亚按摩（*massage californien*）治疗，也称为"敏感性格式塔按摩"（S.G.M.），它所依据的是一种简化技术，从我们在拉斐特（靠近旧金山）与玛格丽特·埃尔克（Margaret Elke）的培训那里得到启发。这是一种敏感且令人舒适的按摩，目的是在发自皮肤的性欲刺激（激发轻松而非性紧张）所带来的快乐中得到放松，这很好地整合了身体图示（通过概括性运动）和一种关系，一种在对接受或付出热情、温柔或能量的不断关注中，与搭档一起分享的关系。

> "放开你的头脑，到你的感觉那儿去。"[1]

皮尔斯喜欢重复这句话。然而，我们最大的感觉器官正是皮肤，它占了我们 2 平方米的体表面积、70% 的血液循环和几乎全部的神经末梢。[2]

在我们看来，敏感性格式塔按摩很容易与格式塔传统实践相协调。事实上人们从中找到了很多共同主题：

---

[1]　见"第一版序言"。
[2]　大脑只相当于我们体重的 2%，不过它消耗了我们 20% 的氧气和葡萄糖。

——接触-后撤循环（具有前接触和脱离的重要性）；

——在接触边界上的工作；

——总体存在的整体和整合取向；

——此时此地的工作；

——对感官性的觉察；

——右脑的激活（身体图示、形象和情绪）；

——治疗性同情中感受与情绪的分享

——他者和自己对每个人明显的不完美的接纳与尊重；

——对节奏、创造性和个人"风格"的尊重；

——对幸福的追求和对快乐的重视。

不对称的丰富性

我们喜欢提供"不对称的"变体：两个搭档中的一方提供按摩，另一方接受按摩（时长可以达到一个小时），不互换。我们希望由此打破社会事务的静态平衡，在这种平衡中每个人都被认定要及早地为他所接受的东西做出补偿。我们希望像鼓励自发需要的勇气，以及为选择当前主导需要和优先事项而承担责任那样，鼓励无私馈赠的不计报酬。

这种情况下，这并不暗示着下一次治疗时角色将自动互换，也不意味同样的两个搭档继续在一起。每个人按照自己的节奏，在相互依存的自主意识中，关注自身和他人的需要及欲望。

关于这一点，我想要提醒大家注意进化的一般意义，进化亦即从最初混乱的非对称，经由有组织的材料或原初生命的静态对称，达到这一进展的充满活力的不对称：

```
非对称 -----▶  对称  -----▶  不对称
```

一个生物在进化等级上"攀登"得越高，从各条轴的整体来看，其对称性就越小，这些轴有：高/低，前/后，右/左。一条切成两段的蚯蚓，尾巴造出头，头造出尾巴。

人类发展出了腿和胳膊、大拇指和其他手指、右和左的不对称。

后一种不对称很少有外部标识，而是在大部分哺乳类动物的内脏中体现出来（心、肝、脾、肠……），但是在人类中，它也存在于大脑。我们将会在下一章中详细说明。

人们甚至注意到右侧睾丸比左侧的高（就像所有的好裁缝都知道的那样!），而脸左边的毛比右边的毛更硬，更不驯服!

从阿米巴虫到蚯蚓，从鳄鱼到袋鼠，从猴子到人，有机体各个部位的分化和不断增加的专门化就这样确立起来。[1]

……顺着我的各种联合的依次浮现，我进入一段未曾预料的旅程：从身体到裸体，从浴池到按摩，从不对称到进化……是查阅地图的时候了，在迷路的焦虑出现之前!

身体、情绪与言语

因此，通过紧紧地抓住我所习惯的参照点和我对极端且刻意挑衅的概要化的喜好，我将总结如下：

---

[1] 参见 R. Caillois, *La dissymétrie*, Paris, Gallimard, NRF, 1973, 以及 *Co-Evolution*, n° 4 (n° spécial, « Droite/Gauche »), 1981.

——在精神分析中，人们谈论身体，但它不动；

——在心理剧中，身体动，但人们不谈论它；

——在格式塔治疗中，身体动，并且人们公开地谈论它。

我还将补充一点，即经验似乎表明：

> 无情绪动员的
>
> 言语觉察
>
> 无法促成深层调整，
>
> 除非是在很长的时期内；
>
> 而情绪宣泄之后
>
> 没有通过言语进行的新陈代谢
>
> 则正相反，只在短期内有效。

只有**二者的结合**似乎才使得迅速而持久的进化成为可能。[①]

最后，有一点我想我已经强调得足够多了：格式塔治疗给予以身体为载体、出现在治疗此时此地的"表面现象"中心地位，这完全不构成相关感受浮现的障碍，这些感受有时非常遥远，可能追溯至生命的头几个星期。因此假定——正如现在人们有时还会听到的那样——与精神分析、生物能分析、原始治疗或心理剧相比，格式塔治疗允许的退行更少，或者它达到的"深度"更小，这是不准确的。

另外，皮肤和大脑之间的紧密联系不会让任何人感到惊讶，因为这两种器官很大程度上都来自同一个最初的胚层：外胚层——它后来构成表皮、其他感觉器官的主要部分（嘴、鼻、耳、眼），当然还有全部的神经系统。

---

① 见第十四章的一项研究结果，研究对象是我们治疗连续团体的 200 位来访者的"诊后病历"。

> 外部和内部、
>
> 图形和背景之间的这种关系
>
> 就处于格式塔的正中心。

而且这种关系是到处都有的……甚至在政治中!

格式塔治疗在白宫

这样,在卡特总统的众多挫折之中,人们可以列举出几年前他与墨西哥总统的官方访问:后者用一个热情的拥抱欢迎他,整个手掌在他背上拍打,热烈地缠抱(*abrazo*)着他!当时,在十二家图像褪色的美国电视台的无情注视下,人们看到可怜的卡特跟跟跄跄,摇摇晃晃,蹒跚而苍白,然后重新喘了口气,以微弱而挣扎的声音表达……他的喜悦!人们说白宫的心理顾问开设了格式塔的一个快速密集课程,来鼓励总统更好地将他的身体、情感和言语相联系起来!

他言说的内容在形式面前消失了,而姿势、姿态,以及声音的音色和音调[①]的确即便不比使用的词语重要,那也经常是同等重要的。

安齐厄说道:"(治疗团体)监督者的声音特质比起他们试图说的内容影响更大,他们柔和、平静、安抚的声调被内摄了,而

[①] 人们知道阿尔弗雷德·托马蒂斯(Alfred Tomatis)有关对妊娠期母亲振动和声音的无意识记忆影响的研究(例如,可参阅 *La nuit utérine*,Paris, Stock, 1981)。这项工作引发长期争议,但是最近得到里尔大学一个团队的一些研究的证实。

话语本身被置于一旁。"①

在格式塔工作的所有场次中，声音的音色吸引着治疗师的注意：它不仅泄露了隐藏的各种情绪过程，而且经常揭示出退行可能的程度。因此，在成年人的话中，突然听到冒出顺从、爱哭或叛逆的"幼儿"的声音，这种情况并不少见，这个声音预示着有时被埋藏得很深的情绪回忆的显现。同样，重要的是知道将幼儿似的抽泣或呼喊的特殊音调和成人的哭泣喊叫区分开来。

因此我们经常提议来访者闭上眼睛，让对他显现的图像"升起"，这使得工作有可能在另一个层级，以有时是"身心阈限的"（sophro-liminal）模式继续。②

近体学

对了，我刚才和你们谈到了卡特总统……但是我迅速地保持了必要距离！因为按照近体学（proxémique）③法则，合适的做法是尊重他的神圣的保护"泡"边界，他自身的安全领地——正如人们所知，这在美国人那里比在西班牙人、阿拉伯人或俄国人那里明显地要更为广阔，碰面时的礼仪就是一个例证：远远的一

---

① Didier Anzieu, *Le Moi-peau*, *op. cit.*.
② 逼近一种"第二状态"（état second），接近于（身心学中的）自我催眠。（身心学［sophrologie］是哥伦比亚神经精神病学家阿方索·凯塞多自创的术语，从词源上看，来自希腊语的 *sôs*［和谐］、*phrên*［精神］。凯塞多从现象学、催眠、瑜伽、东方式冥想等等中获得启发，创立了一整套舒缓身体与精神紧张的技术，试图达到身心的和谐发展。——译注）
③ 关于空间和社会距离的组织研究。参见 Edward Hall, *La dimension cachée*, New York, 1966, trad. franc., Le Seuil, 1971.

声"嗨",握个手,拥抱,或者亲吻……

对适宜距离的这种追求在格式塔的前接触、接触和后撤循环中是一个基本要素,对此的恰当评估决定经常决定"接近操作"的成功或失败。

在工作场次中,某些治疗师提供问题的简单的解决办法,自己维持着一个固定的位置(他们的扶手椅或坐垫),由此让来访者自发地或在建议之下发挥主动性,在必要时保持距离地靠近,或是在某个时刻从他们感到合适的角度接近。这是传统技术"热椅子"(具有各种变体)。

其他人——包括我们——偏爱"漂浮的热椅子"([*floating hot-seat*]波尔斯特)这一更偶然但更灵活的技术,其中位置是"漂浮的",并且在一开始是不确定的。由治疗师和来访者一起去寻找——根据需要,通过有意识的实验摸索——对他们来说最为合适的空间位置:面对面、并排或是斜向的,远离或是靠近(必要时有可能进行身体接触)。

确定无疑的是,相遇的心理气氛得到有力的强调:

——如果来访者自己靠近,甚至侵入我的"领地",那么他要为可能的面质负起责任,或者正相反,他让自己处于信任或顺从的依赖姿势;

——反之,如果我主动靠近他,我"对他的领地的侵入"可能引发某种面质(公开的或含蓄的),或反过来,使得安全气氛得以建立(必要时通过身体接触加强这种气氛);

——侧面的位置①更多地让人想到陪伴而不是面质或依赖;

---

① 因此,对于一个有困难的青少年,并排坐在车里的旅程能够促进信任并使得开始某种心理治疗成为可能。

——如果每个人都保持距离地待着，躲在或者隔离在自己的领地中，从中产生的气氛就是谨慎、怀疑或对每个人自主性的尊重……

显然，提供一条事先确立的接近规则，这是不可能的，不过重要的是永远不要忽视搭档之间的空间相互安排。

* *
*

通过这一章的不同反思，人们可以看到格式塔治疗中身体的在场到了什么样的程度，隐喻的身体和真实的身体，在多个方向上的对话中受到召唤，这种对话的进行自身体到言语，自言语到身体，自来访者到治疗师，自治疗师到来访者。

从我这方面来说，我经常感到遗憾的是，精神分析过度聚焦于头脑而不顾身体，到我这里，我则不愿意让自己聚焦于身体却忽视头脑——就像某些皮尔斯的模仿者那样，他们处在反应式、煽动性的愤怒之中，按照 *bullshit*（"公牛屎""奶牛粪便"或"令人吃惊的蠢话"，根据翻译者的任性而定），将大部分的概念构想称为 *elephantshit*[①] 或 *chickenshit*（"小鸡屎"）！

同样，我们有充裕的实践去关心身体与头脑之间、物质与精神之间、外部与内部之间的交汇处……我想说就是大脑。

[①] 英文，直译为"大象屎"。——译注

第十二章
大脑与格式塔

在我看来，关于大脑生化学和心理学的哪怕是最少的信息对于所有心理治疗师，尤其是那些想要理解在格式塔治疗一次工作中发生了什么的人[1]来说都是绝对不可或缺的，特别是当这次治疗包含了情绪反应的时候。事实上，

> "情绪不过是对某些所谓'营养性'活动的意识，也就是说，不过是受外界或我们内部再现活动刺激的大脑边缘系统的活动结果。"[2]

当然，这里的问题不是详细讨论最近关于人脑的引人入胜的种种研究，作为参考，我明确说明一下：《行动的抑制》（*L'inhibition de l'acton*，Henri Laborit，1979）和《神经元之人》（*L'Homme neuronal*，Jean-Pierre Changeux，1983）的参考文献包括了超过 500 种文献；至于让-迪迪埃·樊尚的《激情的生物学》（*Biologie des passions*，Jean-Didier Vincent，1986），它提到

---

[1] 显然，人们能够很好地开车却从来没有打开过汽车的引擎盖……但是人们无法想象一个职业领航员对机械一无所知。

[2] Henri Labori, *L'inhibition de l'action*, Paris, Masson, 1979.

了超过 300 种文献！①

然而，我们经常没有意识到，我们每日都伴随着一些过程在工作，在一部希望相对全面地介绍格式塔的著作中，跳过有关这些过程的最重要的这一面，在我看来这是不可能的。

因此，我将试着在此对某些基本概念做个概要陈述——非常简短，但是以几张图和我自己的类比来说明——这些基本概念大部分来自当代近 10 年来的研究。

事实上，这些研究中最具决定性的完成于 70 年代之后，因此"第一代"的皮尔斯及其合作者并不具备这些根本的信息，这一点无论怎么强调都不为过。

至于弗洛伊德，自 20 世纪 20 年代以来他自己写道：

> "生物学真是一个具有无限可能的领域；我们应该等待着从它那里接收最令人震惊的光，而且我们无法猜测对于我们向它提出的问题，几十年后它将给出什么回答。这可能是些将会让我们所有假设的人为基础全部坍塌的回答！"

顺便说一下，我们应该记得自 1912 年起弗洛伊德就支持"人类过去的遗产不仅包括先天特质，而且包括内容，即以前世

---

① 这里列出了几本介绍大脑的著作，文献丰富并且易读。
　　· M. Ferguson, *La révolition du cerveau*, trad. franç., Paris, Calmann-Lévy, 1974.
　　· G. Lazorthes, *Le cerveau et l'esprit*, Paris, Flammrion, 1982. *Le cerveau et l'ordinateur*, Toulouse, Privat, 1988.
　　· H. Trocmé-Fabre, *J'apprends, donc je suis*, Paris, éd. d'organisation, 1987.
　　· D. Chalvin, *Utiliser tout son cerveau*, Paris, ESF, 1986.

代经历的记忆痕迹（engrammes）"。

今天的格式塔——正如精神分析——不可能借口所谓的"正统"或对某些部分过时假设的天真的忠诚而忽视当前的研究。

幸运的是，当前的研究给我们留下了在绝对专家之间选择的自由，让-皮埃尔·尚热（Jean-Pierre Changeux）正是这样的专家，他是坚决的还原论者和机械论者：

> "大脑在分子上或物理化学上全部是可描写的……心理活动和神经活动之间的分裂并不合理：从此以后，谈论'精神'有什么好处？［……］人从那时开始对'精神'不再有什么可做的，他只要做一个神经元的人就够了。"

又或者克洛德·科尔东（Claude Kordon），最近在波尔多组织召开了一个神经科学的全国会议：

> "哲学在物质和思想之间筑起的墙最终被摧毁了。从今以后我们拥有全部证据来证明大脑属于普通法，就像肝分泌胆汁那样，它分泌思想，利用的是同样的物理化学机制。"

而哲学研究者与人本主义神经生理学家让-迪迪埃·樊尚观点一致，樊尚向我们保证：

> "'模糊的大脑'，对个体情感和激情的那部分负责，它在某种程度上可能与回路大脑相重叠，后者主管感觉运动、认知和理性功能。"

让我们看看后者克制的结论：

> "所有目前我们已经成功破译的是一张字母表。我们还需要发现最重要的东西：语法和句法。"

微观结构的复杂性

大脑仍然是一个"处于发展之中"的节制整体，其神奇的隐藏资源不过是逐步地得到发现和利用。

"伴随着人的大脑，"德日进 1954 年时就提出，"出现了第三种无限，复杂性之无限。"[①] 于贝尔·里夫斯评价说，这里涉及的是整个宇宙最为复杂的一种结构。

极端的复杂性和持续的可塑性实际上是人脑的两个根本特性。要与大脑相匹敌，可能必须建造一台法国领土面积那么大、10 层楼那么高的最新计算机（其中指甲盖大小的一块芯片存储下整部的拉鲁斯词典）！美国科学家曾预计[②]，每个大脑拥有 125 万亿信息单位的存储容量，相当于美国国家档案馆容量的 10 倍，或相当于一亿本您正在阅读的书的容量！……

我们还要记得，这一非凡的整体最终是由一个仅有四个字母的符码构成的（这些字母一共可能构成 64 个不同的"词"或

[①] 另外两种当然是宇宙空间的无限大和原子结构的无限小。

[②] R. C. A. Corporation, *Advanced Technology Laboratories*, cite par G. Doman (du Evan Thomas Institute) in *Enfants : le droit au génie*, Paris, éd. Hommes et groupes, 1986.

"密码子"——其中仅有 20 个氨基酸为大自然所保留)① ——它们构成了所有有生命的物质,从一根草到高大的巨杉,从微生物到大象。

还有几个数字

仅仅一毫米长的细菌,其核酸序列包括两千万种符号。在人体中,这一序列为两米长,包括几千亿的符号。如果人们将一个人的 60 万亿个细胞的 DNA 分子按原来大小首尾相连,那么它们将延伸至整个的太阳系!因此,这将在我们的"生命物质"中形成相当乱的一些"线团"!

如果我们信息的内在储备保存在一本书里,遗传密码的准确性可以达到这样的程度:一本 500 页的书将不容许哪怕一个打印错误,一个字母有错,大多数时候整本书即遭到无情抛弃(自然流产)!

但是所有的一切都完全不是事先规划好的,这本"书"更可能是一个"本子",任何时候我们都可以在上面书写以更新它,或者可能是一台有生命并且灵活的计算机,配有无数不断改进并可自我编程的软件"图书馆"。

来自外胚层的神经元主要在子宫内生命的第 10—18 周成倍增加(每分钟 30 万个神经元的惊人速度),它们的建构完成于子

---

① 参见 Jacques Mnod, *Le hasard et la nécessité*, Paris, Le Seuil, 1970. 人们认为未明确使用的密码子作为多余的元素而被留存,以备可能的突变之用。

宫内生命的第5—7个月。之后，它们中没有一个得到更新：相反，我们在一生中的每一天都失去数万个神经元（中等长度的寿命中一共大约失去 10 亿个）——这并非悲剧，因为每个信息都"储存"在不同的地方[1]，而且无论如何，我们几乎只使用20%～40%的潜力（按照一些作者的说法，甚至更少），因此在我们生命的最后，我们还剩下很多未使用的（超过一半！）。

相反，如果神经元数量固定，那么它们的相互连接在我们的一生中可能是从单一的变成双重的：我们的联想的和情绪的心理活动不断地推动联系的神经元树突[2]上长出新的"棘"，构成了每个神经元从几十个到两万个（平均大约一万个）的突触连接。正是其"突触场"的广阔性带来了每个神经元功能上的丰富性。

总之，我们的智慧之树在我们出生前便种下了，但是接着，其分支不停息地萌发着，形成了某种原始灌木丛林。这一持久的萌芽或 *sprouting*，尤其使得头颅创伤后的复原成为可能。[3]

这种可塑性在生命的头几个月尤其重要——由此可知婴儿多种感官刺激对其后智力发展的好处[4]。但重要的是不要忽视神经

---

[1] 参见加利福尼亚神经外科医生卡尔·普里布拉姆（Karl Pribram）的著作《全息理论》（*Théorie holographique*）。

[2] 树突（［dendrite］不是我们经常听到的"dentrites"!）：来自希腊语 *dendritès*，与树（……而不是牙齿［dents］!）相关之物。

[3] 通过萌芽（*sprouting*）而复原的这些能力在年轻而健康的人身上特别强，在酗酒的人身上几乎没有，酒精使树突的繁殖萎缩。人们最近刚刚指出，新的神经元能够自我形成——尤其在海马脑回区域。

[4] 以及更为普遍地来说，早期学习的好处。因此，在许多犹太家庭中，儿童三岁开始学习阅读。参见伊万·托马斯早期学习发展学院（［Evan Thomas Institute pour le Développement précoce］美国费城）令人震惊的研究。参见 G. Doman, *Enfants : le droit au génie*（同前，见第 316 页注释[2]）。

元之间新的、多重的联系在整个生命中不断地建立①，特别是在格式塔治疗中，各次的治疗将不同大脑皮质和区域相互联系起来。大自然是谨慎的，它已经预见到种种试验性结合的情况：根据环境条件的不同，两个神经元的连接在双方可能稳定下来之前，一开始经常是暂时的。

今天人们估计这些关系（突触）的总数为 10^{15}，即一千万亿——可以有 $10^{2783000}$ 种不同的组合……也就是说一个带有……两百万个零的数字！

让我们在这些数字上停留一会儿，这些数字太多了，难以具体地理解。为此，如果想只是清点一下突触的数量，以每秒钟一千的速度（它们是实际存在的——与它们可能的组合相反），那也可能也需要一亿年！但这仍然是相当抽象的，因为如何去想象每秒钟数一万样东西呢？另外，一万对我们来说意味着什么？

因此我将举个最简单也最能说明问题的例子——这是我为我的孩子们想出来的：

想象一下我的工作时全职派发传单，一周 39 个小时，而这些"传单"由 100 法郎的纸币构成。当然，我会试着找一些人们最常去的地方，如火车站出口或演出大厅，而且我会向每个过路的人发 100 法郎的纸币，每 2 秒钟一张，一天 8 小时不停歇——直到手臂抽筋！

——"每个人可以想拿多少纸币就拿多少？"孩子们必

① 近来关于"第四年龄"（[quatrième âge] 指 80 及 80 岁以上的老年人）记忆发展的实验证明了这一点……但是获得的速度与生命的头两年（甚至头六年）几乎没法比！

然会问道。

——"当然了！直到每分钟 30 张……而且如果过路的人希望，他什么其他事也不做，就伸着手，那么在一个小时内他将收到 1800 张百元法郎的纸币，即 1800 万生丁！"

……好吧！在我整个奇怪职业生涯的最后，我将一共派发……1.15 亿张百元法郎纸币，也就是仅仅 110 亿法郎！①

现在让我们回到其他几个惊人的数字：

大脑可能包括总计三百亿至一千亿的神经元②，即至少为地球人口的十倍。

但是尤其不要忘记，这些神经元中的每一个都像一个真正的城市：其细胞体由几十万个大分子（图卢兹城）或蛋白质构成，它们自身又由氨基酸相互链接而成。某些大分子则包括几万或几十万的原子构成——原子本身则由几十个粒子构成！……

细胞体由一层五纳米（百万分之五毫米）厚的薄膜所包围，这层薄膜由两层分子构成——包含五种特别的蛋白质，其中"通道蛋白"（proteines-canaux）和"泵蛋白"（protéines-pompes）负责维持每个细胞内部特定的电化浓度：与细胞外部相比，钾浓度大十倍，钠浓度低十倍。细胞体备有"阀门"，根据地点和时间，以有利且合适的方式，对某些化学物质敞开大门，对另一些则关闭大门！……诸如此类。

总之，所有这些都以"智能的"、协调的方式几乎是在瞬间

---

① 一个星期 39 小时＝大约一年工作 1700 小时（包括带薪休假），工作 37 又 1/2 年，即：63 750 工作小时×1800 张/小时＝114 750 000 张。

② 据尚热所估计的。按照这些作者的说法，这个数字从 120 亿至 1000 亿不等……但是我们只有大约几十亿人口！

进行！

因此，例如在半毫秒之内，三百万分子释放于突触内部的每个空间（百万分之二毫米的宽度）……

也就是说，如果一个人叫一声"塞尔日"，只要我的耳朵听到第一个字母"S"，我的几百万个突触就已经每一个都分泌了化学神经递质（乙酰胆碱等）的三百万个活性分子：这就像电话在三百万个巴黎人家里同时响起警报，让他们为某项可能的活动而动员起来！

但是有可能人们白白接了电话！事实上，人们叫的不是"塞尔日"（Serge），而是"西蒙"（Simon）！这没关系！后突触薄膜将会重新在一毫秒之内找到它的静息电位，并将因此而为另一个呼叫做好准备。我的各种酶将瞬间将错误释放的化学介质分子转化为惰性物质。这个"接触-后撤的微循环"将持续不到千分之一秒。

因此神经流在第千分之十毫秒发动，其传播则慢得多。人们能够区分出沿着神经细胞的轴突进行的电子类型的传播（每秒钟100至200米）和化学类型的传播（突触层面上的），后者要慢得多。

与人们可能会想象的相反，这种变慢包括了进化上的一个重要进步，因为这不再是通过"全有或全无"而进行功能运作（就像一台普通的计算机，以二进制系统为基础：电流通过或不通过），这种神经冲动有能力进行精细的"定性"功能运作，其行进可以调解和"引导"，每种神经递质都只有与专门的感受器一起才能传播。这一神经冲动不仅定位于空间中，而且定位于时间中——它只在必要时间内持续，随后便被抹去，不留下一点痕迹，被我们"贪婪的"各种酶所吞噬殆尽。这种"清除"必须小心翼翼地进行，因为某些神经介质被激活的剂量是……十亿分之一克！

因此，人们可以看到，我们的大脑比计算机要完美得多，因为其"通关大门"不仅可以为这个或那个"访问者"打开或关闭，而且能够逐渐地打开一点儿。关于这些数据，在头昏脑涨之前我们就此打住。借助于正电子摄像机（caméra à positons[①]），我们大脑所有的这些生化活动目前都可以通过脑室而被拍摄下来（所谓的表意文字技术）。由此人们可以对活动大脑区域进行定位，观察氧气和葡萄糖的大量消耗。人们由此可以看到实验对象正在进行的心理或情感活动的类型，并且可以知道他是否在思考一个数学问题、一段旋律、一幅美丽的画或是他的女朋友。我们离著名的"测谎仪"不再那么遥远了……

无意识

……而所有这些都是在我们不知道的情况下，以"超级精工牌"计时器的精度运行的，这个计时器在我们整个一生中误差不超过十分之一秒！

因此，这里隐藏着我们真正的"无意识"的一面，还有它无法形容的丰富性！这是一种在进化的几十亿年间建构起来的活跃结构，不断地适应内部和外部环境各种动荡不定的状况，由种种细胞所构成，这些细胞不仅记载、印刻着我们短暂一生的所有体

---

① 人们有时也称 positrons。(positron 为"正电子"的英语拼写。——译注)

验，而且可能带着世界自诞生起的各个事件的痕迹①，总之，我
们的基因遗产——每个夜晚它在我们的梦中得到"重温"（甚至
"重新调整"）。②

这些无意识在格式塔治疗中不公开地使用着，自然处于弗洛
伊德的无意识（其主要成分首先是意识材料，其次是为前意识-
意识系统所压抑的东西）这一边，无意识可能存储于更为"表
面"的地方，或许在右脑的大脑皮质的各个连接处——如果我们
相信拉博里的假设的话。

真正深层的无意识还包括大脑皮质下的各层，因此更靠近荣
格的集体无意识，以及"超个人"流派目前提出的一些概念。③

尽管如此，"我们所能确定的是，每个人身上都存在一个巨
大的信息体，早在胚胎阶段就储存、分布于全部的神经网络及其
细胞核的结节之中，并处于永恒的修正中……或者，用拉博里的
话来说，'在空间上扩散，在时间上演进'"④。

现在该离开神经元微观结构，转而花些时间关注我们"四个
大脑"的宏观结构及其各自的功能了。

---

① 参见 Jean Charon, *J'ai vécu quinze milliards d'années*, Paris, Albin Mi-
chel, 1983. 宇宙可能诞生于 150 亿年前，而且按照尚热的观点，物质的
每个电子都负载着信息，都是"精神搬运工"：他称之为"永世"（*éon*），
或"心理物质"粒子，运输着世界的集体无意识。当然，这是一个诱人却
并不科学的假设。

② 见下一章。

③ 参见 Stanislav Grof, *Psychologie transpersonnelle*. 1981 年在美国出版，
法语译本为 éd. du Rocher, Monaco, 1984。

④ J. Picat, *Le rêve et ses fonctions*, Paris, Masson, 1984.

我们的四个大脑

四个？为什么四个？

事实上，我同时考虑了传统上相互区别的三个"阶段"："爬行动物"脑、边缘系统和新大脑皮质。但是我要将最后这一个阶段的两个半球的每一个分开来盘点，因为它们的功能完全不同。

当然，我也可以清点出六个大脑，如果我考虑五个阶段，最后一个阶段调整为两个"公寓"，由一条走廊（胼胝体）相连：

- 三个爬行动物层（延髓、小脑、下丘脑）；

- 一个边缘层（它自身又可分为两部分）；

- 还有皮质层的两个半球……

尽管如此，我仅仅做一个总体概述——汇集众多人的研究，尤其是：尚热、格施温德（Geschwind）、赫尔曼（Herrmann）、茹韦（Jouvet）、科尔东、拉博里、马克·利恩（Mac Lean）、莱尔米特（Lhermitte）、内维尔（Neville）、彭菲尔德（Penfield）、皮卡、普里布拉姆、斯佩里（Sperry）、樊尚、惠特克（Whittaker）等等。

大脑的每个区域都有专门的功能，但是每个部分都与其他部分相连。因此这是一项紧密的"团队工作"，每个成员都有自己的角色和专长——它每时每刻都让全部的合作者皆受益于此。

传统上人们区分了三个"阶段"或层级——或三个"大脑"——其中的每一个都对应于物种进化的一个重要阶段（种系发生）。

1. 爬行动物脑

爬行动物脑主要包括网状结构，管理清醒和睡眠，以及下丘脑，勉勉强强有大拇指指甲那么大，协调着我们全部的生命功能：饥饿、口渴、性欲、体温调节和新陈代谢。另外，它与脑垂体进行直接的互动，是"乐队指挥"，负责总体的内分泌平衡，尽管它不到一克重。

因此它是我们的"直觉中心"，特别是它管理着我们进食和性方面的"攻击"反应①，确保个体和物种的生存。

它不停地促进体内平衡，也就是说，它监视着我们内在环境的此时此地。

这个阶段在哺乳动物的先驱爬行动物那里就已经存在了——它的名字的来源。它在新生儿和"意识的状态改变"或昏迷中都发挥功能。它尤其干预着我们情感的产生，而情感是我们的功能的能量活化剂。可以说，这是地下的"机器室"，提供电和暖气，并调节水流通和垃圾清运。

2. 边缘系统②

边缘系统出现于鸟类和低等哺乳类动物中：使它们能够超越天生的刻板行为（直觉），这种行为受爬行动物脑指挥，被证明无法适应新的情境。

特别是它包括了在记忆过程中具有中心作用的海马体，以及调节我们情绪的杏仁核。

_____

① 参见皮尔斯的第一本书《自我、饥饿与攻击》。
② 边缘系统（limbique）来自拉丁语 *limbus*："边、边缘、边界"。

马克·利恩区分了六种基本情绪：欲望、愤怒、惊奇或恐惧、悲痛、快乐和喜爱。

边缘系统使得通过给我们的体验进行情绪着色来学习成为可能："愉快的"行为将会得到增强，而伴随"惩罚"的行为将导致日后的厌恶态度。

记忆和情绪就是这样从根本上相联系的。情绪促进所有学习的记录和条件反射的建立。

在格式塔治疗工作中，所有的情绪表现都试图让相关的回忆浮现出来，反之，所有深刻的回忆都伴随着"相应的"情绪。

因此，必要时，边缘系统有助于整合我们的过去与一种可能的"再记录"，即对"再编程"的"修复性"体验的再记录（行为治疗和"神经语言程序学"或 P.N.L. 使用此类体验）。

边缘系统尤其生产了调节痛苦、焦虑和情绪生活的内啡肽（有机体的天然吗啡）。但是如果生命焦虑减少太多，淡淡的舒适感就会产生，导致冷漠和消极："我们的大脑是一株罂粟。"

它还分泌众多神经递质——其中包括多巴胺（觉察激素），调节警惕、关注和发现的快乐，并因此是欲望的多价活化剂，没有任何的专一性（与让-迪迪埃·樊尚最喜欢的小小的促性腺激素释放激素［*lulibérine*］正相反，这种激素是性与爱的关键激素）。

按照某些生物学家的观点，精神分裂症与多巴胺的过度分泌有关。后者由苯丙胺所激活，由某些神经镇静剂所抑制。麦角酸二乙酰胺（L.S.D.）与多巴胺作用于同一种感受器。

高潮是一种大脑体验，主要发生于边缘系统，它能够使内啡肽的分泌量增至四倍（幸福感和痛苦的缓解正是来源于此）。"性更靠近帽子而非内裤。"

中间脑

某些作者——如彭菲尔德——提议将"大脑皮质下"的两个结构（爬行动物脑和边缘系统）合称为中间脑。

这个下丘脑-边缘系统的"中间大脑"因此可能与人们口语里所称的"心"是一致的。这样，我们的心在头脑里，而非胸膛里！

中间脑负责维持胜利和心理情感的平衡，以及受限的体内平衡（在内环境中），而大脑皮质——我们与环境关系的主要载体，可能参与全身性体内平衡（拉博里），即整个有机体与环境相关的平衡。

人们知道格式塔中的"健康状态"定义与这些概念密切相关。

人们可能会说——以有些简单的方式——"心理-躯体"治疗和"心理-情绪"治疗通过动员中间脑的深层次而起作用，而主要以言语为载体的心理治疗更多地在大脑皮质的更表面的各个层工作——或者，人们可能会以更形象的方式区分"心的心理治疗"和"脑的心理治疗"……

3. 新大脑皮质

新大脑皮质构成出现于高等哺乳动物的大脑皮层的"灰"质。其厚度为 2 至 4 毫米，其"褶皱"表面覆盖了一块边长为 63 厘米的正方形区域。它是思考与创造活动的载体，对人类来说，还是想象和意志的载体。

来自外部世界的各种感觉正是在这里整理和分类的。这些感觉其后在这里协调为重要的感知（在关联区），使得身体图示和

随意运动性活动（顶叶）的整合成为可能。我们的世界图像正是
在这里建构的，同样在此建构的还有我们的口头与书面语言，语
言使我们摆脱了即刻的体验，从重复转向了预测，继而转向对未
来的展望。

预测依靠的是记录在边缘系统的各种体验，从已知的过去去
探索可能的未来：事实上，预测因此是从现在向未来发展。

展望（或未来学）则是反向操作，通过预期想象希望中的未
来，由此推导出一个有效的当下行为，为此而做准备：展望从未
来向现在发展。

而且人们可能注意到，我们的大脑皮质中存在一处较少提及
的前/后（额叶/顶叶）不对称。

前额区域，在人类中尤其发达（占大脑皮质的 30％，而在
黑猩猩中占 17％，在狗中占 7％），是有意识的注意、意愿和自由
的主要器官：我们的自我批评、决定和规划正是在这里构思的。

前额损伤会导致对外部环境的过度依赖：边界在一种生物生
理的"融合"中遭到废除。病人采取一种准自动化的使用或模仿
行为①，这种行为受到他们对外部世界的感知的限制：看见一个
锤子，他们"修修弄弄"；看到一个瓶子，他们"喝酒"；一张
床，他们睡觉；他们对面的人做一个动作，他们便模仿他。前额
区域与顶叶是相对的，顶叶告知我们有关环境的信息，而前额区
域抑制这些信息，由此使得我们通过挑选自由行为而做出刻意的
选择。前额区域制止准自动化的、盲目的反应，我们以前的状况
和外部环境的影响诱发了这些反应。因此，通过对不适合我们的

---

① ……也就是一种"放肆的"行为！

F. Lhermitte, « Autonomie de l'homme et lobe frontal », in *Bull. académie nat. Médec*, n° 168, pp. 224-228, 1984.

大脑的三个阶段（据马克·利恩）

新大脑皮质

边缘系统

爬行动物
脑

脑垂体

小脑

超我

自我

本我

等级：
大脑皮质
（未来）

边缘系统
（未来）

爬行动物
（未来）

自我

人格

本我

在弗洛伊德第二定位（seconde topique）中，自我被"囚禁"于本我和超我之间，必须在两条阵线上斗争。

格式塔更接近大脑结构：自我自由地充分成长；它从本我冲动（直觉），以及构成"人格"的认知与情绪体验中（边缘系统）汲取力量。

外界引诱说"不"这一能力，我们的自主性在生物学上得以表现出来。在格式塔中，人们经常对"是"和"不"、对自由选择的责任进行工作。

要着重指出的是，众多解剖学的连接保证了额叶和边缘系统的紧密联系，由此将我们的决定和我们的情绪相互联合。

如果人们希望维持格式塔治疗中完成的"工作"的长久痕迹，可取的做法是动员中间脑的深层次（有利于情绪），并同步动员言语的解释和记录，这种解释和记录伴随着意识的产生，以及思想或规划的形成。

从某种意义上说，人们或许可以说，在解释一个文本前必须"预热"复印机。或者，要想录制磁带，必须正确地接通录音机的电源，按下"红色"按钮。人们甚至会试着在旧的文本上重新录下新的信息，前提是已经精确地确定旧文本的位置：与此有点相似的是，当一个充满情绪的回忆浮现时，治疗中来访者经历与过去难以忍受的体验有关的一个新的、积极的体验。

人们可以由此而事后重新整理旧的回忆①，重塑童年的一些场景，或是调整内化的父母形象，正如人们今天能够重构一幅旧镶嵌画的缺失或损坏的元素，并与留存的印记保持一致。

记忆与遗忘

即时记忆，即不稳定的"工作记忆"，未被储存，由大脑皮质的突触相互联系构成，持续时间短暂（30 至 40 秒）：正是它使我能够在必要的一段时间内记住电话号码等，将它在键盘上敲出来。

短时记忆，可能维持几分钟到几个小时，似乎是在边缘系统中（海马体等）编码和存储。

---

① 另外，这可能是梦的众多功能之一，尤其是重复的梦，这一功能即逐步地"去戏剧化"某些紧张的情绪负担（见下一章）。

但是严格意义上的记忆，或不可磨灭的长时记忆，包含新大脑皮质中的信息转移，在新大脑皮质中，记忆似乎同时"存储"在不同的地方。记忆印迹是分散的，双边的。事实上，它不是保存在固定的物质结构里的（如图书馆里的书），而更多地是痕迹、神经元通路的"磨损"（frayage）：流——就像人类——沿着已经投入使用的路通行更为顺畅。[①] 这样，通过 ARN（核糖核酸）分子结构的一种新的形成（格式塔形成），大脑可能为物质添加了信息。

长时记忆首先包括即时记忆或短时记忆的记录（在边缘系统结构的层级上：海马体等）。

人们或许可以说，我用我大脑皮质枕叶部分的敏感而脆弱的那一层来拍摄自己的照片，我在边缘系统的化学实验室中对其进行处理，然后，我还必须将其"固定"，在固定前，我要让丈量我的大脑皮质通道的不同信使核糖核酸散发几个样本（保险起见）。

而且，既然我在隐喻中，为什么不再提一下"工作记忆"，即我的计算机屏幕的暂时活跃记忆，任何时候我都可以修改或抹去，还可以提一下转移到磁盘的外部记忆——在磁盘中"备份"，即便我切断我注意的电源。当然，所有这一切都依照记录在我细胞遗传密码中的"只读记忆"程序运行，并且管理着我的边缘系统的各种本能……

对某些作者来说，这些旨在保存当日回忆的编码和转移操作可能是每个夜晚在"反常"睡眠中（梦中）完成的。[②] 这样一个

---

① 广义上，人们可以说一张纸保存了一封信的"记忆"。

② 例如，正因如此，剥夺反常睡眠并不能使老鼠记住一次学习。Guy Lazorthes, *Le Cerveau et l'esprit*, Paris, Flammarion, 1982.

假设之下，人们或许能够以意想不到的方式说，梦不仅仅体现了

· 无意识——开辟通往意识之路；

· 也可以体现意识——开辟通往无意识之路（更新我们的信息存储）。

而且，人们知道短暂的昏迷会抹去事故发生前几小时的回忆（创伤后遗忘）。

一个格式塔紧急干预网络？（格式塔紧急医疗救助中心）

为了限制创伤的心理后果，难道不能以治疗的名义有意使用相似的原则吗？这可能只需在第一个夜晚之前着手"清除"痛苦的回忆。这一点似乎不需要使用昏迷就能够做到！

最近我有机会好几次像这样试验了紧急的"即刻"工作，在创伤发生之后的几个小时内，在一个"夜晚过去"之前。

车祸或强奸的立即重现，伴随着强烈的宣泄性情绪共鸣——但是这一次是在治疗的温暖、安全的气氛下进行的——似乎使得焦虑在印刻之前便得到表达成为可能，并由此让创伤形象与积极的情绪相联系，激发受害者通过行动超越忍受。

尽管如此，来访者的证言令人震惊："保持距离"几乎是立即出现的，随后他们冷漠地讲述他们的事故，就好像这发生在第三个人身上。

当然，工作的这种私人假设可能需要更深入的研究，但是它或许证明了有理由以格罗夫创立的旨在处理"超个人危机"的"国际紧急网络"（*International emergency network*）为范例，逐步建立格式塔紧急干预网络。

不言而喻的是，这并不是促进创伤的某种"抑制"。另外，如拉博里所指出的[①]，无意识的真正危险并不在于被压抑的材料，正相反，在于那些过于容易被接受、"内摄"、自动化，此后却从不被质疑的东西。这样，必须驱逐的是"自动的"无意识，它将我们囚禁在刻板印象之中，而非"被压抑物"之中。

无意识——对拉博里来说——可能不是冲突的场地，正相反，或许是过于被动的接纳的场所。正是有意识的决定包括了如下二者之间的持久冲突：一是无意识的自动症所带来的决定性压力，这些无意识是先天的或后天的；二是自由而偶然的选择（大脑皮质-边缘系统的），这种选择是我们的意愿和想象所能允许的。

回忆未被铭记，这也人为地出现在外科手术的麻醉中：病人既无感受亦无情绪与痛苦，大脑皮质的记录并未发生。[②] 有一个特殊的情况值得我们注意：这就是"强化麻醉"，由联合使用一种麻醉剂和一种神经阻滞剂而产生（Laborit，1950）。病人失去意识，而人们可以着手进行主要的干预，但是他继续回应一些简单的言语命令（"张开嘴"，"闭上眼睛"，等等）。在这种情况下，语言作为一种物理刺激而起作用，在边缘系统引发自动条件反射。

---

① Henri Laborit, *L'inhibition de l'action*, Paris, Masson, 1979.

② 另一个争议——同样是玛丽·珀蒂在其关于格式塔治疗的论文中提出的——在于来访者遗忘了一次特别重要的个人工作，而这次工作持久地改变了他此后生活的模式。对于这个主题我发表了诸多假设：未铭记——同一时间的一次宣泄性情感参与（脓肿已经破裂了并很快地结痂了）、防御性压抑，或者体验的完全同化（同样，当我很好地"消化"一个信息时，我还不知道我从哪里获得它：它现在构成了我自己的一部分）。这种现象很常见，而且总是令人震惊的。

　　在我们的格式塔个人体验中，我们经常遇到类似的场景——常常令团体参与者感到震惊：一个来访者会处于"第二状态"、明显的退行和"前语言"行为中，为激烈的狂怒所困或因烦躁而痛哭，但同时完全可以接受简单的命令（"担心暖气片"，"你可以咬靠垫"……）。事实上，这同时在两个不同等级上运行，一次短暂的反思类型的行为治疗不会打断正在进行中的深刻过程的发展。

行动的抑制

　　与这些局部、受诱发且非常短暂的中断相反的是，正在进行中动作的自发、持久尤其是重复的中断，这些中断具有最终导致病理性后果的风险。因此这是"行动抑制系统"（［*système d'inhibition de l'action*］ S.I.A.）的慢性化功能运作。当有机体的正常防御反应（逃避或斗争）不可能或不合适时（事先便数次伴随着负面的效果），这个系统便会起作用。例如：不回应老板的斥责。

　　顺便说一下，拉博里区分了四种类型的基础行为：

　　·两种先天行为

　　——"消耗"（喝、吃、交配）

　　——"防御"（逃避或斗争）

　　·两种后天行为

　　——恰当的行动

　　——行动的抑制

　　与所有的制动系统一样，这种抑制机制在有机体中只是作为紧急援救系统而预计的，目的在于在非常短的时间内运行。但是如果人们长时间"踩刹车"，那么整体"加热"和过量产生并且未被代谢的神经递质，将导致极为多样的麻烦：神经症、精神病、心理-躯体疾病（胃溃疡、高血压、某些癌症……）

大脑的三个"阶段"

爬行动物脑	边缘系统	新大脑皮质
爬行动物 原脑（archencéphale）	低等哺乳动物 旧脑（paléencéphale）	高等哺乳动物 新脑（néencéphale）
下丘脑：食欲、性欲 网状质的形成：清醒状态 ＋大脑垂体：内分泌调节	海马体：记忆 杏仁核：情绪（与额叶的联系）	感觉区域 运动区域 联想区域 额叶（决定）
生命能（冲动） 先天自动症	主观情绪体验 记忆与情绪	创造性想象 思想
生命功能（本能）和/或营养功能：饿、渴、困、性欲、攻击、领土意识、体温和内分泌调节。维持内稳态。	后天学习：得益于行为的情感着色而获得的条件反射和自动症（奖赏与惩罚、快乐与痛苦、恐惧或厌恶）。	适应于这一刻原始情境的智慧而自主的行为，以及使得对未来展望成为可能的想象。
先天反射	习惯	随意反应
整合当下（得益于生化自动调节）	整合过去（得益于记忆体验的情绪着色）	建构未来（得益于反思意识）
"低级"大脑（在新生儿中和昏迷时起作用）	"中间"大脑	"高级"大脑
大脑皮质下结构 "中间脑"		大脑皮质结构 大脑皮质

爬行动物脑	边缘系统	新大脑皮质
"白质" （神经元的延伸：轴突和树突）		"灰质" （神经元的细胞体）
"心"		"头脑"
"受限的体内平衡" （内在环境的稳定）		"全身性体内平衡" （整个有机体与环境相关的平衡）
（先天）——刻板行为——（后天）		自由行为
（冲动）——无意识——（自动症）		意识

©塞尔日·金泽，1986

对于生物学家亨利·拉博里来说①，行动的抑制可能正是因此而成为所有疾病的基础——就像对弗里茨·皮尔斯来说，格式塔的中断或"未完成的格式塔"可能是所有神经症的来源。

还是按照拉博里的说法，这种类型的被中断或被禁止的行为在我们这个"胁迫性社会"（société de contrainte）中尤为常见，其中具有这种行为的多数是那些"被支配的"人格——这些人没有时间表达自己的需要、欲望或愤怒——而非那些"老大"，他们压力缠身，但是自认为有权采取远高于一般水平的攻击行为和性行为。

通过身体来进行一次格式塔治疗，这看上去限制了行动抑制的多重致病后果，有可能更好地识别优先的需要，满足这些需要，并且积极地表达情绪，尤其是愤怒、温柔、悲伤和快乐——所有这些经常是以隐喻的模式进行的。

---

① 以及我们的同事，生物能和格式塔学者热罗姆·利斯（Jérome Liss）。

脑半球的不对称性

很久以来人们就知道，人的大脑的特点是很不对称，在解剖图上和功能图上都能看出这一点，而我已经强调过，这是进化的一个明显标志。

在猴子中，左撇子和右撇子一样多，而在人类中，右撇子占了全部人口的 92%[1]（因此他们大脑的左半球被称为"主导"半球）。

现在人们知道左右大脑的这一不同发展在出生前便开始了，与性激素的产生有密切关系。

人们观察到一点，当大脑的一个半球工作时，眼睛趋于转向相反的一边。从出生开始，95% 的新生儿在仰睡时将头侧向右边。这似乎是一种物种的遗传编程，一种"生物语法"（出自沙托［Château］），调节着母婴关系的句法，促进依恋"在出生之后几十分钟内建构起来，并在随后的几个月和几年内，在孩子和母亲之间各种交流的不同寻常的复杂性之中，铺展开来"[2]。

人们因此发现了"在母亲和儿童大脑中整个事先规划好的互动目录［……］伴随着一个在几个小时内上演的命运那不可阻抗的特点，它运行着。［……］在最初的 45 分钟内，接触越是密切，依恋越是牢固"。80% 的母亲（在左撇子中也有 78%）自发地将孩子抱在左侧胸膛（心脏的那一边）。出生后 24 小时内未接触婴儿的母亲最经常地将婴儿反常地抱在右侧"。与"左边宝

---

[1]　亦即：左撇子在猴子中占 50%，在男孩中占 10%，在女孩中占 4%。
[2]　J. D. Vincent, *Biologie des passions*, Paris, éd. Odile Jacob, 1986.

宝"① 相比，这个"右边宝宝"需要的医疗救助是其两倍！

回想一下，**左半脑**尤其是言语的、分析逻辑的和"科学的"，而**右边脑**是"无声的"、空间的、类比的、综合的和"艺术的"。这还涉及方向、身体图示、人脸识别、图像、音乐②、情绪和梦。人们可以这样说，"人用他的左脑思考，用他的右脑做梦"。

要补充说明的是，左半脑调节时间中的定向，并因此调节事件的单向线性连续，即它们的连接：它促进介入行动。而右半脑调节空间中的定位，并因此调节多向离散，而且它促进解脱。

人们已经看到，格式塔治疗中经常需要用到这个半脑，而左半脑更多地在主要以言语为主的心理治疗中使用。

在大脑方面，身体动员、情绪和图像的生产之间存在密切联系，人们可以认为，以身体或情绪为中介的全部的心理治疗都是"右脑心理治疗"。

这是些现在为所有研究者所认可，也为大多数从业者所知晓的概念。但是我想补充几个不常被提到的要点。

首先，永远不要忽略一点，即通过 2 亿条胼胝体纤维，我们大脑的两个半球处于密切而持久的相互联系之中。③ 这就好像欧洲所有的居民都在同一时间不停地打电话！

因此，我们的两个脑不断地联合工作：所有来自外部世界的信息都首先同时到达两个半脑。每个大脑都从中抽取出属于它的信息，并按照它的专长进行处理。然后每个大脑半球都逐步地与另一个半球交流信息如此处理之后得出的结果。大脑的每个部分

---

① J. D. Vincent, *Biologie des passions*, Paris, éd. Odile Jacob, 1986.

② 与普通人相比，音乐家中左撇子的比例要高两倍。

③ 除了在"反常睡眠"（梦）的各个阶段，其中胼胝体的活动显著下降（"内部电话"在夜里切断了！）。

都具有自己的记忆，并且将未加工的感官数据"归档"，只有重要的结论被传递至另一个半球。

总而言之，这是一种密切的团队工作（并不缺乏竞争），就像在一家报纸的编辑部中那样：每个栏目的负责人都挑选与其相关的信息，整理总结，然后整个编辑团队都知道编辑出来的报纸内容，可能就某位同事的工作发表评论。主要的数据存储在中央档案里，而每个人都保存着自己个人的草稿记录。

因此，例如，两个大脑接收到两只手传来的触觉信息，正是回应的快速让人们知道哪一边在处理信息。左撇子运动员在高水平快速竞争中（击剑、乒乓球、网球①等等）经常具有的优势正是来源于此，因为在他们身上，对空间的视觉感知和左臂的运动控制在同一个半脑中进行，因此赢得了宝贵的百分之几秒时间。

至于语言中心，在96％的人中（即在98％的右撇子中，但也在三分之二的左撇子中，与通常的看法相反），它位于左边。

大脑的两个半球

（最好横向阅读）

左脑	右脑
• 言语：语言、词汇 （96％的人的语言区：98％的右撇子和70％的左撇子）	• 无声的：图像、形状、颜色
• "科学的"	• "艺术的"
• 时间	• 空间
• 逻辑的	• 类比的、直觉的
• 理性的（"头脑"）	• 情绪的（"心"）
• 分析的：看见"树"	• 综合的：看见"森林"

---

① 例如，在最近的奥运会决赛中，15名击剑运动员的8名和4名网球运动员中的3名为左撇子。

左脑	右脑
· 话语内容	· 声音的语调重音（音色、音调变化）
· 讨论和散文撰写	· 诗歌、绘画、音乐
· 算术和心算	· 高等数学
· 有组织的、有意识的思想	· 梦和"弗洛伊德的"无意识
· 识别人的姓名	· 识别人脸（总体格式塔）
· 识别物体的名称	· 识别形状和用法
· "世界中的我"	· "我中的世界"
· 定量的	· 定性的
· 音乐旋律和时间次序	· 音色和音乐旋律
· 无法识别女声中的男声	· 无法用语言表达情绪
· 无法绘画或歌唱	· 无法说话或数数
· 字母书写	· 中文表意文字、埃及象形文字
· 文本	· 上下文
· 线性取向（笛卡尔式）	· 系统取向
· 理解新的、独特而复杂的元素	· 理解熟悉的、普通的、刻板的上下文，在已知物中定位
· 创造性和研究	· 非周密安排的创造性直觉
· "女性"大脑	· "男性"大脑（睾酮）
· 种系发生：言语交流的需要（与孩子一起的"家庭中的女性"）	· 种系发生：为了狩猎和战争的定位需要（空间和形状）
· 交际的、愉快的、乐观的内涵	· 易怒的、忧愁的、悲观的内涵
· 言语心理治疗（精神分析）	· 心理-躯体和情绪治疗（格式塔）

©塞尔日·金泽，1986

对于女性，逻辑；对于男性，情感

在女性中，两个半脑之间的联系可能更多[1]（因此她们的理性行为、言语行为和情绪行为之间的联系更多），而不对称在男

---

[1]　甚至在日本的男女两性中也是如此。

性中更为突出（青春期之后），他们的右脑相对更为发达。

人们知道男性通常在具有空间特点的任务（如机械）中更为成功，而女性在左半脑支配的言语测验中更为自如。

某些作者假设说，这是一种种系发生的痕迹，与下列事实相关：最早的男性即猎人必须发展他们的空间感和方位感，而女性负责养育孩子，更多地需要发展言语沟通能力。

人们很有可能会附带注意到的是，与一个顽固的偏见相反的是，女性大脑不仅更偏向言语，而且更有逻辑，更擅长分析，也更具科学性，而正是男性大脑更具综合性，而且更为艺术，更直接地与情绪相联系。

当然，各种神经学数据很大程度上受到教育和文化的调节。

人们经常确信一点，即创造性是右脑所控制的功能的一部分[①]，但是这一观点受到最近的各种研究的质疑（加德纳 [Gardner]、博让 [Bogen]、塞德尔 [Zaidel] 等等），这些研究似乎表明，正相反，右脑的专长在于识别熟悉的日常生活的普通而刻板的信息，而左脑则处理新的、独特的或复杂的数据，并因此而促进创造性活动。总之，似乎真正的创造性包括两个半脑（尤其是额叶）的协调工作，它们都受到边缘系统——因此受到整个大脑的重要动员——的激励。

在最近这些研究的具体治疗影响中，我们还要指出，每个半脑都抑制另外一个半脑：因此，例如，如果左脑不活动，那么对图像和情绪的感知增强[②]，反之，如果右脑不活跃，那么言语化

---

① 例如 Michel Katzeff, « Le cerveau gestaltiste », in *La Gestalt en tant que psychothérapie*, Bordeaux, SFG, 1984.

② 同样，肺部的过度换气通过酸中毒"满足"大脑皮质区，释放了下丘脑和边缘系统的皮质下活动，并且促使图像和情绪的浮现（这些技术尤其在重生和生物能中得到使用）。

变得更为流畅。请回想一下帕洛·阿尔托学派①所提出的，旨在阻碍左脑并因此而解放右脑的众多技术：放松、视觉化、通过不连贯话语的快速流进行的对左脑的"干扰"、"逻各拉力"（logolalie②）练习。右脑的这种激活（加利福尼亚风格的格式塔治疗中尤其偏爱）使情绪动员和问题的新解决方法成为可能。

而且人们注意到，**右脑**通常代表了忧愁甚至悲观的情绪内涵，而**左脑**更为言语的、交流的和社交的活动带来更为愉快并更乐观的内涵。

……这就是为什么女性是男性的太阳！……

我们还要提一下最近有关阅读障碍患者的大脑研究③：与阅读的学习或家庭情感关系相比，严重的阅读障碍与子宫内大脑发育不正常关系可能关系更大，前者或许至多是一些神经倾向性的可能诱发因素。

因此，人们已经注意到，阅读障碍在以下人群中具有统计学上非常显著的频率：男孩（是女孩的四倍）、左撇子，以及具有某些天赋——如音乐、视觉意识、数学④和体育……——的孩子；还有，金发的人和过敏的人！

---

① Paul Watzlawick, *Le langage du changement*, trad. franç., Paris, Seuil, 1978.
② 旨在"用舌头说"，使用自创的词汇，试图通过语调来交流……（logolalie中文尚无通译，从词源来看，logo-即"言语、话语"，-lalie 即"说"，此处暂且音译为"逻各拉力"。——译注）
③ （美国）波士顿哈佛大学的格施温德和加拉布尔达（Galaburda），1984年。
④ 与广为传播的一种思想相反的是，高等数学和几何可能尤其是由**右脑**处理的，因为这更多地涉及事物之间的关系和一个综合视角，而非刻板的逻辑分析。反之，计算可能主要由左脑处理。
　　限于篇幅，这里我们无法展开介绍内德·赫尔曼所主张的有趣理论：**四个大脑**（左右大脑皮质、左右边缘系统）。

所有这些特点可能都与胚胎时期神经元迁移紊乱有关，患有阅读障碍的儿童的大脑在显微镜下观察，紊乱非常明显。这种紊乱可能是母亲怀孕期间睾酮（雄性激素）的过度产生所诱发的，这导致了右脑的严重不正常发展。[①]

再者，胚胎对睾酮特别敏感，这可能是由位于 15 号染色体的特定基因诱发的（因而是部分遗传的）——15 号染色体可能尤其会同时介入睾丸的发育、免疫障碍、惯用左手、口吃和阅读障碍……

因此，产前对雄性激素特别敏感或者妊娠期雄性激素产生过多，可能不仅会增强在阅读障碍、数学、艺术和体育上的倾向性，而且会增强……对格式塔的倾向性！

但愿这些研究工作不要落入种族主义学院的一个领导人手中，他可能会热衷于描绘"完美的小格式塔学者"的"面部拼图"：

"男性对象，金发，左撇子，运动员和艺术家，敏感，过敏，有阅读障碍但有数学天赋！……"

……让我们或许能够因此摆脱当前棘手的巴黎格式塔学院培训录取遴选程序的那个人！……

---

① 人们可以通过在老鼠或猴子身上进行注射而人工复制，但是这只能在妊娠的后半段这个敏感时期进行，并且必须在出生前。

第十三章
格式塔中的想象
幻想、梦、创造性

短暂逃避

如果正好我让我的右脑现在说话：右脑要求它的权利①！难道这不正是时候离开实验室和数字，让我随心所欲地策马奔驰，穿越内部空间和时间的荒原，摆脱所有的既定路线，逃脱现实的羁绊？

我或许可以释放几个幻想，它们因为被禁锢在我的大脑里而急得直跺脚，梦想着在未知的蓝色之中来一场宇宙翱翔，与您的不耐烦来一场心电感应的相遇，我或许可以偷偷地深入您欲望的中心，或者将您绑架，骑马向着非现实远行……

我或许能够像古代占梦者那样，在文本里读到您的彩虹色梦想，并陶醉于它们的浓香，与您一起跳那一支您过去化身的神秘萨加之舞，在这个书页空白处摘取中介语言所勉强描绘出的我们

---

① 这句话原文 "le droit réclame ses droits" 亦为文字游戏，"右边的"（droit）法语阳性形式与"权利"拼写相同。——译注

不对称相遇之……曼陀罗花。

我或许可以想象自己将您包裹在一件燃烧着默契言语的大衣之中，或是想象您栖息于我的手指，而我的手指为您而在纸上滑动，或在键盘上跳跃……

我喜欢与您的这种出其不意的相遇，我并不认识您，而您这一刻在读我的书，我喜欢这一结局未定的意外冒险：我不知道您是否将迅速地唾弃我，愉快地咀嚼我，或是在您的大脑或心中为我保留一个暂时的、温暖而舒适的藏身地……

为什么要为了试图解释而写个不停，而我的心不耐烦地想要去爱？

但是，你不在那里，此时此地，不在一个共享空间里，不在一个具体化的共同颤抖之中，而我们有的不过是试图交流的印刷文字，冷冰冰干巴巴。要在想象的海边靠岸，我们必须收回我们大脑两个半球的面纱。

……在严肃的一章之后换个风格，这让我感觉很好：我实在是需要一点空气了！

那么，格式塔中，想象的地位如何？ 这个问题是在这个术语经典的双重接受中提出的：

· 过去图像的心理再现；

· 精心构思的词语、图像、姿势或行为的新组合的制造。

正如我已经多次强调的那样，格式塔使我能够探索我的自由的狭窄海滩，有时候这片海滩遭到暴风雨的袭击，有时它变得干旱，有时候它是热的，阳光普照，充满馨香。我的躯体感官、受触动的情绪、重新找到或幻想的图像、夜晚的梦或幻想：通过这些事物的自发生产，格式塔陪伴着我，而整体处于承诺关系的当前背景之中。

　　我们已经说过处于其具身化现实之中的身体，现在让我们来谈一谈处于其自发浮现之中的幻想。

心理穿梭

　　在身体和思想之间、物质和精神之间，以及进行中过程的此时此地的现实（及其觉察），与"未完成情境"重现所唤起的幻想或僵化机制所导致的中断之间，存在着一种连续的往复，一种持久的"穿梭"，这个往复和"穿梭"正是格式塔的特征之一。

　　精神分析主要在来访者精心构思的幻想领域工作，极少直面现实。

　　相反地，行为主义专注于超越日常现实中遇到的困难或症状。格拉瑟（Glasser）的现实疗法（*réalite-thérapie*）是对此的一种典型描述[1]。

　　格式塔就从一方到另一方的过渡工作，允许并鼓励逃避到想象之中（梦、幻想、遐想、隐喻或创造性），经常寻找它与共享的社会现实之间的各种联系。[2]

　　移情现象学的格式塔取向是其中常见的一个例子：治疗师让这些现象表达出来——甚至强化它们——此后他鼓励来访者在它

---

[1] William Glasser, *La Thérapie par le réel ou « Reality therapy »*, Paris, l'Epi, 1984.

[2] 伍迪·艾伦（Woody Allen）——精神分析的世界纪录保持者（24年的分析！）在电影《开罗紫玫瑰》（*La rose poupre du Caire*）中对这一过程做了很好的描述。影片中的一个人跨越荧幕走向客厅里的一个女子，然后回来在电影里继续他的想象角色，这个来来回回的动作重复了好几次，"现实"维持着幻想，反之亦然。

们过度牢固建立起来之前便去觉察。

　　尼古拉（对治疗师）——我不喜欢你让我工作的方式！你太"自信"了。我总觉得你把我当成要"失败"的小孩。我一开始跟你讲我在我负责的那些年轻人中的权威问题，我就害怕你以长期的教育经验向我提出种种建议。

　　塞尔日——我给你提建议了吗？

　　尼古拉——没有！……还没有！但是肯定很快就会的！……我的领导也经常这么做：他预先提醒我注意不要犯哪些错误……而我父亲过去也是这样做的，我一走出屋子……

　　塞尔日——现在你希望我做什么？

　　尼古拉——我吗？……可我什么也不希望！另外，对你我什么要求也没提过！我仅仅是在告诉你我难以让别人听我说话。

　　……但是就在此刻，我意识到，我自己再一次地赋予你权威地位，而我又一次地在贬低自己……

　　（接下来是对他与父亲关系的长时间工作。）

同一个主题的另一个例子：

　　克洛德是一个年轻的管理人员，鬈发，爱运动，皮肤古铜色，"就像地中海俱乐部的教练员一样英俊"。

　　克洛德——我觉得你让西尔维在一个过于"男性化"的模式下工作：你好几次直接介入，你甚至给她提建议，甚至教唆她，而不是单纯地善于接受，聆听她……

　　塞尔日——如果你是我，你会怎么做？

克洛德——我可能会给我"女性"的一面更多的空间。

塞尔日——你想要我们俩试一试吗？

克洛德——完全正确！我希望你对我"女性"一些：温柔，耐心，尊重，有空。

（有几分钟我什么也没说，舒舒服服地听他说，等待着，半躺在地上，就好像躺在"沙发"上……。）

克洛德——怎么样？你什么也不说？

塞尔日——不！我高兴地听你说，看着你。

克洛德——你不在乎我！

塞尔日——完全不是这样的！我让我女性的一面说话，就像你刚才要求我做的那样……

克洛德——不行！这完全不行！……我再也感觉不到我面前有人了！……总之，我觉得我特别想跟你对着干！……我刚才本来想站在你的立场上，就在你忙着照顾西尔维的时候！

塞尔日——现在你想要互换角色吗？

克洛德——让我的女性的一面自我表达，这让我很开心：我喜欢我的诗、我的幻想、我的温和、我的温柔……

塞尔日——那就让这些继续下去……现在你想试着走向团体中的某个人，让这个极性发展吗？

（克洛德走近一位漂亮的女性，亲切地朝她微笑；他抚摸她的脸，然后将她抱在怀里。）

（我让他体验了一会儿情境。）

塞尔日——怎么样？进行得怎么样？

克洛德——好吧！糟糕！我又一次扮演了征服的诱惑者的角色：这不是攻击，但这还是"有男子气概的"！

接着他与几位搭档继续这个游戏，目的在于轮流探索面对女性、男性和治疗师，在他的姿势、声音、话语和主动性层面上，"男性"与"女性"这两级的心理渴望与现实行为。团体的回馈帮助他觉察他想要的自我形象和他在团体中的实际行为之间的差距，这种差距因一种明显竞争而更为突出，这种竞争既是他与治疗师之间的，又是他与自己眼中具有中心地位的所有人的——甚至是暂时的，而且无论是在哪个领域。

当人们与患有精神病或"边缘型障碍"的来访者工作时，这一幻想与现实之间的"穿梭"（这个术语来自皮尔斯）的治疗效果尤其丰富——人们得以在内部现实中起飞并"翱翔"，然后在此时此地外部现实的坚实土地上"降落"。治疗师可以暂时在来访者的"飞行"中陪伴他，但是他警觉地保持着规律性的"中途停靠"，重新接触大地，并且时不时地对路线进行评估。

以下是此类幻想的一个例子：

马里翁是个"边缘型"年轻女性。她单身，无法建立持久关系。几个月以来她一直参加一个一月一次的连续团体。[1]

马里翁——我感觉不到任何勇气：我今天"一点劲儿也没有"！我就像一洼水……在地上……那里！……一洼惨白的水……是牛奶……

塞尔日——看看地毯上的这一洼水，描述它。

---

[1] 此例转引自 Serge Ginger, « L'imaginaire en Gestalt-thérapie », in *Etudes psychothérapiques*, n° 56, Toulouse, Privat, Juin 1984.

马里翁——是的！是牛奶！形状是一只手套，一只连指手套……

塞尔日——你可以变成这只连指手套吗？

（马里翁躺在地上，闭上眼睛。）

马里翁——我是一只奶白色的连指手套。我进入其中，我看着……哦！它有反光！在反光中，我看见一堵高墙……带着窗户的高墙……

塞尔日——看着其中一扇窗户。

马里翁——哦！对的！我看得很清楚！窗户黑漆漆的。有一条走廊……但是窗边没有人：窗户空空的，黑乎乎的……

塞尔日——如果那里有个人呢？

马里翁——哦，好吧！那会是我父亲！我看着……我在等他……但是他不在那里。这是他的窗户……但是窗户是空空的，他不会回来！[①] ……那么，我看另外一边：那里，我看到一堵灰色的高墙，光滑，不带窗户。墙很高，很高，没有顶点！

塞尔日——你可以到高处，到顶上去看看吗？[②]

---

① 马里翁从不认识她父亲。

② 在想象空间里的移动具有直接的心理效果，这在尼德拉瑜伽（yoga-nidra）或者说清醒睡眠瑜伽中已经为人所知。德苏瓦耶及其导师卡斯朗（Caslant）强调这些移动的重要性。德苏瓦耶写道："要是实现体验，我们唯一绝对不能忽视的建议是上升或下降。"（R. Desoille, *Exploration de l'affectivité subconsciente par la méthode du rêve-éveille*, Paris, éd. d'Artrey, 1938.）

对夜晚梦中的快速眼动肌电图（R.E.M.或 *Rapide Eye Mouvement*）的记录已经实现。人们将进一步看到做梦的人在紧密的眼皮之下，用眼睛追随梦中的场景。（参见 M. A. Descamps, *La mâtrise des Rêves*, Paris, éd. Universitaires, 1983.）

神经语言程序学（P.N.L.）则对言语交流中眼睛运动的神经心理关联感兴趣。

马里翁——我爬呀……爬呀……总是更高……但是没有顶点！啊，有！到了！就在高处，有一盆花……花盆要掉下来了！……好了！它掉下来了！……它在地上碎成了千百片……（她泪流满面，绝望地哭泣。）它全都碎了：我们只看见一些根，白色细小的根，裸露着，散落一地……

塞尔日——看着这些根。

马里翁——我看得挺清楚的：它们闪闪发光……它们伸入土里：它们试着重新扎根……（马里翁自发地起身，眼睛还是闭着，流着泪，她尝试站直，摇摇晃晃，两条腿稍稍分开，脚牢牢地抓着地。）……好了！它们进入土里了，我感觉到它们深深进去了……在地上，很黑（她开始以胎儿的姿势蜷缩在地上）。就好像那里有一个黑洞……这是一个黑洞……这是个管道……啊！不！我看见：这是一个很黑很圆的轮胎！我在里面……

（我默默地向团体做了个手势，请他们靠近并围绕着她，坐着或跪着。接触到他们的身体，她蜷缩得更厉害了，团成一个球。）

马里翁——我的轮胎里很热！我在"内胎"里感觉挺好的！（过了一会儿，她自发地用头挤出一条通道。）我想的话就可以出去！……我想要出去！……让我出去！！（她喊道。）

（努力了几分钟之后，马里翁"自己分娩了"，她发出充满喜悦、如释重负的喊叫：）

马里翁——好了！我出来了！我出生了！我自己一个人做到了！我能走路！我能跳跃，能跳舞！

（她起身，匆匆跳了几个舞步，拥抱了几个团体成员，

然后拉着他们跳起了法兰多拉舞……)①

　　这里，我们面临一种几乎是自发的引导式幻想。与格式塔治疗的经典策略相一致的是，我只是促进内部想象进程的放大，我的方式是身体的见诸行动，它使得主体能够更好地识别自身梦中的心理产物，鼓励形象和言语的"具身化"。既然在这种情况下，这是一次团体治疗，我就利用团体的在场，动员团体来代表子宫的"轮胎"。

　　人们注意到从想象的场景到它再现于更为真实的治疗"中介空间"的过渡，从形象到言语和身体的过渡，以及与治疗师和团体的关系，这些使得在想象物、象征物和现实物之间逐渐编织多义联系成为可能。②

　　通过形象来刺激想象，这在某些格式塔治疗的变体中更加得到强化，比如说我们和巴里·古德菲尔德一起实践的"视频格式塔"，不仅使用了录像带（经常是同时使用两台摄像机，这使得图像可以重叠），而且使用了自我催眠（受到埃里克森的启发）③，它可以带来深入的"沉浸"。

---

① 这一次治疗在她的整个治疗中是一个转折，其"特点"从后续治疗开始便发生改变。

② 我们幻想的时间在某种程度上令人想起德苏瓦耶的引导式幻想，此外，当前的各个法国流派大大地修改了他的这一幻想，这些流派在精神分析的观点之下利用移情："［……］R.E.D.方法缩写里的'引导'正是与这一朝向外部的表达运动相一致的：梦是清醒的，然后定向至分析关系和话语。因此这完全不是引导病人的梦！" Roger Dufour, in *Ecouter le Rêve*, Paris, Laffont, 1978.

③ 参见 Serge et François Marland, *Guérir des pièges de notre enfance?*, Paris, Flammarion, 1983; Jay Haley, *Un thérapeute hors du commun : Milton Erickson*, Paris, l'Epi, 1985; Sydney Rosen, *Ma voix t'accompagnera ou Milton Erickson raconte*, Paris, H. & G., 1986.

格式塔中的梦

但是，当然了，正是在对夜晚的梦的利用中，格式塔找到其偏好的领域，而皮尔斯与梦工作的演示被拍摄下来，他由此而声名鹊起，某些演示在《格式塔治疗实录》得到详细叙述。

对他来说，就像对弗洛伊德来说那样，梦是一条康庄大道。以下是他对自己工作假设①的阐述：

> "梦的所有不同元素都是些人格碎片。就像我们中的每个人的目的都在于健康亦即统一的人格，这需要我们集中梦的不同碎片。我们必须重新占有这些投射出去的元素，即我们人格的碎片，由此而找回梦的隐藏的潜力。[……]
>
> "在格式塔治疗中，我们不阐释梦。我们对梦做的事要有趣得多。我们不去分析、解剖梦，我们想要将它带回生活之中。实现这一点的方式是重新经历梦，就像它目前正在发生。不是叙述梦，仿佛这是一个过去的故事，而是见诸行动，在当下演出梦，以便让它成为你自己的一部分，让你真正地卷入。[……] 如果你仅仅希望就一个梦工作，把它写下来，将它所有的要素、所有的细节列成清单，然后变成这些要素和细节中的每一个，如此来对每一个工作。真正成为这个东西，无论它是什么，发挥你的想象、你的魔力。把你

---

① 在他之前，精神分析学家奥托·兰克已经提出了这个假设——皮尔斯读过关于这些假设的书。

自己变成邪恶的癞蛤蟆 [······]

　　"我偏爱的例子如下：一个病人梦见他离开我的办公室，并且去了中央公园。他穿过一条骑行小道。于是，我要求他：'扮演骑行小道。'他生气地回答：'什么？让每个人在我上面拉屎拉尿，用屎尿（*shit and crap*）来覆盖我？'看，他真的看成一样了。"①

　　格式塔治疗的大部分传统技术可以应用于梦工作（觉察、见诸行动、单人剧、放大、极性工作、承担责任、接触和后撤实验、与治疗师、与一名团体成员等等等）。当然，人们会习惯性地重复回避机制或接触中断机制（自我功能丧失、阻抗或防御机制）。

　　某些格式塔学者——如伊萨多·弗罗姆——走得更远，他们不仅将梦（尤其是一次治疗之前或之后的那个夜晚的梦）视为一种投射，而且看成一种内转，也就是说来访者和治疗师之间的接触边界上的一种重要扰乱：沉睡者无意识地对自己说一些事情，为的是不用明确地对他的治疗师说这些：

　　　　"事实上，一个治疗中的病人通常知道，如果他回忆起一个梦，他会将梦告知他的治疗师。因此我提出一个假设，即这个事实以某种方式决定了病人梦的内容：不仅仅是一个梦，这还是他将要告知他的治疗师的梦。②

----

① Perls, *Rêves et existence en Gestalt-thérapie*, Paris, l'Epi, 1972. (S.G. 自译)
② 广为人知的一点是，按照所信奉的理论是弗洛伊德式还是荣格式，病人的梦要么在性形象上要么在精神原型上更为丰富。

"［……］'内转'的另一个名称可能是'审查'或'停滞'：病人对自己谈论，对自己说［……］一些他可能无法或不愿意对治疗师说的事情。"①

这样，弗罗姆或多或少明确地重新引入了移情的概念：

"移情是'此时此地'的对等物［……］移情的好处在于，让所有治疗都需要处理的过去的未完成情境都有可能在当下完成。［……］我们不鼓励移情，在精神分析中，由于方法的缘故，有理由使用移情。但是如果说我们不鼓励移情，那也意味着我们要消灭移情［……］。说我们不使用移情，这可能是荒谬的。［……］我们提出这些问题，是试图提醒我们面对移情的病人，并且摆脱移情［……］"

正如人们又一次看到的，每个格式塔学者都发展了自己的风格，同时完全重视与格式塔治疗的本质。

我不会更多地强调格式塔治疗中的梦工作，因为本书的不同章节中已经对此给出了若干例子。

无论如何，援引梦的解读意味着赞成对梦的自然功能的这种或那种概念构想。然而，关于这个主题的假设演变一年年地继续下去。

---

① 伊萨多·弗罗姆与爱德华·罗森菲尔德的访谈，见 *The Gestalt Journal*, Vol. Ⅰ, n° 2, automne 1978 (trad. J. M. Robine).

历史上对梦的解读

从上古开始，人们便对梦的意义感兴趣：它们首先被视为"诸神的信息"。

人们发现，公元前 18 世纪中国的传统中已经提到了梦，孔子正是从梦中汲取其智慧。

在希腊化世代，有 420 座阿斯克勒庇俄斯（Esculape）神庙，人们在那里潜伏，也就是睡在神庙里，以获得能够治愈疾病的梦。人们包裹在带血的山羊皮或绵羊皮中睡觉，这只羊是人们刚刚作为祭祀牺牲而献给祭司的，与此同时，"在花瓣和沉睡者的身体之间，两米长的黄绿色大蛇整夜地在大理石地面上缓慢滑行"[1] ……促使最快速度治愈的震惊疗法！

治疗性睡眠或预言性睡眠同样在埃及、亚述和美索不达米亚得到使用（距我们现在 3000 千年前开始），也在犹太人（见《圣经》中所叙述的众多预言梦）、美洲印第安人、高卢人或凯尔特人中使用。穆罕默德每天早上都要询问随从夜里所做的梦，并依此而做出决定。马来西亚丛林中的塞诺伊人（Sénois）可能今天仍然这样做，梦的分享很久以来就构成了他们的主要活动，决定着他们全部的社会生活，而他们的社会生活尤其以和平与民主著称。

对弗洛伊德来说，梦不是高处的超验消息，而是低处的内在消息，来自无意识冲动的"黑色大陆"。他突然发现了梦的意义，

---

[1] Marc-Alain Descamps, *Op. cit.*

这个发现非常重要，以至当他在美景餐馆（Restaurant Bellevue）第一次理解其机制时，他认为人们将会在此钉一块纪念牌，上面刻着如下铭文："1895 年 7 月 24 日，正是在这所房子里，梦的秘密向西格蒙德·弗洛伊德博士显露出来。"①

[……]然而，他的奠基之作《梦的解析》的第一版，今天已经被翻译成绝大部分语言，在 1900 年初仅仅象征性地印刷了350 册，卖了……六年！

对弗洛伊德来说，梦经常是"神经症的症状"（《精神分析引论》），荣格则重新赋予梦更大的价值，不但将其归咎于心理原因或生活经历原因，而且归咎于对人性的文化背景的无意识感知。对他来说，梦不间断地向过去也向未来延伸：梦不隐藏某种遭到抑制的欲望，而是相反，揭示集体无意识材料，甚至能够赋予一种深奥的意义。

对荣格来说，梦执行着多重功能：更正清醒时有意识的态度（可能带有欲望补偿）、心理的自我调节、未来预期；另外，他已经意识到"梦中的思想是我们思想的一种过去的种系发生形式"——正如人们将会看到的，当代实验室里的研究将会证明这一点。

在实验室中做梦……

对的！我们已经又在这里了！"人们总是回到初恋！"而我永远不会忘记青年时代的那些年，在索邦布满灰尘的那些"实验

---

① Marc-Alain Descamps, *Op. cit.*

室"里研究隐藏在材料心中的终极真理①：对我来说，诗歌并不排斥科学；分子则可以与艺术和幽默和谐相处——J. D. 樊尚在其《激情生物学》中刚刚出色地说明了这一点，这是一个灵活而总体的"激素之人"的人本主义科学视角，最终使得智者变得完整，而 J.P.尚热的"插线的"神经元之人则是难以承受的。

今天，有关梦人们知道些什么？

当然，这里不可能细说正在进行的难以计数的各项研究，这些研究有法国的（尤其是里昂的茹韦），也有美国的（芝加哥学派）。人们可以在让·皮卡的杰作中找到一篇清晰而准确的介绍②，下文部分信息即摘自他的这本书（以我的方式介绍!）。因此我仅仅做一些回顾或者介绍，作为对上一章关于大脑在清醒状态下功能运作的概要介绍的补充，以便初步探讨一下康庄大道——及其荆棘丛——在"闭眼"踏上它之前。

我们有三种不同状态（清醒、睡眠、梦）。梦的突出特点是右半边的大脑皮质-边缘系统的强烈活性③，这种活性受到边缘系统（我们记得它尤其支配着情绪和记忆）和下丘脑的控制。眼球受到梦中快速运动的推动（脑电波或 EEG 的经典识别符号正是位于梦中）。正如我前面刚刚指出的，人们假设眼皮之下的目光追随着正在进行的梦之场景。

---

① 在转向心理学和心理治疗之前，我曾接受过物理学和化学的高等教育。
② J. Picat, *Le rêve et ses fonctions*, Paris, Masson, 1984.
③ 右半边的大脑皮质有三分之二的神经元被动员起来，而与左脑的"胼胝体"交流减少很多，几乎被阻止。同见见: C. Debru, *Neurophilosophie du rêve*, Paris, éd. Hermann (coll. Savoir/Sciences), 1990. (非常技术化的专著)

谁做梦？做了多少梦？

大家都做梦，今天每个人都知道这一点……包括胎儿——从妊娠的第七个月开始（因此在能够积累视觉感知或是压抑"超我"所禁止的欲望之前！）——以及先天失明的人，但也包括猫和鸟……尽管它们"缺乏灵魂"！

人们每天大概做 100 分钟的梦，在夜晚的四到五个时段，长度不断增加，而与深度睡眠相比，梦看上去对于生存而言是更为不可或缺的。

但每个人的梦并不一样多：因此，例如，发作期的精神分裂症患者在白天已经处于妄想状态，他们的梦在数量上便会减少（从词源上看，梦的意思是"妄想"或"游移"）；反之，他们的梦在性质上则是完全正常的。

同样，酒精会损坏我们的梦的比率，直至将其消灭到这样一个地步：急性酒精中毒者最后要通过"给自己"一次震颤性妄想（Delirium tremens）发作来补偿梦的不足。巴比妥类安眠药也会减少我们所必需的正常剂量的梦，这也是其毒性来源之一。

每个人都做梦，但不是每个人都能回忆起自己的梦。而且我自己正是如此，长时间以来我就像个行动不便者一样经历着这些，尤其是在我接受精神分析的整个时期。从此我明白一点，即内摄他人的模式，使其完全成为我自己的，这对我来说不是必要的。皮埃尔·雅南，我的一个常常做梦的朋友，也是荣格派心理治疗师和格式塔学者，他这样谈论"非梦者"①：

"[……] 一方面，弗洛伊德认为，梦以明显的或伪装的方式帮助我们实现一个有意识或无意识的欲望；由此我可以推断 [……] 如果我不做梦，那是因为我没有未满足的欲望，因此我健康，而且心理平衡。另一方面，皮尔斯宣称，那些想不起自己的梦的人是些恐怖症患者，或者没有勇气直面人生：因此他们心理不健康，而且心理失衡。因此，必须做几个梦，不太多也不太少——为的是尽可能地同时逃避这两个'老大哥'的审问之眼？关于梦的频率和'正常'程度的相关性，放弃应用一些普遍法则，这样我觉得更为放松，更为开放。

"[……] 因此，假如季节和时间都合适的话，通过夜晚的精灵去收获我们自己花园里可能播下的种子，而布列塔尼或加泰罗尼亚人，不要企图为图阿雷格人（Touregs）的花园颁布法令。

"[……] 人们也可能需要少做梦。就像大自然左右其他的生灵，只要有一点点的生命力，梦——就像孩子或猫——就试图占领人们留给它们的所有位置，不是这样的话，做梦的人一定会感到更好。昨天对我而言好的东西，今天不一定好。如果去年我花了很多时间与精力在我自己和我与周遭的关系上，今年最有用的可能是让我自己具体地投入与外部的这些关系之中，而不是继续做观察者和沉思者，就像我的密

---

① Pierre Janin, *Avec la Gestalt, au pays des rêves*, Mémoire de fin d'édudes pour l'Ecole Parisienne de Gestalt, Paris, EPG, 1985 (50 p.).

集内省工作推动我去这样做的那样。"

因此，让每个人在自己的田地里耕种，播种并收获，而我们回到实验室的庇护之下。

我们为什么，或者说"为了什么"做梦？

根据几位作者的观点，有梦睡眠尤其使得记录承载情绪的白天的记忆材料成为可能，而不伴随情绪的回忆可能在无梦睡眠的各个阶段中得到记录，并且在我们回忆的"私人银行"旁边的架子上整理归类。无论如何，正是在夜晚，我们的回忆得到整理并被牢牢记住，而且通过我们的记忆痕迹和突触的重新组合，我们所学的东西得到复习。

不过梦的主要功能之一似乎在于遗传物质的程序重组（茹韦）：人们或许会在某种程度上想象，每个夜晚我们将自己接入某种"分子阅读"，以便复习"伟大的生命之书"的漫画课文，这本书几千年来由这个物种耐心地撰写着，是作为出生的礼物献给我们的，印在我们的染色体之中。

> 这样，梦可能是"物种的脐带"。[1]

此外，我们经常更新信息，将我们的集体无意识、我们白天独有经历的文化贡献等这些基本数据整合进信息之中。梦因而确

---

[1] 弗洛伊德已经说过："每个梦至少都包含一个深不可测的地方，这个地方就好像一个肚脐，梦就是由此而与未知事物相联系的……"

保我们个体记忆和集体记忆的整合①。精神病专家、现象学家、存在主义分析的创始人宾斯万格，已经断言必须"对梦去心理化"，重新赋予它普遍的维度，如向文化的复调开放。

因此，梦或许可以更好地协调后天的社会行为和基本的本能行为。例如，人们已经证明了猫梦见捕猎和进攻，而老师梦见逃跑！这里涉及的是为了物种生存而重温那些程序性本能行为……要补充指出的是，甚至连因纽特人都梦见蛇……而他们的气候中根本没有蛇（这与荣格的原型理论是一致的）。

因此每个夜晚可能都是带着校样的修改回到原始手稿。这也可能是维护神经元网络、修复受损循环的时候，就好像每个夜晚，人们悄悄地维持着首都地铁地下交通网络那样！

梦的时长

梦干着这些高贵的活儿，去建构、维持、重温并完善信息和情绪的神经元循环，因此它是高等物种的固有属性。事实上，梦只在从鸟类往上的恒温动物身上出现（至于昆虫和甲壳类动物，它们甚至不知道睡眠！），这些可怜的小鸟只在它们睡眠的0.5%时间内做梦，而在自由的食草类哺乳动物那里则是5%。

然而在牲畜棚的安全环境中，奶牛做梦时间将增至三倍——事实上，这是一段"高风险"的时间，因为苏醒的必要刺激必须

---

① 正是通过梦，我们才可能认识到东方人所说的我们的"前世"。

是无梦睡眠的二至三倍——在无梦睡眠中人们不那么"忙"![①]
的确，苏醒的门槛也随着刺激性质的不同而变化：轻轻的一声
"喵"唤醒猫，而轻声呼唤它的名字则唤醒沉睡者。

以下是德康（Descamps）关于这一点的几个结论：

"从这一点来看，哺乳动物分为两种：捕猎对象和捕猎
者。捕猎对象，食草或食谷粒，在进食上投入很多时间，睡
得很少，梦得更少（它们睡眠时间的 5%）。捕猎者，食肉，
进食迅速，睡眠长而深，有更多的一部分时间在做梦（它们
睡眠时间的 20%～30%）。

"[……] 从这个视角看，人是按照食肉动物设计的：他
20%的睡眠时间贡献给梦，并且从根本上来说，他的梦是**攻
击和性欲**之梦。因此他不停地重温其攻击和引诱行为，由他
战斗和生育这两个本能引导（弗洛伊德的死亡冲动
[*Thanatos*] 和爱欲冲动 [*Eros*]）。[……] 因此在夜里，
可能会重构这些过去的适应性反应，而在白天这些反应则为
文化所否定和摧毁。

"在睡眠之外，有**两种苏醒**：一种是警觉状态的苏醒，
针对社会化**个体**的活动——勉勉强强——一种是梦的清醒，
针对**物种**或基因型，通过强烈的大脑想象活动使得种群的定
期再编程成为可能，而此时身体所有的剩余部位都被化学阻
塞的强有力机制所抑制。一方面，

---

① 因此，与所谓的"深度"睡眠相比，"悖论睡眠"（做梦）实际上可能是**更
为深层**的，这与人们经常以为的相反。

> 通过周期性地回到本能，梦因此可以被视为反文化的堡垒。

"［……］人类的文化已经发展至与自然相对立。文化和教育悖论性地试图让我们产生的正是这种动物思想。"

事实上，灵长目动物和人类更确切地说处于食草动物和食肉动物之间，这是因为二者的梦的总时长平均为睡眠时间的20%，而食草动物为5%，大型食肉动物为40%。[1]

但是这个时长也随年龄而变化：在新生儿中为60%，他忙于结束神经元循环的制造，这些循环将决定他之后的智力潜能；一岁时，梦的时间为30%；5岁起为20%；在老年人那里则只有12%至15%。

怀孕的妇女做梦的时间翻倍，为的是"陪伴胎儿"，并且在哺乳期间她继续进行这种同步。至于仅仅睡在同一张床上的人——也不是同一个身体——他们也经常同时做梦。茹韦指出，双胞胎做同样的梦——他用遗传"式样"来解释。

梦、性欲望与焦虑

人们注意到女性卵巢周期的第二阶段中"反常睡眠"（或梦的时间）时间在增加，到排卵之前达到顶峰，这与睾酮分泌量达

---

[1] 准确起见，我应该区分吃活的猎物的食肉动物和或多或少定期吃肉的食肉动物。

到最大是一致的，而睾酮是刺激女性欲望的内在雄性激素。[①] 而且相爱的人很清楚一点，即所有的梦都伴随着生殖冲动：超过60％的个案中，女性阴蒂充血，男性勃起。这种勃起大约比梦出现早两分钟，并且维持 10 至 20 分钟，新生儿和老年人皆如此。在清晨之梦的最后一个阶段，勃起更为明显，这个阶段也是最长的（平均 36 分钟，而夜晚刚开始的时候是 10 分钟），而且，请因袭传统的弗洛伊德信奉者不要见怪，这种勃起似乎与梦本身的露骨内容无关。

最后要注意的是，长时间的梦的剥夺会在大约 5 天之后导致性偏执妄想症，伴随着易怒、暴饮暴食和性欲亢进。因此梦可能构成这些本能需要的"消遣物"——就好像色情电影那样，如果人们相信肯尼迪总统建立的研究委员会的话，这个委员会得出结论，即光顾昏暗的"X"影厅减少了向犯罪性行为的过渡……

噩梦（影响成年人口的 4％）对于这些观察来说都构成例外：此外，噩梦极少在"R.E.M."（快速眼动时期）时期即梦经常出现的时间突然出现。对梦游症来说也是如此。

梦的治疗功能

这样我们便要谈到

> 梦的自然而直接的治疗功能，这个功能甚至在可能对它进行阐释之前便具有，而且并不一定意味着有意识的回忆。

---

① 参见 J. D. Vincent, *Biologie des passions*, Paris, éd. Odile Jacob, 1986.

需要提醒的是，梦很快就会消失在遗忘中，因此这似乎是一种自然现象：因此，"反常"阶段结束之后的 8 分钟就只有 5％ 的做梦者在人们唤醒他们时还记得自己做梦了。现在人们公认，"一个梦越是充满情绪内容，就越会受到审查并不被记忆"（皮卡），当然，这并不妨碍梦发挥其内部自我调节的作用——无论《塔木德经》（以及精神分析师！）怎么说，它将未经阐释的梦视为"收到却并未阅读的信"。就我而言，我倾向于信任我的无意识，并且我认为它能够很好地独自完成工作：如果无意识是无意识的，那或许是因为人们预计它是如此的！从那时起，为什么要努力去追捕它，为了盗窃它的秘密而鲁莽地"用力敲开门"，为什么要有罪化"不做梦的人"？反之，如果梦自己浮现出来，那是因为它需要在表面透口气：在这种情况下，而且也只在这种情况下，为什么不给予它所要求的关注？

弗洛伊德已经强调过，梦"具有一种力量，可以疗愈，放松……"，而荣格将梦定义为"治疗的施动者，修正错误的意识，但也激活潜在的趋势……"。因此，梦使我们可以部分清除白天的紧张，反常的梦"使焦虑去躯体化"（费舍尔［Fisher］），就像天才的费伦齐所预感到的，梦具有一种自动调节内在心理情感紧张的功能，一种宣泄和创伤疗愈的功能，通过面对紧张情境的无意识训练训练来"引导"创伤。对于重复的梦来说，可能尤其是这样，皮卡提出："再次激活创伤情境除了改善对其的构想外没有其他目的。人们必须想到，梦的重复有助于减轻并最终消灭情感光晕，这种光晕环绕着紧张情境的记忆痕迹。由于这一内部冲突未得到解决，表达冲突的梦将趋于重复。"

同一个夜晚的梦以某种"戏剧化的统一体"相互连接（特罗斯曼［Trosman］）。事实上，如果人们在实验对象每个梦进行十分钟时唤醒他，就会发现他整个夜里重复做同一个梦：只有表面的环境在变化，主题却总是相同。人们在这里发现挥霍者大自然那不同寻常的冗余，它慷慨地增加了预防措施！当我想到每一次性行为，我都提供3亿个迫不及待的精子时……为了时不时地有个（可爱的）小宝宝！……

这样我们找到了梦的格式塔取向的一个合法性：就我而言，与试着通过阐释而理解梦相比，我更喜欢建议来访者通过动员梦而结束它，以此来清空"未完成情境"的无意识的心理压力。因此，我不是通过后退去不确定地寻找过去的回忆，而是继续前进，让可能的补充形象浮现出来，并在即兴单人剧中见诸行动，必要时完成一次释放的宣泄。

这个技术与格式塔治疗中如皮尔斯所宣扬的对梦的传统探索不是相互对立的，而是一个补充。正如我们所看到的那样，皮尔斯尤其建议依次具身化出现的多种多样的元素。顺便说一下，对米歇尔·福柯来说，同样地，"梦的主体，不是那个说'我'的人，而是整个的梦：一切都在说我，甚至是物体和野兽，甚至是虚空……"

最终，我这样区分了梦工作中可能的四个阶段：

1. 梦自身，处于它的无意识的功能之中（基因修复、体验整合、创伤"消化"）；

2. 梦的可能的有意识重新记忆，尤其是与其单纯的言语关系有关的宣泄效果；

3. 寻求对梦的象征性理解或阐释；

4. 继续或完成开始于重新记忆的梦的工作，在上升至意识时，这可能引发后续工作。

但是我应该停止我对梦的反思了，因为我们的认识仍然是碎片式的，并且每个人都是从自身的假设出发：建构于本世纪初的这些信仰中，哪些适于保留，哪些被证实为过时，要做出精确的考量很可能还为时过早。

创造性

在格式塔中，创造性并不总是建立在言语的或单纯受到激发的载体上的，并不像我刚刚叙述过的大部分治疗中那样，是从白日梦、幻想或夜晚的梦开始的。[①]

它可能通过大量天然的或人工的有形支持而自我表达：噪音，声响或音乐，"原始"舞蹈或身体表达，素描，油画，拼贴，模型制作，来访者自己收集、挑选或制造的东西。

鼓点对话

让-保罗通过噪声或声音，从工作房间里现有的物体或材料开始自我表达，流露出他所体会到的内在状态。

---

① 这里我不去展开论述这些术语时间的细微差别。

·白日梦（rêverie）意味着对形象和联想的内容与进程的某种心理控制，因此它大部分是由来访者引导的。

·而在幻想中，形象更为自发地突然出现，有时完全是出乎意料的。来访者自己可能会对从内部强加于他的情节感到吃惊："发号施令"的是无意识。

·严格意义上的梦是一系列不连贯的形象，只在记忆中留下模糊的回忆，几乎无法产生连贯的叙述。

·而梦想（songe）是一种清楚的梦（有时被视为"来自上方"），经常通过强烈且明显的特性而强加于睡眠者。它接近于某人所称的"清楚的梦"。事实上，人们睡醒时讲述的通常是梦想。

　　我请他以和治疗师或另一位搭档交流的形式继续下去，所借助的方法是有节奏、或强或弱地拍打一个或多个物体，发出类似即兴"咚咚咚"的鼓点声。这种对话以"鼓点争吵"结束，并伴随着和解与惊人的效果。

　　总而言之，这是放大，即格式塔治疗师的经典态度，对于声音的音色和词语的节奏或呼吸，以及来访者话语的明确内容，格式塔治疗师至少是同等重视的——也就是说，同等重视形式（"Gestalt"）和背景。因此觉察全部集中于感受，不为找寻词语所分散。

　　人们可以无限改变这种原始的表达形式，它动员人格的各个古老层级，使用各式各样的噪声或声响，所用的物体可以是坚硬的或柔软的、空心的或实心的，可以打击、抓挠、摩擦、轻触或做出其他能够带来外部震动和参与者（一个或多个）内部回声的各种动作。

　　其他时候，可以即兴组织一个团体"管弦乐队"，其中每个人都试着明确自己的在场，对声音的接触边界进行持久且灵活的创造性调整，既不淹没在匿名的融合之中，也不通过自己的各种征服性投射来压垮其他人，或是在某种内转中与大家相互隔离，处于封闭循环之中，而是表达自己并倾听他人，在与背景的关系之中形成他的个人图形——背景由当时的环境构成。这样的"管弦乐队"可用于建立新团体时的热身，其中每个人都试图在一个整体中确定自己的位置。①

———————————

① 加利福尼亚音乐格式塔学者、演员保罗·雷比洛喜欢这样开始他的治疗。

原始节日

如果不利用这种通过声音进行的表达，那么人们可以在独自的或与团体成员一起的即兴运动中让他的身体说话，在必要的时候，顺应与可能的搭档之间的相遇，寻找他自发的内部节奏并灵活调整。

这里人们仍然将关注接触边界：我是否对他人的运动或节奏不敏感？反之，我是否立刻被他"抓住"和影响？我能否

> 一直做我自己，却又处于与他者的持久关系之中，

伴随着"穿梭"的觉察，通过我们的节奏的调整，同时关注我自己的和搭档的需要及欲望？

有时候，这种"野性"舞蹈会演变成某种原始"丛林"，其中的每个人都具身化为真实的或想象的动物，使情感表达，或者攻击、统治、保护、隔离或温柔的古老需要成为可能……

当然，人们可以想象多种多样的其他表达模式，这些模式可以在必要时由治疗师在团体工作进行中提出，但也可以在对来访者当时感受进行个人探索时，从来访者的欲望中自发地涌现，在个体治疗中和团体治疗情境下都是如此。

恋物客体

工作的介质不是听觉的或运动觉的，它可以是视觉的或触觉

的。这里可能使用的手段具有无穷的多样性。

例如，我可以出发去冒险，寻找一个代表我或"呼唤我"的自然的或人工的物体，接着进入与我内部存在的这个外部象征之间直接的、视觉的、触觉的关系。

我可以对一朵花、一根小树枝、一块石头，或一个耙子、一个汤碗说话，对它表达我的感受……然后必要时代替它说话：

> 若瑟琳娜（Jocelyne）——我选择这个旧的独轮车车轮，我在棚子里注意到它，因为它让我突然想到自由，以及可靠……我喜欢它那岁月的光泽……
>
> 治疗师——你可以直接对它说，而不是跟我说它或是描述它吗？
>
> 若瑟琳娜——我爱你，因为你的生活很充实……你遭遇过困难，受过苦，你的一根辐条断了……但你中间的轮毂还在！……你的木头正在腐烂……然而它赋予苔藓生命……
>
> 治疗师——现在可以由车轮来回应和说话吗？
>
> 若瑟琳娜——可以！是的，我已经老了。我不再像以前那样光彩夺目了……但是年轻时人们给我上的这层漆，它不真的是我……人们给我上漆是为了吸引园丁……但这不妨碍他忽视我！最终他更喜欢一辆更现代的独轮车，而不是我……那辆车轮胎是中空的，充满了气！……他带着那辆车走了……（她哭泣）……我不在乎！我继续我的路。他曾经使用过我，但他不是真的喜欢我……现在我自由了……我脱离了独轮车的身体！但我可以到处漂泊！尽管我上年纪了，我还可以吸引一些人。证据：若瑟琳娜停下来抚摸我，跟我说话……我知道其他人仍然可以这么做（她又哭了）……

人们可以像这样赋予所有物体生命，向它投射我们的希望与担忧、我们的需要与欲望，因此来使它们更可触及，更能够重新调整。

一个这样的"恋物客体"，象征性地具有话语和权力，与它的关系可以是多向的。为了给卷入划分等级，我通常建议"反向变位"（他、你、我）——它的引入其实是非常自然的：

- 从以第三人称描述（或画）客体开始；
- 接着，以第二人称直接对它说话，这一下子便引入了一种更加富有感情的关系；
- 最后，与客体本身同化，以第一人称具身化为他自己的内部主观经历，将其投射至这一中介物。

"从内部所见垃圾桶"的人工具身

当然，我们内心情感的这个暂时或持久的中介客体或"过渡"客体，能够被有意地、"人工地"制造出来。另外，我想强调的是，"人工"的意思是"巧妙地做"，因此恰恰相反，这一术语本身一点贬义都没有。一个行动变得具有治疗性，正因为它是人工的：吃胡萝卜不是治疗，吞下人工浓缩的维生素 A 则有可能是！聚集成自然团体不是治疗，人工地分析具有不同寻常规则的团体中的行为，则可能成为治疗。

必要时我们利用特别的创造性工作坊来开始、阐明或加强某种内在情感的表达。① 最为常见的情况下是一幅画，可以不借助

① 例如参见附录中一位受训者的日记（玛丽-洛尔·加桑）。

事先准备好的复杂材料而快速完成，但是人们也可以明确地预先安排创造性工作坊时间，使每个人都让自己的忧虑，作为潜在资源从内心深处"升起"，这些资源经常遭到忽视。[①] 我们的受训者中有多少人认为自己没有能力创造任何一种独特的东西，从小学起就被规定将太阳画成黄色，将大海画成蓝色，将一栋传统的房子再现为红屋顶，只去制造有用的物体。他们中有多少人惊喜地看到从未有过的个人作品从他们手指下涌现，而他们几乎没有觉察：对最为轻微的生命气息十分敏感的"风动饰物"（mobiles），让眼睛愉悦的非象形图形，引诱着爱抚或呼唤着心灵！

我们通常为了这样的工作坊而使用各种类型的家庭"垃圾"，每个参与者都受邀带垃圾来参加培训：线头、羊毛线团、塞子、旧抹布、通心粉或脱水蔬菜、旧画报、木头边角料、用过的塑料纸或纸板……还有其他很多东西！在工作一开始，我们就提议共享材料，形成一个大的营养堆，每个人都可以从中拿取对他有启发的东西，并让自己去实现"带给他的想法"，没有预先确定的计划或规划。材料的"混合"避免受训者准备他的材料，在今天去实现他昨天的构想。因此它允许更多的自发性，即无意识的更重要的浮现。

这的确是一种"创造"，而非一种"实现"（来自拉丁语 *res*、*rei*："东西"）。如果人们深入语言所再现的集体无意识之中，并上溯至拉丁语词根 *creatio* 之前，实际上人们会碰到希腊语：*creas*、*creatos*，即"肉、身体"，创造因此是一种"具身"（来

[①] 此外，我已经在下列章节中描述过这种"创造性和性欲"工作坊：« Développement personnel », in Vanoye & Ginger, *Le Développement personnel et les travailleurs sociaux*, Paris, E.S.F., 1985.

自 *carne*："身体"），赋予作品生命。①

风动饰物的眩晕

　　阿莱特（Arlette）用木头边角料、羊毛、彩纸做成一个"风动饰物"，并把它挂在天花板上。

　　治疗师——你可以告诉我们这是什么吗？

　　阿莱特——我不知道！……这是装饰品，就这样！它会转……

　　治疗师——那么你可以让它转动吗？

　　（阿莱特用手指让它转动，然后朝上吹，加速它的旋转。）

　　治疗师——你能否想象一段与你的风动饰物的对话？

　　阿莱特——我自己不知道！……例如，它对我说："别这么快！你让我头晕！这让我想吐……至少像这样，你会照顾我的！"

　　（接着是长时间的沉默——我尊重这一沉默——伴随着众多情绪的"微信号"。）

　　治疗师（突然间，没有任何转换，让左脑在试图取得控

---

① 追溯至更久远，人们发现梵文的词源：词根 *kar*，即"做"；衍生出 *kriya*，即"创造出来的一个行动或作品"；过去式 *krta*，即"做出来的东西"；还有 *kara*，即"手"（或大象的鼻子！）；*karman*，即"行动、作品，按照规划做出来的东西"（衍生出东方的"业"［*karma*］），即我们的命运）；过去完成时 *sakrt*，即"一次完成，永不改变的东西"（神圣的［*sacré*］）。

制之前哑口无言①）——你自己呢，你会是什么颜色的？

（阿莱特在长时间的惊讶之后，羞怯地伸出一根手指，指向黄色的羊毛。）

阿莱特——我是光……但是你看不到我……而且，你不看我：你总是看别的地方，你更感兴趣的是其他颜色，更生动的颜色……尤其是红色！（一滴眼泪慢慢地流下她的脸颊）……

治疗师——你可以对红色说些什么吗？

阿莱特——哦，你！你占据太多空间了！不是因为你更强就可以更坏！总有一天我会报复的！（她痛哭流涕）……但是轮不到我这样做：我七岁时爸爸去世了，他从来不关心我。他只关心我哥哥！

治疗师——你爸爸去世前，你本来有什么事情要告诉他吗？……现在你还想告诉他的事？……

阿莱特——哦好！好多事情！……爸爸，我生你的气：你从来不看我……还有，你突然去世了，"不回来了"：你抛弃了我，我从来不理解发生了什么。人们什么也没跟我解释！——而我，我那时总是爱你……我现在仍然爱你（她又哭了），我还是爱你！……我多么希望坐在你双膝上，告诉你我不开心的小事和我宏伟的规划……但是你只看男孩子或者大人……你没有给我长大的时间：你在这之前就走了！你没这个权利！（她又哭又喊，混杂着愤怒和温情。）

工作又延长了一些时间：阿莱特进行了种种尝试，以"忘记"她的孤独并在无节制的补偿性激进中让自己改

---

① 在情绪或隐喻层面上维持一段时间的交流，不过快地去"解码"，即便语言看上去是"透明"的，这常常是有益的，否则会打断无意识的表达。

变……工作以各种形式继续，从她童年开始。在后续的治疗
中，一方面阿莱特将分析她的"过度忙碌"中的次级获利，
另一方面，她最终放弃这种对理想化父亲的幻想化回忆，终
于能对他说再见。

"杀死亡者"并将其埋葬，这是一项经常难以忍受的工作，
却也是非常必要的，等待着一切有责任心的格式塔学者不害怕必
要时在细节上重演情境——这些情境有时是戏剧化的——以及多
年来固定的、沉重的并束缚人的"未完成格式塔"。

无意识是个坏学生

这些不同技术呼唤想象和自发性，旨在最终让无意识说话。
后者利用一种原始语言，它不知道计算和语法：它没有学习"基
本课程"！……

当一个来访者在一次情绪工作中提到他的父亲或母亲时，最
经常的情况下，这不是现实的父母，而当然是自己内部的这个父
母亲形象，是他在 6 岁之前所建构的父亲或母亲的意象，当这个
父亲或母亲 30 岁时①……无意识蔑视时间表！

他不知道过去和未来——像个好的格式塔学者那样——仍然
活跃在当下。他对动词变位一无所知，同样忽视否定式，专注于
事情与行动！因此，当治疗师对全然退行中的来访者说"不要害
怕！"时，他的无意识听到"害怕"……产生的效果与想要的正

---

① 这是为什么在心理剧治疗中，来访者经常请求比自己年轻的女性来代表童
年的这个母亲……而所选的那个搭档对此有抱怨是错误的！

相反！为了很好地理解这个基本事实，请做下列实验：闭上眼睛并试着想象一种不是蓝色的颜色……您已经正好隐隐约约地看见蓝色了！

无意识的这种专门语言是"婴儿的"、象征的和隐喻的，这是我们遥远祖先的原始语言，是一种由心理象形文字构成的种系发生学的世界语。它也适合治疗师学习和使用，使其成为好的解释者并因此而避免曲解和误会。外部观察者几乎不去倾听这种含蓄的、形象的语言，这种情况并不少见，正如反过来，来访者总是不理解过于理智的"反馈"评论，而他自己仍然连接在自己的内部语言上。是的！的确，无意识是个相当糟糕的学生！另外，我们刚刚看到，梦是文化的世仇，是大自然的凶恶而顽固的信徒……

本着同样的想法，当来访者来自外国时，我们经常让他用母语工作，这时他提到童年或第一童年期①的情感回忆，如与父母一方的温柔的或具有攻击性的交流。顺便说一下，这让我们赢得了可能的观众充满惊讶的欣赏——这些观众能同样好地理解阿拉伯语和葡萄牙或亚美尼亚语！实际上，我们通过非言语的表达（音色和声音的节奏）来理解行动，而且我们能否全部理解一点也不重要：来访者自言自语……我只是用我的照明来陪伴他探索他的地窖的地下各层，而他只需在地下河泛滥时利用我的前灯和救援设备便可。

---

① 传统上，人们在出生和青春期之间区分了四个连续阶段：出生后直到大约3个星期是新生儿；此后到18个月是吃奶的婴儿；第一童年期持续到大约6岁或7岁入学；此后，第二童年期一直延续到青春期。

想象的语言

我仅仅是为了记忆才将提到格式塔中的绘画取向（或拼贴取向）——它的形成所依据的原则与所有的创造对象是一样的。这些作品（自由的或是有主题的）可以构成一项双人（与治疗师或是另一个搭档）、三人或多人工作的对象，这种情况下，每个人可能都会分享他自发的个人感受，但是避免与某种解读"网格"有关的所有理智阐释，无论是哪种解读。

总之，无论这是从此时此地的言语化身体感受出发，还是从相伴随的白日梦、幻想或叙述出来的夜晚之梦出发，又或者是从绘画或再现的隐喻创造出发，人们都看到，大部分格式塔工作部分地在想象、梦或创造性中进行。事实上，与我受到启发的觉察一样，我的情绪和具身化情感、我重构的回忆、我所害怕或希望的幻想，这些是在内部场景中上演的。照亮这一内部场景依据无意识过程的放大原则，通过 C. G. 荣格所说的"积极想象"进行，这种想象在格式塔治疗中得到治疗师介入式参与的鼓励（并且可能受到团体回应的鼓励），使想象、象征和现实之间的多义联系成为可能。

第十四章
格式塔的发展：历史与地理
当今的几个应用领域

格式塔在全世界

用一整本书都不足以勾勒格式塔治疗的历史与地理，即它在时间与空间中的发展。因此这里我将仅仅快速环视一下几个偶然间立下的概要性里程碑[①]，首先是在"此前彼地"（也就是说在非洲和美国），接着在"此时此地"，也就是说在法国和今天。

我们会认为，格式塔治疗从 40 年代开始逐步在皮尔斯思想中萌芽，当时他还在南非。我们已经强调过他初次出版于 1942 年[②]的第一本书《自我、饥饿与攻击》中提出的众多先驱性主题。实际上，格式塔治疗的基本原则并不新，皮尔斯自己宣称："人们经常将我称为格式塔治疗的奠基者：这是玩笑！如果你们

---

① 再次证实精确历史的建构尤其需要谨慎对待，例如：写在几个学院自己的宣传单中的创立时间有一两年的差异，每年出版的美国"官方的"《格式塔名录》（*Gestalt Directory*）延续了这一好榜样！至于言语信息则具有无与伦比的"模糊的艺术效果"！……在法国也是如此，我曾不得不进行各种整理以获得可信的日期：因此我无法保证所引用标记的绝对准确性。

② 1942 年于南非，而不是 1947 年于伦敦——如大部分文献中仍然写的那样。

将我称为格式塔治疗的发现者或者再发现者，对的！因为格式塔和世界自身一样古老。"而且事实上，我们在其中也找到苏格拉底的助产术和中国传统。创新在于，这些基础性原则所构成的独特的治疗利用。

格式塔治疗最初的进展缓慢：仅仅在 1951 年，即 9 年之后，古德曼才（为了 500 美元的报酬！）赋予皮尔斯 100 页手写笔记一个严密的形式（一个格式塔！）；最早的两所格式塔学院此后不久诞生，纽约格式塔学院成立于 1952 年，克利夫兰格式塔学院诞生于 1954 年①（但是最早的结构化培训项目直到 1966 年才在那里开始）。

加利福尼亚的全盛时期还要在此后 15 年才会到来：旧金山格式塔学院，1967 年；洛杉矶格式塔学院，1969 年；而吉姆·西姆金于 1968 年开始了他的第一个培训团体，此时伊萨兰（以及其他地方！）吹拂着一股新风……

就这样一点点地发展出三种类型的格式塔治疗——人们可以夸张地这样描述：

- "头脑格式塔"，尤其以言语为载体，传播于东海岸：在纽约和波士顿，其后在魁北克（并且由此传到欧洲，尤其是经过 C.I.G. 的中介），更多地参考 P. 古德曼和 I. 弗罗姆的工作；

- "心灵格式塔"，它是情绪的和社会的，在克利夫兰（位

---

① 格式塔治疗最为伟大的那些人在此合作：弗里茨·皮尔斯和罗拉·皮尔斯、保罗·古德曼、保罗·魏斯、伊萨多·弗罗姆、埃尔温·波尔斯特与米丽娅姆·波尔斯特、约瑟夫·辛克、埃德温·内维斯和索尼娅·内维斯、伊莱恩·凯普纳（Elaine Kepner）、乔尔·拉特纳等等。迄今为止，克利夫兰格式塔学院已经培训了超过 800 个学员（400 多人参与了 250 小时的暑期密集项目）。第一批文凭颁发于 1969 年。

于美国东部中心地区）——大部分理论家在那里受训（辛克、波尔斯特等等）；

- "肺腑格式塔"（*Gestalt des tripes*），情绪的、躯体的和团体的，在西海岸的加利福尼亚——伊萨兰、旧金山、洛杉矶。

从那时起它们一直未能成功地、"格式塔式地"相互结合，尽管东海岸的多位理论家移居到加利福尼亚——那里不同的趋势在逐步地融合。

68 年之后不久，迎来爆发：因此，1972—1976 年间，在大部分美国的大城市逐渐开设了不少于 37 所培训学院，几乎到处都有，1982 年的《格式塔名录》（每年出版）已经列举了超过 60 所……而新学院继续成立！因此目前每年有数百位新的专业格式塔学者得到培训。

在蒙特利尔（魁北克），1972 年 2 月召开了第一个格式塔敏感性论坛（由克利夫兰的约瑟夫·辛克主持）；两年之后的 1974 年，雅尼娜·科贝伊创办了成长与应用人本主义中心（*Centre de Croissance et d'Humanisme appliqué*，C.C.H.A.）①，此后一年即 1975 年，格式塔魁北克中心（*Centre Québécois de Gestalt*）创办，由欧内斯特·戈丁（Ernest Godin）和路易丝·努瓦泽（Louise Noiseux）主持。② 1979 年 7 月，这个中心创办了国际分部，名为"格式塔国际中心"（Centre International de Gestalt，

---

① 雅尼娜·科贝伊于 1974 年结束克利夫兰暑期密集培训。特别是 1981—1984 年间，她在南特组织了一次培训。1990 年她从 C.C.H.A. 主任位置上离职。

② 后来法国人诺埃尔·萨拉泰和让-玛丽·德拉克鲁瓦介入了那里的工作。E. 戈丁几年来远离了格式塔运动。

C.I.G.），分部在欧洲开办了法语培训。1981 年，格式塔干预中心（［*Centre d'Intervention Gestaltiste*］吉尔·德利勒［Gilles Delisle］）创办，此后成为魁北克最重要的培训学院。

在此期间，在皮尔斯的祖国德国，将格式塔引入欧洲的希拉里翁·佩措尔德 1972 年在多塞尔多夫附近成立了弗里茨·皮尔斯学院（*Fritz Perls Institute*）。目前，在我们的莱茵河邻国还有其他几个格式塔培训学院在运营中。

在比利时，米歇尔·卡策夫在布鲁塞尔多元大学（*Multiversité*）内部组织了一个三年制 500 小时的培训，主要由外国参与者担任培训师，第一届（被称为"第一代"）开始于 1976 年并结束于 1979 年。①

但格式塔治疗也在其他国家盛行：在墨西哥、南美、澳大利亚（那里于 1980 年创办了墨尔本格式塔学院［*Gestalt Institute of Melbourne*］），甚至在日本（那里于 1978 年在日本格式塔学院［*Gestalt Institute of Japan*］开始了一个培训项目）。

格式塔治疗在法国

在我国，格式塔的历史开始于 1970 年左右，当时几位法国心理学家几乎同时从美国之行中带回了经验、技术、方法、质询……

---

① 特别是，那里培训了以下学员：让-玛丽·罗比纳（1977—1980）、妮科尔·帕特诺斯特（Nicole Paternostre）和安德烈·莫罗。至于卡策夫自己，他同时在上克利夫兰的暑期密集课程，1977 年课程结束。10 年后，他关闭多元大学，离开比利时，去了西班牙。1992 年他在巴塞尔去世。

可以雅克·迪朗-达西耶（Jacques Durand-Dassier）为例——他从 1969 年起发表了：《关系的结构与心理》（*Structure et psychologie de la relation*），关于美国新方法的第一部著作，很快又出版了另外两本。1973 年，他成立了进展中心（*Centre d'Evolution*），聚集了受到人本主义启发的不同流派的爱好者和治疗师……

同一个时期，即 1970—1972 年间，我和安娜从加利福尼亚回国后，在个人发展与性欲的一个培训阶段逐渐引入格式塔治疗，1969 年 2 月，我们刚刚在心理社会学和教育学培训及研究所(I.F.E.P.P.)①内部设置了这个学习阶段，当时心理剧和精神分析取向一直占据着舞台前景。

1972 年，让-米歇尔·富尔卡德（Jean-Michel Fourcade）在巴黎成立了人类潜能发展中心（*Centre de Développement du Potentiel Humain*，C.D.P.H.），他在那里提供了一系列"新治疗"的敏感化工作坊。

1974 年克洛德·阿莱（Claude Allais）和克里斯蒂娜·阿莱(Christine Allais) 回到法国，他们在加利福尼亚待了数年，1970 年他们在那里取得了心理学博士学位；接着让·安布罗西回国，他于 1974 年 8 月在波士顿附近以格式塔为基础，取得了神学硕士学位。同样在这一年，美国人马克斯·菲勒洛结束作为"住院医生"在伊萨兰的长时间居住，在法国定居下来。

让我们再加上让-克洛德·塞，以结束对法国"英雄时期"情况的描写，他经常去印度并逗留很长时间，由此来继续他的

---

① 特别是与妮科尔·迪富尔-贡佩尔的合作，以及后来与雅尼娜·阿桑（Janine Assens) 的合作。1971 年 2 月起格式塔治疗在那里明确地得到命名。

培训。

1975 年开始，法国格式塔治疗的背景就是这样确立起来的……但是这些治疗师中的每一位都在自己的角落里工作，常常甚至不知道同行的存在！……另外，今天我可能正在做同样的事：我没有提到我们国家其他的先锋人物。

必须等到 1981 年和法国格式塔学会（S.F.G.）①成立之时，这些不同的人——还有其他几位新人——才得以相遇，而且常常是第一次碰面，他们交流各自的实践，有时带着惊喜……

1981 年在法国格式塔历史上标志着一个转折点，格式塔从阴影和半地下状态中走了出来：格式塔学者的几个专业培训几乎是同时开展，作为对不久之前由格式塔国际中心（C.I.G.）的一个魁北克团队在法国提供的课程的补充，这个团队由欧内斯特·戈丁领导（培训其后终止）。

- 巴黎格式塔学校（E.P.G.），当时从属于社会心理学和教育学研究培训研究院（*Institut de Formation et d'Etudes Psychosociologiques et Pédagogiques*，I.F.F.P.P.），塞尔日·金泽和安娜·金泽主持（第一次由法国人开展的培训）；迄今为止 E.P.G. 已经培训了来自 17 个国家的超过 1000 名从业人员。

- 应用人本主义成长中心（*Centre de Croissance et d'Humanisme Appliqué*），位于南特，蒙特利尔的雅尼娜·科贝伊主持（其后培训终止）。

---

① 由塞尔日·金泽和安娜·金泽发起。法国格式塔学会（S.F.G.），1981 年依据 1901《结社法》成立，集中了所有倾向的专业格式塔学者。1995 年成了第二个全国性协会：格式塔治疗学院（*Collège de Gestalt-thérapie*）。

- 接着，一年以后，玛丽·珀蒂和于贝尔·比多（Hupert Bidault）在巴黎于进展中心内部的培训（1985 年培训中断）。
- 还有一项培训，联合了波尔多格式塔研究院（让-玛丽·罗比纳）和格勒诺布尔格式塔研究院（让-玛丽·德拉克鲁瓦和阿涅丝·德拉克鲁瓦）。[1]

所有这些研究院都承担 600 至 1000 小时的理论和实践培训，通常分散在 3 至 5 年，并辅以数百小时的临床培训。在此，我没有提到那些时间较短——或作为另一门课程的补充——且不符合法国格式塔学会所接受的最短时长标准的培训。

1980 年，玛丽·珀蒂出版了第一本关于格式塔的法语著作《格式塔：此时此地的治疗》（*La Gestalt, thérapie de l'ici et maintenant*），开创了在不同专业杂志或集体著作中的长长的一系列出版物，格式塔开始更好地为人所知——尤其是在医学心理学或社会教育学领域。而法国格式塔学会创办时，讨论这种方法的法语出版物不超过 25 种，而今天超过 1000 种。[2] 法国格式塔研究院出版一份只面向其成员的季度简报，以及在大书店中发行的一本年刊（迄今为止出版了 24 期，将近 5000 页）。

人们组织了几个公开活动——其中一个为 1983 年在巴黎召开的国际会议（Colloque international），汇集了来自 9 个国家的 250 个人。随后是在波尔多（1984）、格勒诺布尔（1985）和巴黎（1986）召开的全国研究日（*Journées nationales d'étude*），以及 1987 年 11 月在巴黎举办的一次法语的国际大会（*Congrès*

---

[1] 波尔多和格勒诺布尔的研究院于 1986 年合并，名为 "法国格式塔治疗研究院"（Institut Français de Gestalt-thérapie），2003 年分开。

[2] 参见附录中的完整书目。

international)，汇集了来自 12 个国家的 300 位与会者。在法国几个大城市（巴黎、波尔多、图卢兹、格勒诺布尔、里尔、鲁昂、尼斯、斯特拉斯堡等等）召开了一系列会议，几乎到处——40 多个不同城市①——都在举办临时的敏感性工作坊或定期的治疗团体，更不用说我们国家目前将近 1000 名格式塔学者提供的个体治疗。同时，格式塔进入大学，如在图卢兹、巴黎、波尔多、里尔和里昂等地，在其他不同的研究院则更多地是临时性的。格式塔成为第二、第三阶段硕士论文和博士论文的研究对象。

我们的邻国比利时对格式塔得到的这一肯定并非无动于衷——先于我们——立刻积极开展活动，而且有几位比利时格式塔治疗师入选了 S.F.G.——它更多地是*法语*协会而非*法国*协会（今天它团结了 9 个国家的 200 多名成员）。以我们为榜样，西班牙格式塔治疗协会（Association Espagnole de Gestalt-thérapie，A.E.T.G.）于 1982 年创立；意大利格式塔协会（S.I.G.）于 1985 年 1 月创立。最后，在希拉里翁·佩措尔德的发起下，1985 年 5 月

---

① 尤其在：阿让（Agen）、普罗旺斯地区艾克斯（Aix-en-Provence）、昂古莱姆（Angoulême）、安讷西（Annecy）、阿维尼翁（Avignon）、贝尔热拉克（Bergerac）、贝藏松（Besançon）、比亚里兹（Biarritz）、波尔多、滨海布洛涅（Boulognes/Mer）、布尔日（Bourges）、布雷斯特（Brest）、戛纳（Cannes）、克莱蒙-费朗（Clermont-Ferrand）、第戎（Dijon）、格勒诺布尔、里尔、利摩日（Limoges）、利穆（Limoux）、里昂、马孔（Mâcon）、马赛、默热沃（Megève）、蒙德马桑（Mont-de-Marsan）、蒙彼利埃（Montpellier）、穆兰（Moulin）、米卢斯（Mulhouse）、南特、巴黎、波城（Pau）、普瓦捷（Poitiers）、兰斯（Reims）、雷恩（Rennes）、鲁昂、圣特罗佩（Saint-Tropez）、斯特拉斯堡、塔布（Tarbes）、图卢兹、图尔、凡尔赛等等。

成立了欧洲格式塔治疗协会（E.A.G.T.）①；另外，1988 年成立了魁北克格式塔协会（A.Q.G.）。

1991 年，国际格式塔培训组织联盟（Fédératioin internationale des Organismes de Formation à la Gestalt，F.O.R.G.E.）成立，塞尔日·金泽任主席。今天它聚集了全世界 20 个国家 30 多个培训学院院长。

这种飞速发展是证明自己并促成欧洲格式塔在思想、理论和技术等方面的不同流派之间独特的、丰富的创造性交流，还是将陷入"地方主义的争吵"或满足于缓慢而被动地内摄美国模式，唯有未来方可知道。就我而言，我不隐藏我的乐观，而且我关注已经开始的发展，确信很快将会产生新的流派来让传统的各种取向解体，却又不背叛构成格式塔运动特性的东西。

在等待的过程中，每个人都在自己的领域行动起来并去寻找格式塔能够有效"生长"的可行"空间"。让我们拭目以待！

应用领域的合并尝试

格式塔，这里！格式塔，那里！人们开始看到它在树林里绽放，或是原生态的，或是以移植、扦插的形式，后者的繁殖能力有时不太确定。

---

① 该协会每三年召开一次全体大会：1986 年，德国；1989 年，荷兰；1992 年，巴黎（拉维莱特［La Villette］的科学城［Cite des Sciences］，22 个国家的 500 位参会者）；1995 年，伦敦；1998 年，西西里的帕勒莫（Palerme）；2001 年，斯德哥尔摩。下一次会议将于 2004 年在布拉格召开。

这里首先不带评论地来一次电子环顾，系统记录几个月来我所收到的众多宣传册、简介和广告。

格式塔陪伴您从生至死

因此，我记录了针对以下人群的格式塔培训或治疗：

- 未来的母亲
- 儿童与青少年
- 夫妻
- 正在离婚和已经离婚的人
- 单身者或独居者
- 女性团体（我没有收到给"男性主义者"的邀请！）
- 退休准备
- 临终陪伴
- 格式塔哀悼工作

格式塔无所畏惧

- 精神病
- 神经症
- 心身疾病
- 癌症
- 酗酒、抽烟或吸毒
- 抑郁和自杀
- 失业
- 移民
- 性创伤
- 性发育

- 同性恋
- 恐水症

……我不一一列举……那些不那么值得一提的！

格式塔是杂性的：它与所有想要的东西一起！

- 格式塔和沟通分析
- 格式塔和重生
- 格式塔和生物能
- 格式塔和神经语言程序
- 格式塔和心理剧
- 格式塔和戏剧
- 格式塔和瑜伽
- 格式塔和罗尔夫疗法
- 格式塔和按摩
- 格式塔和触摸法
- 格式塔和放松
- 格式塔和优张力
- 格式塔和感官隔离箱
- 格式塔和星相学
- 格式塔和塔罗

……被遗弃但被很好保存的格式塔寻找搭档以相互刺激……

格式塔充满好奇：它到处深入！

- 格式塔在精神病医院
- 在监狱中
- 在学校中

- 在适应不良的童年中
- 为了残疾儿童父母的格式塔
- 在社会服务中
- 在婚姻顾问中
- 在家庭格式塔治疗中
- 在军队中
- 在教会中（格式塔包括在美国牧师培训中）
- 在企业中（巴黎大众运输公司［RATP］、法兰西银行、塞塔烟草［SEITA］、米其林、罗讷-普朗克［Rhône-Poulenc］等等）
- 在广告中
- 在农民中
- 在牙医中

……（最后两种提供了意想不到的一批格式塔学者……）

格式塔是一体的，但是它可以区分为：

- 格式塔中的身体
- 格式塔中的梦
- 格式塔和隐喻
- 格式塔视频
- 等等，等等

格式塔具有创造性：人们再也无法阻止它！

- 巡航中的格式塔
- 通过格式塔寻找其小丑
- 格式塔和时间管理

· 格式塔和仪式

· 格式塔和灵性

· 格式塔、金钱和成功（我紧急预定一个位置！）

· 格式塔紧急呼救（或给熟悉的人的"急救服务"[S.A.G.U.]）

……第六版的继续和更新！

正如人们所看到的那样，不是明天就失业！至于这些培训是否都满员了？……自然选择很快就会承认它自己的那些的！

现在，前进参观！请跟随导游！我们要跑步浏览几个展台。

社会工作者中的格式塔

格式塔才出现于法国治疗风景中没多久，便在社会工作者中引发了一定的兴趣：专业教育者、社会服务参与者、适应不良青少年机构的负责人①、婚姻和家庭顾问等等。

例如：以下是 1000 个第一批学生（从 27 岁至 58 岁，平均年龄为 40 岁出头）的专业出身，在我们前 50 届（1981—2001）的 1800 名候选人中，他们被遴选出来参加巴黎格式学院第二阶段的长期培训。

· 医学专业和准医学专业（精神科医生、护士、再教育者）

26%

· 临床心理学者、精神分析师和心理治疗师 20%

---

① 参见 S. Ginger, « La Gestalt : un outil pour le travailleur social », in *La Marge* (Revue de l'ANDESI, Association Nationale des Directeurs d'Establissements et Services pour Inadaptés), n° 65 et 67, numéros speciaux sur *Les Nouvelles Thérapies*, Paris, févr. et juin 1985.

- 社会工作者（尤其是特殊教育工作者和领导者）　　　18％
- 成人培训师（继续教育的专业人士）　　　　　　　　14％
- 教师　　　　　　　　　　　　　　　　　　　　　　8％
- 其他（研究者、工程师、艺术家等等）　　　　　　　14％

（未被录取的候选人中社会工作者的比例实际上是一样的。）

如何解释这一重要的成功？与受到精神分析、社会心理学或行为主义启发的传统取向相比，格式塔为他们带来了那些更多或更新的东西？确切地说，如果不是方法的新颖吸引他们，那么更简单地说，是因为它特别适合他们的专业需要。

实际上，首先，这是一种灵活而多功能的方法。

- 它适合多种类型来访者的表达可能性，因为它使用的语言既简单又多种多样：言语、身体、隐喻（游戏、创造性、绘画……）——这使其可以用于最为广泛的文化背景下的儿童、青少年或成人。
- 它可以在非常不同的情境和环境中使用：在访谈或个体治疗中（咨询或访问），与亚团体（家庭治疗），与团体（在机构或公共事业部门），在日常的社会环境（所谓的"公开的"环境中，或习惯的职业范围内，等等）。
- 它同时考虑个体的"内心"功能运作和他身处自己的环境中的"心际"功能运作，甚至是这个环境自身（社会格式塔）的功能运作。

其次，格式塔似乎不但适合社会工作者感兴趣的客体（来访者），而且它特别适合主体自身（社会工作者）。

与在这个领域仍然传播甚广的精神分析相比，格式塔为他提供了可以直接移植到日常工作中的理论的和方法论的载体。

格式塔尤其鼓励他去发挥在场的积极且非指导性这一优点，

即这样一种态度：专注地陪伴来访者去表达其需要，寻找自己的解决办法，对未完成的或未能很好探索的情境进行必要的澄清。

社会工作者很少会满足于保持仁慈的中立，或者甚至是积极的共情。他经常被迫表态，给出个人印象或意见，尽管他当然谨慎地不将自己的意见强加于人——甚至不提出自己的意见。正如我们已经提到过的，格式塔通过受控卷入提倡一种分享的态度，这可能促使"来访者-搭档"产生自己的观点。

当然，这一切都不会消除交流的移情维度，而是在让移情变得复杂的同时令它变得丰富。社会工作者因此可以代表一个权威的、安全的甚至是威胁的父母形象，但是他并非仅仅代表这个形象，此时此地面对既定来访者，他具身化这个形象的独有方式但但不能忽视，反而值得去询问。

社会工作者以可观察的当下而非过去为中心；他尤其是从正在进行中的关系和日常具体的社会现实，而不是从幻想出发工作。他通常努力帮助来访者发现并探索自己隐藏的资源、自己未得到利用的丰富潜能，而不是分析自己的困难、问题或失败的原因。这更多地涉及未来希望的萌芽，而不是过去沉重的后果。这里人们可以看到格式塔哲学和实践的主要主题之一。

此外格式塔方法还促使社会工作者耐心地尊重来访者的防御系统，关心后者提出的个人的或社会的痛苦症状，同时重视挖掘其行为可能具有的次级获利，以便促使这位来访者必要时更为经济地或更有创造性地重新调整。

在社会行动中，人们惯常期待中期的有效性（从几个月到几年）：人们不期待即刻的"奇迹治疗"，但避免陷入无休止的关系之中，这种关系使帮助情境持久化，甚至导致长久的相互依赖。

总之，格式塔治疗因此看上去能够在不同层面上帮助社会工作者：

- 对他自己来说——因为他发现自己特别关注他所碰到的问
  题（痛苦、疾病、心理障碍、社会困难、视野、死亡……）
  在他内心的回响，他身处冲突和矛盾的轨迹之中，处于个
  体和集体问题的核心；
- 对他的工作来说——因为格式塔主张的根本原则提供了理
  论的内在一致性，与他的行动的惯常框架兼容；
- 对他的来访者来说——因为提供的技术足够灵活，能够适
  应每个人在各不相同情境中的各种需要和可能性。

这是否意味着社会工作者是一个"不自知的格式塔从业者"？
我不会得出这样的结论，但是格式塔应用于社会教育工作中的几
个具体例子将会突出这两种取向的兼容性。

"督导"或我们巴黎格式塔学校的学生所完成的书面工作带
来了众多的证据，在此我概要地转述其中一些简单、自发的干
预[1]，这些干预中大部分发生于日常工作的惯常地点，没有特殊
的准备或专门的限定范围。实际上，对某些进行格式塔培训的社
会工作者来说，这不是换职业（例如，变成心理治疗师），而是
获得一种额外的能力，以便更好地完成本职工作。

继父的信

洛朗（Laurent），15 岁，他刚刚收到继父的一封十分
粗暴的来信，他的继父是一名退伍军人，他这样结束他的

---

[1] 这些情境中有一些部分地转载于第 67 期《边缘》（*La Marge*）杂志（同前
引）或《格式塔及其应用领域》一书（*La Gestalt et ses champs d'application*, Paris, SFG, 1986）。

信件：

"我听说你又被牵连进一起偷窃了！……再也不许踏进家里！我不想要一个小偷在我家里！如果你回来，我就把你小偷的肮脏手指头夹在门缝里，就像我之前做过的那样……但是这一次，我会坚持到底，让你再也无法用这些手指头……"

洛朗趴在床上，拳头紧握。他大声抽泣着，诅咒道：

——"这个混蛋，我要杀了他！……首先，他不是在自己的家！他在那里没啥可干的：他不需要来烦我母亲……在我家里的是我！我，我要回到我的家！"

洛朗哭泣、叫喊得越来越大声，处于真正的歇斯底里中。他的老师试图让他冷静下来：

——"你不会这么做的！你继父这么写的时候很生气……他会平静下来的。他什么也不会做的……"

——"你知道什么？"洛朗说道，叫嚷得更大声了，"你不认识我父亲，他是个肮脏的野蛮人！一个老虐待狂！他在等待机会：有一天，他会杀了我！……"

老师越是想让他平息下来，洛朗就越生气，觉得自己孤独并且不被理解。

女老师——格式塔学者——走近他并向他建议了一个相反的态度：

——"想哭就哭吧，洛朗。你有权利难过并且生气。如果你在生气，你就只能喊叫……你甚至可以敲打！"

洛朗现在声嘶力竭地叫着，他拍打自己的耳朵，把它扭来扭去。

——"他比我强壮，这个坏蛋！但是我会杀了他！……

我要回家，我要保护我母亲！坏蛋！拿着！把它放在你嘴上！……"

女老师鼓励他以最大声音、全身心地喊叫和表达自己。

……几分钟后，他平静下来。他重重地呼吸着，然后长时间地谈他母亲、他继父、他自己混乱的过去和逐步自主化的个人规划……

这里人们援引了放大感受这一经典技术，它顺应表达出来的情绪的方向，避免过早打断循环，在年轻人处于愤怒中时陪伴他，探索愤怒而不是消灭它。

领域

让-菲利普（Jean-Philippe）五岁。他经常去日间医院。他几乎不说话，尤其是通过姿势自我表达。自从与他的双胞胎兄弟过早地分开之后，他就忍受着深刻的情感障碍，他这个兄弟有活力，爱交流，让-菲利普则孤僻，几乎是消沉的，无论在家里还是在班上。

我在一个每周的团体中接待他，和其他四个精神病或精神病前期儿童一起。

在前两次治疗中，他一直站着不动，拒绝一切接触。是团体中的另一个孩子弗兰克来找他的：让-菲利普朝他的方向踢了一脚，作为回应，弗兰克向让-菲利普扔了一个泡沫方块……

接触开始了并将通过这个中介物而放大：让-菲利普将

方块扔回给弗兰克，游戏建立并强化。每个人都在推泡沫方块，让它滑动……

我建议每个孩子都用粉笔在同一块地上画下自己的领地。之后，他们走动着画线，留下每个人自己的标志，擦去其他人的，每个人都轮流继续这么做……之后，每个人都标出了自己的领地、房子，并在社会空间里确定自己的边界，最后以对身体图示的觉察结束游戏：搭档躺在地上，他们轮流画下对方的身体轮廓。①

这个游戏使用的是格式塔中的几个基本概念：接触-后撤循环、放大、接触边界（对于双胞胎来说尤为重要的主题）、身体意识等等。

小丑的两边

大卫（David）11 岁。两岁起他被放在乳母家，做了不少"蠢事"：他打破砖块，弄破轮胎，在田野里放火，等等。他全盘否定自己干的坏事。

人们把他带到 C.M.P.P.②接受咨询。他不松口，嘴唇上挂着嘲讽的微笑……

---

① Pierre Van Damme, « Gestalt et Psychotherapie de groupe d'enfants », *Mémoire de fin d'études*, Paris, EPG, Juin 1985.

② 医疗心理教育中心（Centre médico-psycho-pédagogique）的缩写，这个中心面向儿童青少年，关注他们的身心健康，为他们提供门诊咨询和治疗，改善他们与家庭、学校和社会环境之间的关系。——译注

　　至于我，我默默地观察他的脸，然后我高声评论他脸部的不对称。左边与右边非常不同：左边脸鼻孔更高，嘴唇有一个点，等等。

　　大卫笑了：

　　——"我知道……而且我的脸颊上也有一颗痣！"

　　于是我提议他画自己。他把自己整个画下来，再现了脸部的不对称，将其扩展到整个身体，对此他自己也很是惊讶。我于是建议他描述自己的这两边。他说道：

　　——"左边，它不动，它不好看，它没法走路，也没法使用手……右边，它更活跃，它可以动、出去、玩耍……"

　　事实上，大卫只"生活"在房子之外。在他乳母家里，他不能动——就像左边那样。

　　我提议他用剪刀、胶水和铅笔来重新塑造一个更为和谐、更为统一的身体……

　　在他的自画像上，我注意到他再现了伸出嘴的舌头。

　　——"他在扮小丑。"大卫说道……他朝我伸舌头。

　　实际上，一个小丑面具掩盖了真实的大卫，否定现实，在否认和拒绝承认自己的蠢事的模式下进行功能运作。

　　在后续治疗中，人们将先就这一小丑形象进行工作，接着就"最为对立的"人物（"一个悲伤的老妇人"）工作，然后就一个"既非小丑亦不悲伤"的人工作。他将画出自己的这些不同部分中的每一个，让它们说话，扮演它们……其后，他将对自身的日常行为进行评论。①

---

① P. Van Damme, *Ibid.*

这次治疗描绘了通过使用创造性材料和戏剧性的见诸行动，就对立或互补的两极进行整合的工作。

卡蒂娅扮演娃娃

卡蒂娅（Katia）开始一系列每周治疗时 7 岁，有几次治疗时她母亲在场。

卡蒂娅在身高体重、心理运动和言语上表现出了普遍的严重落后。她被动，"没有活力"。众多的血肿让人假设存在照顾的缺失，甚至虐待。

母亲没有提出任何的治疗要求：女儿的平静和被动再好不过了，她认为女儿"就像她父亲一样低能"，而且"这是遗传的，不会让人不舒服"……

卡蒂娅总是画两个人物：一个妈妈和一个孩子。我建议她扮演他们。她想扮演妈妈的角色：因此我扮演宝宝。她冲我抱怨，打我，大叫着说我让人受不了……

当我们中止游戏时，我向她解释说，当宝宝不好玩，没法自我防御，极少被拥抱、爱抚或喂养，而且这么经常地抱怨并挨打……

逐渐地，在后续治疗中，卡蒂娅开始有了更慈爱的行为——我通过我的宝宝的需要鼓励这种行为。很快地，她明显地不再想当妈妈，而是想当宝宝自己。

在接下来的几周中，完成了一次缓慢的"回顾"：卡蒂娅每次都确定她希望扮演的宝宝的年龄。她"学习"走路，先是爬，然后站着；她"学习"说话，一开始说不清楚词语，然后，逐步地，说得很好……

为了限制移情现象，我注意去强调我们的真实关系和"工作"角色之间的边界。例如，在建立母女亲情的治疗中，我穿着某种围裙"化装为我的妈妈"。游戏一结束我就脱下它，以找回我在此时此地的陪伴关系。在格式塔中，幻想和现实之间的这种刻意的往复作为前进的动力而使用，避免了受到精神分析启发的那些治疗的很长期限——就像这个服务中心通常使用的那些治疗一样。[①]

在引述的这个例子中，涉及的是特殊教育服务机构中的连续治疗，但是正如我们在下列简要的摘录中将要看到的那样，在日常教育情境下，不以治疗为目的，人们也可以从格式塔中受到启发：因此有了师范学院中的这个学习"俱乐部"，它被称作"更好地生活"俱乐部，提供给中等教育学校（C.E.S.）三年级的志愿者学生，包括男生和女生。

"更好地生活"俱乐部

主持人是一位格式塔学者，她建议："通过一幅画表达你们的自由——就像你目前经历的那样。"然后，每个人都把自己的画展示给其他人看，评论画或具身化为画中的梦的某些元素。

---

① Françoise Rossignol, « Gestalt et thérapies d'enfants », *Mémoire de fin d'édtudes*, Paris, EPG, janv., 1985.

贝缇娜（Beittina）在帆船上画画，朝着太阳航行；在上面和左边，她画了象征性父母……西尔维用一个蚕茧来代表自己——她的父母在旁边……

在另一次治疗中，我建议每个人列出在他们房间中发现的 15 个重要物体。人们谈论这些物体，对它们说话，让它们说话：

——"我是你的床头灯，每天晚上，是我陪伴你进入梦想的……"

——"这是真的，"雅克接过话头说，"我害怕黑色，还有孤独……"

另一天，团体无精打采的，似乎"在睡觉"。于是我建议他们睡觉。人们拉上班级的窗帘，每个人安顿下来睡觉……然后，按照角色，他们轮流表达他们对夜晚、黑暗、死亡的恐惧。倾听是非常"紧凑的"，沉默令人压抑，言辞是沉重的……

相反地，另外一次是音乐……每个人在自发的舞蹈中表达自己——除非某些人"不会跳舞"，并且在自己的身体里谈论他们的不适。人们关注他们的性担忧。

这种学生团体的独创性在于，人们从此时此地象征性地重新经历的体验出发谈论，或多或少带着强烈情绪。没有任何预先确立的程式：人们利用每次治疗中浮现出来的一切担忧。鼓励不同的表达和交流模式：言语的、身体的、戏剧的、图表的或隐喻的。[1]

---

[1] Brigitte Coude, « Un club "mieux-vivre" en C.E.S. », *Mémoire de fin d'études*, Paris, EPG, 1984.

以下是一位特殊教师的证言，她刚刚被一个预防俱乐部（*Club de prévention*）录用，之前她在一个"童年社会救助之家"（Foyer de l'Aide Social à l'Enfance）工作。

当你在吧台小口喝着啤酒时你感觉如何？

我们团队技术理事会在每周会议上所提出的措施中，让我感兴趣的是，通过叙述我向同事们报告的一个情境、事件，我所使用的方法将让我更重视探求我自身对这个情境或事件的感知。

例如，在一次治疗中，我记得就我出现在街区的一家咖啡馆工作。对我的提问围绕着坐在咖啡馆的一张桌子旁这一情境下我感觉如何展开。"你坐在哪个位置上？……你喝什么？……你做什么？……你是眼睛到处看，还是专心地看报纸？……在这个咖啡馆中你占据了什么空间？位置怎么变化？关于男性、女性你有什么感受？……你以什么方式开始一种关系？"我位于所提问题的中心，而通常来说，在我之前的服务中，对我来说，在会议场合做报告重要的是我仔细观察的成果，我希望成果是客观的，能够通过精细而详尽的分析的筛查。我说到年轻人的犯罪和越轨的因素，而在这里人们问我的是："当你在吧台小口喝着啤酒时你感觉如何？……"

对于这种关注我的提问风格我并不习惯！我更注意履行我教育的职责，旨在关心他人！……

让我自己停下来并关注我自己的感知，从这些感知而不是从我观察的结果——通过将我自己安放在情境之外收集到的——出发工作，这事实上回过来让我更多地包括在我身处的那个地点、那个时刻。我的同事们不是在精炼我的观察，而是要求我精炼我在感官、情绪、认知、社交上的不同感知，由这些感知出发进行探索，去放大我的感受，以便在我所是之中，在构成我的特征、令我个体化的东西之中更多地在场。

"成为你之所是"：这里，这个我早就知道的尼采式命令具有其全部的意义。

因此现在，我研究我的风格，我自己的风格，力求总是更好地精炼我的感知，就好像通过打开我皮肤的皱褶，我力求增加我与环境接触的表面，使我能够朝着改变后者的方向而发展，与激励、支撑我关于街区行动的教育项目相适应。[1]

顺便说一句，这个证言显示了格式塔澄清在团队工作的集体氛围上的一些效果。

幼儿中心的格式塔实践（尚塔尔·萨瓦捷-马斯克利耶）[2]

以下是一位心理学家的一段更长的证言——他在一个寄宿制幼儿中心工作——以此来结束关于格式塔对特殊教育工作的影响的这一系列描述。这一文本仍然进一步强调了引入一个新取向的可能的机构影响。

---

[1] 多米尼克·舒昂（Dominique Chouan）的证言，转引自 Paul Molliex, « Gestalt et Prévention spécialisée », *Mémoire de fin d'études*, Paris, E. P.G., jav. 1985.

[2] 摘自其巴黎格式塔学校格式塔从业者证书（Certificat de Gestalt praticienne）结业论文（Paris, E.P.G., 1985）。

　　三年来我作为心理学家在幼儿中心工作，对机构收容的女性进行个体和团体的格式塔治疗。这个机构收容了二十多个处于困境中、带着孩子的母亲，从孕初期到孩子三岁，每个女性在这里的时间平均为六个月到一年。

　　这些女性大部分来自物质、文化和社会条件很差的环境。她们以前经历了一系列的抛弃和决裂。

　　经常是意外到来的孩子给了她们重新开始的希望。然而，尽管她们充满渴望，她们还是在孩子身上重复着她们母亲对她们做过的事情。此外，幼儿中心收容的这些妇女并未明确要求治疗帮助：来到这个房子中，她们忍受下来，就好像是又一次的安置。

　　在一个像我们这样的机构中是否有可能打破这种恶性连锁反应？如何避免重复这一不可抗拒的拒绝和抛弃机制？格式塔可能让这些母亲发现另一个出口吗？

　　这种身心治疗，这个精神分析的女儿和现象学存在主义取向的亲戚，它表现得尤其适合这些母亲或未来母亲的这个阶段。

　　格式塔治疗重建身体和情绪的经验，显著扩大了治疗的调查领域。我对着一个不字斟句酌或很少这样做的人群说话时，这一点就格外属实了。这些人不善于象征化或想象。

　　一次治疗中，即便什么话也没有说，至少也发生了一些事情，而且对身体表达（态度、模仿、情绪）的密切观察提供了大量材料，足以产生觉察或开展工作。因此，玛丽-克莱尔（Marie-Claire）进入我的办公室，宣称道："我不想说话。"说完，她坐下，胳膊肘放在桌上，手遮住眼睛和脸庞。

"你也不想看我或是我看你?"只需我对她这么一说,她便回答道:"我羞愧。"接着,一段时间的等待之后,她自己转移了话题,长时间地进行个人思考,清晰地表达了她当下的问题。

格式塔将重点放在了此时此地,证明了自己是一种特别适合这一人群的治疗,她们难以自我管理、进行预测并想象自己的未来。社会要求这些母亲为职业融入做好准备,做规划,并建构她们的孩子的未来。

在幼儿中心,团队的想法是让她们能够找到自我,"消化"沉重的过去,明确她们作为女性和母亲的欲望。在格式塔治疗中,唯一要求的事情是在那里,倾听自己,倾听自己的感觉,倾听当下的体验。参与的人不会觉得受到强迫,一下子就得谈论自己努力试图忘记的糟糕童年的痛苦回忆。过去从当下的情境中逐步地浮现出来。

因此,玛蒂娜抱怨她的一个女伴的攻击性,并且很快觉察到对后者的这个指责,正是在她还是小女孩时,她妈妈对她的指责。

格式塔的特别取向在于,此时此地经历过去和未来的情境,这一点被证明是令人安心并感到安全的。

格式塔提出了一种人类的统一而有价值的视角。它尊重主体的演变和阻抗,对于处于不利和边缘社会阶层的人来说,这是非常重要的。这种治疗允许表达看起来相互矛盾的各种因素:"我爱我的孩子,但是当他惹恼我时,我打他,又担心他疼"或"我不爱我的孩子们,但是我不愿意离开他们"。

一位妇女可能得到倾听和接纳……甚至在孩子的拒绝

中。通过各种不同的技术（游戏，放大，"单人剧"，心理剧，角色改变，以靠垫、绘画、写作为媒介的表达……）来演出并经历这些矛盾的情感，使得彻底探索并整合这些情感成为可能。一次治疗中，这种象征性着手行动的可能性有时避免了现实中的灾难性的见诸行动。

我作为治疗师的卷入也是有帮助的：我不表现得中立，我不躲在某种知识后面，而是进入与对我说话的人的直接关系。因此，面谈在双方的互动中进行。这些妇女中某些人待过多个机构，包括精神病医院，她们对"精神病"疑虑很大。她们担心再一次被审问、评判、"推测"。进入我的办公室对她们来说已经是迈开了巨大的一步。我意识到这一点，而且我自己毫不迟疑地去鼓励和肯定她们。我想到纳迪娜，我们在镜子面前度过了很长时间来厘清在身体方面，她自己的看法和别人的说法。我因此允许自己说道，我觉得她很美。

理想中，每次治疗都构成一个整体，来闭合一个"未完成格式塔"。需要满足的正常循环（格式塔将之剖析为几个经典阶段）习惯性地展开，但是如果它被打断，可以去看看工作的客体是如何又是在哪里受到阻碍。一次性面谈不一定要有后续面谈。这赋予了这种治疗形式很大的灵活性：一位妇女可以来一次，解决当下的一个问题，然后再也不来，清楚地知道需要的时候她可以再来。对过去的干预不是必不可少的，尽管最好是对那些觉得需要的人进行干预。这个移动的边缘人群，不会进行其他尝试，对她们来说，这种灵活性使得接受短暂心理治疗①成为可能。

---

① 参见下文，即本章结尾处。

实践中，我和每一位新入住的人都进行系统面谈。她们之中有三分之一的人我不再见到。另有大约三分之一的人时不时再来，断断续续地。还有三分之一的人开始连续工作——个体的或团体的（有时一次两个人）——一周一次或是 15 天一次。

在幼儿中心这样的环境中，我特别注意为孩子诞生所做的准备，以及母婴关系。每个人所幻想的"想象的孩子"和血肉之躯构成的"现实的孩子"之间的差距经常出现：我那时想要的或我现在想要的孩子，以及现在在这里或是将要在这里的孩子，二者之间的差距。

为了说明这一点，我选择了一个团体工作的例子。当我在团体的情境中接受她们时，我通常建议一种支持，以促进每个人的卷入和表达（词语联想、创造性、绘画、写作、图像、角色扮演、不同情境……）。那一天建议的练习是，在彩色胶纸上裁剪出三个形状：一个代表自己，一个代表孩子，一个代表母亲。然后通过粘贴来代表这些人物各自的位置。

第一幅画：出生前。

第二幅画：孩子出生后。

这是让娜的拼贴：

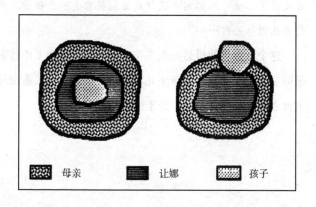

在第一幅画中，我们发现的是同心形状：让娜将孩子包含在自己之中，而她自己又在她母亲之中（她一周前刚刚分娩）。在第二幅画中，孩子与她自己并列，而她自己仍然在母亲之中——除了孩子打开的那个缺口。当让娜评论她的生产时，她非常清楚地知道孩子的出生："现在他出来了，他不再是我的一部分了，他是他自己……"但是她完全没有意识到她自己和母亲的融合关系（她母亲大约一年前去世）。

治疗师——"那么你呢，你离开母亲了吗？"

让娜（为看到自己在命运中的位置而感到震惊）——"没有！我，我还在母亲体内。"

她反思着……治疗师的话在她心中激起了一个洞察：

——"对于你的孩子来说，出生的经过让他离开他的母亲，但是对你来说，发生了什么？"

——"我母亲很专制。过去我无法逃脱她，她控制一切。我是长女。命令我父亲的是她。"

——"看你的第二张画。你逃脱你母亲的手段是什么？"

——"啊，对！是孩子！有孩子的地方，我母亲不再围着我转了。唯一逃脱的方式就是轮到我来生一个孩子。我正是为此而结婚的……"

这个觉察将使得另一个工作成为可能，这个工作针对的是母亲去世和孕育这个新生儿之间的关系，这一关系在母亲去世之后的神经症抑郁中处于中心位置。

格式塔在精神病院中

几年以来，我们一直参与几所公立精神病医院内部对专业人员（护士、心理学家、社会工作者等等）的持续培训，而且我们在巴黎格式塔学校培训的格式塔学者中将近 20％在精神病领域工作（如护士、心理学家或精神病学家）。

这些人中有几个不但开展了个体治疗，而且定期对住院病人或预后病人进行团体治疗。

事实上，对于这种特殊类型的来访者，我们几乎没有设立根本的不同之处：总的来说，我们使用的理论、方法和技术从根本上来说与"正常"或"正常化"团体是一样的，我们的态度可能只是更具"指导性"，以便确保必要的安全性。

我们不害怕陪伴病人经历恐惧、妄想或幻想，这是为了在这个著名的"布雷"地带，通过我们的共同陪伴使之平息：我们甚至乐于提议放大感受，无论它是愤怒、焦虑、痛苦等等的哪种感受，但这是在一种深感安全的总体气氛中进行的，并且在设备上是有所保障的。我们毫不犹豫地让病人"演出其疯狂"，必要时夸张其疯狂。总的来说，这是通过轮流展示、谈论疯狂、对它说和让它说来驱逐它并"驯服"它，而不是为它而担忧，或徒劳无功地抑制或掩饰它。

对于精神病患者，我们经常"穿梭"于想象（通过戏剧游戏、绘画、创造性、言语隐喻）和对当前现实情境的面质来轮换工作：与治疗师或治疗师们的关系，可能还有与团体成员的关系。

我们很强调边界，包括身体边界和社会边界（禁忌，比如说付诸暴力行动），以求更好地界定领域和限制，扩大而非废除它们。在这一观点下，我们清晰地确定了工作的场所和时间，明确寻求和每个人当下的"合适距离"，而且我们仔细地就身体相互之间的各种姿势进行实验：面对面的静止中，运动中，或是谨慎的接触中，让精神病患者最大限度地发挥主动性——他经常生活在自己的空间保护"气泡"受到侵犯的焦虑之中。

身体工作占据了很大的一个位置——正如在我们格式塔个人风格中那样：我们辨别各种紧张、阻碍、夭折的行动、姿势和呼吸的幅度；我们对声音进行很多工作，让它更为生动，更具有表现力，更"有情感"；我们提议进行各种感官练习，立足于大地的、"扎根"的（*grounding*）的练习，平衡、定向、重新统合"碎片身体"的练习，以及在音乐中进行的个体、双人或小团体的即兴接触练习，这个音乐背景可以额外确保定位。

我们允许退行（在安全热情的氛围中），也允许攻击（在保护而非戏剧化的背景中）。

总而言之，我们只探索格式塔的传统技术，不过这是在特殊的关系氛围中进行的。

让我相当震惊的是，费德恩（Federn）、纳赫特、西尔斯或吉塞拉·潘科夫（Gisela Pankow）等对精神病治疗感兴趣的精神分析学家[1]，已经凭直觉发现了格式塔精神的本质。回想一下，弗洛伊德直到去世前都一直强调说，精神分析无法应用至精神病患者，这是因为他认为这些病人无法移情。人们知道他的后

---

[1] 其中一个小小的例子，吉塞拉·潘科夫问一个病人："如果您是这只皮鞋，您要对我的身体做什么？"见 *L'homme et sa psychose*, Paris, Aubier, 1969.

继者们彻底重新思考了这一立场，但是大量改造了其治疗策略和技术。人们会想到关于这一主题近期的大量文献，这里我仅仅摘引相当数量的一些文字，出自精神分析学家 P.-C.拉卡米耶（P.-C. Racamier）几年前有关这个问题的精彩总结①：

[……] 弗洛伊德关于精神病患者的立场或许可以从他厌恶与患者直接接触（"我无法忍受成天被看着"）并拒绝陪着患者积极介入（"我从来不扮演角色"）这一点来理解[……]

[……] 因此，在处理一个精神病患者时，分析师不仅觉察到分析**加重了**患者的状态，而且意识到他们出于直觉而采纳的那些与分析相反的过程，**改善了**患者的状况。[……]对于大部分医生来说，现实要求他们对分析技术进行**调整**。

精神病患者所缺乏的 [……] 是**同时**将分析师体验为其幻想的蓄水池和现实、真实且不变的人。在这些条件之下，严格意义上的分析清除变得既**无用**又**有害**。相反地，分析师必须向患者建议一个生动且亲切的现实，一个他能够"用手指触摸"的现实：**一个在场**。首先他可以做到毫不隐藏。而为了毫不隐藏，他可以做到表现自己。首先是视觉上的。

面对面的姿势最经常是必要的。[……] 分析师不隐藏他是谁、他怎么样、他感觉到什么。[……] 同样，一般而言，**缺席**是一种分析优点，与这里的**在场**一样。

[……] 他坦率地承认其错误和缺陷，说自己错了，如

---

① P.-C. Racamier, « Psychothérapie psychanalytique des psychoses », in *La psychanalyse d'aujourd'hui*, sous la direction de S. Nacht, Paris, PUF, 1967.

果迟到了就做出解释，如果走神了就道歉。[……] 事实上，**真诚**显然是对精神病患者的分析性心理治疗的自然而根本的要求。[……] 分析师亲自并且人道地介入和**卷入**：无论是不是他想要的，他都**负有道德责任**。[……] 分析师比他所习惯的更加积极和热情。此外，他有责任牢牢地把握住**边界**……

在各次治疗中，分析师几乎总是必须放弃期望中的沉默禁令，以及守时的严格要求；他对提出的问题进行回应[……]

心理治疗师的态度是**母性照料**。在更高的层面上，这将是父亲型**支持**。好父亲在**防御**。他在这个词的两种意义上防御，也就是说既抵御外部世界又自我防卫。

"**象 征 实 现**"（[*Réalisation symbolique*] 塞舍艾[Séchehaye]）这种心理疗法直接诉诸患者的需要，以及他在婴幼儿时期遭受的挫折，以便**在神奇且具体的前象征层面**弥补并**满足**这些需要和挫折。

重要的是理解一点，即在母性照料治疗中，完全不要求患者重温**过去的**体验；治疗体验为他实现了一种原初的、**现实的情境**[……]**这不是一种移情关系**。精神病患者事实上体验了一种对他来说是现实的、非时间性的情境。

我的引用到此为止，要指出的是，总而言之，很久以来格式塔治疗师在面对神经症患者时持有的这些立场，正是近来精神分析师向精神病患者建议的。他们是否在不知道的情况下与克莱因学派观点一致？后者认为神经症以精神病内核为基础，因此二者是相似的，可以认定为同一个治疗取向。

格式塔：企业培训的一个工具（贡扎格·马斯克利耶[①]）

在四天时间里，我们聚在巴黎郊区的一个现代宾馆里。这个培训名曰"冲突管理"，提供的工具是格式塔。

十二名受训者是同一个企业中的管理人员，不过来自不同部门。因此，他们沉浸于同样的文化和惯例之中，相互认识，至少打过照面。我特别坚持保密规定："这里所说的'属于团体'，不能传到外部，等等。"

在一段时间的介绍、相遇和热身之后，我向他们建议了一段"曼陀罗"：

——"我拿了一张大纸，画了一个圆，代表我的职业环境。我选择四种颜色，赋予它们一种象征意义。然后，按我感到舒服的方式，不去担心美学问题，我画出介入我职业生活的主要人物，以及我与他们之间的关系。"

工作结束之后，每个人添上一个标题和一段话，然后张贴自己的画——这将是培训的主线。

休息过后，我们参观"展览"，每个人通过他的"创造"来介绍自己的职业活动；然后，我提议圈出画上看起来是"冲突"（这是培训的名称）之源的那一部分；或者，如果他没有现实的或潜在的困难，则圈出他想要更好地理解的一个元素。

[①] 贡扎格·马斯克利耶，毕业于巴黎格式塔学校，法国格式塔学会认证的正式会员，现任巴黎格式塔学校校长。

我们将选择的这个部分作为出发点，进行关系的澄清、清除或重新适应工作。

下面我们以一个更为具体的例子来详细说明。

会计雅克毫不犹豫地圈出作为冲突领地的部分，我称之为"不对称哑铃"——占了他的画的一半：

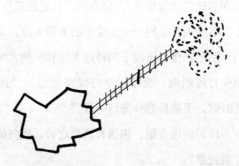

一大团有棱角的彩色块；在右上角，某种相当灰暗的云，周边模糊。这两个元素由两根平行的阴影线相连。

雅克将自己当成彩色图块，"性格挑剔，不好相处"，然后将"云"作为莫妮克——他的秘书介绍给我们。

雅克——"她'乏味，没品位'。"

我——"你可以站在莫妮克的角度，说一说她是怎么看雅克的吗？"

雅克——"他永远不满意，我不理解他，诸如此类。"

我们对这两个角色进行了好几次探索，但什么明确的东西也没有得出。

我——"这些阴影线呢？"

雅克（迟疑了一会儿）——"我没有想过它们，但是现在，我看到我去看她要登上的那段楼梯。"

在说出**"楼梯"**这个字眼时，雅克的声音变得更为有力，几乎是攻击性的。这里会有什么线索吗？

　　我——"你可以让楼梯说话吗？说明它如何将你们俩连接起来？"

　　我们刚开始治疗。团体不太习惯转而进入想象。我进行得太快了！所有人都瞪大眼睛震惊地看着我："让楼梯说话"？……他们疯了，这些心理学家！受训者将"在脑子里回顾"，问我种种"为什么"……我开始后退一步：

　　——"试试去描述楼梯，让我们可以更好地了解你在哪里工作，怎么工作。"

　　雅克把它描述成"僵硬而疲惫的"。但是很快地，我们转起了圈子……

　　无论如何，我的确感觉到了他声音里的愤怒！她消失到哪里去了？我感觉到在这段楼梯里自己呼吸的窘迫：我凭直觉意识到"发生了一些事情"。上面一层这个会计员的女秘书让我困惑。我最后拉了他一把：

　　——"我看见在你的画中，有一级台阶比其他的更黑……"

　　——"肯定是复印机！它就在楼梯上。"

　　好啦！我们重新找到他的情绪线索了——声音里有些微颤抖，情绪很快变成十足的愤怒。雅克讨厌这个工具，它"偷窥，像鹦鹉一样愚蠢，又如看门人一样唠叨"。

　　我让他轮流化身为这三个角色：雅克、莫妮克、机器。他现在激动起来了，毫无困难地接受变成复印机。他冷笑着，带着蔑视地看着象征雅克的椅子，对"莫妮克"却眼神温柔。

　　很快地，作为雅克和他的秘书之间的权力工具，复印机的地位浮现出来。这个机器既非他的，亦非她的。它在中间，在楼梯上！

——"我拟定服务事项，莫妮克忘了发出去或是削减了分发的数量；……尤其是（这里，雅克的声音充满抱怨），她自己制作了我收到的文件的副本。我害怕这一点。"

我让他深挖他是如何害怕这一点的，在他的身体里，他对此的感受如何：他冷，感到自己受到喉咙里哽咽东西的压迫，而且意识到

——"如果我不是信息的唯一持有者，那么同事们就不再需要来我的办公室。"

因此雅克发现自己对这个机器有三重敌意：它对增加他的魅力没有帮助，因为他的服务记录没有好好发出去；他希望是信息的唯一持有者，而它构成了一种不受控制的逃逸；它使他远离了人的接触。

雅克在这个发现面前非常激动，有点像一只母鸡看着一只鸭子从孵的蛋里出来。但是他没有上当：将复印机放在他的办公室里可能解决不了很大问题。

我建议他当天就到这里，接着我们继续就其他画工作。第二天，一个练习促使我解释格式塔中的不同"阻抗"，尤其是**偏转**："我踢了一脚罐头，而不是去表达我针对某个人的攻击性。"

在眼角余光中，我看到雅克变得充满活力：他认识到"反复印机"的敌意不过是他和他秘书之间竞争的象征，而且他要求对这一冲突进行工作。

因此我建议他重新拿起他的画，同时问道：

——"今天，你想修改画，想补充什么吗？"

雅克很快地指出画缺了"其他人"。

他的企业不是"莫妮克、楼梯和我"，而是"财会服务和其他人"。

三分钟之内，他用粗线条重建了联系，打开了行人通道，重新引入了总部、顾客等等。

他的语言变了，他第一次说"我们"。

我——"'我们'？我们是谁？"

雅克——"哎呀！我和秘书！"

我——"啊！啊！……"

渐渐地，他意识到信息不是数量有限的，不是一个蛋糕，如果我分享了就会减少。反之，它越是传播，就越是丰富：我付出越多，收到就越多。因此雅克和莫妮克之间存在可能的协同作用……而复印机与其说是敌人，不如说是同谋。

财会部门不一定是默默无闻、遥远而隐秘的。它可以是一个联系中心，涉及顾客、供应商和员工的不同信息在那里交错。

第二天，作为总结，我建议每个人演出他觉得重要的东西，这时雅克给我们非常幽默地模仿了一场婚礼仪式，婚礼上他娶了他的秘书，"以便让关系合法化"……因为他们已经有了一个漂亮的宝宝，亦即复印机——教名"幸运的路克"①，比自己的影子复印得还快的那个人。

我没有机会再见到雅克。我不知道他的职业关系后来会怎样发展。但是有关这个他以防御的、失败主义的方式谈论

---

① "幸运的路克"（Lucky Luke），比利时著名同名系列漫画的主人公，是一个有名的牛仔快枪手，连他自己的影子都快不过他。——译注

的潜在冲突，他能够更为有力地对另一极进行探讨，寻找一种可能增加信息流通和财会部门作用的协同作用。

……也许下一次培训我会见到一个会计秘书，跟我说她的领导"让人厌烦，老想要交流，我都手足无措了……"

下面是另一位在企业中工作的格式塔同行（达尼埃尔·格罗让）的一些反思选段[1]，它们支持了上述见证的说法。

在企业的功能运作和人的功能运作之间存在一种相似性［……］二者都必须在三个"能量场"之间保持一种动态平衡：头（反思、发明）；心（交流、动员）；身体（行动、具体化）。

在企业中，我们能看到企业与领导者能量的功能运作之间（或是一个部门与其负责人之间）的关联，甚至对于企业的某个既定症状来说，可能在负责人中找到同样的症状［……］这不是建立因果关系——一方对另一方不负有责任——［……］这是一种共鸣现象。如果领导者［倾向于选择］那些跟他有同样倾向的合作者，这种共鸣就会放大［……］

例如：一个2000人的工厂，在管理层变动之后，我们发现员工在六个月时间里变得彻底消沉了。他们感到茫然，迷失方向。新的领导者对工厂的技术方面知识丰富，却完全不通人情。过了一些时候，工厂遭遇了激烈的罢工。

［……］企业从自身员工和潜能的活跃现实出发，并且

---

① D. Grosjean, « Les ressources énergétiques humaines et la prospérité de l'enreprise », C.R.C., janv. 1985.

由这种诊断入手去"使功能适应每一个体"，这一天到来时，企业将会活跃得多。

格式塔与性欲

让我们离开企业，回到治疗和/或个人发展上来：雅克即会计师和他的秘书的"婚礼"，我们用以作为一种过渡，来概要展示我们有关个人的、情感的和性的工作，这项工作从 1969 年起定期展开。时至今日，就这个主题，我们已经开展了将近 300 次培训，总共汇集了超过 5000 位受训者（通常包括 4 个学习阶段，每个阶段连续培训 3 天——每个阶段合计相当于 100 个小时），还专门为一些希望澄清他们之间关系的夫妻开展培训。这里我只做简要介绍，因为我们已经就这一主题做过各种报告[1]，并出版了一部著作[2]。

翻看文件时，我们看到了激励受训者参与这种学习的各种困难——明确的或暗含的——既常见又各有不同。

---

[1] 以下大会的报告：Ⅵe Congrès de l'*Assoc. européenne de Psychologie Humaniste* (Paris, 7. 82)；Ⅰer Congrès de l'*Assoc. espagnole de Gestalt* (Barcelone, 11. 82)；Ⅱe Congrès de l'*Assoc. Européenne de Gestalt* (Mayence, 9. 86).

　　我还要提请大家注意有关这些共同主题（格式塔和夫妻治疗带来的性的充分发展）的一组会议：在西班牙，由阿尔韦托·拉姆斯所组织；在意大利，由玛格丽塔·斯帕尼奥洛·洛布（Margherita Spanuolo Lobb）和乔瓦尼·萨洛尼亚（Giovanni Salonia）所组织；在奥地利，由瓦尔特·科尼希（Walter König）和布里吉特·勒夫勒·黑默勒（Brigit Löffler Hämmerle）所组织（"合成伙伴"[Partnersynthese]）。

[2] 见 Vanoye et Ginger, *Le Développement personnel et les travailleurs sociaux*, Paris, ESF, 1985.

- 在缺失方面：关系或性方面的不适，经常伴随着抑郁状态——甚至有自杀念头、压抑、性欲缺失（缺乏性欲望）、自恋性贬低（"没有人会对我感兴趣"）、深刻的孤独感或抛弃感、未得到妥善接受的哀悼或分离、沉重而难以承受的宗教贞洁承诺、"在太迟之前"的儿童欲望。

- 在过度方面：带有无节制的"激进主义"的社会兴奋或性兴奋、征服和改变的强迫性需要、投注（investissement）的分散；或反之，与伴侣的疏离型依恋（attachement aliénant）——禁止一切自主性。

- 在冲突方面：激烈的或长期的夫妻不和；伴侣的厌倦，这个伴侣是沉默或缺席的，又或是专制而粗暴的；严重的嫉妒（有时甚至伴有"监视"）；连续强暴（经常由于持久压抑而变成无意识的）。

- 在身体困难方面：无能或冷淡、早泄、对同时高潮的无望追求、普遍的或仅限于某些方式的厌恶、各种躯体化表现、失眠、偏头痛、对衰老的恐惧（经常自 35 岁起诱发！）。

- 在社会困难方面：不良接受的同性恋、母亲或继母的侵略性在场、儿童青少年"道德解放"引发的问题。

我可以继续伴随着情感生活和性生活的这个存在性困难队列的沉重清单，直至它变得冗长。但是让我们来看一看那些更为常见却尚未提及的困难，因为它经常被伴侣自己藏匿起来，甚至遭到否认：这是偷偷潜入夫妻内部的日常惯例，没有丝毫的预警信号。因而悄然确立的是平庸的生活、一成不变的交流和刻板的理解，没有自由，没有创造性，固执地参照着钙化的解读方式。糟糕啊，这里的钙不会生产出珍珠！一点点地，从沉默到拒绝，从疲惫到幻灭；一日日地，交流的钙化愈发严重。①

　　而格式塔治疗师，根据来访者情况交替变换他的工作：或是"水管工"，耐心地进行繁重的劳作，寻求重建受到阻碍的内在情感或关系情感的自由流动；或是掘墓人，试图最终埋葬从未完成的对心爱之人、对失去的幻觉的哀悼的痕迹。

　　　　我回忆中的弗朗索瓦，

　　　　不是这个一味干活的人：

　　　　他双手如燕，

　　　　他会与我窃窃私语。[……]

　　　　日复一日，生活将我们侵蚀，

　　　　我们每个人都在一方面成长 [……]

　　　　有那么多人伤害您，

　　　　吞噬掉您的时光，

　　　　柔情已消散，

　　　　情侣成路人。②

　　上锁枕木囚禁的两条铁轨那令人松懈的单调，或是这样的一种焦虑：两条道路不可避免地分叉，直至消失于视野之中？融合或冲突？永恒的两者择其一。

① 参见安娜·金泽在法国格式塔学会第三次全国大会研究日上的发言（格勒诺布尔，1985 年 12 月），载 *La Gestalt et ses différents champs d'application*, Paris, SFG, 1986.

② Ann Sylvestre, «*François et Mariette*». （选摘）

在伴侣的选择中经常藏匿着一种哀婉的幻觉，仿佛每个人的需要和不满足感刚刚得到了满足，并且对无条件母爱的神秘怀念终于得以平息。

"她那时是在找一个父亲；我则是找一个母亲；然而，啪！……我们像两个孤儿一样互相找寻！"我们的一个来访者这样说道，带着一丝看破一切的诙谐。

"融合的"夫妻对不对称性充满傲慢的无知，然而这种不对称性处于我们生活的中心并意味着进步。一天，却惊奇地意识到两个伴侣是不同的：一个喜欢冒险，另一个喜欢安全；一个想要什么都知道，另一个宁可一无所知……但是，我们遇见了多少对夫妻，他们经年累月耗费时间去周期性地重新适应对称性的虚幻"契约"？在头几年的"我们相互诉说一切"和成熟期麻木的"最好闭嘴"之间，有多少的努力、泪水和幻灭！说到底，为什么不承认一点，即根据双方人格的不同，其中一方在知道伴侣各种可能的性关系时会感到更为安全，而另一方宁可刻意忽视偶然的平行之爱，以此保持内心的安宁？但是"有来有往"的倾向侵入了我们的商业文化，处于人们将正义和平等相互混淆的一种表面民主的庇护之下。然而，同等对待不同的人，这并不公正。

或许是"不对称契约"，不过仍然是契约！如果对于终于获得的一种身份，每个人都遵循其道路和心情而变得更加自我中心，那么夫妻将很快无所适从。

米谢勒参加了"个人发展与性"的学习。她更好地意识到了自己的需求和缺失。她对自己青少年时期的一次强奸进行宣泄和修通（perlaboré），她从来没有向任何人透露这次强奸，几乎将其"忘记"，但它给她留下了对性的深刻厌恶感。她不再觉得"肮脏"与"可耻"，而是能够去爱……就这样一切都重新活跃起来！

"皮埃尔不满意：这是些永恒的场景。以前，他抱怨我总是被动；现在，他受不了我的主动！12年前，他和一个小姑娘结婚，而现在，我变成一个女人。自从我打开心结并感受到和他做爱的快乐，他变得担忧起来：他认定我出轨了！而我呢，我无法再后退了！"

激励夫妻双方去试着保持同步，这可能很吸引人，但是我们的经验告诉我们，当事双方的这种欲望程度并不一致，而说服自己"取悦"配偶的那一方并未很深地投入。那么他应该装作不知道并小心地抑制，防止一切进展太快，以避免分裂吗？这个问题不止一次地向我们提出……

"每个人都有自己的节奏"，我们试图回应，但是在一次团体治疗中，也不应该低估成员的压力——其中最为"不受约束的人"出于真诚的热忱，经常试图将他们的同学拽得比后者自身希望的更远。这里我们要揭露一种新的微妙的疏离——它旨在鼓吹流行的新价值观，如："必须"解放自己的情感、自己的创造性；"必须"自由（在某些"新治疗"团体中常见的悖论性内摄），特别是在性方面；"必须"尝试一切，如双性恋、毒品等等。这是一种反因循守旧的新因循守旧主义！就我们来说，我们担心所有的规范性压力，无论这是何种压力，来自何方，我们支持每个人的"差异权"和价值观的自由选择，包括在一对相互结合的夫妻的内部。

格式塔中的短程治疗：神话还是现实？[①]

我们并不主张格式塔是如帕洛·阿尔托学派意义上的一种"短程治疗"，并且不将治疗简化成"指定的"一种症状的简单消失，相反，我们强调说，行为得到明显、快速而持久改善的个案，以及痛苦或不适的完全缓解，这些在格式塔治疗中并不少见。

今天，我们敢于确认一点，即这些几个月内，有时甚至在几次治疗之后便发生的明确甚至惊人的进步数量众多，足以得到更多的肯定，而不是想当然地、带着防御和怀疑地微微一笑。

在这些无可争议的结果，这些有时让我们自己都感到惊奇的结果面前，我们对有关这个主题的丰富文字著述产生兴趣。不应由我来详细回顾"短程心理治疗"这一概念的历史——它可追溯至精神分析诞生之初，40年来其发展不断，并得到众多研究和国际大会的强化（第一次大会1964年在芝加哥召开，距今已有20年）。

大家知道弗洛伊德直至生命终了都在关心治疗期限这个问题：在他执业之初——他自己承认——对于说服来访者继续其分析，他最为不自在。稍后，他则再也无法让他们停止治疗！

在刻意引入了"移情神经症"之后——这促成了治疗的显著延长——从1918年起，弗洛伊德彻底拒绝将任何分析聚焦于孤

---

① 选自——有更新——S. 金泽和 A. 金泽在法国格式塔学会（1984 年 11 月于波尔多）第二次全国研究日上的发言，部分发表于会议论文集中：*La Gestalt en tant que psychothérapie*, Bordeaux, S.F.G., 1984.

立的一种症状，而一直对人格和阻抗的总体组织抱有兴趣。

在这一时期，费伦齐——因此早于格式塔——引入了他著名的"积极技术"，其基础是分析师的挑衅性干预：命令或禁止，旨在动员来访者并剥夺他的一些移情次级获利。亚历山大则已经强调指出，起疗愈作用的并非对过去事件的再记忆，而是这些事件在治疗的此时此地的复活：因此他激励精神分析师进行直接对谈，使用来访者的真实生活情境，并促进情绪体验在不同的关系框架内的"重新经历"，这些框架的模式则得到分析。这离格式塔取向并不算太远了。

或许还应该提及其他一些研究，尤其是勒温、巴林特、马兰（Malan）、西夫尼奥斯（［Sifneos］最早的心理治疗急诊服务）、曼（Mann）、吉列龙（Giliéron）、瓦茨拉维克、米尔顿·埃里克森（片刻之间的"极短程"心理治疗）、班德勒和格林德等人的研究。

因此，一些差异很大的流派（精神分析、行为主义、系统论等等）关注这个问题，事实上，目前毋庸置疑，

"相对于精神分析而言，不同方式差异很大，均可获得令人满意的**持久**治疗结果，并且与精神分析相比，所需时间相对较短。出于纯粹的独断主义的原因而拒绝这一事实，这属于思想体系和否认，也远离精神分析所特有的开放精神。"①

---

① E. 西夫尼奥斯，瑞士精神分析学会成员，洛桑大学综合医院主任医生，见 E. Gillieron, *Aux confins de la psychanalyse* (*Psychothérapies analytique brèves : acquistitions actuelles*), Paris, Payot, 1983.

"不贵则不好"，有时候还要加上一句"不长则不深入"，这种简单化的流行神话该将其埋葬了。事实上，目前的争议主要不是各种短程心理治疗的现实或有效性，而是对于那些观察到的不可辩驳的事实，它们在方法论和解释性假设上的特殊指示。

因此我们决定以我们对4个格式塔治疗连续团体的详细记录为基础，进行一项小小的研究，这4个团体是我们在巴黎和图卢兹开设的，其中最早的迄今为止已经不间断地运行超过15年了。

为了掌握好最低限度的距离和客观性，我们不去建立随机的统计样本，而是系统地研究自1979年起，进入这4个团体中的某一个的前200位来访者的演变情况。

在此我不展开说明这些来访者的问题，事实上，他们的问题涵盖的经典症状范围很广：从暂时的存在性或反应性困难（新近的哀悼或分离、人际或职业冲突等等），到常见的神经症，再到某些得到证实的神经症个案（伴有妄想和幻觉）。

这些来访者中的某一些同时参加——自发或是根据我们的建议——个体治疗（在这个样本中：14%进行精神分析，17%接受格式塔个体治疗——其中有几个人接受我们中的某一个的治疗）。在我们看来，个体和团体这两种并行的治疗形式，最为普遍的情况下是相互强化的。

因此我们明确寻找"短程治疗"个案，专断地将短程治疗限定为不超过连续4次的3天密集治疗（大部分情况下以包含夜晚工作的住宿培训的形式），每个培训平均包括100个小时的治疗，分布于不超过6个月的时间内。

在缺乏改善的"科学上客观的"标准的情况下，我们坚持临床评价，有些个案，人们注意到对其至少有3个不同来源的评估趋于一致，我们便将其定为"快速进展"：

- 来访者自己清晰地形成的主观印象；
- 两位联合治疗师的临床评价；
- 团体其他成员的评估。

在这些基础上（对此我们相当清楚地认识到这仍然是主观的，必定是有争议的），首先是总体评价团体治疗的效果而得到的数字结果，这个评价考虑到了结果后期的巩固，根据个案情况而有 2—5 年的考察时间。

- 26％进展迅速，可明确地（甚至是"惊人地"）觉察到：在每个人参加的前 4 次治疗中，也就是说在不到 6 个月的时间内便可观察到。
- 67％有明确的积极进展：在 4～20 次治疗之后（即 6 个月至 3 年），总的来说，这代表的是人们可称为"正常"的一种进展。
- 只有 7％没有显著进展（因此这是些人们可视为"失败个案"的情况）：在 4～10 次治疗之后。这些来访者中的大部分在前几次治疗后便放弃了团体，认定——合理地或不合理地——提供的这种工作形式不合适他们。①

我们没有注意到障碍持续**恶化的任何个案**（不过有 3 例个案在诊治期间停止了几天的工作）。

这些相对较高的——且意想不到的——明显、快速且持久的改善比例，引发了若干评论。

- 这是些团体治疗的结果，以密集培训的形式进行，经常是住宿制的，并且伴随着*两性联合治疗师*的共轭作用（action conjuguée）。因此，在任何情况下，这些结果都不

---

① 我们的统计中未计入极少数参与次数少于 4 次的受训者。

可外推至其他形式的干预，尤其是一些短期的每周一次的团体，或是个体治疗——在我们看来，其效果来得要慢得多（但是不一定就更为深刻！）。

· 我们的格式塔风格赋予情绪表达和躯体表达很大的空间，并偶尔会诉诸一些按摩技术和裸体的格式塔工作（在加热的泳池或"浴池"中），其效果看起来经常是令人鼓舞的（见上文第 301—305 页）。

· 进展特别快甚至惊人的那些人中大部分很可能受此鼓舞，他们在 4 次治疗之后继续治疗，尽管观察到的主要进步大部分在前几次治疗开始就出现了。但是，在大部分个案中，我们并不知道如果治疗立刻终止，这些改善是否将长久持续（然而什么也不能阻止这样假设）。

· 在某些个案中，我们无法事先预计进展是不是快的：我们只能事后观察。因此与帕洛·阿尔托短程治疗中心（Brief Therapy Center，B.T.C.）专门的短程治疗中心相比，情境是不同的——甚至在其原则上——在这些中心，治疗的期限是一下子就明确限定在 10 次，每次几个小时，清楚地限定了共同的追求目标（焦点治疗）。在这些条件下，B.T.C.宣称：40％成功，32％重大改善，而 28％失败。

我们曾想要知道，我们团体中观察到的进展快速的或特别快的个案是否符合一种特殊的症状学，我们尝试按照大众可接受的少量的简单类型对之进行重组，这可以避免援引更为复杂的疾病分类，这种分类几乎无法传达给相关人士，而且不大符合格式塔精神自身。

这样我们就得到了障碍的 4 个"类别"，下文我将详细说明；但是首先，我坚持要明确一点，即如果"我们的"快速改善个案包括在这些类型中，反之则并非如此：也就是说，其他表现出同样外在困难的人进展只会慢得多。因此还需要确定加速或抑制的各个因素，或是进一步细化我们的分类。

1. 我们短程治疗个案中的 35％涉及那些曾经遭受**可识别的局部创伤**的人。对一些人来说，这是强奸的创伤——遭受于童年或青少年时期，随之而来的是对男性的厌恶或攻击性拒绝，经常伴随以各种次级症状。在提到的创伤中，人们也注意到突发事故，尤其是父母一方、配偶、孩子、兄弟或姐妹的自杀导致的死亡——有时候，当环境恶化时，还伴随着演剧中我们的来访者的身体在场。另外，突然发现孩子中有一个吸食烈性毒品，这也会等同于自杀而经历。

在这个类型中，人们同样可以记录下一些冲突特别厉害的离婚个案（突然的、攻击性的遗弃），以及伴随着危机情境的尖锐的夫妻冲突（暴力、自杀威胁等等）。

在这些个案中，明确的创伤事件（可能是重复的）很容易得到识别，改善有时是惊人的。这些改善通常与创伤情境的"重新经历"有关，这是在治疗性关系气氛中（必要时伴随着情绪的宣泄）进行的，随后是在作为见证的团体面前的言语化。

让我们引用一例：很早以前妮科尔的兄弟溺水而亡，此后她无意识地禁止自己生活并获得快乐。我们让她依次扮演不同的人（带着一个包容团体的默契的同意）进行哀悼工作，这使得一个重要的去戏剧化成为可能，并使她几乎是立刻获得"解放"。

2. 我们的快速进展样本的 40％包括了一个很大的个案总体，这些个案具有由大规模抑制、病理性腼腆或慢性抑郁引发的**关系、情感或性方面的障碍**。这可能是一种一切主动性的彻底放弃、对一切身体接触的恐惧、一种无能力或冷淡，是令日常生活瘫痪的各种恐惧症（害怕乘火车或汽车，害怕进入商店，等等）。

在安全、热情且宽容的团体氛围中，身体得到动员、承认和倾听，这些障碍有时进展得很快。在我们看来，我们使用的集体裸体工作显著加速了阻碍解除，使得放弃完美的神秘形象成为可能，以便获得一个更为现实的自恋的自我形象，这个形象被他人接受，对自己来说也是可接受的。对于这些个案，相较于个体工作，团体工作在我们看来是一个更好的指征，尽管这种类型的来访者一开始经常是犹豫的。当然，有关其身体接纳的工作象征着更深刻、全面的自恋性再生。

3. 我们参照样本中 12％涉及的类型从某些角度来看，可能接近前一种类型：这仍然是某种遭到**遏制的潜能的阻碍解除**，但是这一次，在一种有意的创造性意义上，这甚至是艺术性的：这经常涉及一些人格丰富却又刻板的人，这种人格在义务、责任或实现的行为中是僵化的。我们举一个典型例子：一位主任医生发现自己具有艺术、文学和绘画的天赋，由此他决心表现出这些天赋（首先托以假名），不久以后他下定决心，抛弃了施加于他的种种责任，很快地成名，作品在数个大陆展出。

我们有众多的女性来访者，接近 40 岁，人们认为她们没有生育能力了，她们却突然觉得自己准备好了，可以生下她们的第一个孩子。为什么不能认为她们的这一举动类似允许实现自己的创造性？各种各样的能量化练习，以及身体的或象征的创造性练习，似乎向她们揭示了创造"活生生的"且"值得关注"的某种东西。这里，团体再次向我们展现了其很好的"承载性"，而情绪宣泄看起来促进了深层的心理、生理上的动员。一切就如对自己做一次障碍排除的"精神外科手术"那样进行着，见效迅速，而且我们欢迎又一个"格式塔宝宝"来到世上，这个宝宝是一些过早听命于不育症的夫妻长久以来期盼的。①

4. 最后，我们 6 个月内进展迅速的个案中有 13％可归入最后一个不太一致的分类，即**"边缘型"**或**"边缘化"**来访者，他们社会适应不良，或是有精神疾病，常年经常处于差别、不理解或拒绝的绝望情感之中。

我想到了伊薇特（Yvette），她从未摆脱有一个因蓄意谋杀而被判处无期徒刑的父亲所带来的耻辱；我想到了众多男女同性恋患者，他们遭到职场上的尤其是家庭的抛弃；我想到了那些个案（比人们认为的要多很多），他们生活在遗传了父母一方疯狂的焦虑之中；我想到了慢性心身障碍，想到了勒妮（Renée），从青少年时期开始，她每日三餐都呕吐……而在她第一次格式塔培训之后就再也没有呕吐过；我还想到了马塞尔，他说到自己时使用第三人称，谈到割喉的血腥幻想；想到了夏尔（Charles），他在参观中或公共交通工具上突然脱光衣服；想到了让-米歇尔（Jean-Michel），他单调地絮絮叨叨，而问题不过是些大门关闭的昏暗隧道，他丢失了开门的钥匙……

对于某些遭到"种族主义"型社会拒斥的人的快速进展（部分受益于团体的在场），我们越是不感到惊讶，就越是震惊地看到，我们来访者中好多"奇迹般治愈"的个案，表现出沉重的病理症状，而我们不带偏见地冒险陪伴他们经历他们的疯狂过程，允许他们在一个内在"默契"的团体中，象征性地分享这种疯狂，表达他们最为离奇的幻想，将它们转变为逐渐可以解码的语言。

所有这些数字和观察都是部分且暂时的：我们的研究在继

---

① 在法国，人们估计目前不育或"低生育"夫妻的比例占 15％。

续。我们尤其希望能够预先确定短程治疗与年龄、性别、症状、人格结构等相关的可能指标。我们希望更好地确认"催化"因素，增强并加速诊治。

最后，我们希望摆脱一些令人满意的解释性假设。

- 情绪工作，尤其是宣泄，使得神经"辟路"（*frayage*）成为可能，产生分子的形成（"Gestaltung"），这将在大脑边缘系统留下一个"痕迹"？
- 更简单地说，我们参与了感知与再现世界的心理系统的重组，这种重组得到宽容的团体证人共鸣的巩固？
- 实验是否使得躯体和情绪反应调色板（悲伤、愤怒、恐惧、欲望、快乐、安宁……）在行为上得以拓展？挫败和零星支持的明智的交替出现是否促进了关系的再次保障，使"创造性调整"变得灵活？
- 更好地探索阻抗是否释放出一种自由的、可再次倾注于生命之流的能量？
- ……出现了众多其他假设，如主导的心理生理学的、内心的、社会的甚至秘传的假设。

最初，我们满足于观察而未加驳斥：总是希望在理解之前体验，而非"理解一切"……甚至没有加以体验，这在我们看来是格式塔之路；动员我们的觉察，以便无偏见地探索，同时一直注意不将我们的注意点聚焦于仅仅在道路伊始提到的那些症状；我们宁愿随意穿越患者那些迂回曲折的小径和荆棘丛，陪伴我们的来访者，带着信任也保持警惕，并且不预先限定轨迹，激励他采集他隐藏并被挖掘出来的丰富性，事后在他每次新征程所完成的路线图上设置路标。

格式塔：接触的一把钥匙

因此，事实证明格式塔是一种有效的心理治疗，迅速，深刻，而且持久——至少在某些个案中……尽管有些顽固的偏见仍然过于经常地反对这三个特性。[①]

但是还要做的一件事是更明确格式塔的局限和主要适应证，如：后创伤障碍、身心障碍、性障碍、抑制、抑郁，还有边缘型人格——条件是人们使用一种心身格式塔，直接动员大脑深层的边缘层和古老痕迹。

目前我们继续进行有关精神病理学的格式塔解读，这有可能使得超越分裂并以"横向"方式整合精神病学的或传统精神分析的疾病分类、DSM IV[②]，以及神经科学的进展（及其对化学疗法和神经免疫内分泌学的影响）。

对我们来说，格式塔从根本上说仍然是一种心理治疗，但它远不止如此：在我们看来，它是一个通用的方法论工具，使得以不同眼光看待人及其环境成为可能；它是一把钥匙，可以打开内部和外部、自我和世界之间的"接触边界"。它使思想和科学的

---

① "不贵＝不好！""不长＝不深刻"，这是些简单化的"神奇"思想，深层地根植于集体无意识之中，尽管存在进步的证据。

② DSM IV：《精神疾病诊断与统计手册》第四版（*Diagnostic and Statistical Manual of Mental Disorders*，4e édition）。DSM IV 自称完全是描述的，统计的，并未参照任何一种解释性理论，而一切理论目前都是有争议的。因此，鉴于"神经症"或"歇斯底里症"等的精神分析意涵，这些术语消失了。见 S. Ginger, *La Gestalt : l'art du contact*, Maradout, Bruxelle, 1995, chap. 6.

全能不再神秘（"认为完全理性的人是彻底非理性的。"埃德加·
莫兰这样说道）：直觉综合先于理性分析，澄清追求的目的可以
进一步阐明一点，即对过去的原因的理解、"为了什么"的乐观
主义的目的论胜过"为什么"的悲观主义因果论，创造性诗学超
越材料的数学的、刻板的僵化。因此，格式塔作为一种现象载入
我们这个时代，与它同时代的是一种新的文化，这种文化力图将
人从其"半身不遂"的状况中解放出来——长期以来我们将我们
的左半脑西方文化强加于这种状况。

　　格式塔的理论化仍然存在争议，但是我们所从属的这些人为
这种开放而高兴，因为独断的刻板对无论哪种理论或学说——格
式塔或者精神分析，基督教抑或共产主义——都构成威胁，并且
从长远来看，只能导致僵化和死亡。格式塔已经能够整合进这半
个世纪以来多个治疗流派和哲学流派的一个和谐综合体中——这
个综合体的"整体有别于其部分之和"——由此在可预见的这个
时代开始之际，格式塔以自己的方式为一个有关人的新视角的来
临和一种新范式的出现做好准备，这个时代的标志是从追求分裂
且累加的"拥有"（*l'avoir*）转向追求统一且整合的"存在"
（*l'être*），从"更多地拥有"转向"更好地存在"……

　　同样地，格式塔并不要求得到科学的地位，而是为依然是一
门艺术而感到自豪——伴随着当代研究的飞跃，这一飞跃贯穿着
物理学、生物学和哲学，所有这些学科都在追求物质和能量的同
一性，也就是说身体和精神的同一性。

附　录

附录一
培训见证：我与格式塔的第一次相遇

（玛丽-洛尔·加桑）

前言

每位格式塔学者都以自己的方式工作，有自己的风格……

每个培训都根据团体成员、地点、时机、培训进行的环境等等，营造出自己的氛围。

每位受训者都根据自己的人格、期待和对那一刻的特别看法，而对同一个培训有自己的感知。

作为例证，下文是一些摘录，来自我们的一位受训者的第一印象，实时记录在她的"日记"里。

这个培训的时间为1979年，距今将近15年了。这并非一次治疗，而是一次格式塔式敏感培训，在一个公立精神病院举办，作为继续教育的一步，面向大约12位自愿参加的精神科护士。

提供的课程所依据的模式是我们在此类机构中常见的，包括合计3次的系列培训，每次3天，1个月内完成。这里涉及的仅仅是第一次培训的第一印象，这次培训特别包括一定数量的热身练习、适应练习和创造性练习。

其后的培训还包括个体化工作，并且更为广泛地探讨一些议题，涉及各项根本原则、格式塔的方法、某些格式塔技术，以及格式塔在相当传统而结构化的精神病机构中使用的各种局限。对于受训者所报告的具体个案研究，其中的一些我们也一起进行了分析。

追求的目标是有所限定的：不是建议护士去做他们习惯事务之外的其他事情，而是以另外的方式做同样的事。

玛丽-洛尔·加桑当时 28 岁。她作为精神科护士在这个医院工作了几年。她在这之前从未听说过格式塔治疗。

S.G.

"我与格式塔的第一次相遇"

玛丽-洛尔·加桑

"格式塔式敏感化"……这个培训的名字甚合我意。

我对一切都感到好奇，在报名时我不太清楚这个词的背后有些什么。

我将在那里遇见什么？从演出到强烈的感觉？某种残酷的斗牛比赛，参加者从可怕的真相投入图形？一个地方，在那里，尽管犹豫，但不自我披露是不得体的？我对集体的并且肯定是恶意的表现癖心存疑虑……

或许正相反，我将遇见一个多少有些神奇的圈子，不会有任何的痛苦，人们友爱而有同情心，可能会医治我的伤口？虽然我不太相信，但是我希望寻觅到后一种情况，也担忧在人工天堂中找寻庇护，脱离社会、经济的和政治的世界的各种纷扰。

1979 年 4 月的这个早晨，9 点钟，我们这里有 11 个人在预约中，人们坐在一个大厅中，到处是彩色床垫和靠垫。没有桌子和椅子，可以推断，这令人有好感。与因循守旧的第一个决裂：这里，人们坐在自己想要坐的地方，按自己想要的方式坐着……

尽管如此，我几乎是不安心的。我观察周围的人：7 位女性和 4 位男性，从 25 至 40 岁左右，一些人衣着正统，另一些则更为随心所欲。他们是谁？他们来寻找什么？他们和我一样害怕吗？一些人已经参加过这种培训，但大多数人和我一样，完全是初学者。

我们都在等待"大师"发话，他像其他人一样坐着，在他的那些靠垫中。这里有些东方味道：靠垫，人们坐在地上，不受约束，临时打断的时间，寻找陌生人……塞尔日，即组织者，他建议那些愿意的人自我介绍，用他们希望的方式：简短地，或是长时间地，用言语、姿势或是通过一幅画……新的决裂：我们不再处于"每个人以同样方式轮流"的平等逻辑中。这种宽松的氛围让我震惊：这当然不是我在医院里所习惯经历的——那里规范的严格性是非常确定的事项，人们将其视为无法回避的"现实"而展现给我们。

在这个概览之后——有些人没有参加（不强制任何人参加）——塞尔日提议了几个热身练习，以鼓动我们参与进来。首先，在变换位置中，让我们认识各个地点，一句话都不说，我们的感官保持警觉：视觉、听觉，还有触觉、嗅觉……然后，他建议我们闭上眼睛继续，伴随着磁带里轻柔的音乐那令人愉悦而平静的声音。

我们参与进我们的盲人旅程。我发觉，这个练习刚开始的几分钟奇怪地在我的身体里受到阻碍：我几乎不敢在一个狭小的空间里移动，我在空间里感到相对安全。接着，我渐渐地变得大胆起来，摸索着去寻找墙和门。我是同时在寻找边界和焦虑的紧急出口吗？

塞尔日不时地给我们提些建议：最大限度地觉察我们所有的感知，不要忽视我们的任何感觉（除了视觉），借助我们的全部身体，静静地、积极地、深入地探索，感觉，倾听，触碰，摸索，碰撞，摩擦，轻触，抚摸，用我们的双手、脸庞、背部，我还知道什么？……我觉得自己安心一些了：因此，我们获准使用自己全部的感官资源，不再担心接触的禁忌。我重新开始穿越房间，对物体还有人的气味、声音、温度差异、质地、硬度变得非常关注。我觉得自己来到一个敏感的几乎是动物的空间。我想象一片稀树草原，那里出没着各种四足动物、爬行动物、昆虫——每种动物都有自己的叫声、气味、颜色、语言和偏爱的领地……

接着该再次睁开眼睛了，同时继续我们的探索。唉！令人吃惊的现实！这个世界令人震惊的陌生，既近（新近）又远，即平面又立体，既新鲜却又熟悉。面对其他人，我抑制了主动性。我不是唯一这样的人：当我们相遇时，我们舞步匆匆。我悲伤地看到我们对自己的创造性和自发性的阻碍到了什么地步：即便是这里，在这样一个宽容的环境中，我们还是一有机会就躲到刻板的姿势后面。超越限制我们行为的传统社会规范，这是很难的。

其后，我们坐下，言语分享我们刚才的经历。一些人发现了相当长时间以来遭到抑制的感觉；另一些人对人的兴趣突然比对物更大了——或相反；有几个人遇到了焦虑、恐慌……玛丽觉得迷失，什么都无法控制，对世界毫无掌控办法……因此刚才我听到的、在暖气片旁边喘气和抽泣的人就是她。塞尔日温柔地鼓励她继续不停地打开和关掉调节按钮，大概是依次来确认她对现实的掌控，使得她觉察到自己能够控制这个"黑夜的"世界中的某个东西，这个东西似乎在她内心唤起了种种过去的焦虑。

短暂的休息之后，仍然是热身，塞尔日建议我们每个人以"曼陀罗"形式画下我们的世界。这是在我们的画上描绘出我们喜爱的或者对我们来说重要的人和物，还有各种地点或情感，这一切都以最适合我们的方式来进行：形象的或是象征的。我们每个人都拿走一张或几张大尺寸的"卡纸"、一些铅笔和彩色画笔——这些东西在房间的中间有很多——然后我们坐下来，有些人在角落里，有些人靠近其他人，开始专心于我们的"赋形"。

很显然，这个练习并不要求特别的绘画能力。但是，某些人有时候努力尝试迂回地为他们的笨手笨脚而争辩……

就我而言，我几乎没有得到启发！在我看来，我的世界不值得讲述，而因为它在我看来既非正式又抽象。我不喜欢它。无论是颜色、形状，还是内容，没有什么让我满意。我的世界会是由虚空构成的吗？渐渐地，我陷入这种令人悲伤的沉思中，心中浮现出种种强烈的情感，高兴或悲伤，希望或绝望。我正在放上我母亲的形象，她的臂弯里有一个粉红色的婴儿，这让我吃了一惊！突然的启发：我需要在画的下方微微打开一扇门或窗，以便空气或阳光穿透进来。这会是我在自己的世界里感到透不过气吗？然后，在页面底部，这是草在生长……然后，我重新碰到一些矛盾之处——我用一个代数方程来象征它们……

接着是向团体展现我们的画。我注意到某些人对于让人观看他们的存在性风景非常自在。他们身上有的东西是，确信！线条干净，整体限制得很好，各个元素很好地相互区分。大部分人画了他们的房子、家庭、私人空间，有几个人尝试了为他们的设想赋形。

每个介绍都带来了一次多少有些强烈的个体化工作："此时此地"觉察自己的生活价值、选择、质疑、感受、阻碍，而这一切都是在友好关注的气氛下进行的。

我想到罗兰（Roland），他的画是棕色的，提及死亡的主题，但也有快乐的主题……我想到了西蒙娜（Simone），她那为圣诞节而布置的房子，在固定的装饰之中，等待着一个虚幻的礼物……她几岁了？在允许自己去生活之前，她还要等待多久？……几个月之后，我得知她将她的家庭枷锁打了个粉碎，周围没有一个人再能够认出她来，而她在日常生活中容光焕发！

在一次身体治疗种，帕斯卡勒（Pasacale）表达了她对热情和交流的未得到满足的需要，之后，我们都深受触动。一些人对这种洋溢的温柔感到了非常强烈的情绪上的共鸣。另一些人，担心自己被这种强烈的欲望吞噬……有几个人提到了他们过于遥远而冷淡的母亲；另一个人对此进行了回应，她指责自己对孩子们来说是一位坏母亲。

波勒（Paule），有罪的"坏母亲，她要求一个工作时间来探讨这个问题。

她自己或多或少是被遗弃的，担心她的孩子也有同样的情感，并且有过度保护他们的倾向，对他们的方式有些严苛……她最为担心的是，他们在他们的母亲身上整合进一个压榨并限制他们的女性形象。因此，她表达了对不被爱的恐惧……

随着她的讲述，关于"好母亲"的一系列"陈词滥调"出现了：总是有空的，谨慎的，亲切的……

于是，我们在大会上寻找一位自我评价不那么糟糕的母亲……这是两人之间的对话："好的"那位和"坏的"那位：

——我呀，他们从学校回来的时候我总是设法在家……

——我呢，我觉得他们够大了，可以自己想方法应付了。

——我呢，每天晚上都抚摸他们，直到他们睡着。

——我呢，他们让我生气的时候，我给过他们一巴掌……

塞尔日鼓动"好的"那位表现得更好，而"坏的"那位表现得更差![1] 总之，很快地，她们的反应看起来就很是接近，一会儿温柔，一会儿充满攻击，一会儿耐心，一会儿充满压抑的愤怒。她们在团体中象征性地重演了她们的某些态度，她们自己对此也经常是一无所知的。一切都在广泛的同情和阵阵大笑声中结束了，这种同情和笑声来自一种"母亲的全面竞赛"，是为此时机而即兴进行的，而波勒注意到，说到底，她并非如自己所担心的那样，是一位那么坏的母亲……

我回想起第二天给我们推荐的另一个同种类型的练习。要完成一个个人作品，使用最为多样的可变形材料：纸、布、羊毛、细绳、铁丝、废铁、木头、泥土、枯叶、菜豆等等。

当时，一些人站着工作，另一些人蹲着，独自一人或是以小团体的形式。那些最为认真的人制造了一个非常拿得出手的物体（动物、玩偶、家具……）；另一些人，东敲西补，其方式不太令人信服。我正是这样。我草拟了一个多重"构想"，四处散落。我还介入了我旁边的人的创造中，甚至走出房间……

我们的作品一完成，就要将我们的"创造物"或产品演出

---

① S.G.注：通过放大技术对内摄和极性进行工作。

来，让它们活起来，去感受、说话、交流……这种做法一定会引起各种各样的反应，并激发我们对关系的意外觉察：我们的客体、我们对他人或自己谈论这些客体——或让它们说话——的方式，以及它们所传送的隐含世界，在这三者之间我们建立了各种关系却并不自知。作品的出现经常是我们存在的一个重大主题的回响，而这个主题也出现于我们的日常生活或我们的梦中，因此这也是一个机会，深入进行各方对话，或是我们存在的各个层次的对话。

　　若埃尔（Joël），展示了他的卡车，他回忆起一个就在最近做的梦——在梦中，他在铁轨上跟一个不重要的人边打网球边等火车。塞尔日请他轮流化身为火车、铁轨、球拍、球等等。

　　因此这是一系列讯息，或多或少是明确的，他自己逐渐地解码并表达出来：

　　若埃尔——我是火车：我全速前进……我坚固……我不知道去哪里……

　　——我必须跟着铁轨：我需要得到指引……

　　过了一会儿：

　　——我是一段火车枕木：人们忽视我……人们踩在我上面……人们只注意铁轨，因为它们是金属的而且闪闪发亮……这就是为什么我连接这些铁轨！而且，我是活生生的木头做的……

　　他的梦的每个元素都对他诉说他的日常生活，很快他放弃了他的保持风度的态度，向我们吐露他的不安。

团体里新一轮的发言，从若埃尔工作时大家所感受到的东西谈起。

玛蒂娜提到她在沟通上的困难，以及与前夫在有关孩子事情上的尖锐冲突。说这些时，她不停地、机械地转动手指上的戒指。

塞尔日——如果你变成你的戒指呢？……你会说什么？

玛蒂娜——我会说我是一颗钻石……我是一颗钻石、一块宝石：我很贵……此外这是我前夫的一个礼物。我不想摘下它……但是，我需要钱！

塞尔日——你仍然是你的戒指："我，钻石，……"

玛蒂娜——我，我是一颗钻石，一块纯净的石头，一块坚硬的石头……没有人可以划伤我……不！我不坚硬！……准确地说，严厉……我有多个面，雕刻我是为了让我在光中闪闪发亮。我产生着美……审美很重要……我发光……我是火的浓缩……火和水……我来自大地。我历史悠久……一段很长的进化史。在土壤的重量之下我长久地被压缩：正是这一点让我变得坚硬，但是也让我变得纯净……（她完全沉浸在长时间的内心的无声冥想中，嘴角挂着一丝微笑……）

现在，没有人可以摧毁我了：我有这么多面！如果人们认为可以从一边来够到我，那么我已经在别处了……

塞尔日——总之，你不可接近？

玛蒂娜——不可接近，但是强壮，是的！我过去一直是强壮的。我对我的家人扮演这个角色。我父亲过去已经叫我"我的岩石"了……我觉得有这么多东西要给予其他人！人们感觉到我的力量，他们来请我帮忙……我无法拒绝他

445

们……

塞尔日——那么你呢？当你提要求的时候……？

玛蒂娜——我？我不喜欢提要求。直至现在，我都一直是独自应付——尤其从我离婚以来……但是，这很艰难，独自一人！……现在，我想要和一个人分享我的生活，我的感受（她的脸上流露出极大的悲伤的表情）……我想要与一个人有深入的关系……一个人都没有！……这是我自己的选择，但是这很难……或许现在，我准备好去分享了？……

她的工作结束后，反应各异：非常同情，或者正相反，充满攻击性。就我而言，我表达了对玛蒂娜的强烈拒绝，我认为她严厉，总是没空。塞尔日请我跟她面对面说这些，直接对她说，而不是在团体里谈论她。真难！我掩饰，我克制，我调整自己……我对着一个靠垫说话会好一些！

我——好吧！你瞧（对着靠垫），我厌恶你的世界：我把这个叫作哄骗！人们已经这么对待过我了！我厌恶人们觉得自己很强，其实不是真的！我厌恶人们觉得掌握着真理。你知道我想对你的真理做什么吗？将它捣碎，将它压碎……

塞尔日——不要说，做出来！

……于是我抓紧靠垫，我扭曲它，我在它上面踩它，我踏它，我把它扔掉……但是我会把它捡起来：我不停地表达我的恼怒！我蹂躏它，我大口咬住它，……我无法松口，尽管我怨恨它带给我的疼痛！

塞尔日——怎么样？……现在你觉得怎么样？

我——我觉得我上瘾了，我一点不喜欢这种依赖！（我再一次一脚踢开了靠垫。)①

　　塞尔日——这个靠垫，你想把它放在哪里？你可以给它找个地方吗？

　　我感到糊涂了……这是失去各种确定性的天堂这样一种哀愁……我抱住靠垫，长久地摇晃着，向它解释"它"给我的提议太美了，不会是真的，而我多么希望盲目地相信这些。

　　塞尔日——你希望能够相信它？……

　　我——哦，是的！而这没有解决！……我过去相信这已经愈合了……（我觉得我的声音微微颤抖，我感到了一种强烈的情绪：我的愤怒让位于悲伤）……我那么需要温暖、温柔和信任……但是我无法放开自己，双眼闭着……

　　塞尔日——你想不想体验这个，此时，此地，和我们一起？

　　在我同意的信号下，几个团体成员起身并围绕我形成一个圆圈，而我在中间继续站着，双眼闭着，放任自己，就像波浪上的一个塞子、大海里的一个瓶子……

　　我让自己这样摇晃着，在所有人的中间，一些人把我推回到另一些人那里……这是完全的绝望，是从未有过分量或方位标，从这里，从那里，为生活、偶然和他人的意愿所抛弃！……

　　接着我感到，人们轻柔地将我扶起，手臂伸出，在我的

---

① S.G.注：目前，我不知道问题与什么或与谁有关（起初，玛丽-洛尔可能也一样！），但是在来访者的内在旅程中我陪伴他：我们"为了发现"而行走，根据各种的可能性，事情渐渐地清晰起来，一点点地，迟一些时候或是在下一次治疗中……

脖子、背部、骨盆下面，构成一张网，人们在摇晃我……

塞尔日低声说道：

——放松……不要藏起来哭泣……对的，就这样……这时你会是几岁？

我（哽咽着）——七岁或八岁……

塞尔日——她说什么，这个七岁的小玛丽-洛尔？

我——我想要呼吸……我感觉到大海的气息，远洋的气息……（我感觉到脸上的新鲜空气：团体朝我脸上吹气）……我又看见我童年的那些地方了：人们在那里焚烧枯叶的地方——我听到爆裂声；我看见村镇的房子，我父亲每天都去那里……我看见它远去……而我感觉到脸上的大海的风……

………………

当我睁开眼睛时，我惊讶地发现自己在这里，在支持我的那些人的目光里，看到这么多亲切的关注，这让我惊叹。

在这一次治疗结束时，我觉得自己获得重生，摆脱了一个束缚，回归自身——尽管我不太知道为什么！世界在我看来较平常而言更为丰富而多彩了，几乎让人因为光芒而眼花……人们在我看起来更为真实，更容易亲近了。我感觉经历了一次洪水和一次重生，就好像暴雨过后，大自然变得更为闪亮了，并且充满了生机。从此，我真的有了方向了。

而现在我知道，我很快就会发现我的美洲。

M.L.G.，1979 年 9 月。

附录二
主要参考文献
（311部引用著作）

不包括：——科技期刊文章；

　　　　——格式塔专业出版物（别处提及）；

　　　　——作者的著作（别处提及）。

*
* *

Abrassart J.L. *Massage californien*. Paris. éd. de la Maisnie. 1983

Adler A. *Connaissance de l'homme*. Paris. Payot. 1981

Allais C. *L'analyse primale*. Paris. Retz. 1980

Allais C. *La Recherche sur la génétique et l'hérédité*. Paris. Seuil. coll. La Recherche. 1985

Allport, Feifel, Maslow, May, Rogers. *Psychologie existentielle*. Paris. Epi (H. & G.). 1971

Ambrosi J. *L'analyse psycho-énergétique*. Paris, Retz. 1979

Amado G. *L'être et la psychanalyse*. Paris. P.U.F. 1978

Amado G., Guittet A. *La dynamique des communications dans les groupes*. Paris. Colin. 1975

Ancelin-Schützenberger A. *Vocabulaire des techniques de groupe*. Paris. Epi (H. & G.). 1971

Ancelin-Schützenberger A. *Le corps et le groupe*. Toulouse. Privat. 1977

Ancelin-Schützenberger A. *Vocabulaire de base des Sciences humaines*. Paris. Epi (H. & G.). 1981

Ancelin-Schützenberger A. *Le jeu de rôle*. Paris. E.S.F. 1981

Ancelin-Schützenberger A. *Aïe, mes aïeux*. Paris. Epi. La Méridienne. 1993

Anzieu D. *Le Moi-peau*. Paris. Dunod. 1985

L'Arc n° 83. « Wilhelm Reich ». Paris. C.N.L. 1983

Assagioli R. *Psychosynthèse*. Paris. Epi. 1976

Assante M. & Plaisant O. *La nouvelle psychiatrie (DSM 3R)*. Paris. Retz. 1992

Autrement. n° 30. 81. « L'explosion du biologique ». Paris. Seuil. 1981

Autrement. n° 43. 82. « A corps et à cri ! ». Paris. Seuil. 1982

Aznar G., Botton M., Mariot J.P. *56 fiches d'animation créative*. Paris. éd. d'Organisation

Badinter E. *XY, de l'identité masculine*. Paris. Odile Jacob. 1992

Balint M. *Le Médecin, son malade et la maladie*. Paris. Payot. 1968

Barbier R. *L'approche transversale*. Paris. Anthropos. 1997

Bécart-Bandelow R. et U. *Le corps et la caresse : massages et art du toucher*. Paris. éd. Gréco. 1989

Beck D. et J. *Les endorphines*. Barret-le-Bas. Le Souffle d'Or. 1988

Bergeret J. *La personnalité normale et pathologique*. Paris. Dunod. 1974

Bergeret J. (& coll.). *Psychologie pathologique*. Paris. Masson. 1972

Balmary M. *L'Homme aux statues*. Paris. Grasset. 1979

Bertalanffy L. (von). *Des robots, des esprits et des hommes*. Paris. E.S.F. 1982

Bertalanffy L. (von). *Théorie générale des systèmes*. New York. 1956. Trad. : Paris. Dunod. 1983

Bateson G. *Vers une écologie de l'esprit*. Paris. Seuil. 1977

Benoist L. *Signes, symboles et mythes*. Paris. P.U.F. 1975

Berne E. *Des jeux et des hommes*. Paris. Stock. 1978

Binswanger L. *Analyse existentielle et psychanalyse freudienne*. Paris. Gallimard. 1970

Blofeld J. *Le bouddhisme tantrique du Tibet*. Paris. Seuil. 1976

Bono E. (de). *Six chapeaux pour penser*. Paris. Inter-éditions. 1987

Boucaud M. (de) & Darquey J. (& coll.). *Le projet en psychothérapie*. Paris. E.S.F. 1983

Boucher J. *La symbolique maçonnique*. Paris. Dervy. 1948

Bourre J.M. *La diététique du cerveau*. Points poche. Odile Jacob. Paris. 1990

Braconnier A. *Le sexe des émotions*. Odile Jacob. Paris. 1996

Buber M. *I and Thou*. New York. Chas. Scriber & Sons. 1937

Buzan T. *Une tête bien faite*. Paris. éd. d'Organisation. 1984

Camilli C. *Massage sensitif*. Paris. Maloine. 1987

Cayrol A. & de St-Paul J. *Derrière la magie (la P.N.L.)*. Paris. Inter-éditions. 1984

Capra F. *Le Tao de la Physique*. Paris. Tchou. 1979

Capra F. *Le temps du changement*. Monaco. éd. du Rocher. 1983

Castel F. & R., Lovell A. *La société psychiatrique avancée*. Paris. Grasset. 1979

Castel R. *La gestion des risques*. Paris. éd. de Minuit. 1980

Chalvin D. *Utiliser tout son cerveau*. Paris. E.S.F. 1986

Chambon O. et Marie-Cardine M. *Les bases de la psychothérapie (approche intégrative et éclectique)*. Paris. Dunod. 1999

Changeux J.-P. *L'homme neuronal*. Paris. Fayard. 1983

Charon J. *L'Etre et le Verbe*. Monaco. éd. du Rocher. 1965

Charon J. *La Science devant l'inconnu*. Monaco. éd. du Rocher. 1983

Charon J. *J'ai vécu quinze milliards d'années*. Paris. Albin Michel. 1983
Charon J. *L'Esprit et la Science. (Colloque de Fès)*. Paris. Albin Michel. 1983
Chartier J.P. *Introduction à la pensée freudienne*. Paris. Payot. 1993
Chauvin R. *Dieu des fourmis, Dieu des étoiles*. Paris. Belfond-Le Pré aux Clercs. 1988
Christen Y. & Klivington K. *Les énigmes du cerveau*. Paris. Bordas. 1989
Choisy M. *L'être et le silence*. Genève. éd. Mont-Blanc. 1965
Clapier-Valladon S. *Les théories de la personnalité*. Paris. P.U.F. (Q.S.J.). 1986
Cocude M. & Jouhaneau M. *L'homme biologique*. Paris. P.U.F. 1993
Cohen D. *Les gènes de l'espoir*. Paris. Laffont. 1993
Cooper J.-C. *La philosophie du Tao*. éd. Dangles. 1972
Cousins N. *La biologie de l'espoir* (le rôle du moral dans la guérison). Paris. Seuil. 1991
Cyrulnik B. *Mémoire de singe et paroles d'hommes*. Paris Hachette. 1983
Cyrulnik B. *La naissance du sens*. Paris Hachette. 1991
Cyrulnik B. *Les nourritures affectives*. Odile Jacob. Paris. 1993
Cyrulnik B. *L'ensorcellement du monde*. Odile Jacob. Paris. 1997
Cyrulnik B. *Un merveilleux malheur*. Odile Jacob. Paris. 1999
Damasio A. *L'erreur de Descartes. La raison des émotions*. Odile Jacob, Paris. 1995. Trad. *de Descartes'Error : Emotion, Reason, and the Human Brain*. Putnam Books. 1994
Debru C. *Neurophilosophie du rêve*. Paris. Hermann. coll. Savoir/Sciences. 1990
De Franck-Lynch B. *Thérapie familiale structurale*. Paris. E.S.F. 1986
De Hennezel. *La mort intime*. Paris. Laffont-Pocket. 1995
Dément W. *Dormir, rêver*. Paris. Seuil. 1981
Descamps M.A. *Le nu et le vêtement*. Paris. éd. Universitaires. 1972
Descamps M.A. *La maîtrise des rêves*. Paris. éd. Universitaires. Paris. 1983
Descamps M.A. *L'invention du corps*. Paris. P.U.F. 1986
Descamps M.A. *Corps et Psyché (histoire des psychothérapies par le corps)*. Paris. Epi. 1992
Deshimaru T. & Chauchard P. *Zen et cerveau*. Paris. Le Courrier du Livre. 1976
Deshimaru T. *La pratique du Zen*. Paris. Albin Michel. 1981
Dolto F. *L'image inconsciente du corps*. Paris. Seuil. 1984
Dortier J.F. *et al. Le cerveau et la pensée*. Paris. éd. Sciences humaines. 1999
Dreyfus C. *Les groupes de rencontre*. Paris. Retz. 1978
Dropsy J. *Le corps bien accordé*. Paris. Epi. 1984
Dufour R. *Écouter le rêve*. Paris. Laffont. 1978
Durand D. *La Systémique*. Paris. P.U.F. 1979
Durand-Dassier J. *Structure et psychologie de la relation*. Paris. Epi. 1969
Durand-Dassier J. *Psychothérapies sans psychothérapeutes*. Paris. Epi. 1970
Durand-Dassier J. *Groupes de rencontre-marathon*. Paris. Epi. 1973

Durden-Smith J. et Desimone D. *Le sexe et le cerveau*. Ottawa. éd. de la Presse. 1985
Eccles J. *Évolution du cerveau et création de la conscience*. Paris. Fayard. 1992
Edelman G. *Biologie de la conscience*. Paris. Odile Jacob. 1992
Eisenstein F. & M. *Psychoanalytic Pioneers*. New York. éd. N.Y./London Basic Books. 1960
Eliade M. *Images et symboles*. Paris. Gallimard. 1952
Erikson E. *Enfance et Société*. Neuchâtel Delachaux & Niestlé. 1959
Ey H. *Psychophysiologie du sommeil et psychiatrie*. Paris. Masson. 1975
Ferenczi S. *Œuvres complètes* (4 tomes). Paris. Payot. 1982
Ferguson M. *La révolution du Cerveau*. Paris. Calmann-Lévy. 1974
Ferguson M. *Les enfants du Verseau*. Paris. Calmann-Lévy. 1981
Fernandez-Zoïla A. *Freud et les psychanalystes*. Paris. Nathan. 1986
Flem L. *La vie quotidienne de Freud et de ses patients*. Paris. Hachette. 1986
Forham F. *Introduction à la psychologie de Jung*. Paris. Payot. 1979
Fourcade J.M. & Lenhardt V. *Analyse Transactionnelle et Bio-énergie*. Paris. Delarge. 1981
Fourcade J.M. *Les patients-limites*. D. de Brouwer. Paris. 1997
Freud S. *L'interprétation des Rêves*. Paris. P.U.F. 1926
Freud S. *Cinq leçons sur la Psychanalyse*. Paris. Payot. 1968
Freud S. *Introduction à la Psychanalyse*. Paris. Payot. 1971
Freud S. *Ma vie et la Psychanalyse*. Paris. Gallimard. 1971
Freud S. *Psychopathologie de la vie quotidienne*. Paris. Payot. 1983
Fromm E. *La crise de la psychanalyse*. Paris. Anthropos. 1971
Furst C. *Le cerveau et la pensée*. Paris. Retz. 1981
Fustier M. *Pratique de la créativité*. Paris. E.S.F. 1976
Garraud C. *L'épanouissement affectif et sexuel*. Paris. Retz. 1981
Garraud C. *La Bio-énergie*. Paris. E.S.F. 1985
Gay F. *Sophrologie*. Paris. Delarge. 1979
Gay P. *Freud, une vie*. Paris. Hachette. 1991
Geets C. *Winnicott*. Paris. Delarge. 1981
Gentis R. *Leçons du coprs*. Paris. Flammarion. 1979
Gentis R. *Le corps sans qualités*. Paris. Érès. 1995
Gerin P. *L'évaluation des psychothérapies*. Paris. P.U.F. 1983
Gilliéron E. *Les psychothérapies brèves*. Paris. P.U.F. 1983
Gingerich. *The Nature of Scientific Discovery*. Washington. 1975
Goldberg J. *Fondements biologiques des sciences humaines*. Paris. L'Harmattan. 1992
Goldstein K. *La structure de l'organisme*. Paris. Gallimard. 1983
Goleman D. *L'intelligence émotionnelle*. Laffont. Paris. 1997. *420 p*. Trad. de *Emotional Intelligence*. Bantam Books. New York, 1995
Grof S. *Psychologie transpersonnelle*. Monaco. éd. du Rocher. 1984
Groupe Diagram. *Le Cerveau, mode d'emploi*. Marabout poche. Bruxelles. 1994
Guelfand G., Guenoun R., Nonis A. *Les tribus éphémères*. Paris. Epi. 1973
Guelfi J.D. (& coll.). *Psychiatrie*. Paris. P.U.F. 1987

Guillaume P. *La Psychologie de la Forme*. Paris. Flammarion. 1937
Haley J. *Un thérapeute hors du commun : Milton Erickson*. Paris. Epi. 1985
Hall E. *La dimension cachée*. Paris. Seuil. 1971
Hampden Turner C. *Atlas de notre cerveau*. Paris. éd. d'Organisation. 1990
Harper A. *Les Nouvelles psychothérapies*. Toulouse. Privat. 1978
Heimann P., Little M., Tower L., Reich A. *Le contre-transfert*. Paris.
　　Navarin. 1987
Herrmann N. *Les dominances cérébrales et la créativité*. Paris. Retz. 1992
Hervais C. *Les toxicos de la bouffe : la boulimie vécue et vaincue*. Paris.
　　Buchet-Chastel. 1990
Hobson J.A. *Le cerveau rêvant*. Paris. Gallimard. 1992
Honoré B. *Pour une théorie de la Formation*. Paris. Payot. 1977
Honoré B. *Pour une pratique de la Formation*. Paris. Payot. 1980
Honoré (& coll.). *Former à l'Hôpital*. Toulouse. Privat. 1983
Houde R. *Les temps de la vie (selon la perspective du cycle de vie)*.
　　Québec. éd. Gaëtan Morin. 1986
Howard J. *Touchez-moi, s'il vous plaît*. Paris. Tchou. 1970
I.F.E.P.P. (coll.). « Formation 1 ». Paris. Payot. 1974
I.F.E.P.P. (coll.). « Formation 2 ». Paris. Payot. 1974
Israël L. *Initiation à la psychiatrie*. Paris. Masson. 1984
Israël L. *L'hystérique, le sexe et le médecin*. Paris. Masson. 1985
Israël L. *Boîtier n'est pas pécher*. Paris. Denoël. coll. L'espace analytique. 1989
Jaccard R. *Histoire de la Psychanalyse* (2 tomes). Paris. Hachette. 1982
Jacquard A. *L'héritage de la liberté ; de l'animalité à l'humanitude*. Paris.
　　Seuil. 1986
Jeanson F. *Sartre par lui-même*. Paris. Seuil. 1964
Jouvet M. *Le sommeil et le rêve*. Paris. Odile Jacob. 1992
Jung C.G. *Métamorphoses et Symboles de la libido*. Paris. Montaigne. 1931
Jung C.G. *Types psychologiques*. Genève. Georg. 1950
Jung C.G. *L'homme et ses symboles*. Paris. Laffont. 1964
Jung C.G. *L'Homme à la découverte de son âme*. Paris. Payot. 1970
Jung C.G. *La guérison psychologique*. Paris. Buchet-Chastel. 1970
Jung C.G. *Ma vie*. Paris. Gallimard. 1970
Jung C.G. *Psychologie et Orientalisme*. Paris. Albin Michel. 1985
Kapleau P. *Les trois piliers du Zen*. Paris. Stock. 1965
Kernberg O. *La personnalité narcissique*. Toulouse. Privat. 1980
Kernberg O. *Les Troubles limites de la personnalité*. Toulouse. Privat. 1984
Koestler A. *Le cheval dans la locomotive*. Paris. Calmann-Lévy. 1968
Kohut H. *Le Soi*. Paris. P.U.F. 1974
Kohut H. *Les deux analyses de M.Z*. Paris. Navarin. 1985
Korenfeld E. *Les paroles du Corps*. Paris. Payot. 1986
Kourilsky P. *Les artisans de l'hérédité*. Paris. Jacob. 1987
Laborit H. *L'agressivité détournée*. Paris. U.G.E. 1970
Laborit H. *Biologie et structure*. Paris. Gallimard. 1970
Laborit H. *Eloge de la Fuite*. Paris. Laffont. 1976
Laborit H. *La nouvelle grille : pour décoder le message humain*. Paris.
　　Laffont. 1974

Laborit H. *L'inhibition de l'action*. Paris. Masson. 1979

Lacan J. *Ecrits*. Paris. Seuil. 1971

Lao-Tzeu. *La Voie et sa vertu (Tao-tê-king)*. Paris. Seuil. 1979

Lanteri-Laura G. *Phénoménologie de la subjectivité*. Paris. P.U.F. 1968

Lapierre H. et Valiquette M. *J'ai fait l'amour avec mon thérapeute*. Montréal. éd. St-Martin. 1989

Laplanche J. & Pontalis J.B. *Vocabulaire de la Psychanalyse*. Paris. P.U.F. 1967

Larousse. *Dictionnaire de psychiatrie*. Paris. 1993

Larousse. *Dictionnaire de psychologie*. Paris. 1993

Lavorel P. *Psychologie et cerveau*. Presses Universitaires de Lyon. 1991

Lazorthes G. *Le Cerveau et l'esprit*. Paris. Flammarion. 1982

Lazorthes G. *Le Cerveau et l'ordinateur*. Toulouse. Privat. 1988

Le Moigne J.-L. *La théorie du Système général*. Paris. P.U.F. 1977

Lenhardt V. *L'Analyse transactionnelle*. Paris. Retz. 1980

Léonard J. & Laut P. *Le Rebirth*. Montréal. éd. CL. 1984

Leutz G. *Mettre sa vie en scène*. Paris. Epi. 1985

Le Vay S. *Le cerveau a-t-il un sexe ?* Flammarion, Paris, 1994

Lewis R. & Streitfeld S. *Growth Games*. New York. Harcourt Brace Jovanovich. 1970

Liebowitz M.R. *La Chimie de l'amour*. Montréal. éd. de l'Homme. 1984

Lieury A. *La Mémoire*. Bruxelles. Mardaga. 1974

Liss J. *Débloquez vos émotions*. Paris. Tchou. 1978

Lobrot M. *L'anti-Freud*. Paris. P.U.F. 1996

Loftus E. et Ketcham K. *Le syndrome des faux souvenirs*. Éd. Exergue, Paris. 1997. Trad. de *The myth of repressed memory*. U.S.A. 1994

Lorentz K. *L'Agression, une histoire naturelle du mal*. Paris. Flammarion. 1969

Lowen A. *La Bio-énergie*. Paris. Tchou. 1976

Lowen A. *Le plaisir*. Paris. Tchou. 1976

Mac Lean P. et Guyot R. *Les trois cerveaux de l'Homme*. Paris. Laffont. 1990

Mannoni O. *Freud*. Paris. Seuil. 1986

Marc E. *Le Guide pratique des Nouvelles Thérapies*. Paris. Retz. 1982

Marc E. *Le processus de changement en thérapie*. Paris. Retz. 1987

Marc E. & Picard D. *L'École de Palo Alto*. Paris. Retz. 1984

Marie-Cardine M., Chambon O., Meyer R. *Psychothérapies : l'approche intégrative et éclectique*. Le Coudrier. Strasbourg. 1994

Maslow A. *Introduction to Humanistic Psychology*. Monterey. Brooks. Cole. 1972

Maupertuis A. *L'Erotisme sacré*. Paris. éd. Culture, Art, Loisirs. 1977

Merleau-Ponty M. *Phénoménologie de la perception*. Paris. Gallimard. 1976

Meyer R. *Le Corps aussi : de la psychanalyse à la somatanalyse*. Paris. Maloine. 1982

Meyer R. *Portrait de groupe avec psychiatre*. Paris. Maloine. 1984

Meyer R. *Les Thérapies corporelles*. Paris. Hommes et Groupes. 1986

Meyer R. et coll. *Reich ou Ferenczi ? Psychanalyse et somatothérapies*. Paris. Desclée de Brouwer. 1992

Miller A. *Le drame de l'enfant doué. A la recherche du vrai soi.* Paris. P.U.F. 1983

Miller A. *C'est pour ton bien. Racines de la violence dans l'éducation de l'enfant.* Paris. Aubier-Montaigne. 1984

Montagner H. *L'attachement, les débuts de la tendresse.* Paris. Éd. Odile Jacob. 1988

Montagu A. *La peau et le toucher.* Paris. Seuil. 1980

Mordier J.-P. *Les débuts de la psychanalyse en France (1895-1926).* Paris. Maspero. 1981

Morin E. *Le paradigme perdu : la nature humaine.* Paris. Seuil. 1973

Morin E. *La Méthode* (tomes I, II, III). Paris, Seuil (5 vol., en cours de parution depuis 1977)

Morin E. *Science avec conscience.* Paris. Fayard. 1982

Morin E. *Introduction à la pensée complexe.* Paris. E.S.F. 1990

Morris D. *Le Singe nu.* Paris. Grasset. 1968

Morris D. *Le Couple nu.* Paris. Grasset. 1971

Morris D. *La clé des gestes.* Paris. Grasset. 1978

Mucchielli R. *Analyse existentielle et Psychothérapie phénoméno-structurale.* Dessart. 1967

Nacht S. (& coll.). *La Psychanalyse d'aujourd'hui.* Paris. P.U.F. 1967

Nasio J.D. *Introduction aux œuvres de Freud, Ferenczi, Groddeck, Klein, Winnicott, Dolto, Lacan.* Paris. Rivages Psychanalyse. 1994

Nataf A. *Jung.* Paris. M.A. éditions. 1985

Navarro F. *Un autre regard sur la pathologie : la somatopsychodynamique.* Paris. Epi. 1984

Ninio J. *L'empreinte des sens.* Paris. Odile Jacob. 1989

Norcross J. et Goldfried M. *Psychothérapie intégrative.* Desclée de Brouwer, Paris, 1998

Nouvelle Revue de Psychanalyse : « Le dehors et le dedans ». Paris. Gallimard. 1974

Olievenstein C. *Le non-dit des émotions.* Paris. Odile Jacob. 1988

Pagès M. *L'orientation non directive en psychothérapie.* Paris. Dunod. 1965

Pagès M. *Le travail amoureux.* Paris. Dunod. 1977

Pagès M. *Trace ou sens. Le système émotionnel.* Paris. Hommes et Groupes. 1986

Pagès M. *Le travail d'exister.* Paris, Desclée de Brouwer, 1996

Pankow G. *L'Homme et sa psychose.* Paris. Aubier. (1969). 1983.

Pasini W. et Andréoli A. *Le corps en psychothérapie.* Paris. Payot. 1981, 1993

Perrin E. *Cultes du Corps.* Lausanne. Favre. 1984

Peterson S. *A Catalog of the ways People grow.* New York. Ballantine Books. 1971

Petzold H. *Die Gestalttherapie von Fritz Perls, Lore Perls und Paul Goodman.* Jungfermann. 1984

Picat J. *Le rêve et ses fonctions.* Paris. Masson. 1984

Pichaut L. *De la physiologie à la mythologie (le cerveau).* Paris. E.P.G. 1984

Pichot P., Samuel-Lajeunesse B. *Nouvelles tendances en psychothérapie.* Paris. Masson. 1983

Picoche J. *Dictionnaire étymologique du français*. Paris. Robert. 1979
Pierson M.-L. *Guide des Psychothérapies*. Paris. M.A. 1987
Prayez P. *La fureur thérapeutique, ou la passion de guérir*. Paris. Retz. 1986
Prigogine I. et Stengers I. *La nouvelle alliance*. Paris. Gallimard. 1979
Prochiantz A. *La construction du cerveau*. Paris. Hachette. 1989
Rank O. *Le Traumatisme de la naissance*. Paris. Payot. 1968
Rank O. *L'Art et l'artiste*. Paris. Payot. 1984
Rapaille G. & Barzach M. *Je t'aime, je ne t'aime pas*. Paris. éd. Universitaires. 1974
Reeves H. *L'heure de s'enivrer*. Paris. Seuil. 1986
Reich W. *La Révolution sexuelle*. Paris. U.G.E. 1970
Reich W. *La Fonction de l'orgasme*. Paris. Arche. 1978
Reich W. *L'Analyse caractérielle*. Paris. Payot. 1979
Restak R. *Le cerveau de l'enfant*. Paris. Laffont. 1988
Revue Autrement (n° spécial 117, oct. 1990) : Œdipe et neurones (Psychanalyse et neurosciences : un duel ?)
Revue de psychothérapie psychanalytique du groupe, n° 14. Psychothérapies de groupe : pour qui ? éd. Erès. 1990
Robert M. *La Révolution psychanalytique*. Paris. Payot. 1970
Rogers C. *Le développement de la personne*. Paris. Dunod. 1968
Rosen S. *Ma voix t'accompagnera : Milton Erickson raconte*. Paris. Hommes et Groupes éd. 1986
Rosenfeld E. *250 façons de connaître les paradis artificiels*. Ottawa. Quadrangle. 1973
Rosnay J. (de). *Le macroscope*. Paris. Seuil. 1975
Rosnay J. (de). *Les chemins de la vie*. Paris. Seuil. 1983
Rosnay J. (de). *L'aventure du vivant*. Paris. Seuil. 1988
Rossi E.L. *Psychobiologie de la guérison*. Hommes et perspectives, Paris, 1994
Roudinesco E. *La bataille de Cent ans : Histoire de la Psychanalyse en France*. Paris. Seuil. 1986
Roudinesco E. et Plon M. *Dictionnaire de la psychanalyse*. Paris, Fayard, 1997
Roudinesco E. *Pourquoi la psychanalyse ?* Paris, Fayard, 1999
Ruitenbeek H.M. *Les nouveaux groupes de thérapie*. Paris. Epi (Hommes et Groupes). 1973
Sabourin P. *Ferenczi*. Paris. éd. Universitaires. 1985
Sacks O. *L'Homme qui prenait sa femme pour un chapeau*. Paris. Seuil. 1988
Safouan M. *Le transfert et le désir de l'analyste*. Paris. Seuil. 1988
Salomé J. & Galland S. *Les Mémoires de l'oubli*. Dijon. Le Regard fertile. 1984
Sapir M. et coll. *Les groupes de relaxation*. Paris. Dunod. 1985
Sartre J.-P. *L'Etre et le néant. Essai d'ontologie phénoménologique*. Paris. Gallimard. 1943
Sartre J.-P. *L'Existentialisme est un humanisme*. Paris. Nagel. 1946
Schutz W. *Joie*. Paris. Epi. 1974

Schützenberger A. & Sauret M.J. – *Le corps et le groupe*. Toulouse. Privat. 1977

Science et conscience : « *Les deux lectures de l'Univers* » (Colloque de Cordoue). Stock. 1980

Searles H. *L'effort pour rendre l'autre fou*. Paris. Gallimard. 1977

Searles H. *Le contre-transfert*. Paris. Gallimard. 1979

Sheldrake R. *Une nouvelle science de la vie*. Monaco. éd. du Rocher. 1985

Shepard M. *Psychothérapie sans psychothérapeute*. Montréal. Stancké. 1977

Sicard M. *Le cerveau dans tous ses états*. Paris. Presses du C.N.R.S. 1991

Simon P. *Rapport Simon sur le comportement sexuel des Français*. Charron/Jullierd. 1972

Simonton C. & S., Crighton J. *Guérir envers et contre tout*. Paris. Epi. 1982

Sinelnikoff N. *Les psychothérapies*. Paris. M.A. 1987

Sinelnikoff N. *Les psychothérapies : dictionnaire critique*. E.S.F. Paris. 1998

Solignac P. & Serrero A. *La vie sexuelle et amoureuse des Françaises*. Paris. Trévise. 1980

Sonneman U. *Existence and Therapy*. New York. 1954

Souzenelle A. (de). *De l'Arbre de vie au Schéma corporel. Le symbolisme du corps humain*. Dangles. 1977

Souzenelle A. (de). *La Parole au cœur du corps*. Paris. Albin Michel. 1993

Suzuki D., Fromm E., Martino R. *Bouddhisme Zen et Psychanalyse*. Paris. P.U.F. 1971

Suzuki D. *Introduction au Bouddhisme zen*. Paris. Buchet/Chastel. 1978

Teilhard de Chardin P. *Le Phénomène humain*. Paris. Seuil. 1970

Teillard A. *Le symbolisme du rêve*. Paris. Stock. 1944

Trocmé-Fabre H. *J'apprends, donc je suis*. Paris. Editions d'Organisation. 1987

U.N.E.S.C.O. (coll.). « Kierkegaard vivant ». Paris. Gallimard. 1966

Vanoye F. Ginger S. (& coll.). *Le Développement personnel et les travailleurs sociaux*. E.S.F. 1985

Veldman F. & This B. *L'Haptonomie*. Paris. Le Coq Héron. 1984

Vincent J.D. *Biologie des passions*. Paris. Ed. Odile Jacob. 1986

Vincent J.D. *La chair et le Diable*. Odile Jacob. Paris. 1996

Watzlawick P. *Une logique de la communication*. Paris. Seuil. 1972

Watzlawick P., Weakland J., Fisch R. *Changements : paradoxes et psychothérapie*. Seuil. 1975

Watzlawick P. *Le langage du changement*. Paris. Seuil. 1978

Wilber K. *Le paradigme holographique*. Montréal. Le Jour. 1984

Williams L. *Deux cerveaux pour apprendre*. Paris. Ed. d'Organisation. 1986

Winkin Y. et coll. *La nouvelle communication*. Paris. Seuil. 1981

Winnicott D. *De la pédiatrie à la psychanalyse*. Paris. Payot. 1969

Winnicott D. *Jeu et réalité*. Paris. Gallimard. 1975

Zarifian E. *Le prix du bien-être*. Odile Jacob. Paris. 1996

附录三

法语格式塔文献

（比利时、加拿大、法国、瑞士）

塞尔日·金泽统计，更新于 2003 年 4 月

（1076 部出版物）

ALBERT Dominique. Brisures et abandonnisme, in *Gestalt*, n° 21, S.F.G., Paris, décembre 2001, *pp. 107-121*.

ALTERMATT-TREMEL Johanna. La Gestalt et le Caisson d'isolation sensorielle et physique, in *La Gestalt et ses différents champs d'application*. Paris, S.F.G., 1986, *pp. 191-208*.

ALTERMATT-TREMEL Johanna. Impressions sur le congrès européen de Gestalt-thérapie, in *La Gestalt, Bulletin de la S.F.G.*, n° 11, automne 1986, *pp. 37-38*.

AMBLARD-PROST Fernande. Etre sexologue et Gestalt-thérapeute ?, in revue *Gestalt*, n° 13-14, S.F.G., Paris, mai 1998, *pp. 103-127*.

AMBLARD-PROST Fernande. Analyse des livres de Vincent de GAULEJAC : *Les sources de la honte* et Serge TISSERON : *La honte*, in revue *Gestalt*, n° 15, S.F.G., Paris, décembre 1998, *pp. 159-164*.

AMBLARD-PROST Fernande. Analyse du livre de Gonzague MASQUELIER : *Vouloir sa vie, la Gestalt-thérapie* in revue *Gestalt*, n° 17, S.F.G., Paris, décembre 1999, *pp. 167-168*.

AMBLARD Fernande. Analyse du livre *Mars et Vénus en amour*, de John GRAY, in *Gestalt*, n° 18, S.F.G., Paris, juin 2000, *p. 191*.

AMBLARD Fernande. Analyse du livre *Mais tu ne m'avais pas dit « ça » ou la communication intime dans le couple*, de Ajanta GRAF et Serge VIDAL, in *Gestalt*, n° 18, S.F.G., Paris, juin 2000, *pp. 189-190*.

AMBLARD Fernande. A bâtons rompus, entretien avec Noël SALATHÉ, in *Gestalt*, n° 22, S.F.G., Paris, juin 2002, *pp. 109-122*.

459

AMBROSI Jean. *La Gestalt-thérapie revisitée.* Toulouse, Privat, 1984, *170 p.*

AMBROSI Jean. Introduction à la Gestalt-therapy, in *Psychothérapies.* Genève, 1984, vol. IV,´n° 1-2, *pp. 31-36.*

ASSIMACOPOULO Stéphanie. Une approche symbolique du cycle de contact, in *Gestalt,* n° 20, S.F.G., Paris, juin 2001, *pp. 26-42.*

ASSIMACOPOULO Stéphanie. Du manque à la plénitude, in *Gestalt,* n° 23, S.F.G., Paris, décembre 2002, *pp. 151-165.*

ANCELIN-SCHUTZENBERGER Anne & SÀURET M.J. Fritz Perls et la Gestalt-therapy, in *Le corps et le groupe.* Toulouse, Privat, 1977, *pp. 73-86*

ASSOCIATION QUÉBÉCOISE DE GESTALT. Table ronde au 9ᵉ Colloque annuel : *La Gestalt en évolution,* in *Revue québécoise de Gestalt,* vol. 2, n° 2, *pp. 3-20.*

AUFFRAY-KERIVEN Viviane. La théorie de W.R. Fairbairn : un pont entre la psychanalyse et la Gestalt-thérapie, in revue *Gestalt,* n° 15, S.F.G., Paris, décembre 1998, *pp. 131-151.*

AUGER-ANGER Christiane et REMICHE Véronique. Devenir Gestalt-thérapeute aujourd'hui, parcours du combattant ?, in 2ᵉ *Collégiales de Gestalt-thérapie,* 1998, *pp. 7-20.*

BADIER Alain. L'atelier de Myriam Polster à Bordeaux, in *Bulletin de la S.F.G.,* n° 19, été 1989, *pp. 18-23.*

BADIER Alain. L'expérience du non-contact, ou « les mémoires d'un introjecteur », in *Bulletin de la S.F.G.,* n° 19, été 1989, *pp. 3-6.*

BADIER Alain. Lecture critique de l'atelier d'André Chemin, in *Bulletin de la S.F.G.,* n° 24-25, été 1991, *pp. 18-21.*

BADIER Alain. Le Transfert comme résistance en Gestalt-thérapie, in *Bulletin de la S.F.G.,* n° 21-22, été 1990, *pp. 19-27.*

BADIER Alain. Perls, psychanalyste... ? in *Revue Gestalt,* n° 1, S.F.G., automne 1990, *pp. 107-122.*

BADIER Alain. *Index de « Le Moi, la Faim et l'Agressivité ».* Bordeaux. Doc. I.G.B, 1991.

BADIER Alain. Analyse de l'interview de Robine « Etre créateur de son existence », in revue *Gestalt,* n° 3, automne 1992, *pp. 75-81.*

BADIER Alain. L'introjection, in *Bulletin de la S.F.G.,* n° 28-29, automne 1992, *pp. 18-24.*

BADIER Alain. D'un paradigme à l'autre, in *Cahiers de Gestalt-thérapie,* n° 3, éd. C.F.G.T., Paris, avril 1997, *pp. 258-261.*

BADIER Alain. *L'introjection. Évolution de la théorie et de la méthode chez F. Perls,* L'Exprimerie, Bordeaux, 1999.

BANDELOW Ulla. *Le Sensitive Gestalt Massage (S.G.M.).* Mémoire de fin d'études, E.P.G., Paris, 1998.

BANDELOW Ulla. L'intimité : une expérience thérapeutique par le Sensitive Gestalt Massage, in *Gestalt,* n° 18, S.F.G., Paris, juin 2000, *pp. 83-103.*

BARBARIN Alain. Gestalt-thérapie et zen. Travail sur soi et souffrance, in *Bulletin de la S.F.G.,* n° 16, été 1988, *pp. 48-50.*

BARTOLI Geneviève. Amour/Haine : point de fuite, in *Cahiers de Gestalt-*

thérapie, n° 9, printemps 2001, Collège de Gestalt-thérapie, Bordeaux, *pp. 105-124.*

BAYLAC Nicole. La Gestalt-thérapie, in *Psychologie*, n° 36, Paris, 1973.

BEAUGRAND Serge. A propos d'une production sociale des borderline, in *Cahiers de Gestalt-thérapie*, n° 6, éd. C.C.G.T., Bordeaux, novembre 1999, *pp. 133-142.*

BEISSER A.R. La théorie paradoxale du changement, in FAGAN J. *Gestalt-therapy now.* New York, 1970. Trad. de l'américain par J.-M. ROBINE, Bordeaux, I.G.B., 1983, *5 p.*

BÉJA Vincent. Au-delà du self ? Gestalt et spiritualité, in *Gestalt*, n° 19, S.F.G., Paris, décembre 2000, *pp. 39-71.*

BÉJA Vincent. Intrapsychisme, Champ et Communauté, in *Gestalt*, n° 20, S.F.G., Paris, juin 2001, *pp. 145-457.*

BÉJA Vincent et SHANE Paul. Gestalt-psychologie, self et communauté, in *Cahiers de Gestalt-thérapie*, n° 10, automne 2001, Collège de Gestalt-thérapie, Bordeaux, *pp. 179-205.*

BEREAU Bernard. Joan P. ou l'homme sans place, in *Cahiers de Gestalt-thérapie*, n° 11, printemps 2002, Collège de Gestalt-thérapie, Bordeaux, *pp. 107-111.*

BERSING Doris. L'incidence de la Gestalt-thérapie sur les processus de personnalisation qui interviennent dans la représentation et le sentiment de l'échec. *Mémoire D.E.A. de Psychologie.* Univ. Toulouse Mirail, octobre 1984.

BERTHERAT Thérèse. *Le courrier du corps.* Paris, Seuil, 1980, *pp. 73-86.*

BERTRAND Claudie. Révélée dans la conclusion, la fin pourrait être décryptée dès le début, in *Cahiers de Gestalt-thérapie*, n° 11, printemps 2002, Collège de Gestalt-thérapie, Bordeaux, *pp. 75-83.*

BIDAULT Hubert. La Gestalt-thérapie, in *Perspectives psychiatriques*, n° 86, n° spéc. « Psychothérapies humanistiques », Paris, 1982, *pp. 153-164.*

BINOT François. Comment balayer devant ma porte. Les ateliers rêve, in *Cahiers de Gestalt-thérapie*, n° 10, automne 2001, Collège de Gestalt-thérapie, Bordeaux, *pp. 85-106.*

BLAIZE Jacques. Du côté de la Phénoménologie, in *Bulletin de la S.F.G.*, n° 14, novembre 1987, *pp. 10-23.*

BLAIZE Jacques. Transférer le transfert ? in *Bulletin de la S.F.G.*, n° 23, hiver 1990-1991, *pp. 13-19.*

BLAIZE Jacques. L'abstraction du corps, in *Bulletin de la S.F.G.*, n° 24-25, été 1991, *pp. 7-14.*

BLAIZE Jacques. Introduction à une approche phénoménologique du corps en Gestalt-thérapie, in *Bulletin de la S.F.G.*, n° 26-27, hiver 1991-1992, *pp. 7-24.*

BLAIZE Jacques et MASQUELIER Gonzague. La Gestalt-thérapie : théorie et méthode, in *Journal des Psychologues*, n° 94, février 1992, *pp. 48-52.*

BLAIZE Jacques. Introduction à une approche phénoménologique du corps en Gestalt-thérapie, in revue *Gestalt*, n° 3 automne 1992, *pp. 163-175.*

BLAIZE Jacques. Les spécificités de la Gestalt-thérapie (table ronde), in *Bulletin de la S.F.G.*, n° 30-31, automne 1993, *pp. 27-29.*

BLAIZE Jacques. Un exemple de projection (point de vue phénoménologique), in *Regards gestaltistes sur la psychopathologie*, S.F.G., Lille, 1994, *pp. 113-123.*

BLAIZE Jacques. Analyse du petit livre de J.M. ROBINE : *La Gestalt-thérapie* (éd. Morisset), in revue *Gestalt*, n° 6, printemps 1994, *pp. 148-149.*

BLAIZE Jacques. Changement et relation : quel paradigme ?, in revue *Gestalt*, n° 8, S.F.G., Paris, été 1995, *pp. 17-28.*

BLAIZE Jacques. Transférer le transfert ?, in revue *Gestalt*, n° 8, S.F.G., Paris, été 1995, *pp. 79-86.*

BLAIZE Jacques. La projection : approche clinique d'un point de vue phénoménologique, in revue *Gestalt*, n° 9, S.F.G., Paris, décembre 1995, *pp. 69-88.*

BLAIZE Jacques. Analyse du livre de Roger GENTIS : *Le corps sans qualités*, in revue *Gestalt*, n° 9, S.F.G., Paris, décembre 1995, *pp. 152-155.*

BLAIZE Jacques. Ecrire sur ce qui n'est pas conscient, in *Cahiers de Gestalt-thérapie*, n° 0, éd. C.F.G.T., Paris, septembre 1996, *pp. 7-10.*

BLAIZE Jacques. L'inconscient et la non-conscience de..., in *Cahiers de Gestalt-thérapie*, n° 0, éd. C.F.G.T., Paris, septembre 1996, *pp. 11-29.*

BLAIZE Jacques. Le grand méchant loup, in *Cahiers de Gestalt-thérapie*, n° 2, éd. C.F.G.T., Paris, avril 1997, *pp. 137-142.*

BLAIZE Jacques. La théorie de la Gestalt-thérapie permet-elle de fonder une éthique spécifiquement gestaltiste ?, in *1res Collégiales de Gestalt-thérapie*, 1997, *pp. 33-42.*

BLAIZE Jacques. Questionnements gestaltistes à partir de Heidegger « Etre et Temps », in *Cahiers de Gestalt-thérapie*, n° 5, Paris, mars 1999, *pp. 159-181.*

BLAIZE Jacques. Analyse du livre *Vouloir sa vie, la Gestalt-thérapie aujourd'hui*, de Gonzague Masquelier, in *Cahiers de Gestalt-thérapie*, n° 7, printemps 2000, Collège de Gestalt-thérapie, Bordeaux, *pp. 235-238.*

BLAIZE Jacques. L'inachevé de la Gestalt-thérapie, in *Cahiers de Gestalt-thérapie*, n° 8, automne 2000, Collège de Gestalt-thérapie, Bordeaux, *pp. 9-17.*

BLAIZE Jacques. Rêver... ? Pré-texter..., in *Cahiers de Gestalt-thérapie*, n° 10, automne 2001, Collège de Gestalt-thérapie, Bordeaux, *pp. 3-8.*

BLAIZE Jacques. *Ne plus savoir. Phénoménologie et éthique de la psychothérapie.* L'Exprimerie, Bordeaux, 2002, 226 p.

BLANQUET Édith. *Autoscopie (vidéo) et Gestalt.* Paris, E.P.G., 1989, *50 p.*

BLANQUET Édith. Elie, un parcours d'adolescent, in revue *Gestalt*, n° 4, printemps 1993, *pp. 107-120.*

BLANQUET Édith. De quelques avatars à se constituer sujet dans la relation, in *Cahiers de Gestalt-thérapie*, n° 6, éd. C.C.G.T., Bordeaux, novembre 1999, *pp. 23-39.*

BLANQUET Édith. Analyse du livre *Existence, crise et création*, de Henri MALDINEY et coll., in *Cahiers de Gestalt-thérapie*, n° 10, automne 2001, Collège de Gestalt-thérapie, Bordeaux, *pp. 235-236*.

BLANQUET Édith. D'un commencement qui n'en finirait pas… Exister…, in *Cahiers de Gestalt-thérapie*, n° 11, printemps 2002, Collège de Gestalt-thérapie, Bordeaux, *pp. 113-128*.

BLANQUET Édith. Pathique et pathologique. Esquisses pour une pathologie du point de vue du champ, in *Cahiers de Gestalt-thérapie*, n° 12, automne 2002, Collège de Gestalt-thérapie, Bordeaux, *pp. 47-65*.

BLIN-LÉRY Bernadette. Gestalt et Transpersonnel, in *Gestalt*, n° 20, S.F.G., Paris, juin 2001, *pp. 93-118*.

BONICEL Marie-Françoise. Au sujet de la critique du livre de S. GINGER : *La Gestalt, l'art du contact* (Marabout) effectuée par F. ROSSIGNOL (in *Gestalt*, n° 12), in revue *Gestalt*, n° 13-14, S.F.G., Paris, mai 1998, *pp. 245-247*.

BONICEL Marie-Françoise. Le stress des chefs d'établissements : du chaos à l'ajustement créateur, in revue *Gestalt*, n° 16, S.F.G., Paris, juin 1999, *pp. 91-111*.

BONICEL Marie-Françoise. Dialogue avec Jacques BLAIZE à propos du livre *Vouloir sa vie*, de Gonzague MASQUELIER, in *Cahiers de Gestalt-thérapie*, n° 8, automne 2000, Collège de Gestalt-thérapie, Bordeaux, *pp. 203-206*.

BONICEL Marie-Françoise. La Nostalgie de la Lumière, in *Gestalt*, n° 19, S.F.G., Paris, décembre 2000, *pp. 127-138*.

BONICEL Marie-Françoise. Du fondement à l'inachevé. Entretien avec Jacques BLAIZE, in *Gestalt*, n° 22, S.F.G., Paris, juin 2002, *p. 131-154*.

BONNET-EYMARD, Changement et entreprise, in *Bulletin de la S.F.G.*, n° 13, 1987, *pp. 10-12*.

BONNET-EYMARD Xavier. Gestalt-formation et conseil en entreprise, in *Bulletin de la S.F.G.*, n° 16, été 1988, *pp. 35-37*.

BONNET-EYMARD Xavier. Analyse du livre de Gonzague MASQUELIER : *Vouloir sa vie, la Gestalt-thérapie*, in revue *Gestalt*, n° 17, S.F.G., Paris, décembre 1999, *pp. 168-171*.

BOUCHARD Marc-André. L'émergence de la théorie de la Gestalt : le contexte intellectuel, in *Psychothérapies*, vol. V, n° 4, 1985, *pp. 223-233*.

BOUCHARD Marc-André. *De la phénoménologie à la psychanalyse*. Bruxelles, Mardaga, 1988, *240 p*.

BOUCHARD Marc-André et DEROME G. La Gestalt-thérapie et les autres écoles : complémentarité clinique et perspective de développement, in LECOMTE et CASTONGUAY : Rapprochement et intégration en psychothérapie, Psychanalyse, behaviorisme et humanisme, Gaëtan MORIN, Montréal, 1987.

BOUDERLIQUE Joël. Trans-passibilité et trans-possibilité, in *Cahiers de Gestalt-thérapie*, n° 12, automne 2002, Collège de Gestalt-thérapie, Bordeaux, *pp. 35-45*.

BOUGARD Lise. Réflexions sur une relation thérapeutique à long terme, comportant une dimension transférentielle amoureuse, in *Revue québécoise de Gestalt*, vol. 2, n° 1, 1997, *pp. 86-102.*

BOUGARD Lise. Résumé de lecture : *The healing relationship in Gestalt Therapy, a dialogic Self Psychology Approach*, par Richard HYCNER et Lynne JACOBS, in *Revue québécoise de Gestalt*, vol. 2, n° 1, 1997, *pp. 168-172.*

BOURDAGE Gaétane. Psychothérapie et réparation. Questions et réflexions issues de la pratique clinique de la psychothérapie gestaltiste des relations d'objet, in *Revue Québécoise de Gestalt*, vol. 4, Montréal, 2000.

BOURGEAIS Marie-France. Nolween, ou la peur de rougir, in *Cahiers de Gestalt-thérapie*, n° 1, éd. C.F.G.T., Paris, avril 1997, *pp. 141-156.*

BOURGEAIS Marie-France. Une forme... une figure... quoi ? in *Cahiers de Gestalt-thérapie*, n° 5, Paris, mars 1999, *pp. 127-145.*

BOURGEAIS Marie-France. Analyse du livre *Relations intimes. Quand patients et thérapeutes passent à l'acte*, de Susan BAUR, in *Cahiers de Gestalt-thérapie*, n° 9, printemps 2001, Collège de Gestalt-thérapie, Bordeaux, *pp. 201-207.*

BOURGEAIS Marie-France. Atomes, in *Cahiers de Gestalt-thérapie*, n° 11, printemps 2002, Collège de Gestalt-thérapie, Bordeaux, *pp. 33-38.*

BOUTROLLE Marie. Le corps comme langage en psychothérapie de l'enfant et de l'adolescent, in *L'impact de la Gestalt dans la société aujourd'hui*, Paris, S.F.G., 1988, *pp. 77-81.*

BOUTROLLE Marie. Faites quelque chose pour lui, je ne sais plus quoi faire, in *Bulletin de la S.F.G.*, n° 17, automne 1988, *pp. 38-42.*

BOUTROLLE Marie. Parents-enfants-psychothérapeute : jeux transférentiels, in *Bulletin de la S.F.G.*, n° 21-22, été 1990, *pp. 28-31.*

BOUTROLLE Marie. Image du corps et place dans la famille, in *Bulletin de la S.F.G.*, n° 24-25, été 1991, *pp. 32-36.*

BOUTROLLE Marie. Kohut : la psychogenèse du narcissisme, in revue *Gestalt*, n° 4, printemps 1993, *pp. 53-64.*

BOUTROLLE Marie. Intuition, empathie et observation clinique, in *Bulletin de la S.F.G.*, n° 30-31, automne 1993, *pp. 37-41.*

BOUTROLLE Marie. Le thérapeute derrière la porte, in *Bulletin de la S.F.G.*, n° 30-31, automne 1993, *pp. 47-49.*

BOUTROLLE Dominique. Atteintes sexuelles, in revue *Gestalt*, n° 15, S.F.G., Paris, décembre 1998, *pp. 94-102.*

BOUTROLLE Marie. Dessiner, pour grandir en famille, in *Revue québécoise de Gestalt*, vol. 1, n° 3, 1995, *pp. 79-90.*

BOUTROLLE Marie. Recueil, in revue *Gestalt*, n° 10, S.F.G., Paris, été 1996, *pp. 3-5.*

BOUTROLLE Marie. Ocnophile ou philobate ? Ou comment accompagner la régression dans le cadre thérapeutique, in *Gestalt*, n° 23, S.F.G., Paris, décembre 2002, *pp. 53-67.*

BRESHGOLD Elaine. *La résistance en Gestalt-thérapie*, Bordeaux, Doc. I.G.B., 1991.

BRISSAUD Frédéric. Variations autour du champ, in *Cahiers de Gestalt-*

thérapie, n° 11, printemps 2002, Collège de Gestalt-thérapie, Bordeaux, *pp. 191-209.*

BRISSAUD Frédéric. L'expérience est première. Conscience, autrui, co-construction et changement, in *Cahiers de Gestalt-thérapie*, n° 12, automne 2002, Collège de Gestalt-thérapie, Bordeaux, *pp. 95-115.*

BROUSTRA Jean. Sur la « Gestaltung », lire Prinzhorn aujourd'hui, in *La Gestalt, Bulletin de la S.F.G.*, n° 11, automne 1986, *pp. 30-31.*

BROUSTRA Jean. La partition des formes, in revue *Gestalt*, n° 9, S.F.G., Paris, décembre 1995, *pp. 109-128.*

BROUSTRA Jean. La pouliche, in *Cahiers de Gestalt-thérapie*, n° 9, printemps 2001, Collège de Gestalt-thérapie, Bordeaux, *ppp. 41-46.*

BRUNO Myriam. Approche Gestalt de la pratique éducative auprès d'enfants handicapés mentaux, Paris, E.P.G., 1990, *64 p.*

BRUNO Myriam. *Approche Gestalt de la pratique éducative auprès d'enfants handicapés mentaux.* Mémoire de fin d'études, E.P.G., Paris, 1990, *64 p.*

BUISSON Françoise. L'inachevé à l'œuvre : histoire d'un protocole et de ses résonances, in *Cahiers de Gestalt-thérapie*, n° 11, printemps 2002, Collège de Gestalt-thérapie, Bordeaux, *pp. 93-105.*

BURGALIÈRES Roland. La Gestalt-thérapie et la théorie des relations d'objet, in *Revue québécoise de Gestalt*, vol. 1, n° 1, Montréal, 1992, *pp. 103-117.*

BURUIANA Nicolaï. Gestalt-thérapie, in LALONDE et GRUNBERG : *Psychiatrie clinique, approche contemporaine.* Canada, Gaëtan Morin éd., 1980, *pp. 798-801.*

CAHALAN William. *Une théorie gestaltiste de la personnalité.* Trad. I.G.B., Bordeaux, 1987.

CANUT Annie. Cheminer vers une demande de psychothérapie, in *Cahiers de Gestalt-thérapie*, n° 11, printemps 2002, Collège de Gestalt-thérapie, Bordeaux, *pp. 39-50.*

CARDIN Suzanne. La Gestalt-thérapie en France, vue du Québec, in *La Gestalt, Bulletin de la S.F.G.*, n° 11, automne 1986, *pp. 33-35.*

CARPENTIER L. La Gestalt-synergy, in *La Santé Mentale au Québec*, V, 1, 1980, *pp. 92-103.*

CAUDRON Stéphane, DUREAU Marie-Anne, NEINDRE Véronique, REY Marie-Dominique. Deux approches du rêve en Gestalt-thérapie, in *Cahiers de Gestalt-thérapie*, n° 10, automne 2001, Collège de Gestalt-thérapie, Bordeaux, *pp. 29-54.*

CAVALERI Pietro. *Le concept d'intentionnalité en phénoménologie et en Gestalt-thérapie*, Doc. IGB, n° 56, Bordeaux, 1992, *23 p.*

CHAMOUN Mounir. D'un regard oblique... en face-à-face, in *Gestalt*, n° 22, S.F.G., Paris, juin 2002, *pp. 105-108.*

CHANEL François. Crise, Gestalt et paradoxe, in *Revue québécoise de Gestalt*, vol. 1, n° 1, Montréal, 1992, *pp. 91-101.*

CHANEL François. Objets... de souvenir, in *Revue Québécoise de Gestalt*, vol. 3, Montréal, 1999.

CHAPPUIS-BENEDIC Anne-Marie. Une psychopathologie ouverte dans un contexte interculturel, in *Cahiers de Gestalt-thérapie*, n° 8, automne 2000, Collège de Gestalt-thérapie, Bordeaux, *pp. 171-178*.

CHATILLON Norbert. L'autel du cul tourné ou l'éviction du sexuel dans les thérapies actuelles, in *Cahiers de Gestalt-thérapie*, n° 9, printemps 2001, Collège de Gestalt-thérapie, Bordeaux, *pp. 35-40*.

CHEMIN André. Demandes et indications en thérapie individuelle ou familiale. Gestalt ou thérapie systémique ?, in *Bulletin de la S.F.G.*, n° 14, novembre 1987, *pp. 28-33*.

CHEMIN André. Corps et famille, in *Bulletin de la S.F.G.*, n° 24-25, été 1991, *pp. 15-17*.

CHEMIN André. Contribution à une Gestalt-thérapie du système familial (théorie des champs, théorie des systèmes, in revue *Gestalt*, n° 5, automne 1993, *pp. 47-58*.

CHEMIN André. Le génogramme, in revue *Gestalt*, n° 5, automne 1993, *pp. 95-103*.

CHEMIN André. Quand commence la thérapie, in *Cahiers de Gestalt-thérapie*, n° 11, printemps 2002, Collège de Gestalt-thérapie, Bordeaux, *p. 13-21*.

CHEVALIER Gérard. *Contact et conscience en Gestalt-thérapie*. Doc. I.P.G., Marseille, 1987, *15 p.*

CHEVALIER Gérard. *A propos de l'émotion en Gestalt : petite étude des premiers textes gestaltistes*. Doc. I.P.G. Marseille, 1988, *21 p.*

CHEVALIER Gérard. *Un entretien d'orientation (approche gestaltiste)*. Doc. I.P.G., Marseille, *11 p.*

CHEVALLEY Bernard. Paul Tillich, in *Bulletin de la S.F.G.*, n° 19, été 1989, *pp. 25-29*.

CHEVALLEY Bernard. *Meurs et deviens. Psychothérapie et entretien pastoral*, Paris, Centurion, 1992, *180 p.*

CHEVALLEY Bernard. Paul Tillich et la Gestalt-thérapie, in revue *Gestalt*, n° 6, printemps 1994, *pp. 129-138*.

CHEVALLEY Bernard. L'évangile a-t-il une portée psychothérapeutique ? in *Gestalt*, n° 20, S.F.G., Paris, juin 2001, *pp. 17-25*.

CHEVREUX Annie. Le Berlin de Fritz, in revue *Gestalt*, n° 6, printemps 1994, *pp. 9-21*.

CHRÉTIEN Anne et BEREAU Bernard. Situation inachevée, présence-conscience et ouverture du champ de conscience, in *Cahiers de Gestalt-thérapie*, n° 8, automne 2000, Collège de Gestalt-thérapie, Bordeaux, *pp. 145-158*.

CHRÉTIEN Anne. Analyse du livre *L'agir sexuel en thérapie. Traitement et réadaptation du thérapeute déviant*, de Herbert S. STREAM, in *Cahiers de Gestalt-thérapie*, n° 9, printemps 2001, Collège de Gestalt-thérapie, Bordeaux, *pp. 195-196*.

CHRÉTIEN Anne. Encore heureux qu'on va vers la fin ! in *Cahiers de Gestalt-thérapie*, n° 11, printemps 2002, Collège de Gestalt-thérapie, Bordeaux, *pp. 85-92*.

CIORNAI Selma. L'importance de l'arrière-plan en Gestalt-thérapie, in *Cahiers de Gestalt-thérapie*, n° 5, Paris, mars 1999, *pp. 87-112*.

CLARK Ann. *Deuil et Gestalt-thérapie*. Doc. I.G.B., n° 30, Bordeaux, 1990.

COLIN Patrick. Rapport de la position masochiste avec les blessures narcissiques primaires, in *Bulletin de la S.F.G.*, n° 16, été 1988, *p. 18*.

COLIN Patrick. Dialectique du sens et de l'événement, in *Revue Gestalt*, n° 1, S.F.G., automne 1990, *pp. 61-70*.

COLIN Patrick. L'inconscient existe, in *Cahiers de Gestalt-thérapie*, n° 0, éd. C.F.G.T., Paris, septembre 1996, *pp. 153-170*.

COLIN Patrick. Intentionnalité et figure/fond, in *Cahiers de Gestalt-thérapie*, n° 5, Paris, mars 1999, *pp. 183-191*.

COLIN Patrick. L'inachevé et l'ouvert du point de vue de l'existence, in *Cahiers de Gestalt-thérapie*, n° 8, automne 2000, Collège de Gestalt-thérapie, Bordeaux, *pp. 82-86*.

COLIN Patrick. Identité et altérité, in *Cahiers de Gestalt-thérapie*, n° 9, printemps 2001, Collège de Gestalt-thérapie, Bordeaux, *pp. 53-62*.

COLIN Patrick. Entre interprétation et explicitation. Le rêve chez Médard BOSS, in *Cahiers de Gestalt-thérapie*, n° 10, automne 2001, Collège de Gestalt-thérapie, Bordeaux, *pp. 169-178*.

COLIN Patrick. Éprouvé et vérité, in *Cahiers de Gestalt-thérapie*, n° 12, automne 2002, Collège de Gestalt-thérapie, Bordeaux, *pp. 25-33*.

COLIN Patrick. Pathologies de l'expérience. Éditorial, in *Cahiers de Gestalt-thérapie*, n° 12, automne 2002, Collège de Gestalt-thérapie, Bordeaux, *p. 3*.

COLLIOT Annie et SEYS Bertrand. La thérapie de couple en couple thérapeutique, in 2es *Collégiales de Gestalt-thérapie*, 1998, *pp. 33-47*.

COMTE Christian et HERVEY Marie-Barbara. Abus sexuel : l'inceste, in revue *Gestalt*, n° 15, S.F.G., Paris, décembre 1998, *pp. 50-91*.

CONDAT Françoise. Je mange trop et tout le temps. Au secours !, in *Figaro Magazine*, 1er juin 1984, 2 *p*.

CONTE Valeria. Evolution de la relation thérapeutique en Gestalt-thérapie avec un patient sévèrement perturbé, in *Cahiers de Gestalt-thérapie*, n° 6, éd. C.C.G.T., Bordeaux, novembre 1999, *pp. 53-64*.

CORBEIL Janine & POUPART D. La Gestalt, in *La Santé Mentale au Québec*, III, janv. 1978, *pp. 61-84*.

CORBEIL Janine. Les paramètres d'une théorie féministe de la psychothérapie, in *Santé mentale du Québec*, mars 1982.

CORBEIL Jeanine. Pour humaniser la mort, in *La Santé Mentale au Québec*, mars 1982.

CORBEIL Janine. La thérapie Gestalt améliore-t-elle la qualité de vie de nos clients ?, in *Emergence*, vol. 2, n° 1, Montréal, 1992, *pp. 2-3*.

CORBEIL Janine. L'histoire de la Gestalt au Québec, in *Revue québécoise de Gestalt*, vol. 1, n° 1, Montréal, 1992, *pp. 3-16*.

CORBEIL Janine. Les relations amoureuses vues par la Gestalt, in *Emergence*, vol. 3, n° 1, Montréal, 1993, *pp. 3-4*.

CORBEIL Janine. Psychothérapie de longue durée et Gestalt : mouvement et continuité, in *Revue québécoise de Gestalt*, vol. 1, n° 2, Montréal, 1993, *pp. 89-98*.

CORBEIL Janine. Wilhelm Reich et deux de ses héritiers : la Bio-énergie et la Gestalt-thérapie, in revue *Gestalt*, n° 7, automne 1994, *pp. 61-78*.

CORBEIL Janine. Etre psychothérapeute et vieillir : processus de dégénérescence ou de maturation ?, in *Revue québécoise de Gestalt*, vol. 1, n° 3, 1995, *pp. 113-127.*

CORBEIL Janine et RHÉAUME Marie-Josée. Correspondance-débat, in revue *Gestalt*, n° 10, S.F.G., Paris, été 1996, *pp. 145-155.*

CORBEIL Janine. Résumé de lecture : *Here, now, next, Paul Goodman and the origins of Gestalt Therapy*, par Taylor STOEHR, 1994, in *Revue québécoise de Gestalt*, vol. 2, n° 1, 1997, *pp. 163-167.*

CORBEIL Janine. La Gestalt et le corps, in *Revue québécoise de Gestalt*, vol. 2, n° 2, 1998, *pp. 40-58.*

CORBEIL Janine. Résumé de lecture : *The voice of shame* de Robert LEE et Gordon WHEELER, in *Revue québécoise de Gestalt*, vol. 2, n° 2, 1998, *pp. 124-127.*

CORBEIL Janine. Le destin : des dieux de l'Olympe à l'humanisme contemporain, in *Revue Québécoise de Gestalt*, vol. 4, Montréal, 2000.

CORBEIL Janine. Témoignage d'un parcours personnel/professionnel au Québec, in *Gestalt*, n° 22, S.F.G., Paris, juin 2002, *pp. 11-35.*

CORBEIL Janine. Analyse du livre *Un merveilleux malheur*, de Boris CYRULNIK, in *Revue Québécoise de Gestalt*, vol. 5, Montréal, 2002.

CORET Pierre. Impact thérapeutique de la Gestalt en pratique psychiatrique privée, in *La Gestalt et ses différents champs d'application*, Paris, S.F.G., 1986, *pp. 35-44.*

CORET Pierre. La Gestalt en psychiatrie ou le balancier du funambule, in *Bulletin de la S.F.G.*, n° 13, 1987, *pp. 10-12.*

CORET Pierre. Gestalt et psychiatrie, in *L'impact de la Gestalt dans la société aujourd'hui*. Paris, S.F.G., 1988, *pp. 117-126.*

CORET Pierre et FOLLET Natacha. Transfert en psychanalyse et transfert en Gestalt, in *Bulletin de la S.F.G.*, n° 21-22, été 1990, *pp. 32-35.*

CORET Pierre. Cycle biologique de l'émotion, cycle gestaltiste du contact, in revue *Gestalt*, n° 2, automne 1991, *pp. 125-144.*

CORET Pierre. Immunologie et Gestalt, in *Bulletin de la S.F.G.*, n° 26, hiver 1991-1992, *pp. 46-57.*

CORET Pierre. Processus de deuil et travail de séparation, in *Journal des Psychologues*, n° 94, février 1992, *p. 49.*

CORET Pierre. Les spécificités de la Gestalt-thérapie (table ronde), in *Bulletin de la S.F.G.*, n° 30-31, automne 1993, *pp. 25-27.*

CORET Pierre. La Gestalt-thérapie face à la folie, in *Regards gestaltistes sur la psychopathologie*, S.F.G., Lille, 1994, *pp. 35-38.*

CORET Pierre. La rencontre en Gestalt-thérapie, in revue *Gestalt*, n° 13-14, S.F.G., Paris, mai 1998, *pp. 11-30.*

CORET Pierre. Entre le fou et l'initié... le psychothérapeute ? in *Gestalt*, n° 19, S.F.G., Paris, décembre 2000, *pp. 113-125.*

COTE-LEGER Nicole. Les effets d'une session intensive de type gestaltiste sur le niveau d'actualisation de soi et la structure de la personnalité, *Thèse de Doctorat*, Université de Montréal, 1977.

COTE-LEGER Nicole. Les effets d'une session intensive de Gestalt sur le niveau d'actualisation de soi et la structure de la personnalité, in *Revue québécoise de Psychologie*, I, janvier/février 1980, *pp. 16-35*.

COUDER Brigitte. Un mois à la découverte du groupe de Palo Alto, in *Bulletin de la S.F.G.*, n° 23, hiver 1990-1991, *pp. 25-31*.

COUDER Brigitte. Rencontre avec le S.I.D.A., in *Bulletin de la S.F.G.*, n° 28-29, automne 1992, *pp. 62-65*.

COUDER Brigitte. Gestalt et sida, in revue *Gestalt*, n° 13-14, S.F.G., Paris, mai 1998, *pp. 81-102*.

DAGUT Aline. Etre et paraître, in *Bulletin de la S.F.G.*, n° 26, hiver 1991-1992, *p. 33*.

DAGUT Aline. Les traces, in *Bulletin de la S.F.G.*, n° 28-29, automne 1992, *p. 37*.

DAVIDOVE Douglas. *L'intimité en Gestalt-thérapie*. Trad. de l'américain par J.M. ROBINE, Doc. I.G.B., n° 26, Bordeaux, 1989, *23 p*.

DAVIDOVE Douglas. *Pertes des fonctions ego, conflit et résistance*, Doc. I.G.B., n° 29, Bordeaux, 1990, *20 p*.

DAVIDOVE Douglas. L'intimité en Gestalt-thérapie, in revue *Gestalt*, n° 2, automne 1991, *pp. 79-95*.

DABROWSKI K. *Psychothérapies actuelles*, Québec, éd. St-Yves, 1979.

DE CARVALHO Roy José. L'éthique humaniste de Rollo May, in revue *Gestalt*, n° 10, S.F.G., Paris, été 1996, *pp. 17-30*.

DECOOPMAN Françoise. Poil de carotte ou la maltraitance de l'enfant, in *Gestalt*, n° 21, S.F.G., Paris, décembre 2001, *pp. 69-89*.

DECOOPMAN Françoise. Analyse du livre *Vers une psychothérapie du lien*, de Gilles DELISLE, in *Gestalt*, n° 22, S.F.G., Paris, Juin 2002, *pp. 185-187*.

DE FRANCK-LYNCH Barbara (entretien avec J.-M. ROBINE) : Gestalt-thérapie et Thérapie familiale structurale, in *La Gestalt, Bulletin de la S.F.G.*, n° 11, automne 1986, *pp. 5-10*.

DE FRANK-LYNCH Barbara. *Diagnostic et thérapie de couples*, Mini-bibliothèque de Gestalt-thérapie, L'Exprimerie, Bordeaux, 1999.

DE GAULEJAC Vincent. Le sujet, entre l'inconscient et les déterminismes sociaux, in *Cahiers de Gestalt-thérapie*, n° 1, éd. C.F.G.T., Paris, avril 1997, *pp. 161-175*.

DE GAULEJAC Vincent. Danièle, ou l'aveu impossible., in *Cahiers de Gestalt-thérapie*, n° 7, printemps 2000, Collège de Gestalt-thérapie, Bordeaux, *pp. 201-226*.

DELACROIX J.-Marie. Psychothérapie de groupe avec des malades difficiles en institution psychiatrique, in *L'Information Psychiatrique*, octobre 1977.

DELACROIX J.-Marie. Psychothérapie de groupe corporelle avec des psychotiques, in *L'Information Psychiatrique*, vol. 54, avril 1978, *pp. 379-396*.

DELACROIX J.-Marie. La Gestalt : une thérapie méconnue en France, in *Psychologie*, n° 114, juillet 1979, *pp. 17-22*.

DELACROIX J.-Marie. La dialectique du tout ou rien ou le théâtre du vide chez un anti-héros, nommé psychotique, in *Cahiers C.E.R.T.-C.I.R.C.E.*, n° 7, juillet 1980, *pp. 161-180*.

DELACROIX J.-Marie. A l'écoute de soi et de l'autre. Pour une utilisation de la Gestalt-thérapie en psychiatrie, *Les Cahiers du psychologue québécois*, vol. 3, n° 5, 1981.

DELACROIX J.-Marie. *Gestalt et psychanalyse*, Grenoble, I.G.G., 1982.

DELACROIX J.-Marie. *Corps et Gestalt*, Grenoble, I.G.G., 1982.

DELACROIX J.-Marie. *Pratique de la Gestalt en milieu étudiant*, Grenoble, I.G.G., 1982.

DELACROIX J.-Marie. Gestalt et psychose, in *Actes du 1er Colloque de la S.F.G.*, Paris, 1983, *pp. 52-55*.

DELACROIX J.-Marie. Gestalt, introjection et psychose, in *Le Projet en psychothérapie par le corps et l'image* présenté par de BOUCAUD M. & DARQUEY J. *Annales de Psychothérapie*, E.S.F., Paris, 1983, *pp. 41-56*.

DELACROIX J.-Marie. A propos de la formation des Gestalt-thérapeutes, in *Le Journal des Psychologues*, juillet/août 1984, n° 19, *pp. 30-32*.

DELACROIX J.-Marie. De la psychanalyse selon Winnicott à la psychothérapie gestaltiste, in *La Gestalt en tant que psychothérapie*. Bordeaux, S.F.G., 1984, *pp. 31-49*.

DELACROIX J.-Marie. De la psychanalyse selon Winnicott à la psychothérapie gestaltiste, Grenoble, I.G.G., 1984, *45 p.*

DELACROIX J.-Marie. *Gestalt et énergie*, Grenoble, I.G.G., 1985.

DELACROIX J.-Marie. *Ces Dieux qui pleurent ou La Gestalt-Thérapie des psychotiques*, Grenoble, I.G.G., 1985, *210 p.*

DELACROIX J.-Marie. *La Gestalt, qu'est-ce que c'est ?* Doc. I.G.G., Grenoble, 1985.

DELACROIX J.-Marie. La Gestalt en tant que psychothérapie : son profil après les journées d'étude de Bordeaux, in *La Gestalt et ses différents champs d'application*, Paris, S.F.G., 1986, *pp. 1-18*.

DELACROIX J.-Marie. Apport de la théorie gestaltiste du self à la psychothérapie des « organisations limites » in *L'impact de la Gestalt dans la société aujourd'hui*, Paris, S.F.G., 1988, *pp. 243-248*.

DELACROIX J.-Marie. L'expérimentation en psychothérapie gestaltiste, in *Revue Gestalt*, n° 1, S.F.G., automne 1990, *pp. 125-134*.

DELACROIX J.-Marie. A propos du vide, in revue *Gestalt*, n° 2, automne 1991, *pp. 47-57*.

DELACROIX J.-Marie. A propos du Xe anniversaire de l'Institut de Gestalt de Grenoble, in *Bulletin de la S.F.G.*, n° 26, hiver 1991-1992, *pp. 72-76*.

DELACROIX J.-Marie. *L'archaïque et l'intime*, Doc. I.G.B., n° 60, Bordeaux, 1992, *24 p.*

DELACROIX J.-Marie. La Gestalt au Québec, in *Bulletin de la S.F.G.*, n° 30-31, automne 1993, *pp. 50-54*.

DELACROIX J.-Marie. *Gestalt-thérapie, culture africaine, changement*, Paris, L'Harmattan, 1994, *270 p.*

DELACROIX J.-Marie. L'archaïque et l'intime, in revue *Gestalt*, n° 9, S.F.G., Paris, décembre 1995, *pp. 89-105*.

DELACROIX J.-Marie. Humeurs d'un voyageur, in *Cahiers de Gestalt-thérapie*, n° 2, éd. C.F.G.T., Paris, avril 1997, *pp. 163-173*.

DELACROIX J.-Marie. Réflexions sur la Gestalt-thérapie et l'évolution, in 2es *Collégiales de Gestalt-thérapie*, 1998, *pp. 48-63*.

DELACROIX J.-Marie. Le self en groupe, in *Cahiers de Gestalt-thérapie*, n° 4, éd. C.F.G.T., Paris, octobre 1998, *pp. 53-85*.

DELACROIX J.-Marie. Fond, contexte, arrière-plan, in *Cahiers de Gestalt-thérapie*, n° 5, Paris, mars 1999, *pp. 113-126*.

DELACROIX J.-Marie. Narcisse, in *Cahiers de Gestalt-thérapie*, n° 6, éd. C.C.G.T., Bordeaux, novembre 1999, *pp. 9-22*.

DELACROIX J.-Marie. Analyse du livre *L'amour terroriste. De l'affrontement à l'équilibre* de Michaël Vincent MILLER, in *Cahiers de Gestalt-thérapie*, n° 7, printemps 2000, Collège de Gestalt-thérapie, Bordeaux, *pp. 241-244*.

DELACROIX J.-Marie. Gestalt-thérapie et spiritualité, in *Cahiers de Gestalt-thérapie*, n° 8, automne 2000, Collège de Gestalt-thérapie, Bordeaux, *pp. 133-143*.

DELACROIX J.-Marie. Gestalt thérapie et thérapies ancestrales d'Amazonie, in *Cahiers de Gestalt-thérapie*, n° 8, automne 2000, Collège de Gestalt-thérapie, Bordeaux, *pp. 179-197*.

DELACROIX J.-Marie. Cette nuit, j'ai rêvé pour le groupe ou : le rêve en tant que phénomène de champ, in *Cahiers de Gestalt-thérapie*, n° 10, automne 2001, Collège de Gestalt-thérapie, Bordeaux, *pp. 139-168*.

DELACROIX J.-Marie. Lettre ouverte, in *Gestalt*, n° 21, S.F.G., Paris, décembre 2001, *pp. 177-179*.

DELACROIX J.-Marie. Un rayon de soleil pour mourir, in *Cahiers de Gestalt-thérapie*, n° 11, printemps 2002, Collège de Gestalt-thérapie, Bordeaux, *pp. 157-163*.

DELACROIX J.-Marie. Connaissance de Soi, Psychothérapie, Spiritualité, in *Gestalt*, n° 20, S.F.G., Paris, juin 2001, *pp. 119-142*.

DELISLE G. La consultation gestaltiste dans les systèmes humains, in *Le Reflet*, Montréal, *28 p.*

DELISLE G. Gestalt et créativité, in *Le Reflet*, Montréal.

DELISLE Gilles. *Les troubles de la personnalité, perspective gestaltiste*, Montréal, éd. du Reflet, 1991, *285 p.*

DELISLE Gilles. De la relation clinique à la relation thérapeutique, in *Revue québécoise de Gestalt*, vol. 1, n° 1, Montréal, 1992, *pp. 53-77*.

DELISLE Gilles. La relation thérapeutique tri-dimensionnelle et l'identification projective, in *Revue québécoise de Gestalt*, vol. 1, n° 2, Montréal, 1993, *pp. 57-86*.

DELISLE Gilles. La psychothérapie gestaltiste de longue durée, in *Revue québécoise de Gestalt*, vol. 1, n° 2, Montréal, 1993, *pp. 99-104*.

DELISLE Gilles. De la relation clinique à la relation thérapeutique, in revue *Gestalt*, n° 8, S.F.G., Paris, été 1995, *pp. 29-51*.

DELISLE Gilles. La Gestalt-thérapie au Québec, in revue *Gestalt*, n° 8, été 1995, *pp. 141-148*.

DELISLE Gilles. La relation thérapeutique tri-dimensionnelle et l'identification projective, in revue *Gestalt*, n° 10, S.F.G., Paris, été 1996, *pp. 31-63*.

DELISLE Gilles. Une révision de la Théorie du Self : soutenance doctorale, in *Revue québécoise de Gestalt*, vol. 2, n° 1, 1997, *pp. 22-36*.

DELISLE Gilles. Problème d'éthique de la formation clinique post-universitaire, in revue *Gestalt*, n° 12, S.F.G., Paris, hiver 1997, *pp. 149-163*.

DELISLE Gilles. *La relation d'objet en Gestalt-thérapie*, Le Reflet, Montréal, 1998, *390 p.*

DELISLE Gilles. Pour un dialogue herméneutique en Gestalt-thérapie, in revue *Gestalt*, n° 13-14, S.F.G., Paris, mai 1998, *pp. 31-63*.

DELISLE Gilles. Présentation du livre : *La relation d'objet en Gestalt-thérapie*, in revue *Gestalt*, n° 13-14, S.F.G., Paris, mai 1998, *pp. 252-254*.

DELISLE Gilles. Les pièges de l'orthodoxie, in *Cahiers de Gestalt-thérapie*, n° 8, automne 2000, Collège de Gestalt-thérapie, Bordeaux, *pp. 19-35*.

DELISLE Gilles et ROBINE Jean-Marie. Dans quelles directions prolonger l'œuvre de PERLS et GOODMAN, in *Cahiers de Gestalt-thérapie*, n° 8, automne 2000, Collège de Gestalt-thérapie, Bordeaux, *pp. 55-80*.

DELISLE Gilles. Réponse à Edouard KORENFELD sur l'analyse du livre *La relation d'objer en Gestalt-thérapie*, in *Cahiers de Gestalt-thérapie*, n° 9, printemps 2001, Collège de Gestalt-thérapie, Bordeaux, *pp. 185-194*.

DELISLE Gilles. *Vers une psychothérapie du lien*, Le Reflet, Montréal, 2001, *214 p.*

DELISLE Gilles. Débat avec KORENFELD. En guise de conclusion, in *Cahiers de Gestalt-thérapie*, n° 10, automne 2001, Collège de Gestalt-thérapie, Bordeaux, *p. 247*.

DELISLE Gilles. Les enjeux développementaux dans le traitement des personnalités pathologiques, in *Revue Québécoise de Gestalt*, vol. 5, Montréal, 2002.

DELISLE Gilles. De la Gestalt-thérapie à la P.G.R.O., in *Gestalt*, n° 22, S.F.G., Paris, juin 2002, *pp. 87-103*.

DELOURME Alain. Pourquoi je ne suis pas Gestalt-thérapeute, in *Gestalt*, n° 22, S.F.G., Paris, juin 2002, *pp. 175-179*.

DE LUCIO-RAYMOND Catherine. Une histoire de toucher, in *Cahiers de Gestalt-thérapie*, n° 9, printemps 2001, Collège de Gestalt-thérapie, Bordeaux, *pp. 125-140*.

DENES Magda. Paradoxes dans la relation thérapeutique, in *Gestalt Journal*, vol. 3, n° 1, 1980. Trad. de l'américain par J.-M. ROBINE, Bordeaux, I.G.B., *20 p.*

DEMOUGE Nicole. « C'est quand qu'on va où ?..., in *Cahiers de Gestalt-thérapie*, n° 11, printemps 2002, Collège de Gestalt-thérapie, Bordeaux, *pp. 129-145*.

DENIMAL Didier. L'ici et maintenant ; l'ailleurs et autrefois du psychotique, in *Gestalt*, n° 23, S.F.G., Paris, décembre 2002, *pp. 131-149*.

DENIS Marie-Claude. La santé en Gestalt, in *Emergence*, vol. 2, n° 1, Montréal, 1992, *pp. 6-9*.

DENIS Marie-Claude. Vers une évaluation de la santé selon une optique gestaltiste, in *Revue québécoise de Gestalt*, vol. 1, n° 1, Montréal, 1992, *pp. 39-52*.

DENIS Marie-Claude. La thérapie gestaltiste mise à l'épreuve du réel, in *Revue québécoise de Gestalt*, vol. 1, n° 2, Montréal, 1993, *pp. 119-124.*

DENIS Marie-Claude. Fantaisie et contact en Gestalt-thérapie, in *Revue québécoise de Gestalt*, vol. 1, n° 3, 1995, *pp. 13-30.*

DENIS Marie-Claude et PRÉFONTAINE Josée. La musicothérapie : un art gestaltiste, in *Revue québécoise de Gestalt*, vol. 2, n° 2, 1998, *pp. 98-113.*

DENIS Marie-Claude. Gestalt sur fond d'Afrique, in *Revue Québécoise de Gestalt*, vol. 5, Montréal, 2002.

DENIS-VANOYE Maryvonne. *Surditude... Gestalt inachevée ?* Mémoire E.P.G., Paris, 1993, *40 p.*

DESCAMPS Carmen. A la rencontre des partenaires d'alcooliques, in revue *Gestalt*, n° 16, S.F.G., Paris, juin 1999, *pp. 67-87.*

DESCENDRE Daniel. Deuil actuel ou ancien : re-ouvrir, achever, quoi ? in *Cahiers de Gestalt-thérapie*, n° 8, automne 2000, Collège de Gestalt-thérapie, Bordeaux, *pp. 121-132.*

DE SCHREVEL Nicole. Fabienne ou « une femme qui s'ignore », in *Cahiers de Gestalt-thérapie*, n° 1, éd. C.F.G.T., Paris, avril 1997, *pp. 129-137.*

DE SCHREVEL Nicole. Le Gestalt-thérapeute, un artiste du superficiel, in *1ʳᵉˢ Collégiales de Gestalt-thérapie*, 1997, *pp. 22-31.*

DE SCHREVEL Nicole. La peur du miroir, in *Cahiers de Gestalt-thérapie*, n° 12, automne 2002, Collège de Gestalt-thérapie, Bordeaux, *pp. 17-23.*

DESHAYS Catherine. *La Boussole des personnalités. Essai de psychopathologie.*, Doc. E.P.G., n° 4, Paris, 1999, *42 p.*

DESHAYES Catherine. La séparation est-elle créatrice de vie ? Une réflexion à partir de la pensée existentialiste, in *Gestalt*, n° 21, S.F.G., Paris, décembre 2001, *pp. 31-41.*

DESHAYES Catherine. *Gestalt-thérapie,* nouvelle traduction de Jean-Marie ROBINE. Réflexion sur les textes joints à cette édition, in *Gestalt*, n° 23, S.F.G., Paris, décembre 2002, *pp. 179-183.*

DESILETS André. Gestalt et écologie humaine, in *La Gestalt en tant que psychothérapie*. Bordeaux, S.F.G., 1984, *pp. 165-167.*

DIOT Katia. Ça ne finira donc jamais ?, in *Cahiers de Gestalt-thérapie*, n° 3, éd. C.F.G.T., Paris, avril 1997, *pp. 125-152.*

DOLLOIS Dominique. La pratique de la médiation judiciaire, in revue *Gestalt*, n° 13-14, S.F.G., Paris, mai 1998, *pp. 221-230.*

DOSSMAN Patricia. Le complexe de Cyrano. Un séminaire sur la honte avec Jean-Marie ROBINE, in *Cahiers de Gestalt-thérapie*, n° 7, printemps 2000, Collège de Gestalt-thérapie, Bordeaux, *pp. 119-128.*

DRAULT Elisabeth. Interventions du thérapeute dans le déroulement du cycle d'expérience, in *Bulletin de la S.F.G.*, n° 13, 1987, *pp. 28-30.*

DRAULT Elisabeth. Du couple idéal au couple réel, ou que faire après la lune de miel ? in *Agenor*, Lille, 1989, *pp. 22-25.*

DRAULT Elisabeth. Analyse du livre de Salathé « Psychothérapie existentielle », in revue *Gestalt*, n° 3, automne 1992 *pp. 220-222.*

格式塔：接触的治疗

DRAULT Elisabeth. Le traitement des obsessionnels compulsifs en Gestalt-thérapie, in *Regards gestaltistes sur la psychopathologie*, S.F.G., Lille, 1994, *pp. 39-49.*

DRAULT Elisabeth. La proflexion, in revue *Gestalt*, n° 11, S.F.G., Paris, printemps 1997, *pp. 39-58.*

DRESE Joseph. Coup de théâtre : « dans la solitude des champs de coton », in *Cahiers de Gestalt-thérapie*, n° 5, Paris, mars 1999, *pp. 225-246.*

DRESE Joseph. L'Empire des Lumières et la Nuit de l'Imaginaire. Le travail du rêve, le processus imaginal et les fonctions du self, in *Cahiers de Gestalt-thérapie*, n° 10, automne 2001, Collège de Gestalt-thérapie, Bordeaux, *pp. 55-84.*

DREYFUS Catherine. Un psychodrame intérieur, in *Psychologie*, n° 66, Paris, 1975.

DREYFUS Catherine. La Gestalt, ou le psychodrame imaginaire, in *Les groupes de rencontre*, Paris, Retz, 1978, *pp. 161-182.*

DRIEU Didier. La méchanceté dans la psychothérapie, un paradoxe agi ?, in *Cahiers de Gestalt-thérapie*, n° 2, éd. C.F.G.T., Paris, avril 1997, *pp. 93-112.*

DUBOIS Alain. Temporalité, événement et être-dans-le-monde, in *Revue québécoise de Gestalt*, vol. 1, n° 3, 1995, *pp. 41-52.*

DUBOUCHET Denis. Psychopathologie et Gestalt ou réflexion sur la structuration donnée par l'expérience que l'on fait du champ, in *Cahiers de Gestalt-thérapie*, n° 12, automne 2002, Collège de Gestalt-thérapie, Bordeaux, *pp. 173-197.*

DULUDE Diane. La femme au cœur gelé et la princesse aux mains coupées : histoire d'estime de soi, in *Revue Québécoise de Gestalt*, vol. 4, Montréal, 2000

DUMAIT Bruno. Comment travailler avec les couples ? in *Agenor*, Lille, 1989, *pp. 26-27.*

DUPONT Richard. L'équilibre du déséquilibre, in *Bulletin de la S.F.G.*, n°13, 1987, *pp. 30-34.*

DUPONT Myriam et Richard. Familles en expansion, in *Agenor*, Lille, 1989, *pp. 28-30.*

DURAND Monelle. L'engagement : du concept philosophique à la Gestalt-thérapie, in *Revue québécoise de Gestalt*, vol. 2, n° 2, 1998, *pp. 21-39.*

DUVAL Luc. Atteinte à l'intégrité du soi, ajustement créateur et transformation, in *Revue québécoise de Gestalt*, vol. 1, n° 2, 1993, *pp. 3-14.*

ESTÈVE Marc. *L'impact de la Gestalt dans le monde psychiatrique.* Mémoire E.P.G., Paris, 1993, *38 p.*

EVANS Ken. Vivre avec la mort, in *Cahiers de Gestalt-thérapie*, n° 11, printemps 2002, Collège de Gestalt-thérapie, Bordeaux, *pp. 165-189.*

FARACI Tiziana. *Gestalt-psychologie et Gestalt-thérapie : un rapport difficile*, Doc. I.G.B., n° 64, Bordeaux, 1992, *14 p.*

FEDER B. *L'oignon humain. Manuel pour clients en psychothérapie gestaltiste.* L'Authentique, Québec, 1994.

FIEVET Christophe. *La Gestalt : une thérapie de la conscience... par la conscience !* E.P.G., Lille, 1995, *114 p.*

FINN Edouard. *Tarot, Gestalt et Energie.* Montréal, éd. de Mortagne, 1980, *217 p.*

FLEUTIAUX Pierrette. Trois rencontres (avec P. Goodman), in revue *Gestalt*, n° 3, automne 1992, *pp. 75-81.*

FLORENT Marie-José. Créativité et travail de deuil, in *Gestalt*, n° 21, S.F.G., Paris, décembre 2001, *pp. 157-174.*

FLORENT Marie-José. Analyse du livre *Surmonter ses blessures. De la maltraitance à la résilience*, de Pierre-Yves BRISSIAUD, in *Gestalt*, n° 23, S.F.G., Paris, décembre 2002, *pp. 183-184.*

FORCELLINI Marie-Laure. L'énurésie : un exemple de résistance chez l'enfant ?, in revue *Gestalt*, n° 11, S.F.G., Paris, printemps 1997, *pp. 89-110.*

FRAMBACH Ludwig. Salomo Friedländer/Mynona, exhumation d'une source presque oubliée de la Gestalt-thérapie, in *Cahiers de Gestalt-thérapie*, n° 6, éd. C.C.G.T., Bordeaux, novembre 1999, *pp. 193-226.*

FRANÇOIS Bertrand. Comment je travaille les rêves. Travail clinique : le rêve de Martine, in *Cahiers de Gestalt-thérapie*, n° 10, automne 2001, Collège de Gestalt-thérapie, Bordeaux, *pp. 107-138.*

FRENETTE L. *Abus de pouvoir. Récit d'une intimité sexuelle thérapeute-client*, Les Presses d'Amérique, Montréal, 1991.

FREW Jon. Fonctions et modes d'apparition des styles de contacts individuels pendant les phases de développement du groupe de Gestalt, in *Gestalt Journal*, vol. 9, n° 1, 1986. Trad. de l'américain par Ch. AUBERT-CHARTRON, Bordeaux, I.G.B., 1986, *12 p.*

FROM Isadore. Les rêves, contact et frontière de contact. Entretien avec Stern et Lathrop, in *Voices*, vol. 14, n°1, 1978. Trad. de l'américain par J.-M. ROBINE, Bordeaux, I.G.B., 1986, *12 p.*

FROM Isadore. Requiem pour la Gestalt, in *The Gestalt Journal*, vol. VII, n° 1, 1984. Trad. par le C.I.G.

FROM Isadore & ROSENFELD Edward. Entretien avec Isadore From, in *The Gestalt Journal*, vol. I, n° 2, 1978. Trad. de l'américain par J.-M. ROBINE, Bordeaux, I.G.B., 1985. *27 p.*

FROM Isadore. *Réflexions sur la thérapie gestaltiste*, Doc. I.G.B., n° 24, Bordeaux, 1990.

FROM Isadore. *Les rêves, contact et frontière de contact*, Mini-bibliothèque de Gestalt-thérapie, L'Exprimerie, Bordeaux, 1999.

FRÜHMANN Renate. *Confluence, contact et relation*, Doc. I.G.B., n° 67, Bordeaux, 1992, *30 p.*

FÜHR Reinhard et GREMMLER-FÜHR Martina. La honte comme expérience normale et existentielle. Quelques considérations philosophiques et pratiques, in *Cahiers de Gestalt-thérapie*, n° 7, printemps 2000, Collège de Gestalt-thérapie, Bordeaux, *pp. 33-58.*

FURTOS Jean. Bio-énergie, cri primal, thérapie Gestalt, analyse transactionelle et autres thérapies du même type, in *Encyclopédie Médico-Chirurgicale*, Paris, juin 1979.

FUSETTI Giovanni. *Au commencement était le clown*, Doc. E.P.G., n° 13, Paris, 1998, *100 p.*

GAGNIER J.-Pierre. Le processus de croissance à la suite d'une perte, in *Revue québécoise de Gestalt*, vol. 1, n° 2, 1993, *pp. 15-26.*

GAGNIER J.-Pierre. Les crises de la vie, les pertes et la psychothérapie, in *Revue québécoise de Gestalt*, vol. 1, n° 2, 1993, *pp. 113-118.*

GAGNIER Jean-Pierre. La négligence familiale. Quelques rapports entre la figure et le fond, in *Revue Québécoise de Gestalt*, vol. 3, Montréal, 1999.

GAGNON John. Gestalt-thérapie avec les schizophrènes, in *The Gestalt Journal*, vol. II, n° 1, 1979. Trad. de l'américain par Brigitte SARLANDIE, Grenoble, I.G.G.

GAGNON Jean. La thérapie gestaltiste, in *Guide des nouvelles thérapies*, par RIEL M. & MORISETTE L. Québec, Science éd. 1984, *pp. 75 à 81.*

GAGNON Jean. Au risque de se perdre... pour se trouver, in revue *Gestalt* n° 2, automne 1991, *pp. 152-156.*

GAGNON Jean. Prise de forme, transformation et psychothérapie, in *Revue québécoise de Gestalt*, vol. 1, n° 2, 1993, *pp. 105-112.*

GAGNON Jean. A propos d'Isadore FROM : une interview avec Jean GAGNON, par Valmond LOSIER, in *Revue québécoise de Gestalt*, vol. 2, n° 1, 1997, *pp. 5-21.*

GAGNON Jean. Prendre forme en relation. Fondements pour une compréhension gestaltiste des pathologies limites, in *Cahiers de Gestalt-thérapie*, n° 6, éd. C.C.G.T., Bordeaux, novembre 1999, *pp. 65-115.*

GARDAHAUT Nadine. Les nouvelles pathologies liées à l'environnement, in *Cahiers de Gestalt-thérapie*, n° 8, automne 2000, Collège de Gestalt-thérapie, Bordeaux, *pp. 103-120.*

GARRIVET Christiane. Soutien et honte dans la thérapie gestaltiste, in *Cahiers de Gestalt-thérapie*, n° 7, printemps 2000, Collège de Gestalt-thérapie, Bordeaux, *pp. 11-118.*

GARRIVET Christiane. « J'ai besoin de vous parler d'un rêve... ». Rêves et résistances en Gestalt-thérapie, in *Cahiers de Gestalt-thérapie*, n° 10, automne 2001, Collège de Gestalt-thérapie, Bordeaux, *pp. 9-28.*

GARRIVET Jean-Pierre. L'ennui, in *Cahiers de Gestalt-thérapie*, n° 3, éd. C.F.G.T., Paris, avril 1997, *pp. 181-199.*

GASSIN-GINESTE Marie-Laure. Utilisation gestaltiste du thème astrologique, in *La Gestalt et ses différents champs d'application.* Paris, S.F.G., 1986. *pp. 235-236.*

GASSIN Marie-Laure. Gestalt et approche psycho-corporelle, in *Bulletin de la S.F.G.*, n° 26, hiver 1991-1992, *pp. 34-45.*

GASSIN Marie-Laure. D'une conception de l'Existence à une thérapie grandeur nature, in revue *Gestalt*, n° 17, S.F.G., Paris, décembre 1999, *pp. 45-53.*

GASSIN Marie-Laure. D'une conception de l'existence à une thérapie grandeur nature. Révision du cadre, in *Gestalt*, n° 18, S.F.G., Paris, juin 2000, *pp. 22-48.*

GATEAU Laurence. Petits arrangements avec la honte, in *Cahiers de*

Gestalt-thérapie, n° 7, printemps 2000, Collège de Gestalt-thérapie, Bordeaux, *pp. 59-80.*

GELABERT Chantal. Achever/inachever, in *Cahiers de Gestalt-thérapie*, n° 11, printemps 2002, Collège de Gestalt-thérapie, Bordeaux, *pp. 51-73.*

GELLMAN Charles. Analyse du livre de Georges SOROS : *Le défi de l'argent*, in revue *Gestalt*, n° 13-14, S.F.G., Paris, mai 1998, *pp. 255-257.*

GELLMAN Charles et HIGY-LANG Chantal. *Mieux vivre avec les autres*, l'art du contact, éd. d'Organisation, Paris, 2003, 320 p.

GENEST Christian. La « chaise-chaude » dans la Gestalt-thérapie, in *Psychologies*, n° 40, 1987, *1 p.*

GIBELLO B. et commercial MULLER J. La Gestalt : une technique de thérapie et/ou de formation et sa lecture par un psychanalyste, in *Pour*, n° 41, Paris, 1975, *pp. 99-110.*

GILOOTS Emmanuelle. La dignité humaine dans la relation thérapeutique, in *Gestalt*, n° 18, S.F.G., Paris, juin 2000, *pp. 131-134.*

GILOOTS Emmanuelle. L'accompagnement thérapeutique des personnes en deuil, in *Gestalt*, n° 21, S.F.G., Paris, décembre 2001, *pp. 123-135.*

GINGER Catherine. Les émotions et leur expression en Gestalt-thérapie, *Mémoire de D.E.S.S. de Psychologie clinique*, Paris VII, 1983, *21 p.*

GINGER Serge. La Gestalt-thérapie et quelques autres approches humanistes dans la pratique hospitalière, in *Former à l'hôpital*, sous la direction de HONORÉ B., Toulouse, Privat, 1983, *pp. 279-304.*

GINGER Serge. *Qu'est-ce que le Gestalt ?*, Paris, E.P.G., 1983, *46 p.*

GINGER Serge. *La vie de Fritz Perls*, Paris, E.P.G., 1983, *26 p.*

GINGER Serge. *La Gestalt et la psychanalyse*, Paris, E.P.G., 1983, *28 p.*

GINGER Serge. La Gestalt et son développement, in *Actes du 1ᵉʳ Colloque de la S.F.G.*, Paris, 1983, *pp. 1-15.*

GINGER Serge. L'imaginaire en Gestalt-thérapie, in *Etudes Psychothérapiques*, n° 56, février 1984, *pp. 99-106.*

GINGER Serge. La Gestalt-Thérapie et son développement, in *Le Journal des Psychologues*, n° 19, juil.-août 1984, *pp. 5-13.*

GINGER Serge. Frontières de la psychothérapie, in *La Gestalt en tant que psychothérapie*, Bordeaux, S.F.G., 1984, *pp. 5-13.*

GINGER Serge. Les thérapies brèves en Gestalt : mythe ou réalité, in *La Gestalt en tant que psychothérapie*, Bordeaux, S.F.G., 1984, *pp. 156-164.*

GINGER Serge. La Gestalt : un outil pour le travailleur social, in *La Marge* (revue de l'A.N.D.E.S.I.), n° 65, Paris, mars 1985, *pp. 33-49.*

GINGER, FOURCADE, BOUTREAU, VIOLETTE, THOMAS. Nouvelles thérapies, psychanalyse et pédagogie (table ronde organisée par l'A.N.D.E.S.I.), in *La Marge*, n° 65 (n° spécial), Paris, mars 1985, *pp. 69-94.*

GINGER Serge. *La théorie du self en Gestalt*, Paris, E.P.G., 1985, *19 p.*

GINGER Serge. La Gestalt : une troisième voie ?, in *Le Développement personnel et les travailleurs sociaux*, sous la direction de VANOYE & GINGER, Paris, E.S.F., 1985, *pp. 53-71*.

GINGER Serge. Développement personnel et sexualité, in *Le Développement personnel et les travailleurs sociaux*, sous la direction de VANOYE & GINGER, E.S.F., Paris, 1985, *pp. 110-127*.

GINGER Serge (et coll.). La Gestalt en travail social : quelques exemples, in *La Marge*, n° 67, juin 1985, *pp. 5-19*.

GINGER Serge. La Gestalt en hôpital psychiatrique, in *La Gestalt et ses différents champs d'application*, Paris, S.F.G., 1986, *pp. 91-101*.

GINGER S. et A. *La Gestalt, une thérapie du contact*, Paris, H. et G., 1987, *494 p. (7ᵉ édition : 2003, 550 pages)*.

GINGER Serge. Gestalt en équilibre, in *Pratiques corporelles*, n° 76, septembre 1987, *pp. 42-45*.

GINGER Serge. Découvrons la Gestalt, in *L'impact de la Gestalt dans la société aujourd'hui*, Paris, S.F.G., 1988, *pp. 183-200*.

GINGER Serge. Impact de la Gestalt sur la société aujourd'hui ou impact de la société d'aujourd'hui sur la Gestalt ? in *L'impact de la Gestalt dans la société aujourd'hui*, Paris, S.F.G., 1988, *pp. 282-288*.

GINGER Serge. La Gestalt à la lumière de la recherche en psychophysiologie. Communication à la Xᵉ Conférence internationale du *Gestalt Journal*, Montréal, juin 1988, *20 p.*

GINGER Serge. L'exploitation thérapeutique du contre-transfert en Gestalt, ou l'expérience du contact par « l'implication contrôlée », in *Bulletin de la S.F.G.*, n° 19, été 1989, *pp. 11-12*.

GINGER Serge. La Gestalt est-elle une thérapie psycho-corporelle ?, in *Somatothérapies*, n° 2, 1989, *pp. 34-37*.

GINGER Serge. Vingt notions de base, vingt ans après, in revue *Gestalt*, n° 1, S.F.G., automne 1990, *pp. 43-60*.

GINGER Serge. Quelques réflexions complémentaires sur le transfert en Gestalt, in *Bulletin de la S.F.G.*, n° 23, hiver 1990-1991, *pp. 6-12*.

GINGER Serge. *Quand le Verbe se fait chair... (Parole et corps en Gestalt-thérapie)*. Communication au IVᵉ Congrès international de Gestalt-thérapie, Sienne (Italie), juillet 1991, *7 p.*

GINGER Serge. Corps interdits... ou corps inter-dits ? in *Bulletin de la S.F.G.*, n° 26, hiver 1991-1992, *pp. 25-32*.

GINGER Serge. Le transfert en Gestalt-thérapie, in *Journal des Psychologues*, n° 94, février 1992, *p. 50*.

GINGER Serge. Le corps en Gestalt : corps interdits... ou inter-dits ?, in MEYER et coll. : *Reich ou Ferenczi ? Psychanalyse et somatothérapies*, Marseille. Hommes et perspectives, 1992, *pp. 81-92* et in *Revue québécoise de Gestalt*, vol. 1, n° 1, Montréal, 1992, *pp. 79-90*.

GINGER Serge. *Pour une supervision spécifiquement gestaltiste*, communication au Vᵉ Congrès européen de Gestalt-thérapie, Paris, 1992, *13 p.*

GINGER Serge. Analyse du livre de Juston sur « Le Transfert », in revue *Gestalt*, n° 3, automne 1992, *pp. 216-218*.

GINGER Serge. Les spécificités de la Gestalt-thérapie (table ronde), in *Bulletin de la S.F.G.*, n° 30-31, automne 1993, *pp. 33-36*.

GINGER Serge. *Qu'est-ce que la Gestalt ? Vingt notions de base*. E.P.G., Paris, 1993, *40 p.*

GINGER Serge. Le temps du désengagement : moment-clé du cycle de contact, in *Bulletin de la S.F.G.*, n° 32, printemps 1994.

GINGER Serge. Un regard gestaltiste sur la psychopathologie, in *Regards gestaltistes sur la psychopathologie*, S.F.G., Lille, 1994, *pp. 51-67.*

GINGER Serge. Analyse du livre de Claudio NARANJO : *Gestalt Therapy : the Attitude and Practice of an Atheoritical Experientialism*, in revue *Gestalt*, n° 7, automne 1994, *pp. 149-152.*

GINGER Serge *et al. Lexique international de Gestalt-thérapie*, éd. FORGE, Paris, 1995, *180 p.*

GINGER Serge. Relater la relation, in revue *Gestalt*, n° 8, S.F.G., Paris, été 1995, *pp. 3-5.*

GINGER Serge. *La Gestalt : l'art du contact*, guide de poche Marabout, n° 3554, Bruxelles, 1995, 6ᵉ éd. 2003, *290 p.*

GINGER Serge. Place de la psychothérapie dans la société d'aujourd'hui (1ᵉʳ Colloque National de la FFdP), in revue *Gestalt*, n° 13-14, S.F.G., Paris, mai 1998, *pp. 233-242.*

GINGER Serge. Psychothérapie intégrative, analyse critique du livre de NORCROSS et GOLDFRIED, in revue *Gestalt*, n° 15, S.F.G., Paris, décembre 1998, *pp. 165-170.*

GINGER Serge. La question du diagnostic, à travers les âges et les approches, in revue *Gestalt*, n° 16, S.F.G., Paris, juin 1999, *pp. 151-163.*

GINGER Serge. Analyse du film de Catherine HERVAIS sur *Boulimie et thérapie*, in revue *Gestalt*, n° 16, S.F.G., Paris, juin 1999, *pp. 170-172.*

GINGER Serge. Travailler avec les couples, juillet 1999, *14 p.*

GINGER Serge. Pourquoi la Gestalt-thérapie en groupe ?, septembre 1999, *13 p.*

GINGER Serge. Corps interdits... ou inter-dits ? in *Gestalt*, n° 18, S.F.G., Paris, juin 2000, *pp. 50-54.*

GINGER Serge. À propos du livre de J. M. DELACROIX *Ainsi parle l'Esprit de la plante* et d'un accident grave, in *Gestalt*, n° 20, S.F.G., Paris, juin 2001, *p . 159-161.*

GINGER Serge. L'évolution de la psychothérapie en Europe de l'Ouest, in *Annuaire 2002 des psychothérapeutes*, éditions Réel, Lyon, 2002, *p. 5-13.*

GINGER Serge. Cerveau féminin/cerveau masculin, in *Cultures en mouvement*, n° 53, n° spécial « Psychothérapies... au féminin », déc. 2002/janv. 2003, *pp. 35-39.*

GINGER Serge. La Gestalt-thérapie aujourd'hui, in ELKAÏM Mony : *A quel psy se vouer ?* Le Seuil, Paris, 2003, *pp. 205-238.*

GINGER Serge et Anne. Courants collectifs ou styles individuels, in *Gestalt*, n° 22, S.F.G., Paris, juin 2002, *pp. 123-130.*

GINGER Serge. Ferenczi, le grand père de la Gestalt-thérapie, in revue *Gestalt*, n° 24, S.F.G., Paris, juin 2003.

GINGER Serge. La Psychothérapie en France, in *Annuaire 2003 des psychothérapeutes*, éditions Réel, Lyon, 2003, *pp. 5-16.*

GINGER Serge. Préface et bibliographie critique des livres en français sur la Gestalt-thérapie, in PERLS F. *Manuel de Gestalt-thérapie*, ESF, Paris, 2003, *pp. 7-15.*

GINISTY Bernard. De l'art comme « Gestalt » d'une éducation pour temps de crise, in revue *Gestalt*, n° 13-14, S.F.G., Paris, mai 1998, *pp. 211-219.*

GIRARD Line et MANIKOWSKA Martha. Profil de personnalité des candidats s'inscrivant à une formation à la Gestalt, in *Revue québécoise de Gestalt*, vol. 1, n° 1, Montréal, 1992, *pp. 17-37.*

GIRARD Line. Un essai d'intégration de trois perspectives diagnostiques complémentaires, in *Revue québécoise de Gestalt*, vol. 2, n° 2, 1998, *pp. 59-79.*

GIROD Philippe. Les conversions dans l'awareness et les conflits, in *La Gestalt, Bulletin de la S.F.G.*, n° 11, automne 1986, *pp. 11-15.*

GIUSTI Edoardo. Gestalt-counseling, in *La Gestalt en tant que psychothérapie*, Bordeaux, S.F.G., 1984, *pp. 152-155.*

GLACHANT Marie-Paule. La Gestalt au Chili : rencontre avec Adrianna SCHNACKE, in *Gestalt*, n° 21, S.F.G., Paris, décembre 2001, *p. 182-189.*

GODIN Ernest. La théorie gestaltiste du self, in *La Gestalt, qu'est-ce que c'est ?* I.G.G. Grenoble, 1985.

GODIN Ernest. Les racines psychosociologiques de la Gestalt-thérapie, in *L'impact de la Gestalt dans la société aujourd'hui*, Paris, S.F.G., 1988, *pp. 15-35.*

GODIN Ernest. Les racines psychosociologiques de la Gestalt-thérapie, in revue *Gestalt*, n° 7, automne 1994, *pp. 97-112.*

GOLEMAN Daniel. Isadore From, éminent théoricien de la Gestalt-thérapie, meurt à l'âge de 75 ans, in revue *Gestalt*, n° 7, automne 1994, *pp. 141-142.*

GONIN Mireille. Application de la Gestalt en institution psychiatrique, in *La Gestalt et ses différents champs d'application*, Paris, S.F.G., 1986, *pp. 102-106.*

GOODMAN Paul. *L'évolution de la théorie de Freud*, Doc. I.G.B., n° 27, Bordeaux, 1989.

GOODMAN Paul. *Croître*, Bordeaux, Doc. I.G.B., 1991.

GOODMAN Paul. Facettes d'une œuvre (extraits), in revue *Gestalt*, n° 3, automne 1992, *pp. 17-56.*

GOODMAN Paul. *Un blocage de l'écrivain*, L'Exprimerie, Bordeaux.

GORIAUX Pierre-Yves. Le Ça de quelle situation ?, in *Cahiers de Gestalt-thérapie*, n° 3, éd. C.F.G.T., Paris, avril 1997, *pp. 153-168.*

GRADECK Jean-Luc. Gestalt et dynamique d'équipe, in revue *Gestalt*, n° 13-14, S.F.G., Paris, mai 1998, *pp. 189-207.*

GRANES Marie-Noëlle & MOLLIEX Paul. Notre pratique de la Gestalt en Education spécialisée, in *La Gestalt et ses différents champs d'application*, Paris, S.F.G., 1986, *pp. 71-82.*

GRANES Marie-Noëlle. L'angoisse de compétence, in *L'impact de la Gestalt dans la société aujourd'hui*, Paris, S.F.G., 1988, *pp. 101-115.*

GRAUER Benoît. Le trou du champ, in *Cahiers de Gestalt-thérapie*, n° 9, printemps 2001, Collège de Gestalt-thérapie, Bordeaux, *pp. 87-98*.

GRAUER Philippe. La Gestalt-thérapie, in « Problèmes politiques et sociaux », n° spécial sur « les Nouvelles thérapies », *La Documentation Française*, n° 390, juin 1980, *pp. 9-12*.

GRAUER Philippe. Régression, décharge émotionnelle, catharsis. Quelques éléments de réflexion, in *Gestalt*, n° 23, S.F.G., Paris, décembre 2002, *pp. 69-83*.

GREENBERG Edwin. Gestalt-thérapie et nature du changement, in MARCUS : *Gestalt-therapie and beyond*, Ca., 1979. Trad. de l'américain par J.-M. ROBINE, Bordeaux (I.G.B., 1983), *6 p*.

GROSJEAN Bob. Aperçu sur la régression selon diverses approches thérapeutiques, in *Gestalt*, n° 23, S.F.G., Paris, décembre 2002, *pp. 97-107*.

GROSJEAN Daniel. La Gestalt en entreprise : dirigeant ou éveilleur de l'entreprise, une nouvelle conception du management, in *Actes du 1er Colloque de la S.F.G.*, Paris, 1983, *pp. 47-51*.

GROSJEAN Daniel. La Gestalt : une clé pour la mutation de l'entreprise, in *L'impact de la Gestalt dans la société aujourd'hui*, Paris, S.F.G., 1988, *pp. 1167-1184*.

GUART Georges. L'influence de la thérapie Gestalt sur le niveau d'anxiété situationnelle, le trait d'anxiété chez l'adulte, *Mémoire de Maîtrise*, Université du Québec à Montréal, 1978.

GUELFI Julien, BOYER P., CONSOLI S., OLIVIER-MARTIN R. La Gestalt-thérapie, in *Psychiatrie*, Paris, P.U.F., 1987, *pp. 823-825*.

GUEUTCHÉRIAN Yolande. Murielle : moments d'une thérapie au confluent de la Gestalt et de la psychanalyse, in revue *Gestalt*, n° 10, S.F.G., Paris, été 1996, *pp. 75-104*.

GUICHER Sylvie & BERGER M. Qu'est-ce que la Gestalt-thérapie ?, in *Cah. Med.* 1979/4, n° 16, *pp. 1085-1092*.

GUILLANNEUF Claudette. Pédagogie et Gestalt en institution spécialisée, in *Bulletin de la S.F.G.*, n° 13, 1987, *pp. 14-17*.

GUIONNET Cl. Gestalt-thérapie : un essor considérable aux Etats-Unis, des débuts timides en France (entretien avec Marie PETIT), in *Le quotidien du Médecin*, n° 3087 du 4 janvier 1984.

HABERT Cath. *D'un « je » sans frontière, à la faim de bœuf,* Doc. E.P.G., n° 12, Paris, 1998, *60 p*.

HABERT Cath. L'expérience boulimique, in revue *Gestalt*, n° 16, S.F.G., Paris, juin 1999, *pp. 37-62*.

HALL Calvin & LINDZEY Gardner. *La théorie organismique de Kurt Goldstein*, Doc. I.G.B., n° 68, Bordeaux, 1992, *34 p*.

HAMEL Johanne. *De l'autre côté du miroir : journal de croissance personnelle par le rêve et l'art*, Le Jour, Montréal, 1993.

HAMEL Johanne. L'approche gestaltiste en thérapie par l'art, in *Revue québécoise de Gestalt*, vol. 2, n° 1, 1997, *pp. 130-147*.

HARDY Philippe. *Ecoute dans le vent... La réponse est dans le vent (thérapie d'un psychotique)*, Paris, E.P.G., 1987, *75 p*.

481

HARDY Philippe Walter. La bouffée délirante. Quelle lecture gestaltiste ?, in *Regards gestaltistes sur la psychopathologie*, S.F.G., Lille, 1994, *pp. 107-109*.

HARMAN Robert L. Gestalt-thérapie du couple et de la famille, in *The Gestalt Journal*, vol. I, n° 2, 1978. Trad. de l'américain par J.-M. ROBINE, Bordeaux, I.G.B., 1981, *11 p.*

HARPER Robert. « La thérapeutique gestaltiste », in *Les nouvelles psychothérapies*, Toulouse, Privat, 1978, *pp. 210-216*. Trad. de *The New Psychotherapies*, U.S.A., 1975.

HARRIS John Bernard. Le pouvoir du silence dans les groupes, in *Cahiers de Gestalt-thérapie*, n° 4, éd. C.F.G.T., Paris, octobre 1998, *pp. 97-116*.

HAYNAL A., PASINI W., JAMES F. Psychothérapies de la psychologie humaniste, in *Encyclopédie Médico-Chirurgicale*, Paris, juillet 1983.

HAZA Claude. Le portrait de Fritz Perls à la fondation Maeght, in revue *Gestalt*, n° 15, S.F.G., Paris, décembre 1998, *pp. 153-156*.

HAZA Claude. Analyse du livre *Un dialogue thérapeutique*, de Sylvie SCHOCH de NEUFORN, in *Gestalt*, n° 19, S.F.G., Paris, décembre 2000, *pp. 172-173*.

HEIDBRENER Edna. *Gestalt-psychologie*, Doc. I.G.B., n° 23, Bordeaux, 1990.

HERTAY Jean-Marie. *La Gestalt entre corporalité et spiritualité*, Paris, coll. document E.P.G., 1989, *65 p.*

HERVEY Marie-Barbara. Analyse du livre d'Erving POLSTER : *A Population of selves*, in revue *Gestalt*, n° 17, S.F.G., Paris, décembre 1999, *pp. 171-174*.

HIGY-LANG Chantal. *La Gestalt dans l'entreprise*, Doc. E.P.G., n° 10, Paris, 1995, *86 p.*

HIGY-LANG Chantal et GELLMAN Charles. *Le Coaching*, éd. d'Organisation, Paris, 2000, 2ᵉ éd., 2002

HILLION Agnès. Abord des traumatismes psychiques actuels, in revue *Gestalt*, n° 16, S.F.G., Paris, juin 1999, *pp. 121-143*.

HYCNER Richard. *Gestalt-thérapie dialogale*. Trad. I.G.B., Bordeaux, 1987.

HYCNER Richard et POLSTER Gestalt-thérapie dialogale II. Entretien, in *Gestalt-Journal*. Trad. I.G.B., Bordeaux, 1988.

IMBAULT Jacqueline & CURUTCHET Robert. La Gestalt en entreprise, in *La Gestalt et ses différents champs d'application*, Paris, S.F.G., 1986, *pp. 107-120*.

IMHOF-EICHENBERGER Esther. *Le clivage en Gestalt*, L'Exprimerie, Bordeaux, 2002.

INISAN J.-P. A.T. et Gestalt, in *Bulletin de l'I.F.A.T.*, n° 14, *pp. 13-16*.

JACOBS Lynne. *La honte dans le dialogue thérapeutique*, L'Exprimerie, mini-bibliothèque, Bordeaux, 2000, *21 p.*

JACOBS Lynne. Honte et défenses contre la honte. Ombres sur le dialogue thérapeutique, in *Cahiers de Gestalt-thérapie*, n° 7, printemps 2000, Collège de Gestalt-thérapie, Bordeaux, *pp. 98-110*.

JACQUES André. La théorie du soi comme instrument clinique, in *La Gestalt en tant que psychothérapie*, Bordeaux, S.F.G., 1984, *pp. 22-30*.

JACQUES André. Vedettariat et efficacité thérapeutique, in *La Gestalt en tant que psychothérapie*, Bordeaux, S.F.G., 1984, *pp. 150-151.*

JACQUES André. Historique de la Gestalt, in *La Gestalt, qu'est-ce que c'est ?* I.G.G., Grenoble, 1985.

JACQUES André. Le Soi dérangé, la spécificité de la vision gestaltiste à l'égard de la psychopathologie, in *La Gestalt et ses différents champs d'application*, Paris, S.F.G., 1986, *pp. 19-34.*

JACQUES André. Un cas où la grille gestaltiste et des éléments d'une grille analytique se complètent, in *La Gestalt et ses différents champs d'application*, Paris, S.F.G., 1986, *pp. 208-215.*

JACQUES André. Entre suggestion et thérapie (une expérience de supervision institutionnelle à Montréal), in *L'impact de la Gestalt dans la société aujourd'hui*, Paris, S.F.G., 1988, *pp. 127-144.*

JACQUES André. *Critiques des techniques gestaltistes*, Doc. I.G.B., Bordeaux, 1988.

JACQUES André. *Le lien thérapeutique*, Doc. I.G.B., n° 31, Bordeaux, 1990.

JACQUES André. Un historique de la Gestalt-thérapie, in revue *Gestalt*, n° 1, S.F.G., automne 1990, *pp. 93-106.*

JACQUES André. Le lien thérapeutique, in revue *Gestalt*, n° 2, automne 1991, *pp. 59-78.*

JACQUES André. Animal humain avec groupe, in revue *Gestalt*, n° 3, automne 1992, *pp. 177-196.*

JACQUES André. La Gestalt-thérapie, irrémédiablement américaine, in revue *Gestalt*, n° 6, printemps 1994, *pp. 93-104.*

JACQUES André. La Gestalt-thérapie aux confins de la psychanalyse, in revue *Gestalt*, n° 7, automne 1994, *pp. 7-15.*

JACQUES André. Analyse du livre de Pascal PRAYEZ : *Le toucher en psychothérapie*, in revue *Gestalt*, n° 7, automne 1994, *pp. 152-154.*

JACQUES André. Mythes et limites de l'empathie, in *Revue québécoise de Gestalt*, vol. 1, n° 3, 1995, *pp. 53-65.*

JACQUES André. Analyse du livre de Paul GOODMAN : *Crazy Hope an Finite Experience*, in revue *Gestalt*, n° 8, été 1995, *pp. 151-152.*

JACQUES André. Analyse du livre de Roger GENTIS : *Le corps sans qualités*, in revue *Gestalt*, n° 9, S.F.G., Paris, décembre 1995, *pp. 145-152.*

JACQUES André. Pourquoi la notion d'inconscient dynamique n'a pas cours en Gestalt-thérapie, in *Cahiers de Gestalt-thérapie*, n° 0, éd. C.F.G.T., Paris, septembre 1996, *pp. 139-152.*

JACQUES André. Idéologie ou utopie ?, in *Cahiers de Gestalt-thérapie*, n° 2, éd. C.F.G.T., Paris, avril 1997, *pp. 179-185.*

JACQUES André. *Le Soi : fond et figures de la Gestalt-thérapie*, L'Exprimerie, Bordeaux, 1999, *264 p.*

JACQUES André. La sexualité a-t-elle quelque chose à voir avec la Gestalt-thérapie ? in *Cahiers de Gestalt-thérapie*, n° 9, printemps 2001, Collège de Gestalt-thérapie, Bordeaux, *pp. 21-34.*

JANIN Pierre. *Avec la Gestalt au pays des rêves (Travail du rêve d'après Freud, Jung et Perls)*, Paris, E.P.G., 1987, *50 p.*

JANIN Pierre. Le rêve comme matériau thérapeutique. Un itinéraire : Freud, Jung, Perls, in *L'impact de la Gestalt dans la société aujourd'hui*, Paris, S.F.G., 1988, *pp. 170-249.*

格式塔：接触的治疗

JANIN Pierre. Marguerite, cliente borderline, in *Bulletin de la S.F.G.*, n° 28-29, automne 1992, *pp. 25-36.*

JANIN Pierre. Le désir d'aider, in revue *Gestalt*, n° 12, S.F.G., Paris, hiver 1997, *pp. 135-146.*

JANIN Pierre. Bouddhisme et psychothérapie, in *Gestalt*, n° 19, S.F.G., Paris, décembre 2000, *pp. 73-111.*

JANIN Pierre. Analyse du livre de J. M. DELACROIX *Ainsi parle l'Esprit de la plante* in *Gestalt*, n° 19, S.F.G., Paris, décembre 2000, *pp. 174-181.*

JANIN Pierre. À propos de *L'Ami spirituel* d'Arnaud DESJARDIN, in *Gestalt*, n° 20, S.F.G., Paris, juin 2001, *pp. 61-78.*

JANIN Pierre. La séparation, jusqu'où ? in *Gestalt*, n° 21, S.F.G., Paris, décembre 2001, *pp. 13-29.*

JOLY Annie. Le modèle de psychothérapie expérientielle avec les familles. Analyse d'un texte de Walter KEMPLER, in revue *Gestalt*, n° 5, automne 1993, *pp. 85-91.*

JOLY Annie. Situations individuelles inachevées et impasses dans les systèmes familiaux. De la complémentarité entre Gestalt et Systémique, in revue *Gestalt*, n° 5, automne 1993, *pp. 125-134.*

JONCKHEERE (de) Cl. L'apport de la Gestalt-thérapie à la supervision, in *La supervision : son usage en travail social*, coll. « Champs professionnels », n° 8, Genève, éd. Institut d'Études Sociales, avril 1984, *pp. 79-89.*

JULIER Claude. *L'influence en psychothérapie*, Mémoire E.P.G., Paris, 1992, *55 p.*

JULIER Claude. *Propos sur l'influence en psychothérapie*, Doc. E.P.G., n° 11, Paris, 1992, *54 p.* 1994, *pp. 69-80.*

JULIER Claude. Propos sur l'influence en psychothérapie, in revue *Gestalt*, n° 8, S.F.G., Paris, été 1995, *pp. 125-138.*

JUSTON Didier. Transfert et Contre-transfert en psychanalyse et en Gestalt, in *Bulletin de la S.F.G.*, n° 16, été 1988, *pp. 11-14.*

JUSTON Didier. Le Transfert en Gestalt-thérapie, in *Bulletin de la S.F.G.*, n° 21-22, été 1990, *pp. 8-14.*

JUSTON Didier. *Le Transfert en psychanalyse et en Gestalt-thérapie*, Lille, La Boîte de Pandore, 1990, *290 p.*

JUSTON Didier. Entre les deux, in revue *Gestalt*, n° 8, S.F.G., Paris, été 1995, *pp. 53-77.*

JUSTON Didier. Entre les deux (suite), in revue *Gestalt*, n° 9, S.F.G., Paris, décembre 1995, *pp. 49-66.*

JUSTON Didier. A propos du livre d'Irvin YALOM : *Le Psy, Bourreau de l'Amour*, in revue *Gestalt*, n° 17, S.F.G., Paris, décembre 1999, *pp. 95-116.*

KACCYA A. Eine grosse Köhler de Wertheimer, in revue *Gestalt*, n° 7, automne 1994, *pp. 133-138.*

KATZEFF Michel. *Comment se réaliser par la Gestalt, le Tantra, la Kabbale et le Tao*, Bruxelles, Multiversité, 1978, *41 p.*

KATZEFF Michel. *Comment se réaliser dans la vie quotidienne et professionnelle*, Bruxelles, Multiversité, 1980.

KARZEFF Michel. La Gestalt : une thérapie par l'expérimentation et la mise en action, in *Actes du 1ᵉʳ Colloque de la S.F.G.*, Paris, 1983, *pp. 45-46*.

KATZEFF Michel. *Le cerveau gestaltiste, un partenaire fécond et nécessaire en thérapie holistique*, Bruxelles, Multiversité, 1984.

KATZEFF Michel. Le cerveau gestaltiste, in *La Gestalt en tant que psychothérapie*, Bordeaux, S.F.G., 1984, *pp. 89-103*.

KEIDING-LARSSEN Pia. Un outil dynamique de la personnalité, in *La Gestalt en tant que psychothérapie*, Bordeaux, S.F.G., 1984, *pp. 148-149*.

KEMPLER Walter. Psychothérapie expérientielle avec les familles, in *Family process* (U.S.A., 1968), Trad. de l'américain par M. BUIJTENHUIJS, Bordeaux, I.G.B., 1981, *11 p*.

KEPNER Elaine. Le processus gestaltiste de groupe, in *Cahiers de Gestalt-thérapie*, n° 4, éd. C.F.G.T., Paris, octobre 1998, *pp. 7-32*.

KEPNER James. *Le corps retrouvé en psychothérapie*, Retz, Paris, 1998, *256 p*. Trad. de *Body Process*, Jossey-Bass, 1987.

KERHINO Claudine. Commencer et finir. Éditorial, in *Cahiers de Gestalt-thérapie*, n° 11, printemps 2002, Collège de Gestalt-thérapie, Bordeaux, *pp. 3-6*.

KHLOMOV Daniel. Figures de la Gestalt-thérapie à Moscou, in revue *Gestalt*, n° 7, automne 1994, *pp. 125-130*.

KORENFELD Edouard. Du mauvais objet de l'un... au bon objet de l'autre, in revue *Gestalt*, n° 15, S.F.G., Paris, décembre 1998, *pp. 114-130*.

KORENFELD Edouard. Analyse du livre *La relation d'objet en Gestalt-thérapie*, de Gilles DELISLE, in *Cahiers de Gestalt-thérapie*, n° 8, automne 2000, Collège de Gestalt-thérapie, Bordeaux, *pp. 207-216*.

KORENFELD Edouard. Quelques précisions complémentaires sur la critique de l'ouvrage de Gilles DELISLE, parue dans le n° 9, in *Cahiers de Gestalt-thérapie*, n° 10, automne 2001, Collège de Gestalt-thérapie, Bordeaux, *pp. 237-246*.

LAFARGUE Guy. Ah ! Ça ira, ça ira, essai de métanoïa critique, in *Cahiers de Gestalt-thérapie*, n° 3, éd. C.F.G.T., Paris, avril 1997, *pp. 9-46*.

LALLOT Hélène. Gestalt et Yoga, in *Les Carnets du Yoga*, n° 119, Paris, 1990, *5 p*.

LAMY André. Regard sur l'agressivité, in *Bulletin de la S.F.G.*, n° 23, hiver 1990-1991, *p. 32*.

LAMY André. Point de vue sur Gestalt-thérapie et Psychanalyse, in revue *Gestalt*, n° 7, automne 1994, *pp. 17-37*.

LAMY André. La méchanceté de ce qui est, in *Cahiers de Gestalt-thérapie*, n° 2, éd. C.F.G.T., Paris, avril 1997, *pp. 17-23*.

LAMY André. Entre sens et non-sens, lieu et non-lieu, ça se précise, in *Cahiers de Gestalt-thérapie*, n° 3, éd. C.F.G.T., Paris, avril 1997, *pp. 61-74*.

LAMY André. Quand le champ élargi du social fait irruption dans l'espace clos et privé du champ thérapeutique..., in *2ᵉˢ Collégiales de Gestalt-thérapie*, 1998, *pp. 21-32*.

LAMY André et DELACROIX Jean-Marie. Gestalt-thérapie et spiritualité, in

Cahiers de Gestalt-thérapie, n° 8, automne 2000, Collège de Gestalt-thérapie, Bordeaux, *pp. 133-143*.

LAMY André. Le cul dans le cabinet, in *Cahiers de Gestalt-thérapie*, n° 9, printemps 2001, Collège de Gestalt-thérapie, Bordeaux, *pp. 81-86*.

LAMY André. Pas à pas... les aléas d'un aller à..., in *Cahiers de Gestalt-thérapie*, n° 12, automne 2002, Collège de Gestalt-thérapie, Bordeaux, *pp. 67-77*.

LAPASSADE Georges. La critique de la psychanalyse et le passage à l'acte, in *Socianalyse et potentiel humain*, Paris, Gauthier-Villars, 1975, *pp. 143-150*.

LAPEYRONIE Brigitte. L'atelier d'Erving Polster à Bordeaux, in *Bulletin de la S.F.G.*, n° 19, été 1989, *pp. 14-17*.

LAPEYRONNIE Brigitte et ROBINE Jean-Marie. La confluence, expérience liée et expérience aliénée, in *Cahiers de Gestalt-thérapie*, n° 0, éd. C.F.G.T., Paris, septembre 1996, *pp. 119-138*.

LAPEYRONNIE Brigitte. Une vision globale : faire entrer la Gestalt-thérapie dans le XXIᵉ siècle, in *Cahiers de Gestalt-thérapie*, n° 1, éd. C.F.G.T., Paris, avril 1997, *pp. 181-187*.

LAPEYRONNIE Brigitte. *La confluence*. L'Exprimerie, Bordeaux, 1992, *180 p.*

LAROSE Gilles. Analyse du livre « Bien vivre ensemble » de Nagler et Androff, in *Emergence*, vol. 3, n° 1, Montréal, 1993, *pp. 11-12*.

LASTERADE Claude. *Deux causeries de Perls (nouvelle traduction d'extraits de « Gestalt Therapy verbatim »)*, Paris, E.P.G., 1985, *33 p.*

LATNER Joël. Théorie du champ et théorie des systèmes en Gestalt-thérapie, in *The Gestalt Journal*, vol. VI, 2, 1983. Trad. de l'américain par J.-M. ROBINE, Bordeaux, I.G.B., 1985, *35 p.*

LATNER Joël. Amour et liberté en Gestalt-thérapie, in *The Gestalt Journal*. Trad. I.G.B., Bordeaux, 1988.

LATNER Joël. *La théorie de la Gestalt-thérapie*, Doc. I.G.B., n° 32, Bordeaux, 1990.

LATNER Joël. *La Gestalt-thérapie : théorie et pratique* (trad. par Sylvie Schoch), Bordeaux, Doc. I.G.B., 1991.

LATNER Joël. Le ça, le monde mort et le monde vivant, in *Cahiers de Gestalt-thérapie*, n° 3, éd. C.F.G.T., Paris, avril 1997, *pp. 75-88*.

LATNER Joël. *La Gestalt-thérapie, théorie et méthode*, L'Exprimerie, Bordeaux, 1999.

LAVOISIER Véronique. « Le monde de tes silences » : psychothérapie en Gestalt d'un adolescent psychotique et malentendant, in *L'impact de la Gestalt dans la société aujourd'hui*, Paris, S.F.G., 1988, *pp. 192-205*.

LEAHEY Jean. La littérature : un soutien dans le contact avec l'expérience, in *Revue Québécoise de Gestalt*, vol. 4, Montréal, 2000.

LEBRUN P. La Gestalt-thérapie, ici et maintenant, in *Châtelaine*, mais 1977, Montréal, *pp. 56-63*.

LEBRUN P. Le cinéma de Morphée : l'utilisation du rêve en Gestalt-thérapie, *Châtelaine*, Montréal, décembre 1980.

LECLERC Maryvonne. *La relation thérapeutique en Gestalt-thérapie*, Thèse de Médecine, Université de Caen, 1985.

LECOMTE C. et CASTONGUAY L.G. : Rapprochement et intégration en psychothérapie, Psychanalyse, behaviorisme et humanisme, Gaëtan Morin, Montréal, 1987.

LE DU Alice. Virginie et Alice au Pays de la Toute-Puissance, in *Cahiers de Gestalt-thérapie*, n° 1, éd. C.F.G.T., Paris, avril 1997, *pp. 27-40.*

LE DU Alice. La plus méchante des deux ?, in *Cahiers de Gestalt-thérapie*, n° 2, éd. C.F.G.T., Paris, avril 1997, *pp. 83-91.*

LEE Robert G. Honte et soutien. Compréhension du champ d'un adolescent, in *Cahiers de Gestalt-thérapie*, n° 7, printemps 2000, Collège de Gestalt-thérapie, Bordeaux, *pp. 9-32.*

LEGERON P. et coll. Gestalt-thérapie, in *Psy au quotidien II*, 1989.

LEHANNE Maud. Quand la psycho s'installe au comptoir, in *Gestalt*, n° 20, S.F.G., Paris, juin 2001, *pp. 167-172.*

LÉON Marie. Daniel ou la naissance par l'eau, in *L'impact de la Gestalt dans la société aujourd'hui*, Paris, S.F.G., 1988, *pp. 71-75.*

LÉON Marie. Cédric : enfant psychotique dans une institution, in *Bulletin de la S.F.G.*, n° 17, automne 1988, *pp. 33-37.*

LESSARD André. La Gestalt-thérapie et son application auprès des personnes déficientes intellectuelles, in *Revue québécoise de Gestalt*, vol. 1, n° 3, 1995, *pp. 91-111.*

LEVITSKY Abraham & PERLS Fritz. Les « règles » et les « jeux » de la Gestalt-thérapie, in FACAN, *Gestalt therapy now*, U.S.A., 1970. Trad. de l'amér. par GINGER & MOLETTE, Paris, E.P.G., 1973, *10 p.*

LEVISTSKY Abraham & PERLS Fritz. Quelques règles et jeux en Gestalt praxis, in FACAN, *Gestalt therapy now*, U.S.A., 1970. Trad. et adapté de l'amér. par KATZEFF, Bruxelles, Multiversité, 1976, *33 p.*

LICHTENBERG Philip. Le groupe en Gestalt-thérapie, in *Cahiers de Gestalt-thérapie*, n° 4, éd. C.F.G.T., Paris, octobre 1998, *pp. 87-96.*

LICHTENBERG Philip. *Honte et création d'un système de classes sociales*, L'Exprimerie, Bordeaux, 2002.

LISMONDE Dominique. De la rage, ou l'ange déchu, in revue *Gestalt*, n° 2, automne 1991, *pp. 35-46.*

LISMONDE Dominique. La rage narcissique, in *Bulletin de la S.F.G.*, n° 28-29, automne 1992, *pp. 6-17.*

LISMONDE Dominique. La dépression au regard de la théorie de la relation d'objet, in *Regards gestaltistes sur la psychopathologie*, S.F.G., Lille, 1994, *pp. 81-97.*

LISMONDE Dominique. De la méchanceté supposée du superviseur, in *Cahiers de Gestalt-thérapie*, n° 2, éd. C.F.G.T., Paris, avril 1997, *pp. 119-124.*

LISMONDE Dominique. La question du manque en Gestalt-thérapie ?, in *Cahiers de Gestalt-thérapie*, n° 3, éd. C.F.G.T., Paris, avril 1997, *pp. 169-180.*

LISMONDE Dominique. Éditorial sur « L'inachevé et l'ouvert », in *Cahiers* de Gestalt-thérapie, n° 8, automne 2000, Collège de Gestalt-thérapie, Bordeaux, pp. 3-7.

LISMONDE Dominique. Analyse du livre *Ne plus savoir. Phénoménologie de la psychothérapie*, de Jacques BLAIZE, in *Cahiers de Gestalt-thérapie*, n° 10, automne 2001, Collège de Gestalt-thérapie, Bordeaux, pp. 209-212.

LISS Jérôme. « Gestalt » signifie « totalité », in *Débloquez vos émotions*, Paris, Tchou, coll. « Le corps à vivre », 1978, pp. 129-150 (trad. de *Free to Feel*, 1974).

LOUBIER Paul. Le rôle du psychothérapeute comme agent de qualité de vie, in *Emergence*, vol. 2, n° 1, Montréal, 1992, p. 5.

LOUBIER Paul. La relation amoureuse et l'engagement, in *Emergence*, vol. 3, n° 1, Montréal, 1993, pp. 6-8.

LOUBIER Paul. La vérité dans l'entreprise thérapeutique, in *Revue québécoise de Gestalt*, vol. 2, n° 1, 1997, pp. 57-85.

LOWEN Alexandre. *A propos de Paul Goodman (entretien avec Robine)*, Doc. I.G.B., n° 53, Bordeaux, 1992.

LUYÉ-TANÉ Laurence. La danse et la thérapie. Atelier Art du mouvement, in *Gestalt*, n° 18, S.F.G., Paris, juin 2000, pp. 105-115.

McCONVILLE Mark. Approche de l'adolescence par la Gestalt-thérapie, in revue *Gestalt*, n° 4, printemps 1993, pp. 87-101.

McLEOD Lee. Le self et ses vicissitudes dans la théorie de la Gestalt-thérapie, in revue *Gestalt*, n° 9, décembre 1995, pp. 9-47.

MAHÉ J.-L. Les autres thérapies : les thérapies existentielles, in *Le Généraliste*, n° 736, 14 mai 1985, pp. 20-23.

MAIRESSE Yves. Gestalt et pratique de formation, in *Bulletin de la S.F.G.*, n° 13, 1987, pp. 22-24.

MAIRESSE Yves. La Gestalt vue par un sociologue. Entretien avec Vincent DE GAULEJAC, in *Gestalt*, n° 22, S.F.G., Paris, juin 2002, pp. 155-174.

MAMIE Patrick. *Musique et Gestalt*, Paris, coll. document E.P.G., 1990, 81 p.

MANDEVILLE Lucie. Gestalt-consultation, in *Revue Québécoise de Gestalt*, vol. 3, Montréal, 1999.

MANDRILLE-OHLMANN Annie. *Formation des enseignants et Gestalt*, Paris, E.P.G., 52 p.

MARAIN Chantal. *L'eau, médiateur thérapeutique*, Paris, E.P.G., 1991, 91 p.

MARC Edmond. *Le guide pratique des Nouvelles Thérapies*, Paris, Retz, 1982, pp. 27-30 et 87.

MARC Edmond. *Le processus de changement de thérapie*, Paris, Retz, 1987, 187 p.

MARC Edmond. Analyse du livre de Serge GINGER : *La Gestalt : l'art du contact*, in revue *Gestalt*, n° 12, S.F.G., Paris, hiver 1997, pp. 167-168.

MARC Edmond. Le travail des résistances : entre psychanalyse et Gestalt, in *Gestalt*, n° 22, S.F.G., Paris, juin 2002, pp. 49-68.

MARC Edmond. La régression thérapeutique, in *Gestalt*, n° 23, S.F.G., Paris, décembre 2002, pp. 29-51.

MARCHAND Marie-Christine. La confluence, in revue *Gestalt*, n° 12, S.F.G., Paris, hiver 1997, pp. 51-76.

MARLAND Serge & François. *Guérir des pièges de notre enfance ? (à propos de psychothérapies émotionnelles)*, Paris, Flammarion, 1983, *264 p.*

MARTEL Brigitte. *Une Gestalt en 13 actes sur un fond de masochisme*, Paris, coll. document E.P.G., 1989, *72 p.*

MARTEL Brigitte. Présentation de la collection, Doc. E.P.G., in revue *Gestalt*, n° 13-14, S.F.G., Paris, mai 1998, *pp. 259-262.*

MARTEL Brigitte. Le travail gestaltiste de l'inceste et le moment de la clôture, in revue *Gestalt*, n° 15, S.F.G., Paris, décembre 1998, *pp. 33-47.*

MARTEL Brigitte. À l'écoute du pôle agressif de la sexualité, in *Gestalt*, n° 18, S.F.G., Paris, juin 2000, *pp. 65-81.*

MARTINEAU J.-Luc. Gestalt et entreprise, in *L'impact de la Gestalt dans la société aujourd'hui*, Paris, S.F.G., 1988, *pp. 185-190.*

MARTINEAU J.-Luc. *Les formations à la connaissance de soi : un enjeu de la Gestalt, un enjeu de l'entreprise*, Paris, E.P.G., 1988, *60 p.*

MASQUELIER Gonzague. *Drogue ou liberté : un lieu pour choisir*. Édit. Universitaires, Paris, 1985, *115 p.* (épuisé).

MASQUELIER Gonzague. Gestalt et Pédagogie, in *Les carnets du yoga*, n° 79, mai 1986, *pp. 8-15.*

MASQUELIER Gonzague. La Gestalt en évolution, in *L'impact de la Gestalt dans la société aujourd'hui*, Paris, S.F.G., 1988, *pp. 289-294.*

MASQUELIER Gonzague. La Gestalt en France, in revue *Gestalt*, n° 1, S.F.G., automne 1990, *pp. 145-152.*

MASQUELIER Gonzague et BLAIZE Jacques. La Gestalt-thérapie : théorie et méthode, in *Journal des Psychologues*, n° 94, février 1992, *pp. 48-52.*

MASQUELIER Gonzague. La Gestalt, in *Guide des méthodes et pratiques en formation*, sous la direction d'E. MARC et J. GARCIA-LORQUENOUX, Retz, Paris, 1995, *pp. 146-157.*

MASQUELIER Gonzague. L'appartenance tribale dans les groupes thérapeutiques « lentement ouverts », in revue *Gestalt*, n° 13-14, S.F.G., Paris, mai 1998, *pp. 131-143.*

MASQUELIER Gonzague. *Vouloir sa vie. La Gestalt-thérapie aujourd'hui*, Paris, Retz, 1999, *148 p.*

MASQUELIER Gonzague. Analyse du livre d'Isé MASQUELIER et Frédéric LENOIR : *Encyclopédie des religions*, in revue *Gestalt*, n° 17, S.F.G., Paris, décembre 1999, *pp. 177-179.*

MASQUELIER Gonzague. Qu'est-ce que la Gestalt-thérapie ? in *Annuaire 2002 des psychothérapeutes*, éditions Réel, Lyon, 2002 ; 2ᵉ édit. 2003, *pp. 23-30.*

MASQUELIER Gonzague. Gestalt et Pédagogie, in *L'insertion par l'ailleurs*, sous la direction de Denis DUBOUCHET, La Documentation française, Paris, 2002, *pp. 8-15.*

MASQUELIER Chantal et Gonzague. Gestalt overseas, in revue *Gestalt*, n° 17, S.F.G., Paris, décembre 1999, *pp. 161-164.*

MASQUELIER-SAVATIER Chantal. *Le bébé est une Gestalt*, Paris, coll. document E.P.G., 1985, *44 p.*

MASQUELIER-SAVATIER Chantal. Wilhelm Reich (et la Gestalt-thérapie), Paris, E.P.G., 1987, *45 p.*

MASQUELIER-SAVATIER Chantal. La Gestalt et la bio-énergie sont-elles cousines ?, in *Bulletin de la S.F.G.*, n° 16, été 1988, *pp. 28-34.*

MASQUELIER-SAVATIER Chantal. Le bébé est une Gestalt, *Bulletin de la S.F.G.*, n° 17, automne 1988, *pp. 15-17.*

MASQUELIER-SAVATIER Chantal. Phénomènes de transfert en institutions, in *Bulletin de la S.F.G.* n° 21-22, été 1990, *pp. 36-39.*

MASQUELIER-SAVATIER Chantal. Ponctuation du travail thérapeutique, in revue *Gestalt*, n° 2, automne 1991, *pp. 111-124.*

MASQUELIER-SAVATIER Chantal. Eloge de l'agressivité, in revue *Gestalt*, n° 4, printemps 1993, *pp. 65-84.*

MASQUELIER-SAVATIER Chantal. De l'autre côté de la mer..., in *Bulletin de la S.F.G.*, n° 30-31, automne 1993, *pp. 55-56.*

MASQUELIER-SAVATIER Chantal et BLANQUET Edith. Les critères de Santé, in *Regards gestaltistes sur la psychopathologie*, S.F.G., Lille, 1994, *pp. 99-103.*

MASQUELIER-SAVATIER Chantal. Les mécanismes d'urgence, in revue *Gestalt*, n° 11, S.F.G., Paris, printemps 1997, *pp. 59-85.*

MASQUELIER-SAVATIER Chantal. La peur d'être méchante, in *Cahiers de Gestalt-thérapie*, n° 2, éd. C.F.G.T., Paris, avril 1997, *pp. 61-82.*

MASQUELIER-SAVATIER Chantal. Le passage à l'acte, in revue *Gestalt*, n° 12, S.F.G., Paris, hiver 1997, *pp. 17-47.*

MASQUELIER-SAVATIER Chantal. Présentation du livre de S. GINGER *et al.* : *Lexique international de Gestalt-thérapie* (F.O.R.G.E.), in revue *Gestalt*, n° 13-14, S.F.G., Paris, mai 1998, *pp. 257-259.*

MASQUELIER-SAVATIER Chantal. Ecueils : les risques de dérapages liés à la posture ou à la théorie gestaltiste, in revue *Gestalt*, n° 15, S.F.G., Paris, décembre 1998, *pp. 10-29.*

MASQUELIER-SAVATIER Chantal. Analyse du livre d'Alain DELOURME : *La distance intime*, in revue *Gestalt*, n° 16, S.F.G., Paris, juin 1999, *pp. 167-169.*

MASQUELIER-SAVATIER Chantal. Analyse du livre de J. Michel FOURCADE : *Les patients limites*, in *Cahiers de Gestalt-thérapie*, n° 6, éd. C.C.G.T., Bordeaux, novembre 1999, *pp. 231-239.*

MASQUELIER-SAVATIER Chantal. Analyse du livre d'Alain DELOURME : *Le bonheur possible.* in revue *Gestalt*, n° 17, S.F.G., Paris, décembre 1999, *pp. 174-177.*

MASQUELIER-SAVATIER Chantal. Accord perdu, à corps retrouvé. Éditorial, in *Gestalt*, n° 18, S.F.G., Paris, juin 2000, *pp. 5-18.*

MASQUELIER-SAVATIER Chantal. La Gestalt et la bio-énergie sont-elles cousines ? in *Gestalt*, n° 18, S.F.G., Paris, juin 2000, *pp. 117-129.*

MASQUELIER-SAVATIER Chantal. Entre spiritualité et psychothérapie. Éditorial, in *Gestalt*, n° 19, S.F.G., Paris, décembre 2000, *pp. 3-11.*

MASQUELIER-SAVATIER Chantal. Occidents – Orients : entre psychothérapie et spiritualité. Éditorial, in *Gestalt*, n° 20, S.F.G., Paris, juin 2001, *pp. 3-13.*

MASQUELIER-SAVATIER Chantal. La Gestalt-thérapie vue du dedans et du dehors. Éditorial, in *Gestalt*, n° 22, S.F.G., Paris, juin 2002, *pp. 3-7.*

MASQUELIER-SAVATIER Chantal. Dire, poursuivre, construire... Entretien avec Jean-Marie ROBINE, in *Gestalt*, n° 22, S.F.G., Paris, juin 2002, *pp. 69-86*.

MASQUELIER-SAVATIER Chantal. De la régression. Éditorial, in *Gestalt*, n° 23, S.F.G., Paris, décembre 2002, *pp. 3-8*.

MASQUELIER-SAVATIER Chantal. À propos de la régression. Échange avec Marie PETIT, in *Gestalt*, n° 23, S.F.G., Paris, décembre 2002, *pp. 21-27*.

MASSON Martine. *Adieu, mon bébé ! Accompagnement d'un deuil périnatal*. Article de fin d'études, E.P.G., Paris, 1997, *31 p.*

MASSON Martine. « Adieu, mon Bébé ». Accompagnement du deuil périnatal, in *Gestalt*, n° 21, S.F.G., Paris, décembre 2001, *pp. 137-155*.

MASTIN Alain. L'être « meschéant » ?, in *Cahiers de Gestalt-thérapie*, n° 2, éd. C.F.G.T., Paris, avril 1997, *pp. 53-60*.

MATHYS Maryse. Absence et honte. A la croisée des cultures : rencontre, in *Cahiers de Gestalt-thérapie*, n° 7, printemps 2000, Collège de Gestalt-thérapie, Bordeaux, *pp. 129-142*.

MAZOUR Elena. L'effet Zeigarnik et le concept de situation inachevée en Gestalt-thérapie, in revue *Gestalt*, n° 6, printemps 1994, *pp. 63-77*.

MELNICK Joseph. *L'utilisation de la structure imposée par le thérapeute en thérapie gestaltiste*, Doc. I.G.B., n° 25, Bordeaux, 1989.

MELUCCI Alberto. *Forme et processus, au-delà du dualisme*, Doc. I.G.B., n° 62, Bordeaux, 1992, *13 p.*

MELUCCI Alberto. La relation thérapeutique comme expérience, in revue *Gestalt*, n° 8, S.F.G., Paris, été 1995, *pp. 87-97*.

MÉNARD Pierre. Les effets de l'utilisation du dessin et du modelage dans un groupe d'orientation gestaltiste, *Mémoire de Maîtrise*, Université du Québec à Montréal, 1975.

MENTIK-CLOUZARD Catherine. Analyse du livre *L'expérience suicidaire : choix de vie ou de mort*, de Daniel BORDELEAU, in *Gestalt*, n° 21, S.F.G., Paris, décembre 2001, *pp. 194-195*.

MENTIK-CLOUZARD Catherine. Analyse du livre *Libérez votre créativité*, de Julia CAMÉRON, in *Gestalt*, n° 21, S.F.G., Paris, décembre 2001, *pp. 196*.

MENTIK-CLOUZARD Catherine. Analyse du livre *Libérez votre créativité*, d'Anne BACUS et Christian ROMAIN, in *Gestalt*, n° 21, S.F.G., Paris, décembre 2001, *pp. 196-198*.

MERLANT Bernadette. De l'intérêt de la complémentarité : thérapie individuelle, thérapie de groupe, in *Bulletin de la S.F.G.*, n° 14, novembre 1987, *pp. 33-42*.

MERLANT-GUYON Bernadette. Peut-on parler de l'intuition en psychothérapie ?, in *Cahiers de Gestalt-thérapie*, n° 0, éd. C.F.G.T., Paris, septembre 1996, *pp. 105-117*.

MERLANT-GUYON Bernadette. Psychothérapeute d'abord, Gestalt-thérapeute, pourquoi pas ? in *I^{res} Collégiales de Gestalt-thérapie*, 1997, *pp. 19-21*.

MERLANT-GUYON Bernadette. Identité inachevée vs. identité ouverte. La quête de l'identité et la fonction personnalité in *Cahiers de Gestalt-thérapie*, n° 8, automne 2000, Collège de Gestalt-thérapie, Bordeaux, *pp. 159-170*.

MERLANT-GUYON Bernadette. Analyse du livre *La Gestalt-thérapie, une construction de soi*, de Jean-Marie Robine, in *Cahiers de Gestalt-thérapie*, n° 8, automne 2000, Collège de Gestalt-thérapie, Bordeaux, *p. 221-223*.

MERLANT-GUYON Bernadette. Finir... Comment finir ? in *Cahiers de Gestalt-thérapie*, n° 11, printemps 2002, Collège de Gestalt-thérapie, Bordeaux, *pp. 147-155*.

METZGER Martine. Pour que le sexe marche, il faut que le cul fonctionne, in *Cahiers de Gestalt-thérapie*, n° 9, printemps 2001, Collège de Gestalt-thérapie, Bordeaux, *pp. 63-74*.

MILLER Michaël Vincent. *Réflexions à propos de l'art et des symptômes.* Trad. I.G.B., Bordeaux, 1987.

MILLER Michaël Vincent. *Paul Goodman : la poétique de la théorie*, Doc. I.G.B., n° 27, Bordeaux, 1989.

MILLER Michaël Vincent. Préface à « Gestalt Therapy verbatim » in revue *Gestalt*, n° 1, S.F.G., automne 1990, *pp. 73-92*. New York, *Gestalt Journal*, 1989. Trad. de l'américain par Josette AILLAUD et Noël SALATHE.

MILLER Michaël Vincent. *La curiosité et ses vicissitudes*, Bordeaux, Doc. I.G.B., 1991.

MILLER Michaël Vincent. *Le transfert et au-delà*, Bordeaux, Doc. I.G.B., 1991.

MILLER Michaël Vincent. *Le terrorisme intime*, Doc. I.G.B., n° 55, Bordeaux, 1992, *14 p.*

MILLER Michaël Vincent. *Vers une psychologie de l'inconnu*, Doc. I.G.B., n° 58, Bordeaux, 1992, *21 p.*

MILLER Michaël Vincent. Réflexions élégiaque sur Isadore FROM, in revue *Gestalt*, n° 9, S.F.G., Paris, décembre 1995, *pp. 129-138*.

MILLER Michaël Vincent. *L'amour terroriste*. Laffont, Paris, 1996, *240 p.* Trad. de *Intimate Terrorism*, N.Y., 1995.

MILLER Michaël Vincent. Perls était-il méchant ?, in *Cahiers de Gestalt-thérapie*, n° 2, éd. C.F.G.T., Paris, avril 1997, *pp. 41-52*.

MILLER Michaël. *Apprendre à flirter à un paranoïaque*, L'Exprimerie, Bordeaux, 2003.

MIRON Louise. Commentaire gestaltiste sur l'état des lieux, in *Revue québécoise de Gestalt*, vol. 1, n° 2, Montréal, 1993, *pp. 124-126*.

MIRON Louise. Entre la détresse et l'enchantement ; exploration au pays de la psychothérapie de l'enfant, in *Revue québécoise de Gestalt*, vol. 1, n° 3, 1995, *pp. 67-77*.

MOINE Marie-Hélène. Analyse du livre d'André MOREAU : *Défrichez votre passé, pour y voir clair maintenant*, in revue *Gestalt*, n° 16, S.F.G., Paris, juin 1999, *pp. 172-175*.

MONTERO-CUE Lola. *L'animal créateur : essai sur la création artistique.* Mémoire de fin d'études. E.P.G., Paris, 1999, *54 p.*

MOREAU André. Et voilà un Kibboutz-groupe, in *Acta Psychiatrica Belg.*, 1976, *pp. 617-631*.

MOREAU André. La Gestalt-thérapie, prolongement de la psychanalyse, in *Acta Psychiatrica Belg.*, 1980, *pp. 805-838.*

MOREAU André. *La Gestalt Thérapie, chemin de vie*, Paris, Maloine, 1983, *207 p.*

MOREAU André. *Gestalt, Prolongement de la psychanalyse*, Louvain-la-Neuve, Cabay, 1983, *180 p.*

MOREAU André. Relations thérapeutiques et transfert dans une thérapie communautaire (Gestalt-kibboutz) in *La Gestalt en tant que psychothérapie*, Bordeaux, S.F.G., 1984, *pp. 143-147.*

MOREAU André. Le changement du psychiatre précède le changement de la psychiatrie, in MEYER (R.). *Portrait de Groupe avec psychiatre*, Paris, Maloine, 1985, *pp. 97-116.*

MOREAU André. *Auto-thérapie assistée par la Gestalt, l'A.T., la thérapie brève et l'entr'aide*, Doc. reprogr. 1990.

MOREAU André. Introjection-Projection-Transfert, in *Bulletin de la S.F.G.*, n° 21-22, été 1990, *pp. 40-45.*

MOREAU André. Effet placebo en psychothérapie, in revue *Gestalt*, n° 10, S.F.G., Paris, été 1996, *pp. 65-74.*

MOREAU André. Introjection, projection et transfert, in revue Gestalt, n° 12, S.F.G., Paris, hiver 1997, *pp. 81-104.*

MOREAU-CLANET Martine. Gestalt-théâtre et Adolescents, in *La Gestalt et ses différents champs d'application*, Paris, S.F.G., 1986, *pp. 141-153.*

MOREAU-CLANET Martine. Gestalt-théâtre : une ouverture pour l'adolescent, in *Bulletin de la S.F.G.*, n° 17, automne 1988, *pp. 24-29.*

MORPHY Robert. *Une vision intime de la névrose obsessionnelle (une thérapie de Laura Perls)*, Bordeaux, Doc. I.G.B., 1991.

MORRONE Vincenzo. *L'influence de Karen Horney sur F. Perls*, Doc. I.G.B., n° 53, Bordeaux, 1992.

MULLER-EBERT Johanna et coll. *Narcissisme*, Bordeaux, Doc. I.G.B., 1991.

MÜLLER Bertram. La contribution d'Isadore From à la théorie et à la pratique de la Gestalt-thérapie, in revue *Gestalt*, n° 3, automne 1992, *pp. 145-162.*

NEVIS Sonia & ZINKER Joseph. Théorie gestaltiste des interactions dans le couple et dans la famille, in *Document du G.I. of Cleveland*, 1981. Trad. de l'américain par M. KATZEFF, Bruxelles, Multiversité, 1982, *21 p.*

NEVIS Sonia et ROBINE J. Marie. Un entretien avec Sonia M. Nevis, in revue *Gestalt*, n° 5, automne 1995, *pp. 7-21.*

OAKLANDER Violet. *Fenêtre ouverte sur nos enfants* (U.S.A. 1978). Traduit par Catherine MORIEUX, Paris, E.P.G., 1986, *88 p.*

OACKLANDER Violet. Gestalt-thérapie d'enfants, in *Gestalt Journal*, vol. IX, n° 2, 1986, Trad. de l'américain par F. ROSSIGNOL, Résumé in *Bulletin de la S.F.G.*, n° 13, 1987, *pp. 14-17.*

OAKLANDER Violet. La relation de la Gestalt-thérapie avec les enfants, in revue *Gestalt*, n° 4, printemps 1993, *pp. 9-20.*

OAKLANDER Violet. Le rosier : le dessin en psychothérapie d'enfants, in revue *Gestalt*, n° 4, printemps 1993, *pp. 102-106.*

ONFROY Agnès. Réflexions sur les paradoxes de la formation du Gestalt-thérapeute, in *La Gestalt, Bulletin de la S.F.G.*, n° 11, automne 1986, *pp. 21-22*.

PACITTO Maria-Felice. Oui, l'herméneutique nous appartient, mais..., in *Cahiers de Gestalt-thérapie*, n° 5, Paris, mars 1999, *pp. 149-158*.

PAGES Max. Interstices théoriques et transformation de soi en psychothérapie, in *Cahiers de Gestalt-thérapie*, n° 3, éd. C.F.G.T., Paris, avril 1997, *pp. 233-253*.

PAPERNOW Patricia. La thérapie gestaltiste avec les familles reconstituées, in revue *Gestalt*, n° 5, automne 1993, *pp. 105-121*.

PARLETT Malcom. Réflexions sur la théorie du champ, in *Cahiers de Gestalt-thérapie*, n° 5, Paris, mars 1999, *pp. 9-42*.

PASINI Willy. Le corps et la Gestalt-thérapie, in *Le coprs en psychothérapie*, Paris, Payot, 1981, 1993, *pp. 277-282*.

PATERNOSTRE Nicole. Fin d'une thérapie, fin d'une relation, in *La Gestalt en tant que psychothérapie*, Bordeaux, S.F.G., 1984, *pp. 141-142*.

PATERNOSTRE Nicole. L'accompagnement psychologique des patients atteints d'un cancer, in *Bulletin de la S.F.G.*, n° 13, 1987, *pp. 8-10*.

PATERNOSTRE-DE-SCHREVEL Nicole. Le Gestalt-thérapeute face au couple, in *Agenor*, Lille, 1989, *pp. 31-33*.

PAUL. Quelques souvenirs d'un père à propos d'une thérapie familiale, au début des années 1980, in revue *Gestalt*, n° 5, automne 1993, *pp. 135-137*.

PEARON Jacques. Un plus un = trois, in *Bulletin de la S.F.G.*, n° 13, 1987, *pp. 26-28*.

PEARON Jacques. Adolescence et ruptures... in *Bulletin de la S.F.G.*, n° 17, automne 1988, *pp. 30-32*.

PEARON Jacques. Féminin-Masculin, ou le couple primordial, in *Agenor*, Lille, 1989, *pp. 34-38*.

PEARON Jacques. La Symbolique ou la clef du Paradigme, in *Bulletin de la S.F.G.*, n° 16, été 1988, *pp. 44-47*.

PEARON Jacques. Ma bibliothèque « existentielle », in revue *Gestalt*, n° 17, S.F.G., Paris, décembre 1999, *pp. 135-143*.

PEARON Jacques. Nous ne sommes que de pasage..., in revue *Gestalt*, n° 17, S.F.G., Paris, décembre 1999, *pp. 145-155*.

PEÑARRUBIA Paco. Fritz Perls et le théâtre. De Max Reinhardt à quelques autres..., in revue *Gestalt*, n° 6, printemps 1994, *pp. 23-37*.

PERIOU Martine. *Un pont entre Gestalt et Bouddhisme tibétain*, Mémoire E.P.G., Paris, 1992, *40 p.*

PERIOU Martine. Entre bouddhisme et Gestalt, in *Gestalt* n° 20, S.F.G., Paris, juin 2001, *pp. 79-92*.

PERLS Fritz. *Le Moi, la Faim et l'Agressivité*, Paris, Tchou, coll. « Le corps à vivre », 1978, *334 p. (Ego, Hunger and Agression*, 1942 à Durban et 1947 à Londres).

PERLS Fritz, HEFFERLINE Ralph, GOODMAN Paul. *Gestalt-thérapie* (tomes 1 et 2), Montréal, Stanké, 1977 et 1979, *600 p. (Gestalt-therapy*, U.S.A., 1951).

PERLS Fritz. *Rêves et existence en Gestalt-thérapie*, Paris, Epi, 1972, *245 p. (Gestalt-therapy verbatim*, 1969).

PERLS Fritz. *La Gestalt mot-à-mot* (deux causeries) in *Gestalt-therapy verbatim* (U.S.A., 1969). Trad. par Claude LASTERADE, Paris, E.P.G., 1985, *34 p.*

PERLS Fritz. *Ma Gestalt-thérapie, une poubelle vue du dedans et du dehors*, Paris, Tchou, coll. « Le corps à vivre », 1976, *310 p.* (*In and Out the Garbage pail*, U.S.A., 1969).

PERLS Fritz. L'approche Gestalt (2 chapitres), in *The Gestalt Approach & Eye witness to Therapy*, N.Y., 1973. Trad. par Maurice ROCHE, Paris, E.P.G., 1986, *24 p.*

PERLS Fritz. Finding Self through Gestalt-therapy, in *La Gestalt, Bulletin de la S.F.G.*, n° 11, automne 1986, *p. 3*. Trad. par J.-Marie ROBINE.

PERLS Fritz. *Entretien avec Gloria*, Doc. dactylographié, *25 p.*

PERLS Fritz. Jalons pour la psychothérapie, in *Revue Gestalt*, n° 1, S.F.G., automne 1990, *pp. 7-28.* (Planned Psychotherapy, New York, 1946-1947). Trad. de l'américain par Brigitte de la PEYRONNIE.

PERLS Fritz. Thérapie individuelle *versus* thérapie de groupe, in *Cahiers de Gestalt-thérapie*, n° 4, éd. C.F.G.T., Paris, octobre 1998, *pp. 33-40.*

PERLS Fritz. *Gestalt-thérapie et potentialités humaines. Résolution*, Doc. I.G.B., n° 65, Bordeaux, 1992, *19 p.*

PERLS Fritz. *Une nouvelle clef pour la psychiatrie*, Doc. I.G.B., n° 69, Bordeaux, 1992, *28 p.*

PERLS Fritz. *Manuel de Gestalt-thérapie*, E.S.F., Paris 2003. (Traduction de *The Gestalt Approach* par J. Pierre DENIS, préfacée par S. GINGER.), 128 p.

PERLS Laura. Entretien avec R. KITZLER et E.M. STERN in *Voices*, vol. 18, n° 2, 1982. Trad. de l'américain par A. BERNARD et J.-M. ROBINE, Bordeaux, I.G.B., 1986, *26 p.*

PERLS Laura. *Commentaires sur les directions nouvelles*, Bordeaux, Doc. I.G.B., 1991.

PERLS Laura. *Donner et prendre*, Bordeaux, Doc. I.G.B., 1991.

PERLS Laura. Deux exemples de Gestalt-thérapie, in revue *Gestalt*, n° 2, automne 1991, *pp. 5-18.*

PERLS Laura. *Vivre à la frontière* (trad. par Jeanine Corbeil). Montréal, éd. du Reflet, 1993, *154 p.*

PERLS Laura. *Quelques questions de technique*, L'Exprimerie, Bordeaux, 2002.

PETIT Marie. Les emprunts de la Gestalt-thérapie à la Gestalt-théorie, *Mémoire Ecole des Hautes-Etudes en Sciences Humaines*, Paris, 1977.

PETIT Marie. La notion de l'homme dans la Psychologie Humaniste : conséquences théoriques et pratiques, in *Bulletin de l'A.F.P.H.*, n° 6, avril 1980, *pp. 2-3.*

PETIT Marie. *La fonction thérapeutique de l'enactment en Gestalt-thérapie*. Thèse de Doctorat de 3ᵉ cycle, Ecole des Hautes-Etudes en Sciences Sociales, Paris, octobre 1981, *330 p.*

PETIT Marie. Conception de l'homme dans la Gestalt, in *Actes du 1ᵉʳ Colloque de la S.F.G.*, Paris, 1983, *pp. 30-35.*

格式塔：接触的治疗

PETIT Marie. *La Gestalt, thérapie de l'ici et maintenant*, Paris, 5ᵉ éd. : Retz, 1996, 2ᵉ éd. : E.S.F., 1984, *184 p.*

PETIT Marie. Transfert et contre-transfert en Gestalt-thérapie, in *La Gestalt en tant que psychothérapie*, Bordeaux, S.F.G., 1984, *pp. 62-69.*

PETIT Marie. *Les problèmes éthiques de la Gestalt-thérapie*, Doc. I.G.B., Bordeaux, 1987.

PETIT Marie. Transfert, contre-transfert et aléas de la pratique, in revue *Gestalt*, n° 2, automne 1991, *pp. 96-110.*

PETIT Marie. Analyse du livre de Juston sur « Le Transfert », in revue *Gestalt*, n° 3, automne 1992, *pp. 218-220.*

PETIT Marie. *La Gestalt-thérapie et la gestion de la pulsion*, Doc. I.G.B., n° 59, Bordeaux, 1992, *23 p.*, in *Revue québécoise de Gestalt*, vol. 1, n° 2, 1993, *pp. 41-56.*

PETIT Marie. Les spécificités de la Gestalt-thérapie (table ronde), in *Bulletin de la S.F.G.*, n° 30-31, automne 1993, *pp. 32-33.*

PETIT Marie. La Gestalt-Théorie : grand-mère ou parente éloignée de la Gestalt-thérapie ?, in revue *Gestalt*, n° 6, printemps 1994, *pp. 9-21.*

PETIT Marie. Analyse du livre de J.M. DELACROIX : *Gestalt-thérapie, culture africaine, changement*, in revue *Gestalt*, n° 6, printemps 1994, *pp. 147-148.*

PETIT Marie. Le désir du psychothérapeute gestaltiste, un organisateur du champ, in *Cahiers de Gestalt-thérapie*, n° 1, éd. C.F.G.T., Paris, avril 1997, *pp. 51-62.*

PETIT Marie. La méchanceté de la supervision, in *Cahiers de Gestalt-thérapie*, n° 2, éd. C.F.G.T., Paris, avril 1997, *pp. 125-135.*

PETIT Marie. La Gestalt-thérapie et la gestion de la pulsion, in *Cahiers de Gestalt-thérapie*, n° 4, éd. C.F.G.T., Paris, octobre 1998, *pp. 117-138.*

PETIT Marie. Analyse du livre de J.M. ROBINE : *Gestalt-thérapie, la construction du soi*, in revue *Gestalt*, n° 16, S.F.G., Paris, juin 1999, *pp. 176-177.*

PETIT Marie. Ruptures, in *Cahiers de Gestalt-thérapie*, n° 6, éd. C.C.G.T., Bordeaux, novembre 1999, *pp. 119-131.*

PETIT Marie. Le cru du cul, in *Cahiers de Gestalt-thérapie*, n° 9, printemps 2001, Collège de Gestalt-thérapie, Bordeaux, *pp. 75-80.*

PETIT Marie. Sexualité, in *Cahiers de Gestalt-thérapie*, n° 9, printemps 2001, Collège de Gestalt-thérapie, Bordeaux, *pp. 3-10.*

PETIT Marie. Analyse du livre *Toi, psychiatre et ton corps*, de Jean BROUSTRA et Jean LASCOUMES, in *Cahiers de Gestalt-thérapie*, n° 9, printemps 2001, Collège de Gestalt-thérapie, Bordeaux, *pp. 209-210.*

PETIT Marie. Ruptures et fins de thérapies, in *Gestalt*, n° 21, S.F.G., Paris, décembre 2001, *pp. 43-51.*

PETRAUD Catherine. La Gestalt, *Mémoire de D.E.S.S. de Psychologie*, Université de Toulouse, 1983.

PETZOLD Hilarion. Le « Gestalt-kibboutz », modèle et méthode thérapeutique, Paris, 1970 (multigr.).

PEYRAC Dominique. L'accompagnement gestaltiste des traumatisés crâniens, in *La Gestalt, Bulletin de la S.F.G.*, n° 11, automne 1986, *p. 29.*

PEYRON-GINGER Anne. Le couple et la Gestalt-thérapie, in *La Gestalt et ses différents champs d'application*, Paris, S.F.G., 1986, *pp. 216-225.*

PEYRON-GINGER Anne. L'apport du psychodrame morénien à la Gestalt-thérapie, in *L'impact de la Gestalt dans la société aujourd'hui*, Paris, S.F.G., 1988, *pp. 271-279.*

PEYRON-GINGER Anne. La thérapie individuelle en groupe, in revue *Gestalt*, n° 1, S.F.G., automne 1990, *pp. 135-142.*

PEYRON-GINGER Anne. *Pour un psychodrame gestaltiste*, Doc. E.P.G., n° 8, Paris, 1992, *41 p.*

PEYRON-GINGER Anne. Perls et Moreno : deux frères ennemis, in revue *Gestalt*, n° 6, S.F.G., Paris, printemps 1994, *pp. 41-48.*

PEYRON-GINGER Anne. Sartre et la Gestalt, in revue *Gestalt*, n° 17, S.F.G., Paris, décembre 1999, *pp. 121-125.*

PEYRON-GINGER Anne. Analyse du livre *L'insertion par l'ailleurs*, de Denis DUBOUCHER et coll., in *Gestalt*, n° 23, S.F.G., Paris, décembre 2002, *pp. 185-187.*

PHILIPPSON Peter. *La prise de conscience, la frontière-contact et le champ*, Bordeaux, Doc. I.G.B., 1990.

PHILIPPSON Peter. Analyse critique du livre de POLSTER : *A population of selves*, in *Revue québécoise de Gestalt*, vol. 2, n° 2, 1998, *pp. 114-123.*

PHILIPPSON Peter. Psychopathologie de la vie quotidienne, in *Cahiers de Gestalt-thérapie*, n° 12, automne 2002, Collège de Gestalt-thérapie, Bordeaux, *pp. 133-143.*

PIERRET Georges. Approche médicale et approche gestaltiste, in *La Gestalt en tant que psychothérapie*, Bordeaux, S.F.G., 1984, *pp. 138-140.*

PIERRET Georges. Vengeance ou pardon ?, in *Cahiers de Gestalt-thérapie*, n° 2, éd. C.F.G.T., Paris, avril 1997, *pp. 147-162.*

PIERRET Georges. Un Gestaltiste et l'air du temps, in *1res Collégiales de Gestalt-thérapie*, 1997, *pp. 7-17.*

PIERSON M.-Louise. La Gestalt-thérapie, in *Guide des Psychothérapies*, Paris, M.A., 1987, *pp. 98-107.*

PIERZCHALA Jacek. Gestalt-thérapie en Pologne, in revue *Gestalt*, n° 6, printemps 1994, *pp. 141-144.*

PIN-DELACROIX Agnès. *La Gestalt avec les enfants*, Grenoble, I.G.G., 1982, *5 p.*

PIN-DELACROIX Agnès. Une ouverture vers... in *La Gestalt, qu'est-ce que c'est ?*, I.G.G., Grenoble, 1985.

PIN-DELACROIX Agnès. Rôle, message et finalité des émotions à travers la psychothérapie gestaltiste, in *L'impact de la Gestalt dans la société aujourd'hui*, Paris, S.F.G., 1988, *pp. 221-233.*

PIRIOU J.-Paul. La psychothérapie gestaltiste : une thérapie existentielle, in *Bulletin de la S.F.G.*, n° 14, novembre 1987, *pp. 4-10.*

PIRIOU J.-Paul. La psychothérapie constructive d'Otto Rank, in *Bulletin de la S.F.G.*, n° 14, novembre 1987, *pp. 23-28.*

PIRIOU Jean-Paul. Créativité, volonté, psychothérapie. Otto Rank et la Gestalt-thérapie, in revue *Gestalt*, n° 7, automne 1994, *pp. 53-60.*

PIRIOU Jean-Paul. Remarques sur la relation thérapeutique avec des patients narcissiques, in *Cahiers de Gestalt-thérapie*, n° 6, éd. C.C.G.T., Bordeaux, novembre 1999, *pp. 41-52.*

PIRIOU Jean-Paul. Analyse du livre *Gestalt-thérapie*, de PERLS, HEFFERLINE & GOODMAN, traduit par Jean-Marie ROBINE, in *Cahiers de Gestalt-thérapie*, n° 11, printemps 2002, Collège de Gestalt-thérapie, Bordeaux, *pp. 261-264.*

PIVIDAL Claude. *Gestalt et alcoolisme*, Mémoire E.P.G., Paris, 1989, *52 p.*

PLESSIS Marina. La Gestalt du mouvement, in *La Gestalt, Bulletin de la S.F.G.*, n° 11, automne 1986, *pp. 16-20.*

PLESSIS Roland. Ma pratique de la Gestalt en lieu de vie, in *La Gestalt, Bulletin de la S.F.G.*, n° 11, automne 1986, *pp. 23-27.*

PLOUFFE Jean-Pierre. Les blessures viriles : vers une Gestalt de l'identité masculine, in *Revue Québécoise de Gestalt*, vol. 5, Montréal, 2002.

POLSTER Erving & Miriam. La Gestalt, nouvelles perspectives théoriques et choix thérapeutiques et éducatifs, Montréal, Le jour, 1983, *330 p.* Trad. par Michel KATZEFF de *Gestalt Therapy Integrated*, U.S.A., 1973.

POLSTER Miriam. Le langage de l'expérience, in *Cahiers de Gestalt-thérapie*, n° 12, automne 2002, Collège de Gestalt-thérapie, Bordeaux, *pp. 5-15.*

PONS Henri. *Ma Gestalt-thérapie*, Paris, coll. document E.P.G., 1988, *84 p.*

PONS Henri. Quelques images d'Epinal de la folie vue par un Gestaltiste, in *Bulletin de la S.F.G.*, n° 16, été 1988, *pp. 19-22.*

PORÉE Jérôme. Angoisse en souffrance. Altération de la temporalité et emphase pathologique de la présence dans la dépression, in *Cahiers de Gestalt-thérapie*, n° 12, automne 2002, Collège de Gestalt-thérapie, Bordeaux, *pp. 79-94.*

POUPARD Danielle. Finir : réflexions à propos du processus de clôture, in *Revue québécoise de Gestalt*, vol. 1, n° 2, *p. 93.*

POUPARD Danielle. L'interminable quête de la perfection, ou la recette infaillible du mal-être, in *Revue québécoise de Gestalt*, vol. 2, n° 1, 1997, *pp. 37-56.*

POUPARD Danielle et RHÉAUME Jacques. Récits de vie en groupe et Gestalt : roman familial et trajectoires sociales, in *Revue Québécoise de Gestalt*, vol. 5, Montréal, 2002.

PRADEILLES Jean-Louis. Approche gestaltiste de l'eau, in *Bulletin de la S.F.G.*, n° 17, automne 1988, *pp. 47-50.*

PRADEILLES Jean-Louis et COLIN Patrick. Peut-on parler de passage à l'acte du psychothérapeute en Gestalt-thérapie ? in *Bulletin de la S.F.G.*, n° 24-25, été 1991, *pp. 52-69.*

PRADEILLES Jean-Louis. Inconscient, quel inconscient ?, in *Cahiers de Gestalt-thérapie*, n° 0, éd. C.F.G.T., Paris, septembre 1996, *pp. 31-48.*

PRUES Didier. L'Énergie, le Toucher et la Gestalt, in *La Gestalt et ses différents champs d'application*, Paris, S.F.G., 1986, *pp. 226-234.*

PRUES Didier. Le corps et l'énergie : le transpersonnel et la Gestalt, in *L'impact de la Gestalt dans la société aujourd'hui*, Paris, S.F.G., 1988, *pp. 1235-1241.*

PUJOL Mercé. Les médiateurs en thérapie d'enfants, in *Bulletin de la S.F.G.*, n° 17, Paris, automne 1988, *pp. 43-46.*

QUINTON Philippe. *La paternité*, Paris, E.P.G., 1991, *66 p.*

RACINE P. Gestalt et croissance personnelle, in *L'orientation profession-nelle*, XI, 3, Montréal, mai 1975.

RACINE P. Gestalt et croissance personnelle, in *L'orientation profession-nelle*, XI, 3, juillet 1975, *pp. 214-220.*

RAMS Alberto. Introduction à la Thérapie transitionnelle. Traduction Elysée ALARY et Claude CHENAUD, Paris, E.P.G., 1983.

RAMS Alberto. Développements en sexothérapie gestaltique-transitionnelle, Barcelone, 1984 (chez l'auteur), *31 p.*

RAMS Alberto. Le voyage de l'argile : une lecture transitionnelle, Barcelone, 1984 (chez l'auteur), *26 p.*

RANJARD Patrice. Gestalt et groupe, in revue *Gestalt*, n° 13-14, S.F.G., Paris, mai 1998, *pp. 145-175.*

RANJARD Patrice. A propos de l'article de Fairbairn : *Traitement et réha-bilitation des délinquants sexuels*, in revue *Gestalt*, n° 15, S.F.G., Paris, décembre 1998, *pp. 109-113.*

RANJARD Patrice. Analyse du livre de Ronald FAIRBAIRN : *Etudes psycha-nalytiques de la personnalité*, in revue *Gestalt*, n° 15, S.F.G., Paris, décembre 1998, *pp. 164-165.*

RANJARD Patrice. Acte et contact, in revue *Gestalt*, n° 17, S.F.G., Paris, décembre 1999, *pp. 75-91.*

RANJARD Patrice. Analyse du livre de Boris CYRUNIK : *Un merveilleux malheur*, in revue *Gestalt*, n° 17, S.F.G., Paris, décembre 1999, *pp. 179-180.*

RANJARD Patrice. De la matière à l'Esprit, sans renier la matière, in *Gestalt*, n° 20, S.F.G., Paris, juin 2001, *pp. 43-59.*

RANJARD Patrice. Analyse du livre *Les vilains petits canards*, de Boris CYRULNIK in *Gestalt*, n° 21, S.F.G., Paris, décembre 2001, *pp. 191-193.*

RANJARD Patrice. Propos d'une pionnière de la psychologie humaniste : entretien avec Anne ANCELIN-SCHÜTZENBERGER, in *Gestalt*, n° 22, S.F.G., Paris, juin 2002, *pp. 37-47.*

RANJARD Patrice. Analyse du livre *Ne plus savoir. Phénoménologie de la Psychothérapie*, de Jacques BLAIZE, in *Gestalt*, n° 22, S.F.G., Paris, juin 2002, *pp. 188-190.*

RAULIER Jean. Le contre-transfert érotique : de l'angoisse au savoir-faire poétique, in *La Gestalt en tant que psychothérapie*, Bordeaux, S.F.G., 1984, *pp. 70-76.*

REBILLOT Paul. Mythes, groupes, Gestalt, in *Cahiers de Gestalt-thérapie*, n° 4, éd. C.F.G.T., Paris, octobre 1998, *pp. 183-196.*

RECH Roland. Zen et Gestalt, in *Gestalt*, n° 19, S.F.G., Paris, décembre 2000, *pp. 15-37.*

RECOQUE Françoise. Dame Gestalt au Pays des granules (Gestalt et homéopathie), in *Bulletin de la S.F.G.*, n° 16, été 1988, *pp. 23-24.*

RECOQUE Françoise. *Homéopathie et Gestalt*, Paris, E.P.G., 1989, *45 p.*

REGAMEY Paola. La Gestalt, in *Psychothérapie des victimes*, Dunod, Paris, 1998.

REINECKE Dominik. La perception en Gestalt-thérapie, *Mémoire de Licence*, Option Psychothérapie de groupe. Université Paris VII, juin 1985, *37 p.*

REINECKE Dominik. « La liberté » : Gestalt-thérapie en psychiatrie, *Mémoire de maîtrise*, Paris VII, septembre 1986, *55 p.*

REMAUD Jean-Pierre. *Du corps à la parole ou de la parole au corps ?*, Paris, coll. document E.P.G., 1990, *51 p.*

REMAUD Jean-Pierre et GRAND-DUFEIL Marie. La parole du corps, in *Bulletin de la S.F.G.*, n° 24-25, été 1991, *pp. 50-51.*

RENSON Marcel. La supervision des travailleurs sociaux : une nouvelle approche à partir de la Gestalt, in *Revue d'Action Sociale*, n° 3, juin 1981, *pp. 14-31.*

ROBERT Gisèle. Le dessin du rêve dans le tracé des contours du corps : une nouvelle méthode d'exploration du rêve, in *Revue Québécoise de Gestalt*, vol. 4, Montréal, 2000.

ROBINE Cécile. L'ajustement créateur dans la relation thérapeutique, in *La Gestalt en tant que psychothérapie*, Bordeaux, S.F.G., 1984, *pp. 127-137.*

ROBINE Cécile. Individu et système en psychothérapie, in *La Gestalt*, *Bulletin de la S.F.G.*, n° 11, automne 1986, *p. 4.*

ROBINE Cécile. Travail sur la structure familiale et le couple parental lors d'une demande de thérapie pour un enfant, in *Agenor*, Lille, 1989, *pp. 39-48.*

ROBINE Jean-Marie & PANTERNE Cécile. Fondements d'une pratique existentielle, in *Thérapie Psychomotrice*, n° 37, janvier 1978, *pp. 3-8.*

ROBINE Jean-Marie. La Gestalt-thérapie familiale, in *Le Groupe Familiale*, n° 93, Paris, 1981, *pp. 75-77.*

ROBINE Jean-Marie. *Gestalt-thérapie familiale*, Bordeaux, I.G.B., 1981, *3 p.*

ROBINE Jean-Marie. Figures de la Gestalt-thérapie, in *Le Projet en psychothérapie par le corps et par l'image*, Paris, E.S.F., 1983, *pp. 18-41.*

ROBINE Jean-Marie. *Théorie du changement et de la croissance en Gestalt-thérapie*, Bordeaux, I.G.B., 1983, *10 p.*

ROBINE Jean-Marie. La Gestalt-thérapie, théorie et clinique phénoménologiques, in *Actes du 1er Colloque de la S.F.G.*, Paris, 1983, *pp. 36-43.*

ROBINE Jean-Marie. La Gestalt-thérapie comme métaphore du toucher, in *Pratiques corporelles*, n° 61, novembre 1983, *pp. 21-22.*

ROBINE Jean-Marie. La Gestalt et l'expérience du contact, in *Actes du 1er Symposium international de Terapia Gestalt*, Barcelone, 1983.

ROBINE Jean-Marie. La Gestalt-thérapie, une théorie et une clinique phénoménologiques, in *Psychothérapies*, janvier-février 1984, *pp. 37-42.*

ROBINE Jean-Marie. Fragments théoriques de la Gestalt-thérapie, in *Le Journal des Psychologues*, n° 19, juillet-août 1984, *pp. 27-29.*

ROBINE Jean-Marie. Une esthétique de la psychothérapie, in *La Gestalt en tant que psychothérapie*, Bordeaux, S.F.G., 1984, *pp. 15-21.*

ROBINE Jean-Marie. Usages et mésusages de la projection en Gestalt-thérapie, in *La Gestalt en tant que psychothérapie*, Bordeaux, S.F.G., 1984, *pp. 124-126.*

ROBINE Jean-Marie. Variations pour une forme et un soupir, in *Art et Thérapie*, n° 15, juillet 1985, *pp. 88-89.*

ROBINE Jean-Marie. Les modes d'intervention en Gestalt, in *La Gestalt, qu'est-ce que c'est ?*, I.G.G., Grenoble, 1985.

ROBINE Jean-Marie. Quel avenir pour la Gestalt-thérapie ?, in *La Gestalt et ses différents champs d'application*, Paris, S.F.G., 1986, *pp. 55-70.*

ROBINE Jean-Marie. Esthétique de la psychothérapie, in *Psychothérapies*, Bordeaux, vol. VI, n° 3, 1986.

ROBINE Jean-Marie. Naissance du concept d'introjection : Ferenczi, 1908, in *La Gestalt, Bulletin de la S.F.G.*, n° 10, 1986.

ROBINE Jean-Marie. Ethique et esthétique de la Gestalt-thérapie, Doc. I.G.B., Bordeaux, 1986.

ROBINE Jean-Marie. La frontière-contact entre Gestalt-thérapie et psychanalyse, in *Psychanalyse et thérapies psycho-corporelles*, Doc. I.G.B., Bordeaux, 1986.

ROBINE Jean-Marie. Comment penser la psychopathologie en Gestalt-thérapie, in *L'impact de la Gestalt dans la société aujourd'hui*, Paris, S.F.G., 1988, *pp. 145-149.*

ROBINE Jean-Marie. Rêver le dire et dire le rêve, in *Le Journal des psychologues*, n° 54, 1988, *2 p.*

ROBINE Jean-Marie. *Formes pour la Gestalt-thérapie (Ecrits 1979-1987)*, Bordeaux, I.G.B., 1989, *172 p.*

ROBINE Jean-Marie. Notes sur le « contact » en Gestalt-thérapie, in *Bulletin de la S.F.G.*, n° 19, été 1989, *pp. 6-10.*

ROBINE Jean-Marie. Psychothérapie du lien familial, in *Agenor*, Lille, 1989, *pp. 5-21.*

ROBINE Jean-Marie. La névrose du champ, in *Bulletin de la S.F.G.*, n° 21-22, été 1990, *pp. 46-63.*

ROBINE Jean-Marie. Le contact, expérience première, in revue *Gestalt*, n° 1, S.F.G., automne 1990, *pp. 31-42.*

ROBINE Jean-Marie. Transfert et contre-transfert en Gestalt-thérapie (entretien avec Didier JUSTON), Doc. I.G.B.

ROBINE Jean-Marie. Transfert et contre-transfert en Gestalt-thérapie, in *Bulletin de la S.F.G.* n° 21-22, été 1990, *pp. 6-7.*

ROBINE Jean-Marie. De la Supervision, in *Bulletin de la S.F.G.*, n° 23, hiver 1990-1991, *pp. 20-24.*

ROBINE Jean-Marie. Comprendre la direction de sens et autres fonctions du ça, Bordeaux, Doc. I.G.B., 1991.

ROBINE Jean-Marie. La honte, rupture de confluence, in revue *Gestalt*, n° 2, automne 1991, *pp. 19-34.*

ROBINE Jean-Marie. Paul Goodman, architecte de la Gestalt-thérapie, in revue *Gestalt*, n° 3, automne 1992, *pp. 3-6.*

ROBINE Jean-Marie. Goodman, une biographie, une bibliographie, in revue *Gestalt*, n° 3, automne 1992, *pp. 11-14.*

ROBINE Jean-Marie. Un album d'entretiens (sur Goodman), in revue *Gestalt*, n° 3, automne 1992, *pp. 101-142.*

ROBINE Jean-Marie. La Gestalt-thérapie, prototype de la psychothérapie de demain, in revue *Gestalt*, n° 3, automne 1992, *pp. 197-209.*

ROBINE Jean-Marie. *De l'étonnement en psychothérapie*, Doc. I.G.B., n° 63, Bordeaux, 1992, *14 p.*

ROBINE Jean-Marie. Introduction aux Journées d'Etudes, in *Bulletin de la S.F.G.*, n° 28-29, automne 1993, *pp. 4-5.*

ROBINE Jean-Marie. Les spécificités de la Gestalt-thérapie (table ronde), in *Bulletin de la S.F.G.*, n° 30-31, automne 1993, *pp. 29-33.*

ROBINE Jean-Marie. *La Gestalt-thérapie*, Paris, Morisset, 1994, *60 p.*

ROBINE Jean-Marie. *De l'étonnement en psychothérapie*, Doc. I.G.B., n° 63, Bordeaux, 1992, *14 p.* et *Revue québécoise de Gestalt*, vol. 1, n° 3, 1994, *pp. 31-39.*

ROBINE Jean-Marie. L'éco-niche, essai sur la théorie du champ de la Gestalt-thérapie, in revue *Gestalt*, n° 5, automne 1993, *pp. 25-46.*

ROBINE Jean-Marie. Le passé composé, in revue *Gestalt*, n° 6, printemps 1994, *pp. 3-6.*

ROBINE Jean-Marie. Le Holisme de J.C. Smuts, in revue *Gestalt*, n° 6, printemps 1994, *pp. 79-91.*

ROBINE J.-Marie. Analyse du livre de Max PAGÈS : *Psychothérapie et complexité*, et du livre de Marie-Louise PIERSON : *Guide des psychothérapies*, in revue *Gestalt*, n° 6, printemps 1994, *pp. 151* et *154.*

ROBINE Jean-Marie. Un au-revoir à Isadore FROM, in revue *Gestalt*, n° 7, automne 1994, *pp. 145-146.*

ROBINE Jean-Marie. Introduction aux travaux de l'atelier européen de recherches théorico-cliniques de l'Institut Français de Gestalt-thérapie, in revue *Gestalt*, n° 8, S.F.G., Paris, été 1995, *pp. 7-8.*

ROBINE Jean-Marie. Théoriser ce qui toujours échappera, in revue *Gestalt*, n° 8, S.F.G., Paris, été 1995, *pp. 9-15.*

ROBINE Jean-Marie. L'insu porté dans la relation, in revue *Gestalt*, n° 8, S.F.G., Paris, été 1995, *pp. 99-123.*

ROBINE Jean-Marie. Analyse des livres de Taylor STOEHR : *Here, Now, Next* et de Gary YONTEF : *Awareness. Dialogue and Process*, in revue *Gestalt*, n° 8, été 1995, *pp. 152-154.*

ROBINE Jean-Marie. L'awareness, connaissance immédiate et implicite du champ, in *Cahiers de Gestalt-thérapie*, n° 0, éd. C.F.G.T., Paris, septembre 1996, *pp. 57-82.*

ROBINE Jean-Marie. Anxiété et construction des Gestalts, in *Cahiers de Gestalt-thérapie*, n° 1, éd. C.F.G.T., Paris, avril 1997, *pp. 99-124.*

ROBINE Jean-Marie. Comprendre la direction de sens et autres fonctions du ça, in *Cahiers de Gestalt-thérapie*, n° 3, éd. C.F.G.T., Paris, avril 1997, *pp. 49-60.*

ROBINE Jean-Marie. Groddeck, la topique utopique, in *Cahiers de Gestalt-thérapie*, n° 3, éd. C.F.G.T., Paris, avril 1997, *pp. 97-102.*

ROBINE Jean-Marie. La Gestalt-thérapie va-t-elle oser développer son paradigme post-moderne ?, in *Collégiales de Gestalt-thérapie*, 1998, *pp. 43-71.*

ROBINE Jean-Marie. Théorie et pratique du groupe ; théorie et pratique de la Gestalt-thérapie, in *Cahiers de Gestalt-thérapie*, n° 4, éd. C.F.G.T., Paris, octobre 1998, *pp. 41-52.*

ROBINE Jean-Marie. *Gestalt-thérapie. La construction du soi.* L'Harmattan, Paris, 1998, *270 p.*

ROBINE Jean-Marie. La Gestalt-thérapie va-t-elle oser s'engager dans la voie post-moderne ?, in *Cahiers de Gestalt-thérapie*, n° 5, Paris, mars 1999, *pp. 59-82.*

ROBINE Jean-Marie. *S'apparaître dans l'ouvert de la situation,* Mini-bibliothèque, L'Exprimerie, Bordeaux, 2000, *24 p.*

ROBINE Jean-Marie. Il y a quelqu'un ? in *Revue Québécoise de Gestalt*, vol. 3, Montréal, 1999.

ROBINE Jean-Marie. S'apparaître dans l'ouvert de la situation, in *Cahiers de Gestalt-thérapie*, n° 8, automne 2000, Collège de Gestalt-thérapie, Bordeaux, *pp. 37-53.*

ROBINE Jean-Marie. Une histoire d'Adam, Eve et de quelques autres, in *Cahiers de Gestalt-thérapie*, n° 7, printemps 2000, Collège de Gestalt-thérapie, Bordeaux, *pp. 3-8.*

ROBINE Jean-Marie. À propos de l'analyse du livre *Vouloir sa vie,* de Gonzague MASQUELIER. Éthique, tics et tact, in *Cahiers de Gestalt-thérapie*, n° 8, automne 2000, Collège de Gestalt-thérapie, Bordeaux, *pp. 201-202.*

ROBINE Jean-Marie. Analyse du livre *Les gestes,* de Vilem FLUSSER, in *Cahiers de Gestalt-thérapie*, n° 9, printemps 2001, Collège de Gestalt-thérapie, Bordeaux, *pp. 215-216.*

ROBINE Jean-Marie & BLAIZE Jacques. Avoir commencé-Finir-Commencer-Continuer, in *Cahiers de Gestalt-thérapie*, n° 11, printemps 2002, Collège de Gestalt-thérapie, Bordeaux, *pp. 7-11.*

ROBINE Jean-Marie. Du champ à la situation, in *Cahiers de Gestalt-thérapie*, n° 11, printemps 2002, Collège de Gestalt-thérapie, Bordeaux, *p. 211-225.*

ROBINE Jean-Marie. L'intentionnalité, en chair et en os. Vers une psychopathologie du précontact, in *Cahiers de Gestalt-thérapie*, n° 12, automne 2002, Collège de Gestalt-thérapie, Bordeaux, *pp. 145-171.*

ROBINE Jean-Marie. Lignes du temps. Quelques résonances au concept de régression, in *Gestalt*, n° 23, S.F.G., Paris, décembre 2002, *pp. 13-20.*

ROCHETTE Rosine. *Gestalt-théâtre.* Mémoire de fin d'études. E.P.G., Paris, 1990, *140 p.*

ROLLAND Germain. « Il était une fois », du travail thérapeutique en groupe avec les jeunes enfants, in *Cahiers de Gestalt-thérapie*, n° 4, éd. C.F.G.T., Paris, octobre 1998, *pp. 153-164.*

ROSENBLATT Daniel. *Des portes qui s'ouvrent : ce qui se passe en Gestalt-thérapie* (New York, 1975). Traduit par Martine LICHTENBERGER, Paris, E.P.G., 1986, *131 p.*

ROSIER Anne. Le corps dans l'espace thérapeutique gestaltiste, in *La Gestalt en tant que psychothérapie*, Bordeaux, S.F.G., 1984, *pp. 84-88.*

ROSSIGNOL Françoise. *Y a-t-il une Gestalt-thérapie d'enfants ?*, in *Bulletin de la S.F.G.*, n° 13, 1987, *pp. 17-20.*

ROSSIGNOL Françoise. Le bilan psychologique en guidance infantile : vers un espace expérientiel, in *L'impact de la Gestalt dans la société aujourd'hui*, Paris, S.F.G., 1988, *pp. 57-70.*

ROSSIGNOL Françoise. Clinique corporelle de la confluence mère-enfant, in *Bulletin de la S.F.G.*, n° 24-25, été 1991, *pp. 37-49.*

ROSSIGNOL Françoise. Questionnement sur les théories du développement, in revue *Gestalt*, n° 4, printemps 1993, *pp. 23-42.*

ROSSIGNOL Françoise. Propos sur la créativité, in revue *Gestalt*, n° 10, S.F.G., Paris, été 1996, *pp. 7-15.*

ROSSIGNOL Françoise. Résistances : état des lieux. Un conflit prématurément pacifié, in revue *Gestalt*, n° 11, S.F.G., Paris, printemps 1997, *pp. 5-34.*

ROSSIGNOL Françoise. Editorial : résistances (suite), in revue *Gestalt*, n° 12, S.F.G., Paris, hiver 1997, *pp. 3-13.*

ROSSIGNOL Françoise. Analyse du livre de Serge GINGER : *La Gestalt : l'art du contact*, in revue *Gestalt*, n° 12, S.F.G., Paris, hiver 1997, *pp. 168-174.*

ROSSIGNOL Françoise. Analyse des livres de Marie DARRIEUSSECQ : *Truïsme*, et de Pierre VAN DAMME : *Espace et groupe thérapeutique d'enfants*, in revue *Gestalt*, n° 12, S.F.G., Paris, hiver 1997, *pp. 174-178.*

ROSSIGNOL Françoise. Editorial : pratiques gestaltistes... engagements, in revue *Gestalt*, n° 13-14, S.F.G., Paris, mai 1998, *pp. 3-8.*

ROSSIGNOL Françoise. Editorial : abus, violences, traumatismes, in revue *Gestalt*, n° 15, S.F.G., Paris, décembre 1998, *pp. 3-8.*

ROSSIGNOL Françoise. Editorial : abus, violences, traumatismes (suite), in revue *Gestalt*, n° 16, S.F.G., Paris, juin 1999, *pp. 3-8.*

ROSSIGNOL Françoise. Analyse du livre de Patrice RANJARD : *L'individualisme, un suicide culturel*, in revue *Gestalt*, n° 16, S.F.G., Paris, juin 1999, *pp. 177-181.*

ROSSIGNOL Françoise. Editorial : l'existentiel, in revue *Gestalt*, n° 17, S.F.G., Paris, décembre 1999, *pp. 3-10.*

ROSSIGNOL Françoise. Analyse du livre *L'histoire en héritage, roman familial et trajectoire sociale*, de Vincent DE GAULEJAC, in *Gestalt*, n° 18, S.F.G., Paris, juin 2000, *pp. 192-196.*

ROSSIGNOL Françoise. Analyse du livre *La fin de la plainte* de F. ROUSTANG, in *Gestalt*, n° 20, S.F.G., Paris, juin 2001, *pp. 175-177.*

ROSSIGNOL Françoise. Séparations. Éditorial, in *Gestalt*, n° 21, S.F.G., Paris, décembre 2001, *pp. 3-7.*

RUITENBEEK H.M. L'expérience d'Esalen, un triomphe pour la Gestalt, in *Les nouveaux groupes de thérapie*, Paris, Epi, 1973, *pp. 85-110.*

ST. JACQUES-LEVAC Pauline. Les relations amoureuses, in *Emergence*, vol. 3, n° 1, Montréal, 1993, *pp. 4-6.*

SALATHÉ Noël. *Coup d'œil sur la psychothérapie gestaltiste*, Cannes, Gestalt-Méditerranée, 1983, *70 p.*

SALATHÉ Noël. La Gestalt, une philosophie clinique, in *Actes du 1er Colloque de la S.F.G*, Paris, 1983, *pp. 16-29.*

SALATHÉ Noël. Quels sont nos besoins, nos pratiques, nos réflexions en matière de supervision, in *La Gestalt et ses différents champs d'application*, Paris, S.F.G., 1986, *pp. 121-140.*

SALATHÉ Noël. *Précis de Gestalt-thérapie*. Paris, Amers, 1987, *96 p.*

SALATHÉ Noël. *Aperçu sur les caractères (éléments pour une nosographie gestaltiste)*, Paris, Amers, 1988, *58 p.*

SALATHÉ Noël. *Psychothérapie existentielle : une perspective gestaltiste*, Genève, Amers, 1991, *140 p.*, 2e édition, revue et augmentée, 1995, *174 p.*

SALATHÉ Noël. Le chemin thérapeutique, in *Regards gestaltistes sur la psychopathologie*, S.F.G., Lille, 1994, *pp. 125-134.*

SALATHÉ Noël. Le verbe qui parlait la Gestalt s'est tû, in revue *Gestalt*, n° 7, automne 1994, *pp. 143-144.*

SALATHÉ Noël. Les données existentielles fondamentales en psychothérapie, in revue *Gestalt*, n° 11, S.F.G., Paris, printemps 1997, *pp. 135-152.*

SALATHÉ Noël. Liberté — Limitation, le champ de la responsabilité, in revue *Gestalt*, n° 17, S.F.G., Paris, décembre 1999, *pp. 13-42.*

SALATHÉ Noël. Textes choisis à propos de la relation thérapeutique conçue dans une perspective existentielle, in revue *Gestalt*, n° 17, S.F.G., Paris, décembre 1999, *pp. 127-131.*

SALONIA Giovani. Karen Horney et Frédérick Perls : de la psychologie interpersonnelle à la thérapie du contact, in revue *Gestalt*, n° 7, automne 1994, *pp. 41-52.*

SALONIA Giovanni. *Temps et relation*, L'Exprimerie, Bordeaux, 2002.

SARDA-DE-WOENSEL Manon. *Lettre à ma fille psychotique*. Mémoire de fin d'études, E.P.G., Paris, 1994, *65 p.*

SARDA VAN WŒNSEL Manon. Short Sex Story, in *Cahiers de Gestalt-thérapie*, n° 9, printemps 2001, Collège de Gestalt-thérapie, Bordeaux, *pp. 99-104.*

SARDA VAN WŒNSEL Manon. Contre-transfert, projet et deuil, in *Gestalt*, n° 21, S.F.G., Paris, décembre 2001, *pp. 53-67.*

SAUZE Max. Livres fermés, objets thérapeutiques, objets de clôture, in revue *Gestalt*, n° 9, S.F.G., Paris, décembre 1995, *pp. 139-141.*

SAUZÈDE Jean-Paul. Les mots et les silences des enfants, in revue *Gestalt*, n° 16, S.F.G., Paris, juin 1999, *pp. 114-119.*

SAUZÈDE J. P. et LAFFARGUE A. Café-psycho : un travail d'émergence et de contact, in *Gestalt*, n° 20, S.F.G., Paris, juin 2001, *pp. 163-165.*

SAUZÈDE Jean-Paul. En écho au thème « spiritualité et psychothérapie », in *Gestalt*, n° 20, S.F.G., Paris, juin 2001, *pp. 15-16.*

SAVATIER Chantal. Pratique de la Gestalt en centre maternel, in *La Marge*, n° 67, juin 1985, *pp. 19-23.*

SAVATIER Chantal. Gestalt en naissance, in *La Gestalt et ses différents champs d'application*, Paris, S.F.G., 1986, *pp. 154-182.*

SCHERRILL Robert. *Gestalt-thérapie et Gestalt-psychologie*, Doc. I.G.B., n° 66, Bordeaux, 1992, *20 p.*

SCHERRILL Robert. *Gestalt-thérapie, et Gestalt-psychologie*, L'Exprimerie, Bordeaux, 2002.

SCHOCH de NEUFORN Sylvie. Analyse du livre de Latner sur « La Gestalt », in revue *Gestalt*, n° 3, automne 1992, *pp. 223-224.*

SCHOCH DE NEUFORN Sylvie. La philosophie du dialogue chez Martin Buber et son apport à la Gestalt-thérapie in revue *Gestalt*, n° 6, printemps 1994, *pp. 107-127.*

SCHOCH DE NEUFORN Sylvie. La présence, une forme de soutien en Gestalt-thérapie, in *Cahiers de Gestalt-thérapie*, n° 0, éd. C.F.G.T., Paris, septembre 1996, *pp. 83-104.*

SCHOCH DE NEUFORN Sylvie. Douleur et souffrance dans le champ, in *Cahiers de Gestalt-thérapie*, n° 3, éd. C.F.G.T., Paris, avril 1997, *pp. 201-221.*

SCHOCH DE NEUFORN Sylvie. Comment penser le champ dans la clinique gestaltiste ?, in *Cahiers de Gestalt-thérapie*, n° 5, Paris, mars 1999, *pp. 43-58.*

SCHOCH DE NEUFORN Sylvie. *L'approche dialogale en Gestalt-thérapie*, L'Exprimerie, Bordeaux, 1999.

SCHOCH DE NEURFORN Sylvie. Petite méditation à propos du sexe, de l'altérité et de la nouveauté, in *Cahiers de Gestalt-thérapie*, n° 9, printemps 2001, Collège de Gestalt-thérapie, Bordeaux, *pp. 47-52.*

SCHOCH DE NEURFORN Sylvie. *Un dialogue thérapeutique*, L'Exprimerie, Bordeaux, 2003, *164 p.*

SEE J.-Claude. Gestalt : l'entrée ouverte au Palais fermé du Roi, in *Sexpol*, n° 29-30, 1979, *pp. 34-35.*

SELZ Ariane. Honte, étrangeté et judaïsme, in *Cahiers de Gestalt-thérapie*, n° 7, printemps 2000, Collège de Gestalt-thérapie, Bordeaux, *pp. 171-200.*

SELZ Ariane. Analyse du livre *L'agir sexuel en thérapie. Traitement et réadaptation du thérapeute déviant*, d'Herbert STREAM, in *Cahiers de Gestalt-thérapie*, n° 9, printemps 2001, Collège de Gestalt-thérapie, Bordeaux, *pp. 197-200.*

SELZ Ariane. Analyse du livre *La vie commune, essai d'anthropologie générale*, de S. TODOROV, in *Cahiers de Gestalt-thérapie*, n° 9, printemps 2001, Collège de Gestalt-thérapie, Bordeaux, *pp. 211-213.*

SELZ Ariane. Analyse du livre *Des interprétations du rêve. Psychanalyse, herméneutique, Dasein analyse*, de Hervé MESOT, in *Cahiers de Gestalt-thérapie*, n° 10, automne 2001, Collège de Gestalt-thérapie, Bordeaux, *pp. 213-233.*

SELZ Ariane. C'est quand le début, quand la fin ? in *Cahiers de Gestalt-thérapie*, n° 11, printemps 2002, Collège de Gestalt-thérapie, Bordeaux, *pp. 23-31.*

SELZ Ariane. Histoires d'amour retenu, in *Cahiers de Gestalt-thérapie*, n° 12, automne 2002, Collège de Gestalt-thérapie, Bordeaux, *pp. 117-131.*

SEVIGNY R. Vers une nouvelle pratique, in *La Santé Mentale au Québec*, IV, 1, Montréal, juin 1979, *pp. 62-72*.

SEYS Bertrand. Quand ça résonne entre Gestalt-thérapie et Théorie des systèmes, in *Cahiers de Gestalt-thérapie*, n° 4, éd. C.F.G.T., Paris, octobre 1998, *pp. 165-181*.

SHEPARD Martin. *Le père de la Gestalt : dans l'intimité de Fritz Perls*, Montréal, Stanké, 1980, *237 p.* Trad. de *Fritz : an intimate portrait...* (U.S.A., 1975).

SICARD Joëlle. Gestalt et tradition celte, in *3ᵉ Millénaire*, n° 21, juillet-août 1985, *pp. 40-43*.

SICARD Joëlle. La question du sens dans l'expérience de l'enfant, in revue *Gestalt*, n° 4, printemps 1993, *pp. 3-6*.

SICARD Joëlle. La conscience, phénomène de champ, à partir de souvenirs oubliés, in *Bulletin de la S.F.G.*, n° 30-31, automne 1993, *pp. 42-46*.

SICARD Joëlle. Le sens de l'expérience, in *Regards gestaltistes sur la psychopathologie*, S.F.G., Lille, 1994, *pp. 105-106*.

SICARD Joëlle. La conscience, phénomène de champ in *Cahiers de Gestalt-thérapie*, n° 0, éd. C.F.G.T., Paris, septembre 1996, *pp. 49-56*.

SICARD Joëlle. La poétique de la Gestalt-thérapie, in *Cahiers de Gestalt-thérapie*, n° 8, automne 2000, Collège de Gestalt-thérapie, Bordeaux, *pp. 87-102*.

SICARD Joëlle. La poétique de la Gestalt-thérapie, in *Cahiers de Gestalt-thérapie*, n° 8, automne 2000, Collège de Gestalt-thérapie, Bordeaux, *pp. 87-102*.

SICHERA Antonio. Vers une épistémologie herméneutique de la Gestalt-thérapie, in *Cahiers de Gestalt-thérapie*, n° 11, printemps 2002, Collège de Gestalt-thérapie, Bordeaux, *pp. 227-257*.

SIMKIN James. *Petites leçons de Gestalt*. Trad. Bruxelles, Multiversité (trad. par M. KATZEFF de *Gestalt therapy mini-lectures*, U.S.A., 1974).

SINELNIKOFF Nathalie. Gestalt-thérapie, in *Les Psychothérapies*, Paris, M.A., 1987, *pp. 107-108*, etc.

SMITH Edward. Les auto-interruptions dans le rythme du contact et du retrait, in revue *Gestalt*, n° 11, S.F.G., Paris, printemps 1997, *pp. 111-131*.

SOCIÉTÉ FRANÇAISE de GESTALT. *Gestalt (Actes du Premier Colloque d'Expression française)*, Paris, S.F.G., novembre 1983, *70 p.*

SOCIÉTÉ FRANÇAISE de GESTALT. *La Gestalt en tant que psychothérapie (Actes des Journées d'étude de Bordeaux)*, Paris, S.F.G. et Institut de Gestalt de Bordeaux, novembre 1984, *172 p.*

SOCIÉTÉ FRANÇAISE de GESTALT. *La Gestalt et ses différents champs d'application (Actes des journées nationales d'étude de Grenoble)*, Paris, S.F.G., 1986, *240 p.*

SOCIÉTÉ FRANÇAISE de GESTALT. *L'impact de la Gestalt dans la société d'aujourd'hui (Actes du Congrès international d'expression française de Paris)*, Paris, S.F.G., 1988, *300 p.*

SOCIÉTÉ FRANÇAISE de GESTALT. Revue n° 1 : *Frederick Perls 20 ans après*, Bordeaux, 1990, *176 p.*

SOCIÉTÉ FRANÇAISE de GESTALT. Revue n° 2 : *La Gestalt-thérapie en pratiques*, Bordeaux, 1991, *176 p.*

SOCIÉTÉ FRANÇAISE DE GESTALT. *Regards gestaltistes sur la psychopathologie*, S.F.G., Lille, 1994, *160 p.*

SPAGNUOLO-LOBB Margherita. *Un soutien spécifique pour chaque interruption du contact*, Bordeaux, Doc. I.G.B., 1991.

SPAGNUOLO-LOBB M., SALONIA G., SICHERA A. Du « Malaise dans la civilisation » à l'ajustement créateur, in *Cahiers de Gestalt-thérapie*, n° 6, éd. C.C.G.T., Bordeaux, novembre 1999, *pp. 175-189.*

SPINDLER Françoise. Gestalt et travail de deuil : accompagnement de la dernière étape de la vie, in *L'impact de la Gestalt dans la société aujourd'hui*, Paris, S.F.G., 1988, *pp. 151-165.*

STAEMMLER Franck. Vers une théorie des processus régressifs en Gestalt-thérapie, in *Cahiers de Gestalt-thérapie*, n° 5, Paris, mars 1999, *pp. 195-224.*

STAEMMLER Franck. La régression, in *Cahiers de Gestalt-thérapie*, n° 6, éd. C.C.G.T., Bordeaux, novembre 1999, *pp. 143-174.*

STAEMMLER Frank M. *Constructions jointes. Gestalt-thérapie, de couples*, trad. J. M. ROBINE, l'Exprimerie, Bordeaux, *48 p.*

STAEMMLER Frank M. *Le diagnostic en dialogue*, L'Exprimerie, Bordeaux, 2003.

STAEMMLER Frank M. A propos des niveaux et des phases, in *Revue Québécoise de Gestalt*, vol. 3, Montréal, 1999.

STOEHR Taylor. *Introduction aux essais psychologiques de Paul Goodman*, Bordeaux, Doc. I.G.B., 1991.

STOEHR Taylor. Introduction aux essais psychologiques de P. Goodman, in revue *Gestalt*, n° 3, automne 1992, *pp. 59-73.*

SWANSON John. *Processus de frontière et états de frontière*, Doc. I.G.B., n° 35, Bordeaux, 1990.

SYLVANDER Bertil. Rechercher son clown... Se trouver soi-même... in *Art et Thérapie*, n° 12, décembre 1984, *pp. 118-130.*

SYLVANDER Bertil. L'improvisation en Clown-théâtre, in *Art et Thérapie*, n° 34-35, juin 1990, *pp. 10-40.*

TARDAN-MASQUELIER Ysé. Guérison religieuse et sens de la vie, in *Gestalt*, n° 19, S.F.G., Paris, décembre 2000, *pp. 141-159.*

TARREGA-SOLER Xavier. L'expérience obsessionnelle, in *Cahiers de Gestalt-thérapie*, n° 1, éd. C.F.G.T., Paris, avril 1997, *pp. 73-94.*

TISSERAND Pascale et PELLERIN Jacqueline. Gestalt et pilotage du projet professionnel, in *Bulletin de la S.F.G.*, n° 16, été 1988, *pp. 38-42.*

TOBIN St. Désordres du soi, Gestalt et psychologie du soi, in *The gestalt Journal*, vol. V, n° 2, 1982. Trad. de l'américain par SARLANDIE B., Bordeaux, I.G.B., 1986, *49 p.*

TOBIN Stephen. *Fondements philosophiques d'un thérapeute gestaltiste*, Doc. I.G.B., n° 34, Bordeaux, 1990.

TOBLER Antoinette. *Etude du thème astrologique de Fritz Perls*, mémoire de fin d'études d'Astrologie humaniste, janvier 2000, *38 p.*

TONELLA Guy. Théorie clinique de la régression. Analyse bioénergétique, in *Gestalt*, n° 23, S.F.G., Paris, décembre 2002, *pp. 85-95.*

TOPHOFF Michael. « *Sensory-Awareness* » et *Gestalt-thérapie*, Bordeaux, Doc. I.G.B., 1991.

TOPHOFF Michael (interrogé par J.M. Robine). La « Sensory-Awareness » de Charlotte Selver, in *Bulletin de la S.F.G.*, n° 26, hiver 1991-1992, *pp. 63-67*.

TOPHOFF Michael. L'esthétique et la pratique du changement en Gestalt-thérapie, in *Cahiers de Gestalt-thérapie*, n° 9, printemps 2001, Collège de Gestalt-thérapie, Bordeaux, *pp. 165-181*.

TROEL Gérard. La Gestalt comme moyen privilégié d'une approche psycho-thérapique face à des personnes pharmaco-dépendantes dans une institution de post-cure, in *Bulletin de la S.F.G.*, n° 16, été 1988, *pp. 15-17*.

VAILLANT G.E. *Les mécanismes d'adaptation du moi (commenté par André Jacques)*, Doc. I.G.B., n° 36, Bordeaux, 1990.

VALLEJO Jean-Luc. *Apport de la Gestalt-thérapie dans l'approche psycho-thérapique du sujet âgé*, Paris, E.P.G., 1988, *44 p*.

VAN BAALEN Daan. Gestalt et diagnostic, in *Gestalt*, n° 18, S.F.G., Paris, juin 2000, *pp. 141-182*.

VAN DAMME Pierre. Gestalt et psychothérapie de groupes d'enfants, in *La Gestalt et ses différents champs d'application*, Paris, S.F.G., 1986, *pp. 83-90*.

VAN DAMME Pierre. *Frontières du moi et espace thérapeutique* (Mémoire de D.E.A. de psychologie clinique, Univ. Paris VII), Paris, 1986, *92 p*.

VAN DAMME Pierre. *Frontières du moi et espace groupal* (Mémoire de D.E.A. de psychologie clinique, Univ. Paris VII), Paris, 1987, (2 tomes), *204 p*.

VAN DAMME Pierre. La Gestalt, un champs fertile, in *Bulletin de la S.F.G.*, n° 13, 1987, *pp. 3-5*.

VAN DAMME Pierre. Art de l'enfance ou enfance de l'art, in *Bulletin de la S.F.G.*, n° 13, 1987, *pp. 12-14*.

VAN DAMME Pierre. L'apport de la Gestalt à la psychothérapie d'enfants, in *L'impact de la Gestalt dans la société aujourd'hui*, Paris, S.F.G., 1988, *pp. 43-55*.

VAN DAMME Pierre. L'apport de la Gestalt au monde de l'Enfance, in *Bulletin de la S.F.G.*, n° 17, automne 1988, *pp. 4-14*.

VAN DAMME Pierre. A propos du mot « frontière », in *Bulletin de la S.F.G.*, n° 16, été 1988, *pp. 7-10*.

VAN DAMME Pierre. Recontacter l'enfant en soi, in *Bulletin de la S.F.G.*, n° 17, automne 1988, *pp. 18-23*.

VAN DAMME Pierre. Les enfants du divorce, ou « mes parents se séparent », in *Agenor*, Lille, 1989, *pp. 41-48*.

VAN DAMME Pierre. Espace et corps en groupe thérapeutique d'enfants in *Bulletin de la S.F.G.*, n° 24-25, été 1991, *pp. 23-31*.

VAN DAMME Pierre. *Espace et groupe thérapeutique (une expérience de psychothérapie de groupe avec de jeunes enfants)*. Thèse de doctorat en psychologie clinique, Paris, Université Paris VII, 1991, *294 p*.

VAN DAMME Pierre. « Je ne le comprends pas », in revue *Gestalt*, n° 2, automne 1991, *pp. 145-151.*

VAN DAMME Pierre. *Gestalt et Enfance (recueil d'articles)*, Paris, coll. Doc. E.P.G., 1992, *80 p.*

VAN DAMME Pierre. Christophe, ou la tête cassée, in *Bulletin de la S.F.G.*, n° 28-29, automne 1992, *pp. 38-61.*

VAN DAMME Pierre. Grandir : parcours d'enfants et d'adolescents, in revue *Gestalt*, n° 4, printemps 1993, *pp. 3-6.*

VAN DAMME Pierre. Réussir l'école, réussir la vie, in revue *Gestalt*, n° 4, printemps 1993, *pp. 121-131.*

VAN DAMME Pierre. Un nouveau cycle de vie, in *Bulletin de la S.F.G.*, n° 30-31, automne 1993, *pp. 6-8.*

VAN DAMME Pierre. Rapport moral S.F.G., 1992, in *Bulletin de la S.F.G.*, n° 30-31, automne 1993, *pp. 12-15.*

VAN DAMME Pierre. En guise d'ouverture et en guise de clôture (aux journées d'étude sur la psychopathologie), in *Regards gestaltistes sur la psychopathologie*, S.F.G., Lille, 1994, *pp. 7-12 et 153-154.*

VAN DAMME Pierre. Dire ou ne pas dire : l'effet d'annonce sur le client d'un événement réel de la vie du Gestalt-thérapeute, in revue *Gestalt*, n° 13-14, S.F.G., Paris, mai 1998, *pp. 65-80.*

VAN DAMME Pierre. Analyse du livre de Jean-Michel FOURCADE : *Les patients-limites*, in revue *Gestalt*, n° 13-14, S.F.G., Paris, mai 1998, *pp. 251-252.*

VAN DAMME Pierre. Analyse des livres de NORCROSS et GOLDFRIED : *Psychothérapie intégrative* et de J. KEPNER : *Le corps retrouvé en psychothérapie*, in revue *Gestalt*, n° 15, S.F.G., Paris, décembre 1998, *pp. 173-175.*

VAN DAMME Pierre. Us ou ab-us en Gestalt-thérapie ?, in revue *Gestalt*, n° 16, S.F.G., Paris, juin 1999, *pp. 15-33.*

VAN DAMME Pierre. Gestalt-thérapeute et psychologue clinicien : comment articuler ces deux pratiques au service du client ?, in revue *Gestalt*, n° 17, S.F.G., Paris, décembre 1999, *pp. 55-72.*

VAN DAMME Pierre. Analyse du livre *Les bases de la psychothérapie* d'Olivier CHAMBON et M. MARIE-CARDINE, in *Gestalt*, n° 18, S.F.G., Paris, juin 2000, *pp. 186-188.*

VAN DAMME Pierre. Analyse du livre *La relation d'objet en Gestalt-thérapie* de Gilles DELISLE, in *Cahiers de Gestalt-thérapie*, n° 8, automne 2000, Collège de Gestalt-thérapie, Bordeaux, *pp. 217-220.*

VAN DAMME Pierre. Analyse du livre *Le Soi, fond et figures de la Gestalt-thérapie* d'André JACQUES, in *Gestalt*, n° 20, S.F.G., Paris, juin 2001, *pp. 179-181.*

VAN DAMME Pierre. Le sentiment d'abandon, in *Gestalt*, n° 21, S.F.G., Paris, décembre 2001, *pp. 91-105.*

VAN DAMME Pierre. Analyse du livre *Pour une psychothérapie plurielle*, d'Alain DELOURME et coll., in *Gestalt*, n° 22, S.F.G., Paris, juin 2002, *pp. 183-184.*

VAN DAMME Pierre. Dépression et régression, in *Gestalt*, n° 23, S.F.G., Paris, décembre 2002, *pp. 109-126.*

VANOYE Francis. Gestalt-Cinéma, in *La Gestalt et ses différents champs d'application*, Paris, S.F.G., 1986, *pp. 183-190*.

VANOYE Francis. La Gestalt : drame ou tragédie ? in *L'impact de la Gestalt dans la société aujourd'hui*, Paris, S.F.G., 1988, *pp. 207-219*.

VANOYE Francis. Cercles de famille, in *Agenor*, Lille, 1989, *pp. 49-52*.

VANOYE Francis. Notes sur l'Emotion, in *Bulletin de la S.F.G.*, n° 16, été 1988, *pp. 25-27*.

VANOYE Francis. Analyse du livre d'Anne ANCELIN-SCHÜTZENBERGER : *Aïe, mes aïeux*, in revue *Gestalt*, n° 6, printemps 1994, *pp. 149-150*.

VANOYE Francis. Gestalt, culture, idéologie, in revue *Gestalt*, n° 7, automne 1994, *pp. 113-121*.

VANOYE Francis. Notes sur l'ironie, in *Cahiers de Gestalt-thérapie*, n° 2, éd. C.F.G.T., Paris, avril 1997, *pp. 113-118*.

VANOYE Francis. Ça-cinéma, in *Cahiers de Gestalt-thérapie*, n° 3, éd. C.F.G.T., Paris, avril 1997, *pp. 223-230*.

VANOYE Francis. Animer, co-animer un groupe, in *Cahiers de Gestalt-thérapie*, n° 4, éd. C.F.G.T., Paris, octobre 1998, *pp. 139-152*.

VANOYE Francis. Sur l'air du temps, in *Gestalt*, n° 19, S.F.G., Paris, décembre 2000, *pp. 161-170*.

VANOYE Francis. Sexualité et champ culturel, in *Cahiers de Gestalt-thérapie*, n° 9, printemps 2001, Collège de Gestalt-thérapie, Bordeaux, *p. 11-20*.

VANOYE Francis. Analyse du film (27 min) *Regards singuliers sur la Gestalt-thérapie* d'Itaka SCHLUBACH, in *Gestalt*, n° 22, S.F.G., Paris, juin 2002, *pp. 191-194*.

VAN PEVENAGE Jean. La Gestalt : une autre logique pour l'entreprise, in revue *Gestalt*, n° 13-14, S.F.G., Paris, mai 1998, *pp. 179-187*.

VASCO Jorge. La relation thérapeutique auprès de personnes alcooliques ou toxicomanes issue d'autres cultures, in *Revue québécoise de Gestalt*, vol. 2, n° 1, 1997, *pp. 103-129*.

VAUGEOIS Yves. La qualité de vie : vers une écologie humaine, in E*Émergence*, vol. 2, n° 1, Montréal, 1992, *pp. 3-5*.

VAUGEOIS Yves. Le séducteur : victime et bourreau, in *Emergence*, vol. 3, n° 1, Montréal, 1993, *pp. 9-11*.

VAUGEOIS Yves. Sexe et groupes, in *Cahiers de Gestalt-thérapie*, n° 9, printemps 2001, Collège de Gestalt-thérapie, Bordeaux, *pp. 141-161*.

VILLENEUVE Marité. Ecriture, transformation et création, in *Revue québécoise de Gestalt*, vol. 2, n° 1, 1997, *pp. 148-162*.

VILLENEUVE Marité. Écriture autobiographique et création de soi, in *Revue québécoise de Gestalt*, vol. 2, n° 2, 1998, *pp. 80-97*.

VILLENEUVE Marité. Caragana ou le métier de thérapeute ; un héritage, une histoire de vie, in *Revue Québécoise de Gestalt*, vol. 3, Montréal, 1999.

VILLENEUVE Marité. Langue du cœur, langue du corps, in *Revue Québécoise de Gestalt*, vol. 5, Montréal, 2002.

VILLENEUVE Marité. L'écriture a-t-elle un sexe ? Réflexions psycho-poétiques, in *Revue Québécoise de Gestalt*, vol. 5, Montréal, 2002.

VILLENEUVE Marité *et al.* Ecrits et achèvements, in *Revue Québécoise de Gestalt*, vol. 4, Montréal, 2000.

VINCENT Bernard. Paul Goodman, la révolution gestaltiste, in *Art et Thérapie*, n° 34-35, juin 1990, *pp. 83-100*.

VINCENT Bernard. Pour un bon usage du Monde *(P. Goodman et l'éducation, la thérapie, le taoïsme, la spiritualité)*, Bordeaux, I.G.B., *192 p.*

VINCENT Bernard. *Paul Goodman et la reconquête du présent*, Le Seuil, Paris, 1976.

WALLEN Richard. Gestalt-thérapie et Gestalt-psychologie, in *Gestalt Therapy Now* (U.S.A., 1970). Traduit de l'américain par J.-M. ROBINE, Bordeaux, I.G.B., 1984, *8 p.*

WEISZ Paul. La contribution de Georg W. Groddeck, in revue *Gestalt*, n° 7, automne 1994, *pp. 81-93.*

WHEELER Gordon. Réponse de l'auteur à la critique de son livre « Gestalt Reconsidered », in revue *Gestalt*, n° 3, automne 1992, *pp. 225-226.*

WHEELER Gordon. Compulsion et curiosité (approche gestaltiste du T.O.C.), in *Cahiers de Gestalt-thérapie*, n° 1, éd. C.F.G.T., Paris, avril 1997, *pp. 45-70.*

WHEELER Gordon. *Paul Goodman : les limites d'un prophétisme*, Mini-bibliothèque de Gestalt-thérapie, L'Exprimerie, Bordeaux, 1999.

WHEELER Gordon. La honte dans deux paradigmes de la thérapie, in *Cahiers de Gestalt-thérapie*, n° 7, printemps 2000, Collège de Gestalt-thérapie, Bordeaux, *pp. 81-97.*

WHEELER Gordon. Esquisse d'un modèle du développement en Gestalt-thérapie, in *Revue Québécoise de Gestalt*, vol. 4, Montréal, 2000.

WOLLANTS Georges. Gestalt-thérapie de groupe, in revue *Gestalt*, n° 10, S.F.G., Paris, été 1996, *pp. 105-144.*

X... — Gestalt-thérapie in *Grand Dictionnaire Encyclopédique Larousse* (G.D.E.L.), vol. V, Paris, éd. Larousse, 1983, *p. 4778.*

YONTEF Gary. La Gestalt-thérapie, une phénoménologie clinique, in *The Gestalt Journal*, vol. II, janvier 1979. Trad. de l'américain par J.-M. ROBINE, Bordeaux, I.G.B., 1984, *18 p.*

YONTEF Gary. *Commentaires sur « Processus et états de frontière » de Swanson*, Doc. I.G.B., n° 37, Bordeaux, 1990.

YONTEF Gary. Relation et sens de soi dans la formation en Gestalt-thérapie, in *Cahiers de Gestalt-thérapie*, n° 7, printemps 2000, Collège de Gestalt-thérapie, Bordeaux, *pp. 143-170.*

YONTEF Gary. *La psychothérapie du processus schizoïde*, (trad. Brigitte LAPEYRONNIE et J. Marie ROBINE), édit. I.F.G.T., *56 p.*

ZAHM Stephen. *Le dévoilement de soi dans la pratique du Gestalt-thérapeute*, Mini-bibliothèque de Gestalt-thérapie, L'Exprimerie, Bordeaux, 1999.

ZILLHARDT Patrick. Les pathologies limites : l'approche d'un psychiatre gestaltiste, in *Cahiers de Gestalt-thérapie*, n° 12, automne 2002, Collège de Gestalt-thérapie, Bordeaux, *pp. 199-227.*

ZINKER Joseph. *Se créer par la Gestalt*, Montréal, éd. de l'Homme,

C.I.M., 1981, *381 p.* Traduit de *Creative process in Gestalt Therapy* (U.S.A., 1977).

ZINKER Joseph. Comment évolue un groupe de Gestalt ?, in *Beyond The Hot Seat* (U.S.A., 1980). Traduit de l'américain par M. KATZEFF, Bruxelles, Multiversité, 1980, *31 p.*

ZINKER Joseph et De FRANCK-LYNCH B. *Les couples, développement et changement.* Trad. I.G.B., Bordeaux, 1987.

ZINKER Joseph. Travail du rêve et théâtre, in *Voices*, vol. 1, n° 2, 1971. Traduit de l'américain par N. Salathé, 1990.

ZINKER Joseph. Perls était-il méchant ?, in *Cahiers de Gestalt-thérapie*, n° 2, éd. C.F.G.T., Paris, avril 1997, *pp. 29-40.*

ZINKER Joseph et NEVIS Sonia. Intervenir dans les systèmes de couple, in revue *Gestalt*, n° 5, automne 1993, *pp. 61-83.*

附录四
主要外语格式塔文献

（期刊除外）

（遴选 8 种语言合计 172 部著作）

英语（遴选 74 部著作）

Baumgardner P. *Gifts from Lake Cowichan*. Palo Alto. Sc. & Behavior Books. 1975

Clarkson P. *Gestalt counselling in action*. Londres. S.A.G.E. 1989

Clarkson P. & Mackewn J. *Fritz Perls*. Londres. S.A.G.E. 1993

Clarkson P. *The therapeutic relationship*. Londres, Whurr. 1995

Delisle G. *Personality disorders : a Gestalt perspective*, Highland (N.Y.), the Gestalt Journal. 1993

Downing J. *Dreams and Nightmares : a Book of Gestalt Therapy Sessions*. N.Y. Harper. 1973

Downing J. & Marmorstein R. *Dreams & Nightmares*. N.Y. Harper & Row. 1973

Enright J. *Enlightening Gestalt*. Mill Valley. Pro Telos. 1980

Erskine R. & Moursund J. *Integrative Psychotherapy in action*. London. Sage. 1988

Fagan J. & Shepherd I. *What is Gestalt ?* New York. Harper & Row. 1970

Fagan J. & Shepherd I. *Gestalt Therapy now*. New York. Harper & Row. 1970

Feder B. & Ronall R. *Beyond the Hot Seat*. New York. Brunner/Mazel. 1980

Gaines J. *Fritz Perls Here and Now*. Milbrae. Celestial Arts. 1979 *The Gestalt Journal : 2 volumes (d'une cent. de pages) chaque année*, depuis 1978, Highland. N.Y.

Goodfield B. *Thermographic Video-Gestalt*. San Anselmo. 1975

Goodman P. *Nature Heals. Psychological Essays*. New York. Free Life. 1977

Goulding R. & M. *The Power is in the Patient*. San Francisco. T.A. Press. 1978

Grodner B. *Gestalt therapy : an annotated bibliography and study guide*. Albuquerque. 1975

Hatcher C. & Himelstein P. *The Handbook of Gestalt Therapy*. N.Y. Aronson. 1976

Herman S. & Korenich M. *Authentic Management.* Philippines. Addison-Wesley. 1977

Houston G. *The Red Book of Gestalt.* London. Rochester Foundation. 1982

Hycner R. & Jacobs L. The healing Relationship in Gestalt Therapy. N.Y. Gestalt Journal

James & Jongeward. *Born to win : transactional analysis with Gestalt exercises.* Addison-Wesley. 1971

Kempler W. *Principles of Gestalt Family Therapy.* Salt Jake City. Deseret Press. 1974

Kepner J. *Body process, a Gestalt Approach to working with the Body in Psychotherapy.* New York. Gestalt Institute of Cleveland Press, 1987

Kogan G. *Gestalt therapy ressources.* S. Francisco. Lodestar Press. 1970

Kopp S.B. *If you meet the Buddha on the Road, kill him !* Palo Alto. Sc. & Behavior. 1972

Latner J. *The Gestalt Therapy Book.* New York. Bantam Books. 1972

Lederman J. *Anger & the Rockingchair : G.T. awareness with children.* N.Y. Mc Graw-Hill. 1969

Levitsky & Perls. *Group therapy today : styles, methods and techniques.* N.Y. Atherton. 1969

Marcus E. *Gestalt Therapy and Beyond : an integrated mind-body approach.* C.A. Meta. 1979

Merry U. and Brown G. *The neurotic behavior of Organizations.* New York. Cleveland Press. 1987

Miller M.V. *Intimate Terrorism : the Deterioration of Erotic Life.* N.Y. Gestalt Journal. 1995

Naranjo C. *The Technics of Gestalt Therapy.* Berkeley. S.A.T. Press. 1973

Naranjo C. *Gestalt Therapy : the attitude and practice of an atheoritical experientialism.* Nevada City (U.S.A.). Gateways. 1993

Nevis E. *Organizational consulting : a Gestalt Approach.* New York. Cleveland Press. 1988

Oaklander V. *Windows to Our Children.* Moab. Real People Press. 1978

Passons W.R. *Gestalt approaches in counseling.* N.Y. Holt, Rinehart & Winston. 1975

Perls F. *Ego, Hunger and Agression : a revision of Freud's theory and method.* Durban, 1942 ; London, 1947

Perls F., Hefferline R., Goodman P. *Gestalt Therapy.* New York. Julian Press. 1951

Perls F. *Gestalt Therapy Verbatim.* Moab. Real People Press. 1969

Perls F. *In and out the Garbage Pail.* La Fayette. Real People Press. 1969

Perls F. *The Gestalt Approach & Eye Witness to Therapy.* New York. Bantam Books. 1973

Perls L. *Legacy from Fritz.* Palo Alto. Sc. & Behavior Books. 1975

Perls L. *Living at the Boundary.* Highland, N.Y. The Gestalt Journal. 1992

Polster E. & M. *Gestalt Therapy integrated.* New York. Vintage Books. 1973

Polster E. *A Population of Selves.* San Francisco. Jossey-Bass. 1995.

Polster M. *Eve's Daughters : the Forbidden Heroism of Women.* N.Y. Gestalt Journal. 1996

Polster M. *Women in therapy : new perspectives for a changing society.* N.Y. Brunner/Mazel. 1974

Polster E. *Every Person's Life is worth a Novel.* New York. Norton & Compagny. 1987

Polster M. *Eve's Daughter, the Forbidden Heroïsm of Women*, 1992

Rosenblatt D. *Gestalt therapy primer.* N.Y. Harper & Row. 1975

Rosenblatt D. *Opening Doors. What happens in G.T.* New York. Harper & Row. 1975

Rosenblatt D. *Your life is a mess.* N.Y. Harper & Row. 1976

Rosenfeld E. *The Gestalt Bibliography.* Highland. N.Y. The G.T. Journal. 1981

Rhyne J. *The Gestalt art experience.* Monterey. Brooks/Cole. 1973

Schiffman M. *Gestalt Self Therapy.* Berkeley. Wingbow Press Books. 1971

Shepard M. *Fritz : an intimate portrait of Fritz Perls and Gestalt therapy.* N.Y. Saturday Review Press. 1975

Shub N. *Gestalt Therapy : Applications and Perspectives.* New York. Cleveland Press. 1988

Simkin J. *Mini-lectures in Gestalt therapy.* Albany. Word Press. 1974

Simkin J. *Gestalt Therapy Mini-lectures.* Milbrae. Celestial Arts. 1976

Sinay Sergio. *Gestalt for beginners.* Writers & Readers, New York, London, 1998.

Smith E. *The growing edge of Gestalt Therapy.* N.Y. Brunner/Mazel. 1976

Smuts J.C. *Holism and Evolution.* N.Y. Viking. 1961

Sonnemann U. *Existence and therapy : an introduction to phenomenological psychology and existential analysis.* N.Y. Grune & Stratton. 1954

Stevens B. *Don't Push the River.* Moab. Real People Press. 1970

Stevens J. *Awareness : exploring, experimenting, experiencing.* Real People Press. 1971

Stevens J. *Gestalt is.* New York. Bantam Books. 1975

Stickel T. *Natural being, the way of Gestalt.* Calgary. Westlands Books. 1984

Stoehr T. *Here, Now, Next : Paul Goodman and the Origins of Gestalt Therapy.* G.I.C. 1994

Van de Reit, Korb & Gorrell. *Gestalt therapy : an introduction.* N.Y. Pergamon Press. 1980

Wheeler G. *Gestalt reconsidered : a new approach to Contact and Resistance.* New York. Cleveland Press. 1991

Wysong J. *The Gestalt Directory.* Highlands. N.Y. The G.T. Journal. 1992

Yontef G. *Awareness, Dialog and Process.* The Gestalt Journal Press, 1993

Zinker J. *Creative process in Gestalt therapy.* N.Y. Brunner/Mazel. 1977

Zinker J. *In Search of Good Form. GT with Couples end Families.* San Francisco. Jossey-Bass. 1994

德语（遴选 45 部著作）

Blankertz S. *Der kritische Pragmatismus Paul Goodmans.* Köln. Humanist. Psychologie. 1988

Cöllen M. *Lass uns fur die Liebe kämpfen. Gestalttherapie mit Paaren.* München. Kösel. 1985

Davis B. *Ursprung und Bedeutung des Awareness-Konzeptes in der Gestalttherapie.* Paderborn. Junfermann. 1986

Fliegener B. *Bibliographie der Gestalttherapie* (1 630 titres en allemand et anglais). Köln. Humanist. Psychologie. 1991

Ginger S. und A. *Gestalttherapie.* Weinheim. Psychologie Verlags Union. Beltz. 1994

Goodman P. *Natur heilt.* Köln. Humanist. Psychologie. 1989

Hartmann-Kottek-Schröder L. Gestalttherapie, in Corsini R. *Handbuch der Psychotherapie.* Weinheim. 1983

Kepner J. *Körperprozesse : ein gestalttherapeutischer Ansatz.* Köln. ed. Humanistische Psychologie. 1990

Nevis E. *Organisationsberatung. Ein gestalttherapautischer Ansatz.* Köln. Humanist. Psychologie. 1987

Nogala D. Gestalttherapie, in Zygowski H. *Psychotherapie und Gessellschaft.* Therapeutische Schulen in der Kritik. Reinbek. 1987

Perls F. *Das Ich, der Hunger und die Agression.* Stuttgart. Klett-Cotta. 1978

Perls F. *Gestalt, Wachstum, Integration, Aufsätze, Vorträge, Sitzungen.* Paderborn. Junfermann. 1980

Perls F. *Gestalt, Wachstum, Integration.* Paderborn. Junfermann.

Perls F. *Gestalttherapie in Aktion.* Stuttgart. Klett-Cotta. 1974

Perls F. *Grundlagen der Gestalttherapie.* München. Pfeiffer. 1976

Perls F., Heffeline R., Goodman P. *Gestalttherapie.* Stuttgart. Klett-Cotta. 1979

Petzold H. *Gestalttherapie und psychodrama.* Kassel. Nicol. 1973

Petzold H. *Kreativität und Konflikte.* Paderborn. Junfermann. 1973

Petzold H. *Drogentherapie.* Paderborn. Junfermann. 1974

Petzold H. *Psychotherapie und Körperdynamik.* Paderborn. Junfermann. 1974

Petzold H. *Die neuen Köpertherapien.* Paderborn. Junfermann. 1977

Petzold H. *Angewandtes Psychodrama.* Paderborn. Junfermann. 1978

Petzold H. *Die Rolle des Therapeuten und die therapeutische Beziehung.* Paderborn. Junfermann. 1980

Petzold H. *Widerstand, ein strittges Konzept in der Psychotherapie.* Paderborn. Junfermann. 1981

Petzold H. *Dramatische Therapie.* Stuttgart. Hippokrates. 1982

Petzold H. *Theater oder das Spiel des Lebens.* Frankfurt. Humanist. Psychologie. 1982

Petzold H. *Puppen und Puppenspiel in der Psychotherapie.* München. Pfeiffer. 1983

Petzold H. *Psychotherapie, Meditation, Gestalt.* Paderborn. Junfermann. 1983

Petzold H. *Mit alten Menschen arbeiten.* München. Pfeiffer. 1985

Petzold H. *Psychotherapie und Friedensarbeit.* Paderborn. Junfermann. 1985

Petzold H., Brown G. *Gestaltpädagogik.* München. Pfeiffer. 1977

Petzold H., Heinl H. *Psychotherapie und Arbeitswelt.* Paderborn. Junfermann. 1983

Petzold H., Mathias U. *Rollenentwicklung und Identität.* Paderborn. Junfermann. 1983

Petzold H., Rabin G. *Schulen der Kinderpsychotherapie.* Paderborn. Junfermann. 1986

Petzold H., Schmidt C. *Gestalttherapie, Wege und Horizonte.* Paderborn. Junfermann. 1985

Petzold H., Vormann G. *Terapeutische Wohngemeinschaften.* München. Pfeiffer. 1980

Polster E. *Jedes Menschenleben ist einen Roman Wert.* Köln. ed. Humanistische Psychologie. 1990

Polster E., Polster M. *Gestalttherapie. Theorie und Praxis der integrativen Gestalttherapie.* München. Kindler. 1975

Rahm D. *Gestaltberatung.* Paderborn. Junfermann.

Ronall R., Feder B. *Gestaltgruppen.* Stuttgart. Klett. 1983

Rosenblatt D. *Türen öfnen : was geschieht in der Gestalttherapie.* Köln. ed. Humanistische Psychologie. 1990

Schneider K. *Grenzerlebnisse. Zur Praxis der Gestaltanalyse.* Köln. Humanist. Psychologie. 1989

Stevens J. *Die Kunst der Wahrnehmung.* München. Kaiser. 1975

Strümpfel U. *Forschungsergebnisse zur Gestalttherapie.* Köln. Humanist. Psychologie. 1990

Zinker J. *Gestalttherapie als kreativer Prozess.* Paderborn. Junfermann.

西班牙语（遴选 14 部著作）

Castanedo C. *Terapia Gestalt : Enfoque del Aqui el Ahora.* San José. Universitad de Costa Rica. 1983

Fagan J. Las tareas del Terapeuta, in *Teoria y Tecnicas de la Terapia Gestaltica.* Buenos Aires. Amororrtu editores. 1973

Ginger S. & A. *La Gestalt, una terapia de contacto.* Mexico. Manual Moderno. 1993

Kepner J. *Proceso corporal : un enfoque Guestalt para trabajar con el cuerpo en psicoterapia.* Mexico. ed. Manual Moderno. 1991

Naranjo C. La Focalizacion en el Presente : Tecnica, Prescripcion e Ideal, in *Teoria y Technicas de la terapia Gestaltica.* Buenos Aires. Amororrtu editores. 1970

Peñarubia, Rams, Villegas. *Gestalt Hoy.* Borma. A.E.T.G. 1982

Peñarrubia F. *Terapia gestalt. La via del vacio fértil.* Madrid. Alianza. 1998 (2ᵉ éd. 1999)

Perls F. *El Enfoque Gestaltico. Testimonios de Terapia.* Santiago de Chile. ed. Cuatro Vientos. 1982

Perls F. *Suenos y existencia.* Santiago de Chile. ed. Cuatro Vientos. 1982

Perls F. *Yo, Hambre y Agresion.* Mexico. F.C.E. 1947

Perls F. y Levitsky A. La Reglas y Juegos de la Terapia Gestaltica, in *Teoria y Tecnicas de la terapia Gestaltica.* Buenos Aires. Amororrtu editores. 1970

Rams A. Desarollos en Sexoterapia Gestàltica, in : Penarrubia P. *La Terapia Gestalt.* Alicante. S.E.P.T.G. 1984

Salama H. *El enfoque Guestalt : una psicoterapia humanista.* Mexico. ed. Manual Moderno. 1987

Zinker J. *El Proceso creativo en la Terapia Gestatica.* Buenos Aires. Paidos. 1977

意大利语（遴选 24 部著作）

Costantini R. *L'integrazione e lo sviluppo del sé nella terapia della Gestalt.* tesi. Università di Roma. 1987

Crispino S. *Riflessi.* (Rivista). *La Gestalt analitica.* 1991

Donadio G. ?, Carta S. *La Gestalt analitica.* Roma. Luigi Pozzi. 1987

Ginger S. & A. *La Gestalt.* Roma. ed. Mediterranee. 1990

Giusti E. *Gestalt : la terapia del « Con-tatto » emotivo.* ed. Riza Scienze. n° 23. 1989

Giusti E. *Training dell'assertività.* Rome. À.S.P.I.C. 1992

Giusti E., Palomba M. *L'attività Psicoterapeutica.* Rome. Sovera. 1993

Giusti E., Montanari C., Montanarella G. *Manuale di psicoterapia integrata.* Milano. Ed. Franco. 1995

Giusti E. e Harman R. *La psicoterapia della Gestralt. Intervistando i Maestri.* Roma. Sovera. 1995

Houston G. *Psicoterapia Gestalt.* Como. Red. 1985

Juston D. Giusti E. *La clinica del Transfert in Psicoanalisi e in Psicoterapia della Gestalt.* Roma. Kappa. 1991

Juston D. e Giusti E. *La clinica del transfert in psicoanalisi e in psicoterapia della Gestalt.* Roma. Ed. Kappa. 1991

Perls F. *L'approccio della Gestalt & testimone oculare della terapia.* Roma. Astrolabio. 1977

Perls F. *La terapia della Gestalt parole per parola.* Roma. Astrolabio. 1980

Perls F. *Qui & Ora. Psicoterapia autobiografica.* (pref. & epilogo a cura di Giusti. E.). Roma. Sovera. 1991

Perls F., Baumgardner P. *Doni dal lago Cowichan : l'eredità di Perls.* Roma. Astrolabio. 1980

Perls F., Hefferline R., Goodman P. *Teoria e pratica della teoria della Gestalt.* Roma. Astrolabio. 1971

Polster E. *Ogni vita vale un romanzo.* Astrolabio. 1988

Polster E. & M. *Terapia della Gestalt integrata.* Milano. Giuffrè. 1986

Pursglove P. *Esperienze di terapia della Gestalt.* Roma. Astrolabio. 1970

Rametta F. *Caleidoscopo. Gestalt psicosociale.* (Rivista semestrale).

Schifman M. *L'autoterapia Gestalica.* Roma. Astrolabio. 1987

Simkin J. *Brevi lezzioni di Gestalt.* Roma. Borla. 1978

Spagnolo Lobb M., Salonia G. *Quaderni di Gestalt.* (Rivista semestrale sin dal 1985). Ragusa. H.C.C.

葡萄牙语（遴选 7 部著作）

Fagan J. & Shepherd I. *Gestalt Terapia, Teorias, Técnicas e Aplicações.* Rio de Janeiro, Zahar, 1973

Ginger S. & A. *Gestalt : uma Terapia do contato.* Sao Paulo. Summus editorial. 1995

Perls F. *Gestalt-terapia Explicada* («Gestalt Therapy Verbatim»). Sao Paulo, Summus, 1977

Perls F. *Escarafunchando Fritz, dentro e fora da lata de lixo.* Sao Paulo, Summus, 1979

Perls F. *A abordagem Gestaltica et Teste munha ocular da Terapia.* Rio de Janeiro, Zahar, 1977

Polster E. & M. *Gestalt-terapia Integrada,* Belo Horizonte, Interlivros, 1979

Stevens J. *Isto è Gestalt.* Sao Paulo, Summus, 1977

俄语（遴选 6 部著作）

Ginger S. Gestalt : *iskoustva kontakta.* Per Se, Moscou, 2002 (trad. de *La Gestalt, l'art du contact*, Marabout)

Ginger S. & A. *Gestalt, Terapia contacta.* Saint-Pétersbourg. Spetsialnaja litteratura. 1999

Naranjo C. *Agonia patriarhata i nadejda na triyedinoe obchtchestvo.* Voronej. Modek. 1995

Perls F., Hefferline R., Goodman P. *Opyty psichologuii samopoznaniia* (Expériences de psychologie de développement personnel), trad. du tome 1 de *Gestalt Therapy*, Moscou, Guil-Estel, 1993

Perls F. *Vnoutri i vne pomoynovo vedra (In and out the Garbage Pail).* Saint Pétersbourg, 1997

Polster E. & M. *Integrirovanaja Gestalt-terapia.* Moscou. Class. 1997

罗马尼亚语

Ginger S. *Gestalt Terapia, arta contactului.* Editura Herald, Bucarest, 2002 (trad. de *La Gestalt, l'art du contact*, Marabout)

拉脱维亚语

Ginger S. *Geštalts-kontaka māksla*, Riga, LatMarks, 2000

附录五
术语

（125 个技术词汇）

更多的细节参见本书相关段落。另外，对一些专门的词汇和概念的解释请见第九章有关"自体的理论"的相应内容。

- **"Aboutism"**：皮尔斯杜撰的英语新词，来自 *about*（关于）这个单词。与"是主义"（[*is.ism*] 事实上是什么）和"应该主义"（[*should.ism*] 应该是什么）相对。在格式塔中，我们避免各种"关于主义"（谈论关于某人的事）：我们更喜欢直接指向相关者（l'intéressé）。

- **完成（accomplissement）**[见第 226 页]：米歇尔·卡策夫（布鲁塞尔）接触-后撤循环的第六个亦即倒数第二个阶段，他添加在辛克（克利夫兰）经典的六阶段之后。

- **攻击（agressivité）**：（源于 *ad-greder*，即"走向他者"；与 *re-gredere* 即"走向后面"相对；与 *pro-gredere* 即"走向前面"意思相近）对皮尔斯来说是生的冲动而非死的冲动；对于避免各种内摄而与外部世界积极同化来说是必要的：想要消化苹果，首先必须咬开并咀嚼它。

- **创造性调整（adjustement créateur）**：古德曼提出的术语，用于描绘产生于健康的人及其环境之间的接触边界上的积极互动

（而非被动适应）。

·**放大**（amplification）：格式塔中的经典技术，旨在鼓励当事人放大自发的姿势、感觉或自发感情，以便更加明确地表达并更好地觉察它们。

·**自信**（assertivité）：对自我的确认，适合其合理的价值，既不夸大也不假意谦虚。捍卫其利益或观点，不焦虑，不否认他人的利益或观点。

·**觉察**（awareness）[见第32页]：在当前时刻获得全局性意识，关注内心、环境（自我意识与感知意识）和认知过程中的身体与情感的总体感受。

·**需要**（besoin）[见第57页]：在格式塔中，人们更感兴趣的是需要而非欲望。需要可以是有机体的（吃、睡……）、心理的、社会的或精神的：融入一个团队的需要、赋予生命意义的需要等等。需要并非总是被清晰感知到或是直接表达出来。"需要满足循环"经常遭到打断或干扰，格式塔工作的目标之一在于辨别这些中断、阻碍或扭曲（见："阻抗"或"自我功能丧失"）。

·**"bullshit"**：皮尔斯经常使用的表述，用以谴责知识分子。根据这些防御型智识游戏、理性化或冗长的言语化——他经常将其视为枯燥无味——的重要程度，他区分了 *chickenshit*（字面意义为"鸡屎"）、*bullshit*（公牛的粪便）和 *elephantshit*（大象屎）……

·**本我**（ça）：在格式塔意义上，这是"自体"的三个功能之一——另外两个分别为"自我"和"人格"。在循环的开始，所谓的前接触阶段，自我通常根据本我的模式而运作。

·**性格**（caractère）：（源于希腊语"字符"）对于皮尔斯和古德曼来说，这是当自体的创造性调整无法根据必要的灵活性而进行功能运作时，行为的僵化结构。

· **宣泄 (catharsis)**：情绪的表达，有时是戏剧性的（愤怒、尖叫、抽泣……），可能有发泄、放松或平息的作用。在格式塔中，人们并不系统地寻求宣泄，但是它经常出现在放大之后。宣泄几乎总是伴随着言语化。

· **C. E. P.**：欧洲心理治疗证书（Certificat Européen de Psychothérapie），1997 年由欧洲心理治疗协会（E.A.P.）制定。需要在 7 年内接受至少 3200 小时的培训。

· **克利夫兰 (Cleveland)**：美国主要的格式塔学院之一。时间上，它是第二个创建的（1954），但是在理论影响上是最重要的。其重要成员有：罗拉·皮尔斯、P. 古德曼、I. 弗罗姆、J. 辛克、E. 波尔斯特、E. 内维斯、S. 内维斯等等（见第 380、381 页）。

· **来访者 (client)**："支付报酬向某人求助的人"。这一术语通常用于社会服务、心理治疗或医学上。与"病人"（忍受或经历痛苦的人，具有某种被动性）相比，它更多地具有互动的而非医学的内涵。

· **怎么样（comment）**：从基本的现象学视角来看，格式塔更关心的是"怎么样"，而非"什么"和"为什么"，也就是说，它着重考虑的是过程和形式，以及能指和所指。格式塔的两个关键词是 *now and how*：此时怎么样。

· **专注 (concentration)**：在执业之初（大约在 20 世纪四五十年代），皮尔斯将其方法称为专注治疗，以便与宣扬自由联想的传统精神分析区分开来。他建议来访者格外专注和留意（觉察）在治疗情境的此时此地所感受到的东西。

· **融合 (confluence)**［见第 234 页］：自体的缩减，来访者

与其环境之间边界的废除。四个经典阻抗之一（或自我功能丧失）。一位母亲和她的宝宝处于健康的融合中，但是一个 12 岁的孩子如果无法采取有别于母亲的立场，他就忍受着病态融合的痛苦。

· **接触**（contact）：格式塔治疗的核心概念。需要满足的正常循环经常被称为接触循环（或接触-后撤）。治疗开展于有机体及其环境的接触边界上。

· **觉察连续谱**（continuum de conscience）：感觉、情感和思想的持续流动，包括背景，与我们相关的主要图形（Gestalts 或 Gestalten）在背景上依次浮现。对于一个精神健康的人来说，这一流动是灵活而规律的。

· **反移情**（contre-transfert）［见第十章］：狭义上，治疗师被来访者个人（特别是其移情）所引发的有意识的，尤其是无意识的全部回应。广义上，治疗师个人所做的、能够干预治疗进程的所有事情。格式塔提供了对特定反移情过程的有意的治疗性利用。

· **考伊琴**（Cowichan）：1969 年年底，皮尔斯 76 岁时，他在加拿大温哥华岛（加拿大太平洋沿岸）的考伊琴湖畔买了一栋旧的渔民汽车旅馆，和他伊萨兰的核心学员一起，在那里建造了一个格式塔基布兹。他只在那里生活了六个月，因为此后他动身前往欧洲旅行，回程时在芝加哥去世了。

· **接触循环**（cycle de contact）［见第九章］：格式塔的基础概念，由古德曼在其《自体的理论》中提出。他区分了所有行动中的主要的四个阶段：前接触、接触中、最终接触、后接触（或后撤）。很多人对这一循环进行了修改，主要有辛克、波尔斯特、卡策夫、萨拉泰、金泽等等。金泽区分了五个阶段：前接触、介入、接触、脱离、后接触或同化。循环正常进行中的中断或扰乱经常被称为"阻抗"。

·**偏转（déflexion）**［见第 243 页］："阻抗"或"自我功能丧失"（波尔斯特夫妇的提法）的一种：偏转旨在通过将感觉转向精神过程（观念、幻想或梦）的"中间区域"来避免接触。中间区域既非外部现实，亦非我内部存在的可感知的现实。这可能涉及逃离此时此地，而进入皮尔斯称为"头脑强暴"（*mind fucking*）的回忆、设想、抽象思考等等。

·**脱离（désengagement）**：根据金泽的观点，这是接触循环的第四个阶段，使人们可以为体验的令人满意的同化做好准备（见第 248 页）。

·**D.M.Z.**："非军事区域"的缩写，是中立的中间区域或内部现实和外部区域之间"过渡空间"，为治疗所偏爱的空间。

·**E.A.G.T.**：欧洲格式塔治疗协会（European Association for Gestalt Therapy），1985 年成立于德国。国际代表大会，1986 年于德国；1989 年，荷兰；1992 年，法国；1995 年，英国；1998 年，意大利；2001 年，瑞典。

·**E.A.P.**：欧洲心理协会（European Association for Psychotherapy），1991 年成立于维也纳（奥地利）。今天该协会聚集了欧洲 37 个国家的 200 个组织，为大约 10 万名专业心理治疗师的代表机构。

·**E.E.G.**［见第 154 页注释②］：脑电图，生物电波的记录，反映脑神经的活动。脑电图尤其有利于分辨睡眠和梦的不同阶段。在冥想中，人们注意到一种特殊的节律（阿尔法波）。这一特定曲线有助于揣测癫痫型大脑病痛。

·**蔡加尼克效应（effet zeigarnik）**［见第 63 页］：具有动员

作用的心理压力，由完成一项未完成任务的四处弥漫的情感所产生。在教育学和广告中使用（为了维持清醒的兴趣）。但是，按照皮尔斯的看法，未完成"格式塔"的过度重复可能成为神经症的来源。

· **自我中心**（egotisme ）［见第 244 页］：对古德曼所描述的一种有些特殊的状态的"阻抗"。它涉及一种自然的倾向，坚持刻板行为，谨慎地满足于处在已知边界的内部，并因此而避免所有新的体验。这也是自我的一种虚假的过度膨胀，旨在鼓励自恋和承担起为自主性做准备的个人责任。因此，这是一种临时的治疗手段。正如精神分析中的"移情神经症"，在格式塔治疗的进行中，这个过渡阶段必须超越。

· **enactment**［见第 37 页］：英文，意为有意的"演出"；与"见诸行动"相对，后者越过意识并取而代之。

· **能量增强**（énergétisations）［见第 226 页］：辛克的接触循环（为卡泽夫和皮埃雷所重新采纳）的第三个阶段。

· **E.P.G.**［见第 382—385 页］：巴黎格式塔学校（27 rue Froidevaux，75014，Paris），隶属于 I.F.E.P.P.①——之前已有一个格式塔系，1971 年以来由塞尔日·金泽及安娜·金泽主持。

1996 年 E.P.G.成为独立机构。学院目前由冈萨格·马斯克利耶领导。学院每年确保大约 8000 天/人次的培训，接受格式塔心理治疗的长期执业培训（3～5 年）的学员先后合计约 900 人。

· **伊萨兰**（Esalen）：地名，位于加利福尼亚，在旧金山以南 300 公里，那里建有"新疗法"即"人本主义疗法"最有名的

① 即社会心理学与教育学培训和研究学院，全称为 Institut de Formation et d'Études Psychosociologiques et Pédagogiques。

全球中心。皮尔斯在那里待过好几年，正是在那里他使格式塔声名鹊起，当然也有点将其变成了"演出"。

· 回避机制（mécanismes d'évitement）：相近的表述还有"防御机制""自我功能丧失"，或者"阻抗"［见第九章］。

· 实验（expérimentation）：格式塔是一种存在主义的、体验的取向，尤其建议自己去生活，体会，感受，或有意地进行实验（首先，这经常是以所畏惧的或希望的情境的象征方式进行的）。

· 反馈（feed-back）：反过来的行动，由情境引发的规律反应。在团体治疗中，人们经常在个体工作结束时激发反馈：目的可以是补充有利于相关来访者更好地觉察的信息，但是反馈往往尤其定向于发出反馈的人，鼓励他表达自身的感受，也就是说，情境在他心里唤起的个人回响，由此可能为来自他自己的后续工作做好准备。

· F.F.d.P.：法国心理治疗联盟（Fédération Française de Psychothérapie，2 bis，rue Scheffer，75116，Paris）。成立于1995 年。聚集了 50 个左右的各种社团类型的全国性或地区性心理治疗组织（学会、培训学院、工会）。为心理治疗师职业的官方认可而奋斗。E.A.P.认证，可颁发 C.E.P.［见这些缩写］。

· 图形/背景（Figure/fond）：格式塔心理学（或形式心理学）的基础概念，为格式塔治疗所采用。健康的人必须能够清楚地辨别当下的主导图形（或格式塔），而这个图形只有相对于背景即后景才是有意义的。因此，此时此地的一个反应（浮现的图形）必须嵌入情境和人格的总体（背景）之中［见觉察连续谱］。

· F.O.R.G.E.：格式塔培训组织国际联盟（Fédérationinternationale des Organisme de Formation à la Gestalt，183，rue Lecourbe，75015 Paris）。成立于 1991 年。联合了全世界 20 个国家

30 个培训学院的负责人。主席：S. 金泽。理事会成员：G. 德利勒（加拿大）、E. 朱斯蒂（意大利）、G. 马斯克利耶（法国）、A. 拉文纳（［A. Ravenna］意大利）、D. 范巴伦（［D. Van Baalen］挪威）、J. 范佩维纳吉（［J. Van Pevenage］比利时）、S. 巴斯克斯（［S. Vazquez］墨西哥）。每年一次会议。思想、项目、文献、教材编撰人员和大学生之间的交流。

·**培训（formation）**：培训旨在区分教育：这是一种"赋形"（*Gestaltung*），也就是说，一种积极的过程，包括存在的一种变形。

·**形式与内容（forme et contenu）**：或"能指"和"所指"。格式塔强调形式的重要性：说或做的方式，经常是无意识的或前意识的（音调、表达、姿态、姿势等等的"怎么样"），这种方式使说或做的意向性内容变丰富，或正好相反。

·**接触边界（frontière-contact）**［见第九章］：格式塔中的基本概念。治疗在来访者及其环境（尤其是治疗师）的接触边界上进行：正是在那里人们能够辨认出接触的功能障碍和需要满足的正常循环的功能障碍（或阻抗）。皮肤是接触边界的一个例子，尤其是它的一个隐喻：它同时隔离和连接我。

·**Gestalten**：名词 *Gestalt* 的德语复数形式（以及动词形式），有时在法语中使用。

·**格式塔心理学（Gestalt-Psychologie）**［见第 61 页］：或格式塔理论，再或"形式的理论"［见第三章］。心理学流派，受到现象学的启发，诞生于 1912 年（埃伦费尔斯、韦特海默、科夫卡、科勒），特别强调以下事实，即"整体不同于部分之和"并且是各部分多重互动的结果。澄清了感知的主观性。

·**G.T.**：格式塔治疗（Gestalt Therapy 或 Gestalt-thérapie）

的惯用缩写。

· **guided fantasy**：英语表述，指的是引导式幻想。

· **触摸法（haptonomie）**：荷兰人弗朗斯·韦尔德曼最近在法国所提出的取向，"有感情的触碰科学"，尤其用以使准父母通过腹壁与子宫内胎儿最初的那些接触变得丰富。它的数个概念与格式塔相类似。

· **整体论、整体论的（holisme，holistique）**［见第 22 页］：来自希腊语 *holos*，整体［见第二章］，涉及总体。皮尔斯曾经深受国际联盟鼓动者之一史末资的整体论的影响，1926 年史末资出版了以达尔文、柏格森、爱因斯坦和德日进思想为基础的《整体论与进化》一书（见第 88 页）。

· **内稳态（homéostasie）**：坎农（Cannon）于 1926 年发表的有机体自动调节的一般原则。拉博里区分了广义内稳态（整个有机体相对于环境的内稳态）和狭义内稳态（坎农的内稳态，涉及维持有机体自身的内部环境的各种平衡）。皮尔斯非常强调这个概念，尤其是在他死后出版的著作中（尚未译成法语）《格式塔取向和见证治疗》，本书写作开始于 1950 年，完成于 1970 年，出版于 1973 年。

· **hot seat**：字面意义为"热的椅子"或"滚烫的椅子"，再或"小木凳"。某些当代格式塔学者有时称之为 *open seat*（开放的椅子）——为了避免负面意涵。皮尔斯喜爱的技术，尤其是从 1964 年开始，在他的"加利福尼亚时期"，旨在要求来访者自己前来，坐在治疗师身边的一张扶手椅上（*hot seat*），大部分时间他面对着一把空的椅子（*empty chair*），他必须为其想象出这个或那个人物（如他的父亲），并对着这个人物说话。这把椅子也可以用一个靠垫来代表；它可以是固定的，或者放置于不同的地方（*floating hot seat*[①]）。

·**过度换气**（***hyperventilation***）：强迫、放大或加速的换气技术，在生物能疗法和重生疗法中使用，旨在通过过度氧合作用（*hyperoxygénation*）让大脑皮质放松控制，以此来解放大脑皮质下各层。潜藏情绪的解放经常诱发宣泄，宣泄可能伴随着手足的抽搐。在格式塔中，人们不使用这种类型的人为技术，但是有时注意到强烈情绪引发的自发的过度换气。

·**此时此地**（**ici et maintenant**）：英语的 *here and now*，拉丁语的 *hic et nunc*。皮尔斯更乐于谈论描述行动或互动中正在进行的过程的"此时怎么样"（*now and how*）。

·**I.F.E.P.P.**：社会心理学与教育学培训和研究学院（巴黎，1965—2000）。培训组织，在 S. 金泽和 A. 金泽的推动下，1971 年以来提供格式塔治疗实习，其后，从 1981 年开始开展职业从业师和心理治疗师培训（E.P.G.）。E.P.G.于 1995 年底解散。

·**I.G.B.**：波尔多格式塔研究院（*Institut de Gestalt de Bordeaux*），法国格式塔治疗研究院（*Institut Français de Gestalt-Thérapie*, I.F.G.T.）成员。主席为让-玛丽·罗比纳。提供格式塔治疗的实习、长程培训和督导。

·**I.G.G.**：格勒诺布尔格式塔研究院（*Institut de Gestalt de Grenoble*），由让-玛丽·德拉克鲁瓦和阿涅丝·德拉克鲁瓦领导，提供格式塔治疗的实习、长程培训和督导。

·**僵局**（**impasse**）：皮尔斯使用的术语，指示一种阻碍的情境，看上去没有出口，令人设想一个人处于问题之"结"中［见第 292 页］。

[①] 英语，意即"漂浮的热椅子"。——译注

·**受控卷入**（implication contrôlée）：格式塔所主张的治疗中刻意介入的态度，假设了对反移情的认真利用。在此地我是我自己，完全地，作为完整而真实的人，但是我不是为了我自己而在此地的，而是为了来访者［见第十章］。

·**内爆**（implosion）：皮尔斯区分了四个主要心理"层"，即表面的惯例层（符合习俗的社会角色）、内爆层（导致僵局）、情绪的外爆层和深处的真实层。内爆是两股矛盾力量的内在张力所导致的瘫痪［见第 292 页］。

·**未完成**（**工作、格式塔**）：按照皮尔斯的观点，未完成格式塔（unachieved business，或 U.B.）的累积可能是神经症的原因之一。因此治疗尤其在于闭合未完成的或固化的格式塔，也就是说，在于澄清悬搁的种种问题（例如尚未了结的真实或象征的"哀悼工作"）。

·**无意识**（inconscient）［见第 105、322、376 页］：在格式塔中，人们当然不否认无意识现象的重要性，但是它们并不构成治疗行动根本的支点。治疗行动建立在身体、情绪或心理上的明显表现的基础上：因此人们有意从表面出发，以便达到更深入的、未意识到的那些层。

·**洞察、顿悟**（Insight，satori）：出于强烈的内部体验而"照亮"或突然觉察。

·**内摄**（introjection）［见第 235 页］：经典的"阻抗"之一，旨在"整个吞下"他人的观念或原则，而不以个人化的方式将其"消化"并同化。尤其是传统教育的种种"应该……"

·**是主义**（isism）：皮尔斯创造的新词，用于表达对事物的现实主义视角。来自英语的 what is，实际上是什么，而非我的欲望或幻觉式担心（见 aboutism）。

· **我/汝（je/tu）**：暗指布伯的著作（Le Je et le Tu，1923），表达了人与人之间真实而直接的关系，为皮尔斯所竭力主张，包括在治疗情境中［见第十章］。

· **基布兹团体（kibboutz-group）**：格式塔各种原则在中期或长期（从几天到几个月）居住社群中的应用。字面意义上的各次治疗根据工作、学习或休闲的共同分享的生活而改变，带来了共同的治疗探索。皮尔斯依次将普及性赋予个体治疗、团体治疗，然后是社群治疗［见第 99 页］。

· **曼陀罗（mandala）**：梵语词汇，意为"圆圈"。这是一种象征性素描（或油画），通常以圆圈或方形为基础，在各种东方哲学中用作冥想的载体，追寻一种内在的真理。C. G. 荣格特别研究了曼陀罗。受到曼陀罗启发的情感或情境的象征性图像再现，以及各种各样的技术，经常得到一些格式塔学者的使用。

· **S.G.M.按摩（massage S.G.M.）**："敏感性格式塔按摩"，美国人玛格丽特·埃尔克。相近的各种按摩：加利福尼亚的、敏感性的、关系式的等等。这是一种非言语交流技术，集中于对搭档双方的身体感受的觉察，他们轮流按摩对方或接受对方按摩。目的之一在于重新统一身体图示，并更好地觉察自己的"接触边界"［见第 305 页］。

· **隐喻（metaphore）**：隐喻的口头、身体或艺术语言在格式塔中大量使用。

· **微动作（micro-gestes）**：这是一些自动的小动作，大部分时间是无意识的或前意识的（例如手指或脚的叩击、偶尔的抽搐或脸部的表情、开玩笑的"游戏"等等）。觉察然后放大这种动作经常使得来访者自己能够赋予象征性意义，打开充丰富的联想思路。

· **演出**（mise en action）：英语里的 *enactment*。这是一种有意的上演，伴随着言语化，使得人们可以更好地感知现象，让隐含的东西变得明确起来。因此"演出"与冲动"见诸行动"相对立，后者正相反，切断言语的觉察，代之以难以分析的剧烈"发作"。

· **中间模式**（mode moyen）：古德曼的暗语中，参照希腊语语法，自体功能运作的既主动又被动的模式（接近某些代词形式），在所谓的"完全接触"阶段尤其可以观察到，既是运动的又是感官的［见第九章］。

· **自我**（moi）：自体可以按照三种模式进行功能运作——本我、自我、人格。自我是积极的功能，包括觉察我的需要并对我的选择承担责任。自我功能丧失经常被称为"阻抗"。

· **单人剧**（monodrame）：莫雷诺提出的心理剧技术，经常为皮尔斯所使用，旨在让来访者自己依次扮演他所提及情境的不同角色，例如他可以与自己身体的不同部分对话，抑或与他父母中的一位展开想象的对话，并且自己做出他想象、担忧或希望的回应。

· **心理穿梭**（navette mentale；*shuttle*）：外部现实（此时此地在社会关系上是可感知的）和内部现实（幻想）之间、情绪和言语觉察之间的来来去去。格式塔治疗中大量使用的态度。

· **Now and how**："此时怎么样"，格式塔四个关键词中的两个（在英语中押韵：*Now and how*；*I and thou*），即"此时怎么样""我和汝"，它们概括了在治疗情境的此时此地，两个人之间完满而真实的关系："我和你之间目前正在发生什么？"

· **移情客体**（objet transitionnel）：在温尼科特那里，这是儿童作为母亲替代物而倾注的情感客体，起到自主抚慰的功能，如：一个毛绒动物，或者被子或枕头的一个角。广义上，象征着一个人们所依恋的不在场者的一切客体。

· **open-seat**：见 *hot-seat*［第 33 页］。

· **见诸行动（passage à l'acte）**：见演出［第 37 页］。

· **人格（personnalité）**：（来自希腊语 *persona*，戏剧"面具"，人们透过它呼吸：社会"角色"）。见自我。自体人格的功能在于主体对自己的言语再现，即自我的图像，他在其中认出自己。这是一个体验整合的功能，是认同情感的基础，在其历史性之中。它在接触循环结束时，在正在进行中的体验结束、后撤的那一刻尤为关键，使得同化成为可能。

· **自我功能丧失（perte de la fonction ego）**："自我功能丧失""阻抗""自我防御""回避机制""循环中断"等等表述的近义表达。每个作者都采纳了自己的一个术语［见"阻抗"，尤其请阅读第九章］。

· **P.H.**："人本主义心理学"的常用缩写。

· **P.N.L.（神经语言程序学）**：约翰·格林德和理查德·班德勒（1975）提出的取向，尤其以弗里茨·皮尔斯、维吉尼亚·萨提亚和米尔顿·埃里克森的工作的观察记录为基础。P.N.L.以大脑和语言的功能运作研究为基础，提供旨在获得典范模型的专业技术。

· **极性（polarité）**：格式塔寻求所有人类行为互补极性的和谐整合（例如，攻击与温柔），而不是为了一个而消灭另一个，或虚幻地追求一个"不公正"环境，一幅变得迟钝的情感的灰白单色画。

· **后接触（post-contact）**：或"后撤"。按照古德曼的观点，这是接触循环或需要满足的第四个且是最后一个阶段，是同化的重要阶段，使得滋养人格成为可能。

·**前接触**（pré-contact）：古德曼接触-后撤循环的第一个阶段。自体主要以本我（感觉、兴奋）模式进行功能运作。

·**"皮尔斯祈祷文"**（prière de Perls）：著名引文，揭露融合〔见第 235 页〕。

·**原始疗法**（thérapie primale）：A. 亚诺夫的"原始疗法"（1970），经常被错误地称为"原始喊叫"（"通过喊叫治疗"由卡斯里埃尔提出），是一种情绪治疗，旨在重新找到贮存在身体无意识之中的最初痛苦。它以正统的形式，在三周彻底的隔离中，通过密集的个体治疗进行。但是在法国，原始疗法经常在团体中进行，并且整合了借自格式塔和生物能的种种技术。

·**过程**（processus）：格式塔是一种更多地以过程而非内容为中心的治疗，也就是说，以此时此地正在发生的东西为中心，以怎么样而非什么为中心。

·**外转**（proflexion）：西尔维娅·克罗克提出的术语，"阻抗"的混合形式，联合了投射和内转，旨在让他人做我们希望他人对我们所做的事〔见第 243 页〕。

·**投射**（projection）："阻抗"的经典形式，旨在赋予他人与我们相关的东西。例如"我觉得您怀疑我"〔见第 237 页〕。

·**近体学**（proxémique）：对社会空间和社会距离组织的科学研究（爱德华·霍尔，1966）。寻求关系的"合适距离"是格式塔的常见主题〔参见第 310 页〕。

·**人本主义心理学**（psychologie humaniste）：亚伯拉罕·马斯洛（1954）引入的术语，这是"第三种力量"，一种双重回应运动，一方面是对精神分析学侵略性的、决定论的技术专家政治的回应，另一方面是对行为主义的回应。P. H. 倾向于让人最大限度地承担自己选择的责任并恢复其精神价值。

·**心理综合**（**psychosynthèse**）：意大利精神病学专家罗伯托·阿萨焦利（1966）提出的心理治疗方法，受到存在主义和唯灵论的启发，心理综合通过动员意愿和接近"超无意识"（inconscient supérieur）或"超意识"（surconscient），将"自我"的实现视为统一的中心。当代的实践整合了格式塔的众多技术。

·**rebirth**：*rebirth*（或 *rebirthing*）由美国人伦纳德·奥尔提出。它以放松和过度换气为基础，旨在解放个体的各个深层次，尤其是为了缓和出生的创伤。

·**阻抗**（**résistances**）：格式塔中的根本概念。尤其在于识别"阻抗"，这些阻抗与接触循环或需要满足循环的自由运转相对立。主要的阻抗有：融合、内摄、投射和内转。在此之上，人们一方面可以加上偏转和外转，另一方面可以加上对自己的反移情的探索。

·**身体感受**（**ressenti corporel**）：对外感受性的或内感受性的身体感受的意识或觉察（压迫的感觉、胃里"剧痛"、喉咙"哽住"等等），经常被用作更深入工作的起点。在治疗师这一边，他关注自身的身体感受，这使他能够觉察并探索他的反移情。

·**后撤**（**retrait**）或"后接触"（post-contact）：古德曼接触循环的第四个也是最后一个阶段，使得体验的同化成为可能，并创造出一致性概念。后撤过于突然或过于缓慢（融合）是功能障碍的常见迹象，抑制自主。

·**内转**（**rétroflexion**）：将动员起来的能量转向自己（受虐狂或躯体化），或对自己做人们希望别人对我们做的事（如说大话）。内转能表露出上位狗和下位狗的内在冲突。

• **梦（rêve）**：对皮尔斯和弗洛伊德来说，都是认识自己的"康庄大道"。皮尔斯采纳了兰克的建议，将梦的所有人物或元素都视为睡眠者自己的投射，并且他经常提议将它们依次具身化（让它们在幻想中自我表达，或在单人剧中很好地扮演出来，放大或结束已采取的行动）。伊萨多·弗罗姆将梦视为睡眠者的内转，睡眠者对自己说出想要对他的治疗师表达的话。当代生理心理学家赋予梦多重自动调节功能：对学习的同化、对积极情绪或创伤性情绪的体验的同化、物种遗传编码的审查等等［见第二、十二和十三章］。

• **幻想（rêverie-éveillée）**：［见第 368 页注释①］在幻想中，来访者保留对图像和联想的某种控制，这与白日梦正相反，在白日梦之中，无意识"发出指令"，在某种程度上，从内部强加图像和情节。

• **罗尔夫疗法（rolfing）**：深层按摩技术或结构的整合，由艾达·罗尔夫所构想（1960），目的在于经过 10 次左右的治疗，"重新协调"身体并通过一个作用于深层结缔组织即筋膜的行动——常常是痛苦的——消除各种紧张和失衡。皮尔斯宣称艾达·罗尔夫给予他"数年生命的礼物"。杰克·佩因特在罗尔夫的基础上提出了姿势整合（*intégration posturale*）。某些治疗师将格式塔和罗尔夫疗法联合起来（B. 西尔弗曼、E. 荣格、C. 沃克斯［C. Vaux］）。

• **自体（self）**：在格式塔中，这个词指的并非一个确定的实体（例如：精神分析中的自我），而是一个过程，即在有机体及其环境接触边界上所发生之事，这使得创造性调整成为可能。因此，自体在某些情境中（例如，融合时刻）会逐渐减少。自体理论［见第九章］指的是 40 年前古德曼在皮尔斯笔记（《格式塔治疗》的第二卷，1951）基础上提出的构想。伊萨多·弗罗姆及其弟子将自体理论视为格式塔治疗的"脊柱"。古德曼的自体不同于温尼科特的自体……（但是"自我"[*soi*]这个译名带来了更多的混淆。）

• **普通语义学**（sémantique générale）：阿尔弗雷德·柯日布斯基（1933）提出的方法，为的是超越二元的亚里士多德思想（一个事物是或不是；"排中律"原则）。柯日布斯基强调体验和语言之间的区别——语言是多义的：词语并非事物（地图并非领土）。皮尔斯和古德曼二人都与柯日布斯基有过长时间的合作[参见第四章]。

• **敏感性格式塔按摩**（sensitive Gestalt massage，S.G.M.）：见 S.G.M. 按摩。

• **背景设置**（setting）：英语术语，指的是物质条件，一次咨询的背景，如面对面、沙发等等。背景设置可根据所使用的方法、根据治疗师、根据来访者并根据治疗的那个时刻而有所变化。它对整个治疗的进展具有重要影响，无论是对于来访者还是对于某些治疗师来说，这个影响都不总是足够明晰的。

• **S.F.G.**：法国格式塔学会。创立于 1981 年，聚集了在法国、比利时瓦隆地区和瑞士法语区不同机构里接受培训的那些格式塔学者。合计约 200 名专业人士。每年组织研究日。出版一份内部简报，以及一本公开发行的杂志（《格式塔》[*Gestalt*]），每年两期。迄今已出版 17 期、合计 2800 页的文章。1995 年，协会的分裂促成了法国格式塔治疗学院的诞生——该学院现在有自己的杂志。

• **应该主义**（shouldism）：皮尔斯以英语单词 *should* 为基础创造的新词（*it should be so*：应该这样），以表达逃离现实而进入梦的那些人的态度。

· **未完成情境 (situation inachevée)**：见"未完成"。

· **S.N.P.Psy.**：心理治疗从业师全国工会。创立于 1981 年。集合了不同派别的心理治疗师。捍卫心理治疗师的头衔与资质（"第三条道路"，有别于心理学家和精神病医生），并且提出了一个医学伦理章程。

· **社会格式塔 (socio-Gestalt)**：S. 金泽提出的名称，用以称呼格式塔的一个分支，这个分支应用于得到整体考虑的机构或组织中［见第 212 页］。

· **身心学 (sophrologie)**：阿方索·凯塞多提出的方法（1960），以放松（舒尔茨、雅各布森）、催眠、瑜伽和冥想为基础。身心学诱导出意识的改变了的状态；它尤其用以对抗痛苦和各种紧张（牙齿护理、分娩、睡眠障碍、恐怖症等等），或是用以增强人格的各种潜在结构并扩展身体图示的整合。在格式塔工作中，人们能观察到种种自发的"身心"反应——这些反应可在治疗师的煽动下得到放大。来访者由此在前催眠的"第二状态下"工作。

· **压力 (stress)**：内在的心理压力，消极或积极，最为经常与难以忍受的外在事件有关（冲突、哀悼等等），但也与所有改变生活情况的情境有关（结婚、假期等等）。霍姆斯和拉厄以谢耶（Seyle，1967）的研究为基础，确立了一个"压力量表"（1967）。压力的累积弱化了免疫防御，并促进了疾病的出现（癌症）。格式塔所主张的情绪表达减少了紧张和压力。

· **个人风格 (style personnel)**：格式塔更多地表现为一种艺术，而非一种科学，它鼓励每个人（来访者和治疗师）探寻其生活的个人风格："创造性调整"，并非徒劳无功地追求对不变的规则或秘方的应用。

• **同情（sympathie）**：皮尔斯将同情与共情和冷漠相对立。同情假设了治疗师真实地卷入人与人之间的一种"我/汝"关系之中，他并不躲藏在一个身份之后［见第十章］。

• **系统性（systémique）**：系统性取向（冯·贝塔朗菲，1956；戈尔德施泰因、勒穆瓦涅、德罗奈、莫兰）将所有的问题都当作"互动的统一体"来处理［见第八章］，由此而与牛顿-笛卡尔的理性主义方法相对立。格式塔是一种系统性取向，研究有机体/环境场中的各种互动。另一个心理治疗上的应用则是家庭系统治疗（帕洛·阿尔托学派：贝特森、瓦茨拉维克）。

• **上位狗（top-dog）**：雪橇队的领头犬。引申为头领、带领者，尤其是在体育比赛中。皮尔斯强调"上位狗"（道德意识、"超我"）与"下位狗"（"痛苦"、自我中心的阻抗）之间的内心斗争。

• **transference**："移情"的英语词汇，有时在加拿大法语文本中使用。

• **移情（transfert）**：精神分析中，患者与治疗师之间的强烈情感关系，部分地重现了童年经历的某种态度；移情神经症是治疗的主要动力。当然，在格式塔中，人们也观察到大量自发的移情现象——逐渐地得到探索——但是人们没有矫揉造作地提出造成对治疗师的依赖的移情神经症［见第十章］。

• **转移的**（客体或空间［**transitionnel** *objet ou espace*]）：见转移客体。转移空间（温尼科特）是游戏、艺术或治疗的空间，现实和幻想之间的中介。

• **超个人的（transpersonnel）**：一种治疗可以是人内的（内在冲突分析）、人际的（人与人之间关系的研究）或超个人的

（考虑到集体无意识和将人类与宇宙团结起来的各种难以理解的联系）。格式塔看重这些维度的这一个或那一个，抑或同时看重三者。

· **unfinished**（*situation or business*）：见"未完成"。

· **植物疗法**（**végétothérapie**）：威廉·赖希的治疗措施，将性格态度分析与肌肉铠甲工作相联系。工作首先在于强化植物抑制，以便认识到这些抑制。植物疗法尤其关注呼吸和有机体反射的阻碍。它是生物能（洛温和皮耶拉科斯［Pierrakos］）的起源。

· **声音**（**voix**）：围绕声音展开的工作在格式塔中至关重要，其中说的方式与人们说了什么一样重要。压抑的、"单调的"或"断断续续的"声音有时表露出一种灵魂状态，不同于来访者正在用言语表达的那种状态，因此提供了一条常常相当丰富的工作线索。带着自信（正当的确信，不夸大其词）肯定自我经常在格式塔团体中得到使用。

· **W.C.P.**：世界心理治疗委员会（World Council for Psychotherapy）。每三年组织一次世界大会，汇聚了来自各个大洲100多个国家所有流派的 4000 到 5000 位心理治疗师。主席：（阿尔弗雷德·普里茨［Alfred Pritz］，奥地利）。

格式塔治疗重要术语的翻译

（法文至其他语言）

法文	英文	德文	西班牙文	意大利文	中文①
agressivité	aggressivity	Aggressivität	agresividad	aggressività	攻击
ajustement createur	creative adjustment	schöpferische Anpassung	ajustamiento creativo	adattamento creativo	创造性调整
amplification	amplification	Übertreibung	amplificación	amplificazione	放大
assertivité	assertiveness	Asservität; Selbstätigung	asertividad; autoafirma-ción	assertività	自信
awareness	awareness	Gewahrsein; Bewusstheit	awareness; el dares cuenta	consapevo-lezza	觉察
besoins	needs	Bedürfnissse	necesidad	bisogni	需要
ça	id	Es	ello	es	本我
caractère	character	Charakter	carácter	carattere	性格
catharsis	catharsis	Katharsis	catarsis	catarsi	宣泄
client	client	Kleint	cliente	cliente	来访者
comment	how	wie	cómo	come	如何
concentration	concentration	Konzentration	concentración	concentrazione	专注
confluence	confluence	Konfluenz	confluencia	confluenza	融合
contact	contact	Kontakt	contracto	contatto	接触
continuum de conscience	awareness flow	Bewusstheits-kontiunuum	continuum de conciencia	continuum di consape-volezza	觉察连续谱
contre-transfer	counter transferance	Gegenüber-tragung	contratrans-ferencia	contro-transfert	反移情

---

① 中译本增加了对应的中文翻译。——译注

法文	英文	德文	西班牙文	意大利文	中文
cycle de contact	contact cycle	Kontaktprozess (zyklus)	ciclo de contacto	ciclo del contatto	接触循环
déflexion	deflection	Deflektion	deflexión	deflessione (deviazione)	偏转
effect Zeigarnik	Zeigarnik effect	Zeigarnik-Effekt	efecto Zeigarnik	effetto Zeigarnik	蔡加尼克效应
égotisme	egotism	Egotismus	egotismo	egotismo	自我中心
enactment	enactment	Darstellen	enactment; puesta en escena	messa in atto	演出
évitement	avoidance	Vermeidung	evitación	evitamento	回避
expérimen-tation	experiment	Experiment	experimen-tación	sperimen-tazione	实验
feed-back	feedback	*Feedback*	feedback; devolución	feed-back (retro-azione)	反馈
figure/fond	figure/gound	Figur/Hintergrund	figura/fondo	figura/sfondo	图形/背景
fonction de contact	contact functions	Kontaktfun-ktionen	función de contacto	funzioni di contatto	接触功能
formation	training	Ausbildung	fomación	formazione	形成
forme	form	Form	forma	forma	形式
frontière-contact	contact-boundary	Kontaktgrenze	frontera-contracto	confine-contatto	接触边界
Gestalt-psychologie	Gestalt-psychology	Gestaltpsy-chologie	psicología Gestalt	psicologia della Gestalt	格式塔心理学
holisme	holism	Holismus	holísmo	olismo	整体主义
homéostasie	homeostasis	Homöostase; Homeostasie	homeostasis	omeostasi	内稳态
hyperventi-lation	hyperventi-lation	Hyperventi-lation	hiperventi-lación	iperventila-zione	过度换气
ici et maintenant	here and now	hier und jetzt	aquí y ahora	qui ed ora	此时此地

续　表

法文	英文	德文	西班牙文	意大利文	中文
impasse	impasse	Sackgasse； Impasse； Engpass	impasse	impasse	僵局
implication contrôlée	controlled involvment	kontrolliertes Sich-Einbringen	implicación controlada	coinvolgimento controllato	受控卷入
implosion	implosion	Implosion	implosión	implosione	内爆
inachevé (travail, Gestalt)	unfinished (business)	unabgeschlossen；unerledigt	inacabada；sin terminar	incompiuto	未完成
inconscient	unconscious	unbewusst	inconsciente	inconscio	无意识
introjection	introjection	Introjektion	introyección	introiezione	内摄
je/tu	I/Thou	Ich/du	Yo/Tú	Io/Tu	我/汝
massage S.G.M	S.G.M	Sensitive Gestalt-Massage	M.S.G.	massggio Gestaltico	敏感性格式塔按摩
métaphore	metaphor	Metapher	metáfora	metafora	隐喻
micro-geste	micro-movement	mikrogeste	microgestos	micro-gesti	微动作
mise en action	enactment	Darstellen	puesta en acción，en escena	messa in atto	演出
mode moyen	middle mode	mittlerer Modus	modo medio	modo medio	中间模式
moi	ego	Ich	yo	io	自我
monodrame	monodrama	Monodrama	monodrama	monodramma	单人剧
navette mentale	shuttle	geistiges Sich-Hinundherpendeln	el ir y venir mental	navetta mentale	心理穿梭
now and how	now and how	jetzt und wie	ahora y cómo	adesso e come	此时怎么样
objet transitionnel	transitional object	transitionales (symbol) Objekt	objecto transicional	oggetto transizionale	移情客体
passe à l'acte	acting out	Ausagieren	pasaje al acto	passaggio all'atto	见诸行动

法文	英文	德文	西班牙文	意大利文	中文
personnalité	personality	Persönlichkeit	personalidad	personalità	人格
perte de la fonction ego	Loss of ego function	Ich-Funktions-Verlust	pérdida de la función Yo	perdita della funzione Io	自我功能丧失
polarités	polarities	Polaritäten	polaridades	polarità	极性
post-contact	post-contact	Nachkontakt	poscontacto	postcontatto	后接触
pré-contact	fore-contact	Vorkontakt	precontacto	precontatto	前接触
prière de Perls	Gestalt prayer	Gestalt-Gebet	la oración de Perls	preghiera di Perls	皮尔斯祈祷文
processus	process	Prozess	proceso	processo	过程
proflexion	proflection	Proflektion	proflexión	proflessione	外转
projection	projection	Projektion	proyección	proiezione	投射
proxémique	proxemics	Proxemik	proxémica	prossèmica	近体学
psychologie humaniste	Humanistic Psychology	humanistische Psychologie	psicología Humanista	Psicologia Umanistica	人本主义心理学
résistances	resistances	Widerstände	resistencias	resistenze	阻抗
ressenti corporel	body feeling	Körperliches Empfinden	resentido corporal	sentito corporeo	身体感受
retrait	withdrawal	Rückzug	retirada	ritiro	后撤
rétroflexion	retroflection	Retroflektion	retroflexión	retroflessione	内转
rêve	dream	Traum	sueño	sogno	梦
rêverie-éveillée	fantasy	Tagträumerei	sueño despierto; fantasia	fantasticheria da sveglio	幻想
self	self	Selbst	sí mismo	Sé	自体
sémantique général	general semantics	Generelle Semantik	semática general	semantica generale	普通语义学
setting	setting	setting; Umgebung	setting; cuadro	*setting*	背景设置
situation inachevée	unfinished business	unabgeschlossen Situation	situación inacabada	lavoro incompiuto	未完成情境
socio-Gestalt	*socio-Gestalt*	Sozio-Gestalt	socio-Gestalt	socio-Gestalt	社会格式塔

续　表

法文	英文	德文	西班牙文	意大利文	中文
stress	stress	Stress	estrés	stress	压力
style personnel	personal style	persönlicher Stil	estilo personal	stile personale	个人风格
sympathie	sympathy	Sympathie	simpatiá	simpatia	同情
systémique	systemic	systemisch	sistémico	sistemico	系统的
transfert	transferance	Übertragung	transferencia	transfert	移情
transitionnel	transitional	transitional; Übergehend	transicional	transizionale	转移的
transpersonnel	transpersonal	transpersonal; überpersönlich	transpersonal	transpersonale	超个人的
voix	voice	Stimme	voz	voce	声音

　　摘自国际格式塔培训组织联盟（F.O.R.G.E.）编撰的《国际格式塔术语》（*LEXIQUE INTERNATIONAL DE GESTALT*），八语版（172 页）。

附录六
编年表：格式塔相关重大历史事件

1. 若干先驱

年份	出生	死亡	若干著述与事件
1770	黑格尔		
1775	冯·谢林		
1803	爱默森		
1813	克尔凯郭尔		
1838	布伦塔诺		
1842	克鲁泡特金		
1844	尼采		
1849	巴甫洛夫		
1856	弗洛伊德		
1859	胡塞尔		
	冯·埃伦费尔斯		
	柏格森		
1866	格罗德克		
1870	阿德勒		
	史末资		
1873	费伦齐		

年份	出生	死亡	若干著述与事件
1874	舍勒		
1875	荣格		
1878	戈尔德施泰因		尼采：《人性，太人性的》
	布伯		
1879	柯日布斯基		
	爱因斯坦		
1880	韦特海默		
1881	德日进		
	宾斯万格		
1882	梅拉妮·克莱因		
1883	雅斯贝尔斯		尼采：《查拉图斯特拉如是说》
1884	兰克		
	舒茨		
1885	卡伦·霍尼		克鲁泡特金：《一个反抗者的话》
	E. 明科斯基		
1886	科夫卡		
	蒂利希		
1887	科勒		克鲁泡特金：《无政府主义的科学基础》
1888	阿萨焦利		
1889	海德格尔		
	加布里埃尔·马塞尔		
	莫雷诺		
1890	勒温		
	德苏瓦耶		

© 塞尔日·金泽，1991

2. 奠基人的诞生

年份	出生	死亡	若干著述与事件
1893	皮尔斯		
1894	夏洛特·比勒		尼采：《权力意志》
1895		恩格尔	弗洛伊德：《歇斯底里症研究》
1896	温尼科特 艾达·罗尔夫		弗洛伊德引入"精神分析"概念
1897	赖希		
1898	马尔库塞		
1899	冯·贝塔朗菲		
1900		尼采	弗洛伊德：《梦的解析》
1901	米尔顿·埃里克森		弗洛伊德：《日常生活的精神病理学》
1902	罗杰斯		
1904	贝特森 斯金纳		
1905	罗拉·皮尔斯 萨特 穆尼耶		弗洛伊德：《性欲三论》 爱因斯坦：《相对论》
1906			克鲁泡特金：《互助论》
1907			弗洛伊德遇见荣格 柏格森：《创造进化论》
1908	梅洛-庞蒂 马斯洛		弗洛伊德遇见费伦齐

年份	出生	死亡	若干著述与事件
1909			弗洛伊德与费伦齐和荣格一起美国行
1910	伯恩		弗洛伊德：《精神分析五讲》
			国际精神分析学会（I.P.A）成立
1911	古德曼		博尚：精神分析的第一篇法语文献
1912			弗洛伊德/荣格的决裂
1913			弗洛伊德：《图腾与禁忌》
			胡塞尔：《纯粹现象学通论》
1916			弗洛伊德：《精神分析引论》
			爱因斯坦：《广义相对论》
1918			弗里德伦德尔：《创造性无极点》
			费伦齐当选为 I.P.A. 主席
1920			弗洛伊德：《超越快乐原则》
			荣格：《心理类型》
1923			布伯：《我和汝》
1924	亚诺夫		兰克：《出生创伤》
1925			弗洛伊德：《我的一生与精神分析》
1926			冯·贝塔朗菲：《论有机体格式塔理论》
			史末资：《整体论与进化》
			阿萨焦利在罗马创建心理综合学院
1927	莱恩		弗洛伊德：《一种幻想的未来》
			海德格尔：《存在与时间》
			赖希：《高潮的功能》

续　表

年份	出生	死亡	若干著述与事件
1929			费伦齐：《关系与新宣泄》
1930			弗洛伊德：《文明及其不满》
1931			费伦齐：《成人的儿童分析》
1932			费伦齐：《临床日记》
			兰克：《艺术与艺术家》
			梅拉妮·克莱因：《儿童精神分析》
			舒尔茨：《自生训练》
1933		费伦齐	柯日布斯基：《健康科学》
			赖希：《性格分析》

©塞尔日·金泽，1991

3. 格式塔的创立

年份	出生	死亡	若干著述与事件
1934			荣格：《寻找灵魂的现代人》
			戈尔德施泰因：《有机体的结构》
1935			巴甫洛夫：《条件反射》
1936		巴甫洛夫	赖希给植物疗法下了定义
1937		阿德勒	安娜·弗洛伊德：《自我与防御机制》
			莫雷诺创办《社会测量》杂志
1938		胡塞尔	柯日布斯基在芝加哥创建"普通语义学学院"
1939		弗洛伊德	弗洛伊德：《摩西与一神教》
1941		柏格森	

年份	出生	死亡	若干著述与事件
1942			皮尔斯：《自我、饥饿与攻击》
1943			罗杰斯：《咨询与心理治疗》
			萨特：《存在与虚无》
1945			梅洛-庞蒂：《知觉现象学》
			勒温创建"训练团体"（团体动力）
			德苏瓦耶：心理治疗中的梦-醒-引导
1946			皮尔斯抵达纽约
			萨特：《存在主义是一种人道主义》
			莫雷诺：《心理剧》
1947		勒温	海德格尔：《关于人道主义的信》
1949			穆尼耶：《人格主义》
1950		穆尼耶	马斯洛：《自我实现的标准》
1951			皮尔斯、古德曼、赫弗莱恩：**《格式塔治疗》**
			罗杰斯：《来访者中心治疗》
1952			第一所格式塔学院的创办（纽约）
1954			人本主义心理运动的创建（马斯洛）
			克利夫兰格式塔学院开放
1955		德日进	德日进：《人的现象》
1956			洛温与皮耶拉科斯创办"生物能分析学院"
			冯·贝塔朗菲：开放系统论
1957		赖希	
1958			温尼科特：《从儿科到精神分析》
			勒温：《身体语言》

554

年份	出生	死亡	若干著述与事件
1960			伯恩创建沟通分析
			罗杰斯：《个人形成论》（人的发展）
			莱恩：《分裂的自我》
			凯塞多创立身心学
1961		荣格	荣格：《回忆、梦、思考》
			马斯洛：《人本主义心理学期刊》第一期
1962			伊萨兰开放（墨菲和普赖斯）
1964			皮尔斯抵达伊萨兰
			第一届世界心理剧大会，巴黎
1965		戈尔德施泰因	IFEPP 创建，巴黎（奥诺雷）
		布伯	格拉瑟：《现实疗法》
		蒂利希	
1966		德苏瓦耶	
1967			旧金山格式塔治疗学院开放
			洛温：《身体的背叛》
			舒茨：《快乐》（相遇团体）

© 塞尔日·金泽，1991

4. 格式塔的"突破"

年份	出生	死亡	若干著述与事件（尤其是在法国）
1968			格式塔的"突破"（皮尔斯在伊萨兰名声大振）
			冯·贝塔朗菲：《一般系统论》

年份	出生	死亡	若干著述与事件（尤其是在法国）
1969			皮尔斯：《格式塔治疗实录》
			佩措尔德将格式塔引入欧洲（德国）
			凯塞多：《身心学进展》（其第一部著作）
			"多元大学"的创办，布鲁塞尔（卡策夫）
1970		皮尔斯	比利时佛兰德地区格式塔培训的开展
		伯恩	亚诺夫：《原始喊叫》
		马斯洛	列维茨基：《格式塔的规则与游戏》
			费根：《当今格式塔治疗》
1971			温尼科特：《游戏与现实》
			贝特森：《迈向心智生态学之路》
			格式塔治疗在 I.F.E.P.P.-E.P.G 的引介，巴黎（金泽）
1972			格式塔治疗在加拿大的引介
			德国格式塔培训的开展（佩措尔德）
			C.D.P.H.的开放（富尔卡德）
1973		G. 马塞尔	皮尔斯：《格式塔取向》（去世后出版）
		Ch. 比勒	波尔斯特：《整合的格式塔治疗》
			拉特纳：《格式塔治疗之书》
			"进展中心"的开放，巴黎（迪朗-达西耶）
1974		莫雷诺	安齐厄：《皮肤自我》
		阿萨焦利	西姆金：《格式塔治疗微型讲座》
			魁北克格式塔培训的开展（J. 科贝伊）

年份	出生	死亡	若干著述与事件（尤其是在法国）
1975			抵达（或回归）法国：阿莱、安布罗西、菲勒洛
			谢波德：《格式塔之父》（与皮尔斯的亲密关系）
			洛温：《生物能》
			格林德和班德勒：《魔法的结构》（P.N.I）
1976		海德格尔	比利时法语区格式塔治疗培训的开展（卡策夫）
1977			辛克：《格式塔治疗中的创造性过程》
1979		艾达·罗尔夫	法国格式塔治疗培训的开展（一些魁北克人）
			盖恩斯：《弗里茨·皮尔斯此时此地》
			拉博里：《行动的抑制》
1980		贝特森	玛丽·珀蒂：《格式塔：此时此地的治疗》
		萨特	
		M. 埃里克森	
1981			法国格式塔学会创立（S.F.G.）
			巴黎格式塔学校开放（E.P.G.），隶属于 I.F.E.P.P.（金泽）
1982			波尔多和格勒诺布尔研究院格式塔培训的开展
1983			法国格式塔学会第一届国际大会（巴黎）
1984			法国格式塔学会波尔多全国研究日："作为心理治疗的格式塔治疗"

年份	出生	死亡	若干著述与事件（尤其是在法国）
1985		普赖斯	法国格式塔学会格勒诺布尔全国研究日："格式治疗的应用领域" 意大利格式塔学会创立 欧洲格式塔治疗协会（E.A.G.T.）创立
1986			樊尚：《激情生物学》
1987		罗杰斯	法国格式塔学会第一届法语区国际大会，巴黎（12 个国家 300 名参会者）
1988		B. 蔡加尼克	
1990		罗拉·皮尔斯	7 月，L. 皮尔斯于德国她出生的那个村庄去世 S.F.G. 季刊创刊：《格式塔》
1991		斯金纳	F.O.R.G.E.（国际格式塔培训组织联盟）创立
1992		卡策夫	格式塔治疗欧洲协会全体大会，巴黎（22 个国家 500 名参会者）
1994		伊萨多·弗罗姆	法国格式塔学会里尔全国研究日："精神病理学与格式塔"
1996			S.F.G.内部分裂：法国格式塔治疗学院成立
1997			欧洲心理治疗证书（C.E.P.）颁发
2001		米丽娅姆·波尔斯特	E.A.G.T.大会，斯德哥尔摩

©塞尔日·金泽，2003

附录七
法语区格式塔系谱树

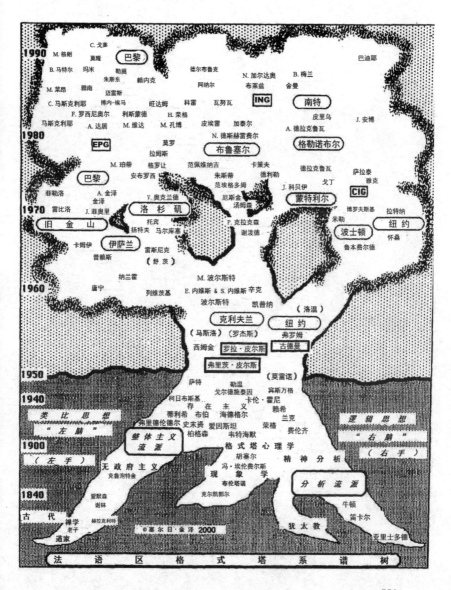

法 语 区 格 式 塔 系 谱 树

第七版后记

自 1987 年 3 月本书第一版问世以来，超过 15 年时间过去了，上一版面世也已经 3 年了——上一版进行了 1200 处更正、补充或更新。本书以德语、意大利语、西班牙语、葡萄牙语和俄语等多种语言出版和再版。

本次修订尤其重在各种文献——增加了近 250 种新书目——术语、缩写和许多格式塔机构的地址，以及编年表。在多个章节对大约 60 处进行了修订或使其更为明确。

然而，本书的总体布局得到保留，包括对"英雄时代"的追忆，当时格式塔治疗所根植的社会学背景已经发生了重大演变，在美国和法国都是如此。格式塔继续在全世界得到发展，尤其是在过去的共产主义国家——在那里，格式塔激发了自发性、创造性，以及真实而深刻的表达和交流。今天，在各大洲的 40 多个国家，有将近 200 个针对执业者和心理治疗师的格式塔培训机构。30 多种专业期刊定期出版。若干所大学正在规划授予格式塔治疗博士学位。

自那时以来，若干部新的格式塔治疗法语著作问世——或是面向专业人士（德利勒、罗比纳），或是面向大众（贡扎格·马斯克利耶）——但是本书仍具有价值，因为它同时展现了历史根源、当前发展和这一方法在众多领域的应用，也并未忽视神经科学的新近贡献。本书众多附录构成了不可替代的信息源泉，准确并且文献丰富。

此外，在德国、俄罗斯或墨西哥等不同国家，本书经常用作格式塔执业者和心理治疗师培训的基础手册，使用本书的当然还有巴黎格式塔学校（E.P.G）的数千名在读或已毕业的学生。

巴黎，2003 年 4 月

译名对照表

(按汉语拼音顺序排列)

A

阿德勒，阿尔弗雷德　Adler，Alfred

阿莱，克里斯蒂娜　Allais，Christine

阿莱，克洛德　Allais，Claude

阿兰　Alain

阿纳尔　Hannard

阿萨焦利　Assagioli

阿桑，雅尼娜　Assens，Janine

阿兹纳尔　Aznar

埃德加，莫兰　Morin，Edgar

埃尔克，玛格丽特　Elke，Margaret

埃里克森，埃里克　Erikson，Erik

埃里克森，米尔顿　Erickson，Milton

埃利斯，阿尔伯特　Ellis，Albert

埃伦费尔斯，克里斯蒂安·冯　Ehrenfelds，Christian von

艾伦，伍迪　Allen，Woody

爱默森　Emerson

比勒，夏洛特　Bühler，Charlotte

彼得森，塞弗林　Peterson，Severin

宾德里姆，保罗　Bindrim，Paul

宾斯万格，路德维希　Binswanger，Ludwig

波尔斯特，埃尔温　Polster，Erving

波尔斯特，米丽娅姆　Polster，Miriam.

波拿巴，玛丽　Bonaparte，Marie

波斯纳，洛尔　Posner，Lore（即罗拉·皮尔斯）

玻姆，戴维　Bohm，David

伯恩　Berne

伯纳　Berner

柏格森，亨利　Bergson，Henri

博林　Boring

博罗夫斯基　Borofsky

博让　Bogen

博内-埃马　Bonnet-Eymard

博尚　Beauchant

布伯，马丁　Buber，Martin

布拉桑，乔治　Brassens，Georges

布莱兹　Blaize

布伦塔诺，弗兰茨　Brentano，Franz

布洛费尔德，约翰　Blofeld，John

C

蔡加尼克，布卢马　Zeigarnik，Bluma

D

达尔文，查尔斯　Darwin，Charles

范巴伦　Van Baalen

范杜森　Van Dusen

范佩维纳吉　Van Pevenage

菲奥里，琼　Fiore，Joan

菲勒洛，马克斯　Furlaud，Max

费德恩　Federn

费尔登克赖斯　Feldenkrais

费根，乔恩　Fagan，Joen

费伦齐，桑多尔　Ferenczi，Sándor

费舍尔　Fisher

弗格森，玛里琳　Ferguson，Marilyn

弗里德伦德尔　Friedlaender

弗罗姆，伊萨多　From，Isadore

弗洛伊德，安娜　Freud，Anna

弗洛伊德，西格蒙德　Freud，Sigmund

弗洛姆，埃里希　Fromm，Erich

弗洛姆，马蒂　Fromm，Marty

福柯，米歇尔　Foucault，Michel

富尔卡德，让-米歇尔　Fourcade，Jean-Michel

富勒，贝蒂　Fuller，Betty

傅立叶　Fourier

G

盖恩斯，杰克　Gaines，Jack

戈登　Gordon

戈丁，欧内斯特　Godin，Ernest

戈尔德施泰因，库尔特　Goldstein，Kurt

戈莱　Gaulé

J

吉茨　Geets

吉列龙　Giliéron

吉斯蒂　Guisti

加德纳　Gardner

加尔达奥，纳迪娜　Gardahaut，Nadine

加桑，玛丽-洛尔　Gassin，Marie-Laure

加泰尔，让-吕克　Gatel，Jean-Luc

杰金斯　Jackins

金赛　Kinsey.

金泽，安妮　Ginger，Anne

金泽，塞尔日　Ginger，Serge

K

卡策夫，米歇尔　Katzeff，Michel

卡迪纳　Kardiner

卡姆伊，乔　Camhi，Joe

卡诺　Carnot

卡普拉，弗里肖夫　Capra，Fritjof

卡斯朗　Caslant

卡斯里埃尔　Casriel

卡特，吉米　Carter，Jimmy

卡特，西摩　Carter，Seymour

凯普纳，伊莱恩　Kepner，Elaine

凯塞多　Caycedo

坎农　Cannon

L

拉姆斯，阿尔韦托　Rams，Alberto

拉普朗什　Laplanche

拉特纳，乔尔　Latner，Joel

拉文纳　Ravenna

莱昂　Léon

莱德曼，珍妮特　Lederman，Janet

莱恩　Laing

莱尔米特　Lhermitte

赖内克，多米尼克　Reinecke，Dominik

赖希，威廉　Reich，Wilhelm

赖因哈特，马克斯　Reinhardt，Max

兰道尔　Landauer

兰克，奥托　Rank，Otto

勒贝尔，安娜　Le Berre，Anne

勒博维奇，塞尔日　Lebovici，Serge

勒夫勒，布里吉特　Löffler，Brigit

勒里什，勒内　Leriche，René

勒莫　Remaud

勒穆瓦涅，让-路易　Le Moigne，Jean-Louis

勒温，库尔特　Lewin，Kurt

雷比洛，保罗　Rebillot，Paul

雷斯尼克，罗伯特　Resnick，Robert

雷斯尼克，斯特拉　Resnick，Stella

李利，约翰　Lilly，John

里夫斯，于贝尔　Reeves，Hubert

里根，罗纳德　Reagan，Ronald

利恩，马克　Lean，Mac

利李，蒂莫西　Leary，Timothy

利利，约翰　Lily，John

M

马克思，卡尔　Marx，Karl

马兰　Malan

马里丹　Maritain

马塞尔，加布里埃尔　Marcel，Gabriel

马斯克利耶，贡扎格　Masquelier，Gonzague

马斯洛，亚伯拉罕　Maslow，Abraham

马斯特斯　Masters

马特尔　Martel

玛米　Mamie

迈雷斯　Mairesse

迈耶，理查德　Meyer，Richard

麦克卢汉　Mac Luhan

麦克斯韦　Maxwell

曼，托马斯　Mann，Thomas

梅，罗洛　May，Rollo

梅兰　Merlant

梅洛-庞蒂，莫里斯　Merleau-Ponty，Maurice

梅尼昂，米歇尔　Meignant，Michel

梅齐埃　Mézières

蒙田　Montaigne

米德，玛格丽特　Mead，Margaret

米勒，亨利　Miller，Henry

米勒，迈克尔·文森特　Miller，Michael Vincent

密特朗，弗朗索瓦　Mitterrand，François

明科斯基，欧仁　Minkowski，Eugène

莫雷诺，雅各布　Moreno，Jacob

莫雷诺，泽卡　Moreno，Zerka

莫利耶，保罗　Molliex，Paul

莫隆　Mollon

皮尔斯，弗雷德里克　Perls，Frederick

皮尔斯，罗拉　Perls，Laura

皮卡，让　Picat，Jean

皮里乌，让-保罗　Piriou，Jean-Paul

皮耶拉科斯　Pierrakos

珀蒂，玛丽　Petit，Marie

蒲鲁东　Proudhon

普拉托，约瑟夫　Plateau，Joseph

普赖斯，理查德　Price，Richard

普里布拉姆，卡尔　Pribram，Karl

普里茨，阿尔弗雷德　Pritz，Alfred

普林茨霍恩，汉斯　Prinzhorn，Hans

普罗塔哥拉斯　Protagoras

Q

琼斯，欧内斯特　Jones，Ernest

R

让蒂，罗杰　Gentis，Roger

荣格，哈罗德　Jung，Harold

荣格，卡尔·古斯塔夫　Jung，Carl Gustav

茹韦　Jouvet

S

萨拉泰，诺埃尔　Salathé，Noël

萨洛梅，雅克　Salomé，Jacques

萨洛尼亚，乔瓦尼　Salonia, Giovanni

萨特，让-保罗　Sartre, Jean-Paul

萨提亚，维吉尼亚　Satir, Virginia

萨瓦捷-马斯克利耶，尚塔尔　Savatier-Masquelier, Chantal

塞德尔　Zaidel

塞尔弗，夏洛特　Selver, Charlotte

塞舍艾　Séchehaye

瑟尔斯，哈罗德　Searles, Harold

沙利文　Sullivan

沙龙，让　Charon, Jean

沙托　Château

尚热，让-皮埃尔　Changeux, Jean-Pierre

舍勒，马克斯　Scheler, Max

舍曼　Chemin

施内茨勒　Schnetzler

施皮茨，勒内　Spitz, René

施泰纳，鲁道夫　Steiner, Ruldolf

施特克尔　Stekel

施瓦茨，阿兰　Schwartz, Alan

施瓦茨，吉迪恩　Schwartz, Gedeon

史蒂文斯，巴里　Stevens, Barry

史末资　Smuts

舒昂，多米尼克　Chouan, Dominique

舒茨，威廉　Schultz, William

舒尔茨　Schultz

斯诺　Snow

斯帕尼奥洛·洛布，玛格丽塔　Spanuolo Lobb, Margherita

斯佩里　Sperry

苏蒂奇，安东尼　Sutich, Anthony

苏格拉底　Socrate

T

泰伦提乌斯　Térence

汤姆森，乔治　Thomson，Geoge

汤普森，克拉拉　Thompson，Clara

唐宁，杰克　Downing，Jack

特拉格，米尔顿　Trager，Milton

特罗斯曼　Trosman

托宾　Tobin

托马蒂斯，阿尔弗雷德　Tomatis，Alfred

W

瓦茨拉维克，保罗　Watzlawick，Paul

瓦隆　Wallon

瓦努瓦，弗朗西斯　Vanoye，Francis

旺达姆，皮埃尔　Van Damme，Pierre

威廉，里夏　Wilhelm，Richard

维达，米谢勒　Wuidar，Michèle

维格纳，尤金　Wigner，Eugène

维托　Vittoz

韦尔德曼，弗朗斯　Veldman，Frans

韦特海默，马克斯　Wertheimer，Max

魏斯，保罗　Weisz，Paul

温尼科特，唐纳德　Winnicott，Donald

翁焦尔　Angyal

沃茨，阿兰　Watts，Alan

沃尔普，约瑟夫　Wolpe，Joseph

沃克斯　Vaux

X

西尔弗曼，贝弗利　Silverman，Beverly

西尔弗曼，朱利安　Silverman，Julian

西夫尼奥斯　Sifneos

西蒙东　Simonton

西姆金，吉姆　Simkin，Jim

希奇曼　Hitschmann

席勒　Schiller

夏蒙，穆尼尔　Chamoun，Mounir

夏皮罗，埃利奥特　Shapiro，Elliot

肖斯特罗姆，埃弗里特　Shostrom，Everett

谢林，弗里德里希　Schelling，Friedrich

谢泼德，马丁　Shepard，Martin

谢泼德，伊尔玛　Shepherd，Irma

谢耶　Selye

辛克，约瑟夫　Zinker，Joself

Y

雅各布森　Jacobson

雅克，安德烈　Jacques，André

雅南　Janin

雅斯贝尔斯，卡尔　Jaspers，Karl

亚里士多德　Aristote

亚历山大，马赛厄斯　Alexander，Matthias

亚诺夫　Janov

扬特夫，加里　Yontef，Gary

伊里奇，伊万　Illich，Ivan

伊斯拉埃尔，吕西安　Israël，Lucien

伊斯门，西尔维斯特　Eastman，Sylvester

约翰逊　Johnson

约瑟夫森，布莱恩　Josephson，Brian

Z

朱斯蒂，爱德华多　Giusti，Edoardo

朱斯东，迪迪埃，　Juston，Did